本书部分工作得到农业部引进国际先进农业科学技术“948项目”（项目编号 2014－Z17，2015－Z23）的支持。

本书部分工作得到海南省重点研发计划（项目编号：ZDYF2016027）和海南省自然基金（项目编号：20153145）的支持。

番木瓜生物技术育种研究进展

寇建平　贾瑞宗　赵　辉　主编

中国农业科学技术出版社

图书在版编目（CIP）数据

番木瓜生物技术育种研究进展 / 寇建平，贾瑞宗，赵辉主编．—北京：中国农业科学技术出版社，2016. 12
ISBN 978－7－5116－2897－8

Ⅰ．①番…　Ⅱ．①寇…②贾…③赵…　Ⅲ．①生物工程－应用－番木瓜－作物育种
Ⅳ．①S667. 903

中国版本图书馆 CIP 数据核字（2016）第 295573 号

责任编辑　徐定娜
责任校对　李向荣

出 版 者　中国农业科学技术出版社
北京市中关村南大街 12 号　邮编：100081
电　　话　(010) 82105169 (编辑室)
(010) 82109702 (发行部)　(010) 82109709 (读者服务部)
传　　真　(010) 82109707
网　　址　http://www. castp. cn
经 销 者　各地新华书店
印 刷 者　北京科信印刷有限公司
开　　本　787mm×1 092mm　1/16
印　　张　23
字　　数　552 千字
版　　次　2016 年 12 月第 1 版　2016 年 12 月第 1 次印刷
定　　价　98. 00 元

《番木瓜生物技术育种研究进展》

编　委　会

主　编： 寇建平　贾瑞宗　赵　辉

副主编： 黄启星　张雨良

编　委：（排名不分先后）

孔　华　王绪朋　左　娇　张丽丽
张雨良　李美英　杨小亮　郭运玲
郭静远　周　霞　贺萍萍　赵　辉
夏启玉　贾瑞宗　曹　扬　黄启星
寇建平　黄　静　赖丁王　窦良军
谭燕华　黎耀平　霍姗姗

序　一

番木瓜（*Carica papaya* L.），双子叶植物纲，番木瓜属，为热带、亚热带常绿多年生草本植物。果实长于树上，外形像瓜，又原产美洲，引进中国，所以叫做番木瓜。花单性或两性，植株有雄株、雌株和雌雄同株（两性株）。喜高温多湿，全年可结果。鲜食助消化，为餐后瓜果良品；熟食味甜美，为宴席之珍馐。可惜这样一款深受大众喜爱的水果，以往却饱受病毒之害，尤其是番木瓜环斑病毒，一旦染病，借助虫媒迅速传播，轻则欠收，重则毁园。随着生物技术的发展，人们利用该病毒外衣的一部分基因序列移植到番木瓜基因组中，培育的转基因品种成功地控制了病毒危害，果园连年丰收。这种“以菌治菌，以毒攻毒”的方法既是植物病虫害生物防治的经典之作，也是生物技术抗病育种最成功的范例。利用该病毒的复制酶基因，通过 RNA（核糖核酸）沉默途径，同样获得了有效控制该病毒的生物技术新品种。1998 年美国批准商业化生产种植转基因番木瓜，2016 年该国种植比例 85% 以上。2010 年中国批准转基因番木瓜商业化种植，2016 年转基因品种的种植比例 65% 以上。人们在享受美味番木瓜之余，也常常会好奇问一问，食用转基因番木瓜到底安全不安全？抗病毒的效果持久不持久？会不会引发新的病毒？

为帮助大家了解番木瓜的生产种植，了解番木瓜育种技术，了解转基因番木瓜的生物安全性，深入热带农作物生产第一线的农业生产管理人员寇建平先生和具有国内外转基因番木瓜培育与安全评价经验的科技研究人员贾瑞宗博士及其同事们，共同翻译编著了《番木瓜生物技术育种研究进展》一书，可谓及时雨。该书共分四个部分：第一部分番木瓜概述，主要介绍了番木瓜的起源、驯化和生产，生物学特性，表型和遗传多样性；第二部分番木瓜生物技术育种技术和方法，包括番木瓜快繁生根技术等；第三部分番木瓜生物技术育种研究进展，包括美国已广泛种植的世界第一例转基因番木瓜，中国（除台湾外）和中国台湾研制的转基因番木瓜等；第四部分转基因番木瓜生物安全评价案例，包括转基因番木瓜的营养成分，毒性和致敏性评价，环境安全风险评估，以及种植转基因番木瓜对农民的影响等。该书收集了大量试验研究数据和资料，广征博引，内容翔实。本书可作为大众闲时的阅读书籍，也可作为科技教育工作者的参考资料。本人爱吃番木瓜，也乐见番木瓜育种和生产技术的进步。应邀为本书写几句话，深感荣幸，是为序。

彭于发

2016 年 10 月 31 日

序　二

自从 1985 年转基因番木瓜在美国农业部立项，再到 1998 年成功获得世界上第一例允许商业化生产的转基因番木瓜，到 2016 年转基因番木瓜在各个种植区内广泛种植（85%），近 20 年时间里，关于转基因番木瓜的生物安全问题常常被挤到聚光灯下，然后随着一个又一个顾虑的消除而又慢慢淡出民众的视野。本书回顾了转基因番木瓜的研究历史，并对转基因番木瓜的争议和争议的合理解答进行系统回顾；重点分析以科学为前提的生物安全问题，诸如：异壳体化病毒，重组，合成，基因飘移，对非靶标生物的影响，食品安全以及各种可能的致敏性问题。本书同时也集中归纳和讨论人们关于转基因番木瓜对环境和人类健康的顾虑和此类问题的逐一解答的过程。为我国发展自主知识产权的转基因番木瓜提供理论支持。

本书共分四个部分：第一部分番木瓜概述，主要介绍了番木瓜的起源、驯化和生产，番木瓜的生物学特性和番木瓜的表型和遗传多样性。第二部分介绍了番木瓜生物技术育种技术和方法，包括番木瓜转化体系、转基因番木瓜的 PMI/MAN 筛选系统、番木瓜转化绿色荧光蛋白可视化筛选标记和番木瓜快繁生根技术。第三部分介绍了番木瓜生物技术育种研究进展，介绍了世界第一个商业化转基因番木瓜、台湾转基因番木瓜、佛罗里达番木瓜新品种的选育、番木瓜超强病毒株解决方案，控制番木瓜环斑病毒病的基因技术以及番木瓜根腐病生物技术育种。第四部分转基因番木瓜生物安全评价案例分析，将集中回顾转基因番木瓜的营养成分、转基因番木瓜生物安全评估、转基因番木瓜致敏组学、转基因番木瓜田间评价、转基因番木瓜食品安全性评价和环境释放许可证申请案例分析，并在最后举例介绍了转基因番木瓜对于农民的影响。

转基因番木瓜商业化之后的争论持续近 20 年。随着一个个问题和顾虑的提出和最终完美的解答，让许许多多的科学工作者、社会工作者、政策制定者和消费者获得了理性的科学知识。过去 20 年的争论里最主要集中在抗病毒转基因植物环境风险问题。将一个不能正确表达的病毒外壳蛋白基因转入番木瓜中赋予了夏威夷番木瓜的抗病毒性，被人们将话题转为“植物表达病毒基因所带来的风险问题”。转基因番木瓜抗病原理在美国许多作物上已经广泛采用，如：南瓜，番木瓜，李子，葡萄和甜菜等。当然人们并不了解这些抗病毒的机理是通过组成性表达病毒一部分序列而启动了抗病毒 RNA 沉默途径使得入侵的病毒不能够复制而使得病毒的群体下降。实际上在没有转基因番木瓜之前，人们一直食用含有番木瓜环斑病毒的番木瓜，而且是事实表明市场上销售的传统番木瓜中的 PRSV 含量远远高于转基因番木瓜中的 CP 蛋白的含量。

抗病毒植物的生物安全——异壳体化（Heteroencapsidation）。所谓的异壳体化就是一个病毒的基因组 DNA 被另外一个病毒的外壳蛋白包被组装成病毒粒子。这一现象经常发生在自然界中同时被多个病毒侵染的植物组织上。转基因植物异壳体化的可能性就转变成为了植物表达的病毒外壳蛋白而不是另外一个病毒的外壳蛋白。通常来讲病毒的外壳蛋白决定侵染力、致病性、传播媒介特异性等信息，也就是说病毒的属性可能发生变化。例如，原本不能有某种传播媒介传播的病毒通过异壳体化后变的能够通过某种传播媒介传播，或者一个病毒由于异壳体化导致可以侵染原来不是它的宿主的植物。这些科学的思考其实早就被科学家一一的解答，并最终证明自然中存在的这一现象是安全的。简单来讲，无论病毒被何种外壳蛋白所包被，其病毒基因组 DNA/RNA 并没有改变，而异源外壳蛋白不能遗传：由异壳体化形成的病毒颗粒的后代会变成原始的病毒颗粒。通过对病毒的外壳蛋白或者依赖于 RNA 的 RNA 复制酶（RdRp）等不同元件在植物内表达的研究表明异壳体化并不能发生。另外，番木瓜商业化种植以来没有非预料的新病毒爆发。

抗病毒植物的生物安全——重组（Recombination）。重组来源于两个有显著区别的病毒的遗传物质在病毒复制时发生交换。病毒的重组也可能发生在转基因目的片段的转录和入侵病毒的复制期间。根据这一假设重组的新病毒将含有转基因片段和入侵病毒的其他部分。这样的病毒可能具有遗传性并能够传到子代中。重组的病毒可能具有区别父母本的其他特性诸如改变传播媒介的特异性，扩大宿主范围，增强致病性等。关于病毒重组的话题也被广大病毒学家进行深入讨论。严格的筛选压力强重组病毒可以发生恢复的重要因素。较高的筛选压力也会增加病毒的重组几率，但是相反低、或者没有筛选压力的条件下很难发生重组。到目前为止还没有发现转 CP 基因的植物存在重组现象。在法国一个葡萄庄园连续三年的实验证明转基因植物不能够促进或者有助于提高葡萄扇叶病毒的分子多样性。总之，在自然条件下转目的基因和病毒之间很难发生显著重组。

抗病毒植物的生物安全——伴随着花粉飘移的基因飘移。生物安全中的另外一个重要的事件就是基因飘移，对转基因抗病毒的作物而言，野生近缘种可以通过花粉漂移来获得宿主的基因或者转目的基因，而且在他们的后代表达转目标基因。对这个问题大家通常有两个顾虑：①基因飘移可能导致杂草化的野生种进化并发展到难以控制并最终破坏自然生态系统；②影响野生种群体的遗传多样性和增加野生种灭绝的风险。花粉漂移在主要农作物中都有详细的描述。然而在对多个商业化的作物（转 CP 的番木瓜，转 CP 的南瓜，转 CP 的甜菜）的分析发现：病毒和抗病毒的特性并没有影响野生种的多样性，也没有使得获得转 CP 的野生种具有更强的竞争性和入侵性。

抗病毒植物的生物安全——协同效应（Synergism）。协同效应在这里特指转基因作物表达的病毒蛋白和其他入侵的病毒互作导致更为严重的症状和增加病毒的毒力。根据这一理论人们推测转基因抗病植物可以抵御同源病毒但是对于能够形成协同效应的异源病毒无能为力，使得入侵病毒更具毒力和甚至影响传播范围。但是随着下一代的传播这种协同效应自然就不存在了。同时协同效应并没有改变现有的病毒或者产生新的病毒，所以说这种产生生物安全的风险也是很小的。

抗病毒植物的生物安全——对非靶标生物的影响。转基因抗病毒作物会潜在地影响如昆虫媒介等非靶标生物的多样性。同时转基因植物病毒基因也可以通过基因的水平转移让土壤微生物获得选择优势。然而许多的实验证据表明这种影响也是有限的。转基因李树（含有 PPV CP 基因）对节肢动物和蚜虫均没有明显的影响，转基因番木瓜对土层里面的放线菌也没有显著影响。总之，还没有关于转基因抗病毒植物对非靶标生物产生危害的报道。

抗病毒植物的生物安全——食品安全和致敏性。生物安全的最后一个问题也是人们讨论最多的问题 - 食品安全和致敏性。致敏性对人的健康而言就是转基因植物表达病毒蛋白而产生潜在的致敏性的风险。由病毒序列衍生出来的转基因蛋白如果其氨基酸序列与已知致敏原的序列一致，就有可能 IgE 产生免疫反应。这样就会使转基因作物作为新食物，通过接触或吸入过敏等形式影响健康。诸多实验表明转病毒蛋白植物并没有产生致敏性风险。在转基因番木瓜商品化之前，人们消费的传统番木瓜里面就含有大量的病毒蛋白也从来没有致敏性的报道；甚至通过传统的抗病毒管理措施 - 交叉保护（向番木瓜上接种弱化的 PRSV 达到抗病的效果）也没有致敏性案例的报告。

通过本书总结转基因番木瓜问世以来的各种思考和争论，我们可以理性的思考并逐个验证使得每一个问题得到有效的解答，这种理性的讨论将有助于我们的转基因作物的理解。总结起来有以下几点：①转基因抗病毒番木瓜产生多方面的效益如经济效益，园艺效益，病毒流行控制效益，环境效益，农业效益和社会效益。②人们提出很多有关转基因抗病毒番木瓜的生物安全问题。③通过将近 20 年广泛的生物安全评估，人们逐渐地认识到这个转基因抗病毒作物真是本质，并为大家展示了一个关于诸如：异壳体化，重组，协同，非靶标，食品安全，过敏性等话题讨论的平台，并最终确定一致的认可。④风险评估是有必要的。以单个事件逐一评估的原则而产生的评估数据将为政策制定者提供最重要理论支撑。

本书的成稿得到了中国热带农业科学院热带生物技术研究所的鼎力资助，也获得众多番木瓜生产企业合一线生产技术人也大力支持。在此，一并致以诚挚的感谢！由于成稿的时间较短，作者的水平有限，难免有错漏之处，恳请广大读者朋友批评指正。

编者　寇建平　贾瑞宗　赵　辉

2016 年 10 月 31 日

目　　录

第一篇　番木瓜概述

第二篇　番木瓜生物技术育种技术和方法

第三篇　番木瓜生物技术育种

第四篇　转基因番木瓜生物安全评价案例分析

第一篇

番木瓜概述

第一章　番木瓜的起源、驯化和生产①

起源

由于没有化石方面的记录可以作为直接考证的依据，人们很难精确推断番木瓜的起源。不过通过分析一系列间接证据人们推测番木瓜起源于墨西哥南部（或中美洲地区）。本文运用植物地理学的分析方法，以墨西哥南部和中美洲地区现有的番木瓜野生种群作为证据对番木瓜的起源进行探讨。

通过西班牙人的广泛传播以及番木瓜本身对热带和亚热带环境的高度适应性，几乎在全球所有热带和亚热带地区都可以见到番木瓜的身影，这为确定番木瓜的起源地带来了困难。尽管如此 Vavilov（1987）提出了主要番木瓜物种起源的三个的中心地区：美索不达米亚（亦称“两河流域”）地区、中美洲地区和中国北部地区。由于中美洲地区是主要热带作物的发源地，推断认为番木瓜也很有可能起源于该地区（Harlan，1971）。瑞典植物学家 Linnaeus 于 1753 年最早为番木瓜定名，它所属的番木瓜纲 *Caricaceae* 包括为 6 个属共 35 个物种。根据 Badillo（1971，1993，2000）的分类，可分为 *Carica* 属（1 个种），*Jarilla* 属（3 个种），*Horovitzia* 属（1 个种），*Jacaratia* 属（7 个种），*Vasconcellea* 属（21 个种）和 *Cylicomorpha* 属（2 个种）。除 *Cylicomorpha* 属外，其余五个属都起源于美洲地区（Scheldeman et al，2011）。部分研究者认为番木瓜起源于南美洲的北部地区（Badillo，1971；Prance，1984）。对于番木瓜科的其他成员（如 *Vasconcellea*）来说，它们的起源确似如上所述，然而越来越多的证据表明番木瓜起源于墨西哥南部和中美洲地区。例如，早在 1833 年，De Candolle 和 Solms-Laubach 就提出番木瓜起源于墨西哥的学说。此外，番木瓜科中的两个属被认为是墨西哥的地方种，包括一个墨西哥本地种 *Horovitzia*（Lorence and Colin，1988；Badilo，1993）和一个墨西哥与危地马拉的本地种 *Jarilla*（McVaugh，2001）。

调查全世界番木瓜植物标本会发现：绝大部分植物标本都来源于中美洲地区或墨西哥。举例来说，密苏里植物标本馆收藏了来自世界各地的 339 例番木瓜植物标本（图 1－1b），其中超过 60%（208 例）来源于墨西哥和中美洲地区（主要是尼加拉瓜）（图 1－1b）。此外，在全球生物多样性信息博物馆（GBIF）收藏的 1297 例番木瓜标本（图 1－2a）中，有超过 50%（659 例）来源于墨西哥和中美洲地区（图 1－2b）。

---

① 参考：Gabriela Fuentes，Jorge M. Santamaría. 2014. Papaya（*Carica papaya* L.）：Origin，Domestication，and Production//Genetics and Genomicsof Papaya［M］. New York，Heidelberg，Dordrecht，London：Springer. 3－15.

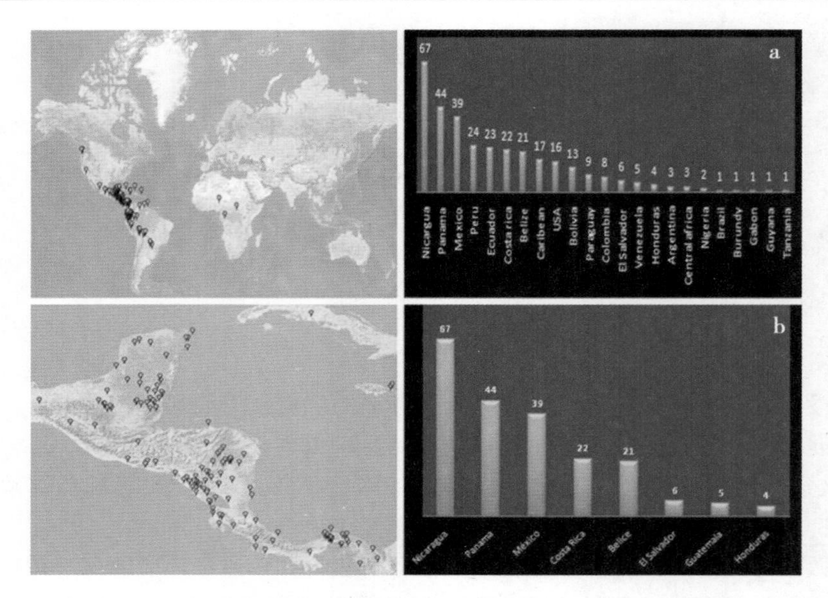

图 1－1　根据密苏里植物园蜡叶标本数据库（2011）中番木瓜标本所绘制的番木瓜地理分布图

（a）番木瓜的世界分布（339 例标本）；（b）中美洲地区（主要为尼加拉瓜）和墨西哥南部番木瓜的分布（208 例标本），包括了 Tropicos 数据库（http：//www. tropicos. org/）中 61% 的番木瓜记录。

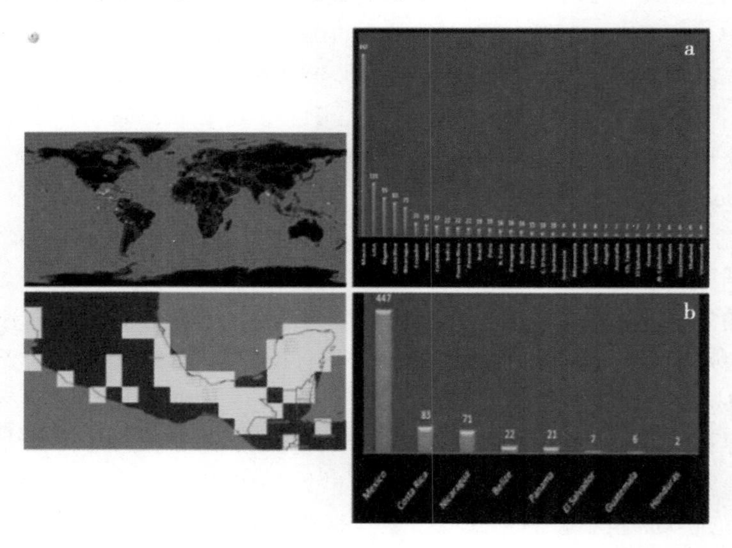

图 1－2　根据全球生物多样性信息博物馆（GBIF）收录的 1297 例番木瓜标本绘制的番木瓜标本来源地区分布图

黄色为番木瓜标本来源地（a）。占 51%（659 例）的标本来源于墨西哥和中美洲地区（b）。数据来源：data. gbif. org。

支持番木瓜起源于泛中美洲地区的另一方面证据是迄今还可以从墨西哥和中美洲的

一些地区找到番木瓜的自然野生种群。Manshardt 和 Zee（1994）在墨西哥南部沿海地区和洪都拉斯北部的加勒比海沿岸低海拔地区发现有番木瓜野生种群。另一方面，从1978 年至 2003 年间，墨西哥尤卡坦研究中心（CICY）从尤卡坦盆地（Peninsula）周边的 Quintana Roo，尤卡坦和 Campeche 三个州收集植物标本。CICY 植物标本馆共收集获得来自该区域的 58 个有确切地理信息记录的野生番木瓜种群标本。

图 1－3　从尤卡坦盆地新发现的番木瓜野生种群

（a）尤卡坦盆地番木瓜野生种群地理位置分布示意图。（b～i）2006 年 5 月和 2011 年 9 月至 11 月期间，在尤卡坦州南部不同地区拍摄的番木瓜（当地名为 Ch'ich'put）的照片：（b）在 Motila 附近区域发现的番木瓜野生种群雄性植株；（c）在 Xocchel 附近区域发现的番木瓜野生种群雌性植株；（d）在 Libre Union 附近区域发现的番木瓜野生种群雌性植株；（e）番木瓜野生种群雌性植株上结的果实；（f）在 Nenela 附近区域发现的番木瓜野生种群雌性植株；（g）在 Tixcacaltuyub 附近区域发现的 6m 高的番木瓜野生种群雌性植株；（h）在 Mopila 附近区域发现的番木瓜野生种群雌性植株；（i）在 Mopila 附近区域发现的番木瓜野生种群雄性植株。

近年来，从尤卡坦州南部地区的一些偏远、隔离的地区又发现了多个不同的番木瓜野生种群（图 1－3b～i）。这些在尤卡坦州南部地区新发现的现存野生种群与主要种植于尤卡坦州北部地区的商业化番木瓜有极其明显的差异。与墨西哥大部分番木瓜种植区域一样，在尤卡坦州主要种植的商业化番木瓜品种为 Mardol（从古巴进口），它在形态学特征上与本地野生种存在极其明显的区别。对两者的形态学进行比较。从 20 个野生种群中各选 5 株番木瓜与 5 株 Mardol 番木瓜进行比较，比较果实长度、宽度、鲜重等方面的差异。图 1－4 表明，20 个野生番木瓜种群具有更大的相关度，虽然来自于 Xocchel 和 Tixcacaltuyub 两个地区的样本各自聚集为一个明显的分支，商业化种植的 Maradol 番木瓜品种仍然很清楚地分为另一个支系。

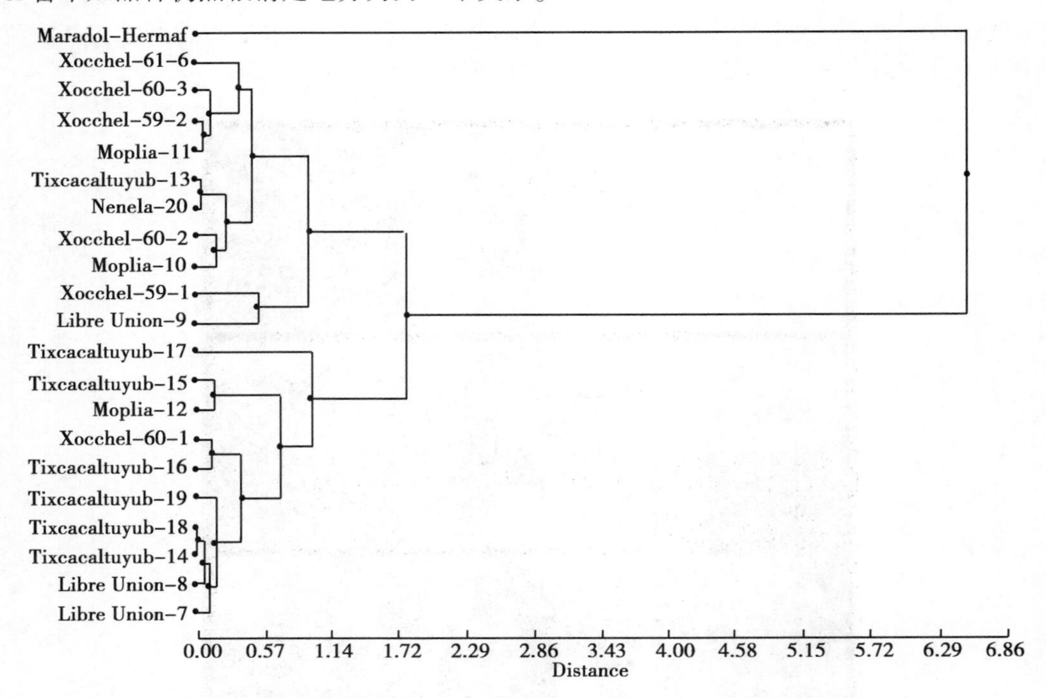

图 1－4　根据果实长度、宽度和重量的形态学特征构建的进化分类树

从 2006 年 5 月和 2011 年 9 月在尤卡坦州南部区域发现的 20 个野生番木瓜种群中各取 5 株进行形态学比较分析。同时，取 5 株商业化种植的 Mardol 雌雄两性（Hermaphrodite）番木瓜进行比较分析。

番木瓜的驯化和分布

如同探究番木瓜的起源地一样，要明确番木瓜被驯化的准确时间和地点也是一件很有困难的事情。不同于一些物种的驯化历史有明确的考古证据支持（如 Aztecs 人和玛雅人对玉米的驯化），在西班牙殖民者到来以前的文明中鲜有关于番木瓜的文字记录。因此，人们只能用不同的方法对番木瓜在墨西哥和中美洲地区被人类驯化的过程进行间接的推测。

在著名的 pre-Columbian（Aztecs 和玛雅）codices、Badiano 和 Florentino 文明中都没有关于番木瓜的直接记录（Emmart，1940；Galarza，1997）。尽管如此，在众多对玛雅人高度发达的农业系统中可能使用的各种农作物的研究表明，早在西班牙人到来以前，墨西哥人和 Belize 人已种植番木瓜（玛雅语称为” put” 或” puut”）（de Oviedo，1959；Dunning et al，1998；Terán and Asmussen，1995；Colunga-GarcíaMarín and Zizumbo-Villarreal，2004）。研究证实，居住于低地（Lowland）的玛雅人在公元前 1300 年已经建立了发达的农业文明社会（Pope et al，2001）。玛雅人建立了发达的农业系统，关于使用玉米为食物和使用 Agave fourcroydes 为纤维的历史有明确的文字记载。最远的考古化石（Macrofossil）记录表明，早在公元前 1000 年，Belize 人就已学会种植玉米（Miksiceket al. 1991）。因此，有人推测，一些野生的物种（如番木瓜）也极有可能被这些玛雅部落逐渐驯化种植（Terán and Rasmussen，1995；Colunga-GarcíaMarín and Zizumbo-Villarreal，2004）。

另一种有趣的方法是借助语言学分析技术研究早期的印第安人是否种植过 pre-Columbian 时代的 41 土著种植物，其中也包括番木瓜在内（Brown，2010）。从语言学分析可以发现，Papaya 这个发音来源于加勒比人的语言，这也说明在西班牙人有文字记载番木瓜以前，番木瓜这种植物已经为加勒比人熟知。虽然如此，居住在墨西哥的阿兹特克人将番木瓜称为 Chichihualtzapotl，在那胡特语（Nahuatl）中意为对人类生育起保护作用的水果（“Zapote Nodriza”）。在玛雅人语言中番木瓜则被称为“Ch'iich'puut”或者“Put”（Alvarez，1980）。今天，在委内瑞拉、波多黎各、菲律宾以及多米尼加共和国，番木瓜又被称为“Fruta bomba”、“Lechosa”；在斯里兰卡被称为“Mamao”、“Papaw”；在僧伽罗语中则被称为“Papol”或“Guslabu”，意为“树瓜”。这些称谓也反映了番木瓜在世界热带地区的广泛分布。

一般认为，番木瓜的果实（种子）是由西班牙人在 16 世纪从中美洲地区带到南美洲和世界上的其他地区。1526 年，在巴拿马沿海地区，Oviedo 第一次用文字记录和报导了番木瓜。根据 Motton（1987）的记载，番木瓜种子在 1525 年以前已传入多米尼加共和国地区，并且在整个南美洲、西印度群岛、巴哈马群岛的温暖地区被广泛种植，于 1616 年又传入百慕大地区种植。在 1550 年左右，西班牙人将番木瓜种子带到菲律宾群岛。1611 年，印度已开始栽培番木瓜。1800 年以后，番木瓜种子传入南太平洋地区各个岛屿。

严格来说，作物的驯化过程也表明如果没有人类的干预栽培作物是难以存活的（Smith，2001）。商业化种植的番木瓜品种，譬如 Maradol 番木瓜就是这样。这种番木瓜对干旱极其敏感，必须经人工灌溉才能存活和实现高产。另一方面，他们的野生近缘种在野外可以熬过干旱少雨和高温的严酷季节。例如，每年从 3 月到 6 月，墨西哥尤卡坦州地区就存在这样的严酷气候。人工驯化后的番木瓜在种子萌芽方面也有不同的特点。商业化番木瓜品种受人工选择的关系，一般都具有很高的种子萌发率，而野生品种的种子萌发率一般较低（Fuentes，未发表）。

番木瓜在驯化过程中获得的另外一个重要的特征是在商业化品种中产生较多比例的两性株。相较之下，根据我们的经验，野生种群中两性株出现的比例是非常低的，至少在墨西哥尤卡坦州地区是这样的情况。此外，果实的大小和数量在驯化物种和野生种群中也存在明显的差异。商业化番木瓜结 25 个果实，平均单果重量约 1.5 kg，而野生番木瓜可以结至少 70 个果实，单个果实重量只有 20 ~ 35 g（Fuentes，未发表）。

商业化番木瓜的生产、产区、单产产量和市场交易情况

番木瓜的生产情况

如图 1 - 5a 所示，在过去的 50 年间，全球番木瓜年产量从 1 百万 t 逐渐增长到 1 千万 t。最新的数据表明，2009 年全球番木瓜产量已达到 1050 万 t（FAOSTAT，2011），

预计总产值达35亿美元。总体来说，从1990年到2000年，世界番木瓜产量进入高速增长阶段，2001年以后的十年间，进入一个相对低速增长时期。

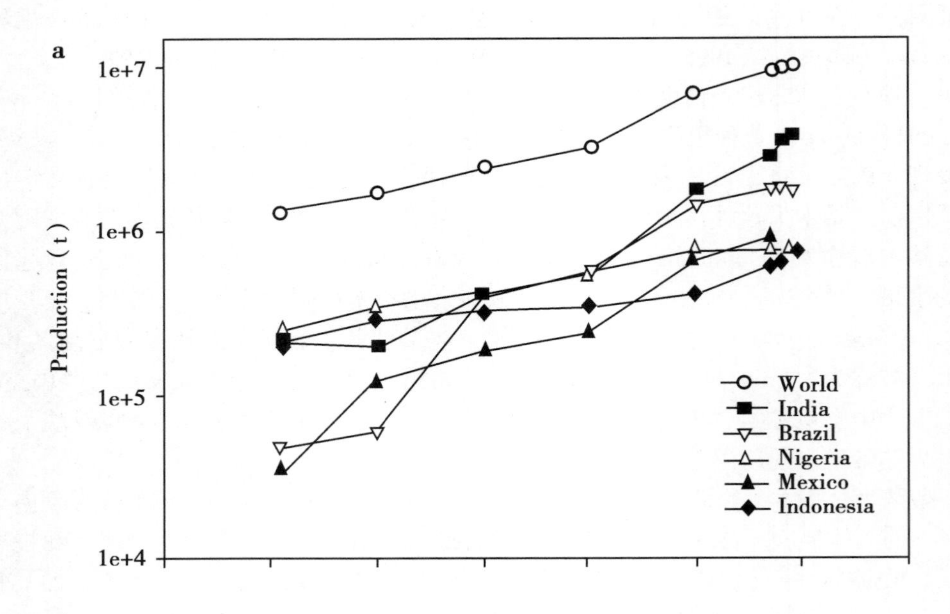

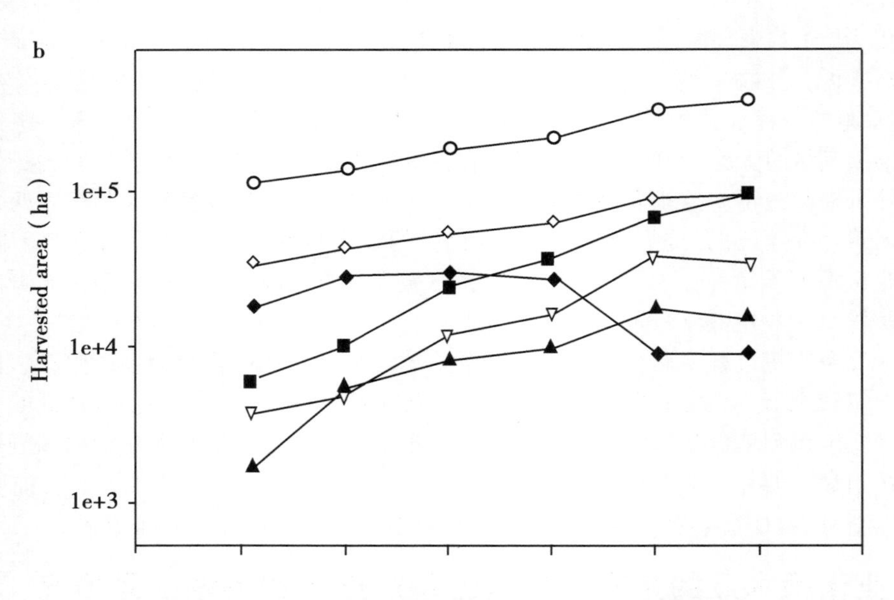

图1-5　近50年间番木瓜全球生产、种植和产量情况

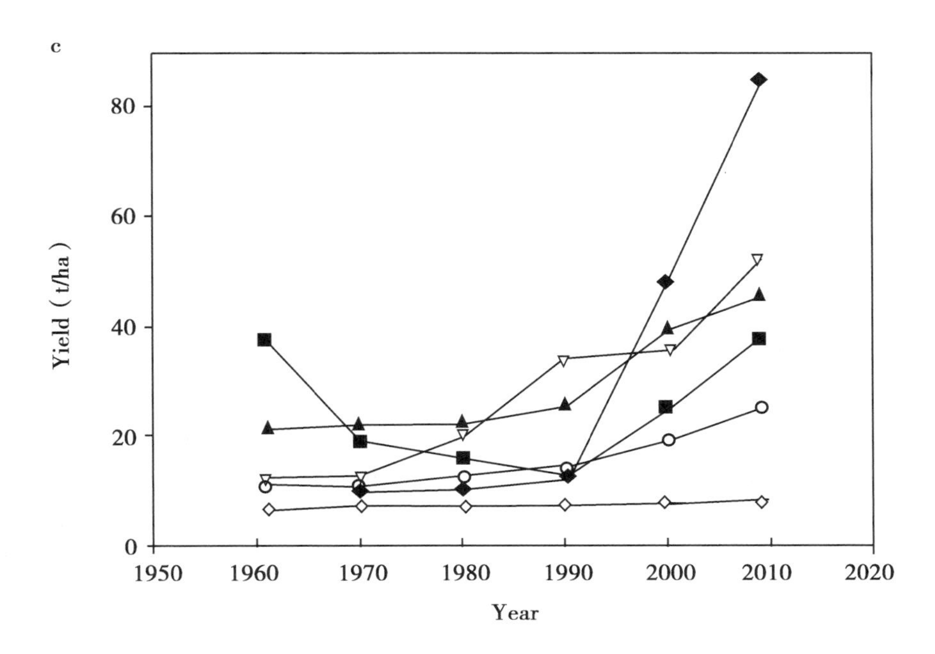

图 1-5　近 50 年间番木瓜全球生产、种植和产量情况（续）

（a）全球产量（t）和最大的 5 个番木瓜生产国产量变化情况。（b）全球番木瓜种植面积（hm^2）和最大的 5 个番木瓜生产国种植面积变化情况。（c）全球番木瓜单产（t/hm^2）情况和最大的 5 个番木瓜生产国单产变化情况。注：来源于 2011 年 FAOSTAT 发布的数据。

过去 50 年，全球最大的 5 个番木瓜生产国为印度、尼日利亚、巴西、墨西哥和印度尼西亚（图 1-5a）。在 20 世纪 60 年代，世界上大部分番木瓜由印度、印度尼西亚和尼日利亚生产。进入 20 世纪 80 年代和 20 世纪 90 年代，巴西和墨西哥增加了番木瓜的产量，两国与印度、尼日利亚同期的产量持平。在过去的十年当中，印度和巴西番木瓜产量持续增长，分别居全球番木瓜产量第一、第二位。在 2009 年，两国产量分别达到 400 万和 180 万 t（FAOSTAT，2011）。尼日利亚和墨西哥的产量在去年分别达到 70 万和 76.6 万 t，增长速度进入平台期。在过去 3 年中，印度尼西亚的产量维持在 65 万 t 至 76.5 万 t 之间，保持全球第四、第五的位置。

此外，位居全球番木瓜产量前十位的国家还有埃塞俄比亚、刚果、泰国、危地马拉和哥伦比亚（不同年份有变化，如委内瑞拉和中国在某些年份也进入了前十强生产国名单）。上述国家的产量相对较低一些，年产量介于 18.9 万 t 至 26 万 t（FAOSTAT，2011）。从世界生产地区来看，亚洲地区在 2009 年生产了 540 万 t 番木瓜（占全球产量 52%），美洲地区为 360 万 t（34%），非洲地区为 140 万 t（14%）。

番木瓜产区

用 FAOSTAT（2011）的标准统计计量单位来比较番木瓜产区的情况。在 2009 年前的 50 年间，番木瓜产区面积从 114 192 hm^2 增加到 420 279 hm^2（2010 年达 438 239 hm^2）

(图 1－5b)。尼日利亚虽然 2009 年种植面积处于全球第二的位置，在过去 50 年种植总面积位居全球第一。印度尼西亚在 1960 年至 1980 年期间种植面积位居全球第二，但是从 1990 年至今跌至第五的位置。印度、巴西和墨西哥在 1960 年代以前的种植面积一直处于中游位置，之后持续增长。2009 年，印度种植面积已跃居全球第一位。在过去的十年当中，巴西和墨西哥的番木瓜种植面积稍有下降，分别保持第三、第四的位置。

番木瓜单产产量

同样用 FAOSTAT 标准单位来比较各地区番木瓜产量变化的情况。过去的 50 年间，全球番木瓜栽培平均单产从 11.58 t/hm^2 上升到 24.95 t/hm^2 (图 1－5c)。1960 年至 2009 年间，印度尼西亚番木瓜单产迅速提升，从 12.75 t/hm^2 上升到 85.13 t/hm^2。期间，在 2000 年高速增长至 42.3 t/hm^2。1960 年至 2009 年间，巴西番木瓜单产从 12.75 t/hm^2 上升到 52.39 t/hm^2，墨西哥从 21 t/hm^2 上升到 45.42 t/hm^2。印度番木瓜单产的起伏变化比较大。从 20 世纪 60 年代的 38 t/hm^2 开始，在 20 世纪 80 年代至 20 世纪 90 年代期间将至 12.36 t/hm^2，在过去的二十年间单位产量又逐渐增长至 2009 年的 38.12 t/hm^2。相比而言，从 20 世纪 60 至 2009 年，尼日利亚在过去的 50 年间单产产量保持稳定在 7.14 t/hm^2 至 8.10 t/hm^2 区间。

番木瓜与其他重要热带水果生产的比较

2009年，番木瓜的产量达到全球热带水果产量的前五强(图1－6a，图1－6b)。尽

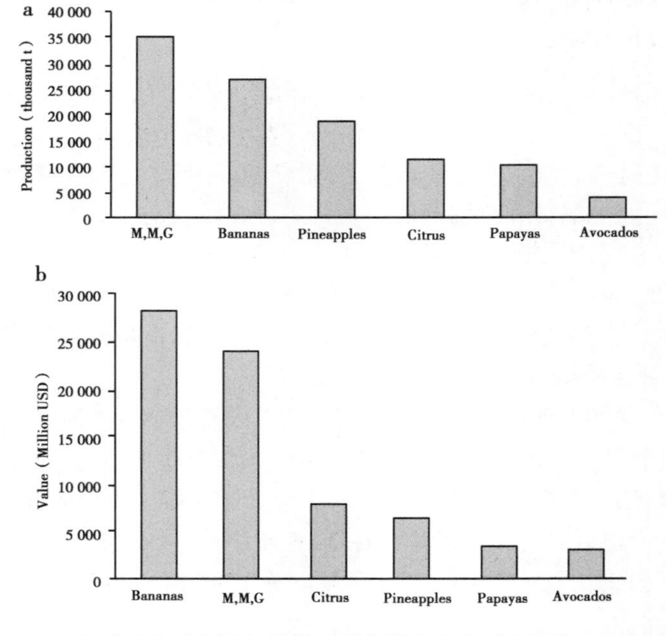

图 1－6　全球番木瓜产量与其他重要热带水果产量的比较 (2009 年)

(a) 全球 6 种主要热带水果的产量 (单位：千 t)。(b) 全球 6 种主要热带水果的产值 (单位：百万美元)。注：数据来源于 FAOSTAT，2011 年。

管如此，番木瓜的年产量（1 000万 t）比起排名靠前的几种水果（包括芒果、山竹、番石榴统称 MMG）在 2009 年的产量（3 500万 t）要少得多，比起香蕉的产量（超过 2 500万 t）更少得多。从产值来看，番木瓜全球产值为 35 亿美元，比起香蕉 280 亿美元产值来说要低很多（图 1－6a，1－6b）。因此，番木瓜还具有较大的增长产能。番木瓜的社会价值同样值得关注。番木瓜产业为相关国家带来了很多的工作机会。特别是在番木瓜收获的季节，有些国家在 1 年半时间内几乎每周都要采收一次。

番木瓜贸易

在 2009 年，排名前 20 的番木瓜出口国的番木瓜出口量达到 21.5 万 t，价值 1.19 亿美元（FAOSTAT，2011）。排名前五位的番木瓜出口国是墨西哥、巴西、Belize、马来西亚和印度。（图 1－7a，图 1－7b）。就进口方面来看，2009 年，排名前 20 位的番木瓜进口国共进口 23.2 万 t 番木瓜，价值 1.99 亿美元。排名前五位的进口国为美国、欧盟、新加坡、加拿大和荷兰（图 1－7a，图 1－7b）。

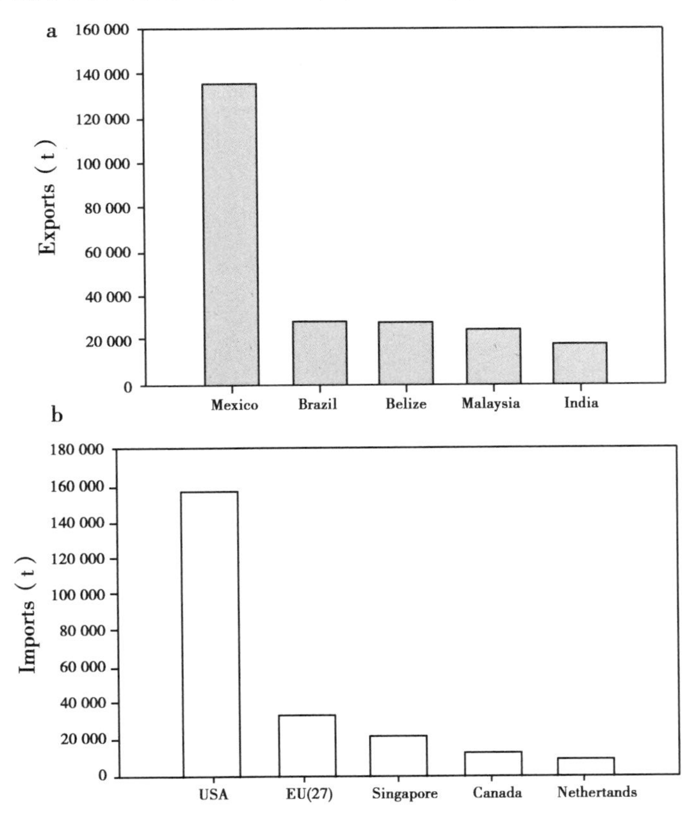

图 1－7　番木瓜全球进出口量

（a）全球排名前五位的番木瓜出口国出口量情况。（b）全球排名前五位的番木瓜进口国进口量情况。注：数据来源于 FAOSTAT，2011 年。

结论

在番木瓜起源方面，我们综述了由植物标本记录提供的一些证据，同时，从本地野生番木瓜种群提供的证据出发，为墨西哥南部地区和中美洲地区是番木瓜的发源地的假说提供了支持。虽然如此，这一结论亟待运用分子生物学技术方法加以确认。在本章中综述了至少在1500年就已经由Lowland玛雅人对番木瓜进行人工驯化的历史。基于形态学和分子生物学研究的初步结果，比较了在墨西哥尤卡坦地区发现的野生番木瓜种群与商业化种植的番木瓜品种之间的差异，结果将为深入讨论番木瓜的驯化过程提供有用的帮助。最后，我们认为近50年来全球番木瓜产业的商业化有力推动了番木瓜总产量和单位面积产量的提升。目前商业化种植的番木瓜已经达到了一个可观的水平，在2009年，番木瓜全球产量达1 050万t，产值达35亿美元。亚洲国家（主要包括印度和印度尼西亚）的番木瓜产量达到了全球番木瓜产量的52%。美洲国家（主要是巴西和墨西哥）的番木瓜产量占全球番木瓜产量的34%。相比之下，非洲地区虽然种植面积很大，但是由于番木瓜单位面积产量偏低，其番木瓜产量仅占全球番木瓜产量的14%。番木瓜已成为全球产量最高的前五种热带水果，并且还有机会达到芒果、番石榴、山竹和香蕉的同等产量。在过去的十年当中，某些主要番木瓜生产国的番木瓜产量停滞不前，甚至出现下滑趋势，因此，很有必要进一步探讨其原因（例如病毒、非生物学因子、生产投入等）。

参考文献

Alvarez C. 1980. Diccionario Etnolingüistico del Idioma Maya Yucateco Colonial [J]. Diccionario Etnolingüístico Del Idioma Maya Yucateco Colonial.

Badillo VM. 1971. Monografía de la familia *Caricaceaee* [M]. Publicado por la Asociación de profesores. Universidad Central de Venezuela, Maracay.

Badillo VM. 1993. *Caricaceaee*. Segundo Esquema [J]. Rev Fac Agron Univ Centr Venezuela, 43: 1 - 111.

Badillo VM. 2000. Carica vs *Vasconcella* St. -Hil. *Caricaceae* [J]. con la rehabilitación de esteultimo. Ernstia, 10: 74 - 79.

Brown CH. 2010. Development of agriculture in prehistoric Mesoamerica: the linguistic evidence [M]. New York: Springer. 71 - 107.

Colunga-GarcíaMarín P, Zizumbo-Villarreal D. 2004. Domestication of plants in Maya lowlands [J]. Econ Bot, 58 (1): S101 - S110.

De Candolle A. 1880. Origine des plantes cultivées [M]. Paris: G Baillièreetcie.

de Oviedo GF. 1959. Historia Generaly Natural de las Indias [M].

Dunning N, Beach T, Farrell P, et al. 1998. Prehispanic agrosystems and adaptive regions in the Maya Lowlands [J]. Cult Agric, 20 (2 - 3): 87 - 101.

Emmart EW. 1940. Badianus manuscript. [M]. Baltimore: The Johns Hopkins Press.

FAOSTAT. 2011. Food and Agriculture Organization of the United Nations Database [J/OL]. http://www.apps.fao.org.

Galarza J. 1997. Los códices mexicanos [J]. Arqueol Mexicana, 23: 6 - 15.

Global Biodiversity Information Facility. 2011. [J/OL]. http://data.gbif.org/species/2874484/.

Harlan JR. 1971. Agricultural origins: centers and non-centers [J]. Science, 174 (4008): 468 - 474.

Lorence DH, Colin RT. 1988. *Carica cnidoscoloides*. sp. nov. and sect. *Holostigma*. sect. nov. of *Caricaceae* from Southern Mexico [J]. Syst Bot, 13 (1): 107 - 110.

Manshardt RM, Zee F. 1994. Papaya germplasm and breeding in Hawaii [J]. Fruit Variety J, 48 (3): 146 - 152.

McVaugh R. 2001. *Caricaceae*. In: Flora Novo-Galiciana: a descriptive account of the vascular plants of Western Mexico, vol 3. Ochnaceaeto Losaceae [M]. Ann Arbor: The University of Michigan Herbarium,

Miksicek CH, Wing ES, Scudde SJ. 1991. The ecology and economy of Cuello. In: Hammond N. ed. Cuelo: an early Maya community in Belize [M]. Cambridge: Harvard University Press. 70 - 84.

Missouri Botanical Garden. 2011. Tropicos. org [EB/OL]. http://mobot.mobot.org/W3T/Search/vast.html.

Morton J. 1987. Fruits of warm climates [M]. Miami: Florida Flair Books. 336 - 346.

Pope KO, Pohl ME, Jones JG, et al. 2001. Origin and environmental setting of ancient agriculture in the lowlands of Mesoamerica. [J]. Science, 292 (5520): 1370 - 1373.

Prance GT. 1984. The pejibaye, Guilielma gasipaes. H. B. K. Bailey, and the papaya, *Carica papaya* L [M]. In: Stone D. ed. Pre-Columbian plant migration. Peabody Museum, Cambridge. 85 - 104.

Scheldeman V, Kyndt T, Coppens d'Eeckenbrugge G, et al. 2011. Vasconcellea [M]. New York: Springer Berlin Heidelberg. 213 - 249.

Smith BC. 2001. Documenting plant domestication the consilience of biological and archeological approaches [J]. Proc Natl Acad Sci USA, 98 (4): 1324 - 1326.

Solms-Laubach. 1889. Die Heimatundder Ursprungdes kultivierten Melonen baumes Carica papaya L [J]. Botanische Zeitung, 44: 709 - 720.

Terán S, Rasmussen C. 1995. Genetic diversity and agricultural strategy in 16th century and present-day Yucatecan Milpa Agriculture [J]. Biodiv Conserv, 4 (4): 363 - 381.

Vavilov NI. 1987. Origin and geography of cultivated plants [M]. Cambridge: Cambridge University Press.

Von Linnaeus C. 1753. Species plantarum [M]., 2 vols [v 1: 1 - 560; v 2: 561 - 1200]. Holmiae: Imprensis Laurentii Salvii.

第二章　番木瓜的生物学特性①

引言

番木瓜是一种具有复杂结构和功能的高大热带草本植物（León，1987），是番木瓜科番木瓜属的独特物种，具有 18 条染色体，在包括至少 6 个属 35 个种的热带地区极具代表性（Fisher，1980；Ming et al，2008；Carvalho and Renner，2013）。番木瓜起源于中美洲的加勒比海沿岸，而后传播到世界许多的热带和亚热带地区，其分布受限于番木瓜本身的低温敏感性（Fitch，2005）。栽培最终导致营养生长和生殖生长发生重大改变（Kim et al，2002），从而使野生种和栽培种得以区分开来（Allan，2002；Dhekney et al，2007）。由于其高产、营养价值、功能属性和全年性的水果生产，这种作物在世界上的重要性是无可争辩的（Paz and Vázquez-Yanes，1998；Niklas and Marler，2007）。

番木瓜是半木质、产乳胶、单茎直立、生长周期短的多年生草本植物。相对较小的基因组显示主要基因具有组织特异性，包括细胞大小、木质化、碳水化合物、光周期反应和次生代谢物，这些特性使番木瓜介于草本植物和木本植物之间（Ming et al，2008）。早熟、生产周期短但叶片高光效、生长快速、产量和种子多及低耗的茎中空（图 2 - 1a ~ d）、叶柄和水果成功造就了这个热带植物先锋（Hart，1980；Ewel，1986），成为多样化农业生态系统中的一员，并构成重要的基因库（Brown et al，2012）。在任何给定的时间，成年番木瓜可以同时进行营养生长、开花和结果等不同的生长期。

成年植株的形态、结构和剖析

番木瓜是单茎、半木质、生长快的大型草本植物（第一年可达到 1 ~ 3 m），尽管在目前栽培条件下番木瓜高度很少超过 5 ~ 6 m，有的可以达到 10 m。偶尔旺盛的营养生长可能诱发腋芽生长而使植株较低部位发生分支，但是分支很少超过几厘米长度。如果植株顶部受损而失去顶端优势，分支也有可能产生。高大的植株也可能使顶部的顶端优势降低而诱导低位分支发生（Morton，1987）。

成年植株着生掌状大叶（0.6 m^2），掌状叶片具 5 ~ 9 个深裂（图 2 - 1b），裂片再分为羽状分裂，每个分裂叶宽度 40 ~ 60 cm 不等（图 2 - 1e），呈螺旋状簇生于顶部

---

① 参考：Víctor M. Jiménez，Eric Mora - Newcomer，MarcoV. Gutiérrez-Soto. 2014. Biology of the Papaya Plant//Genetics and Genomics of Papaya［M］. New York，Heidelberg，Dordrecht，London：Springer. 17 - 33.

(Morton, 1987; Ming et al, 2008)。叶柄中空，长30～105 cm，水平生长，富含淀粉的内皮对叶柄空化修复十分重要。叶表皮和柱状薄壁组织由一个细胞层组成，而海绵组织有4～6层（Bucci et al, 2003; Posse et al, 2009; Leal-Costa et al, 2010）。番木瓜叶由不规则气孔组成，充满了反光的颗粒和晶簇（Carneiro, Cruz, 2009; Leal-Costa et al, 2010）。在阳光照射下气孔密度大约是400/mm^2，可根据环境中的光、水和热进行调整(Canini et al, 2007; Zunjar et al, 2011)。番木瓜叶被确定含有重要的生物活性化合物，对新陈代谢、防御、信号和防止多余的光等有重要作用（Moussaoui et al, 2001; Konno et al, 2004)。成年植株按性别分为三种：雌性株、雄性株和两性株（图2－2a～d和图2－3a～f)。

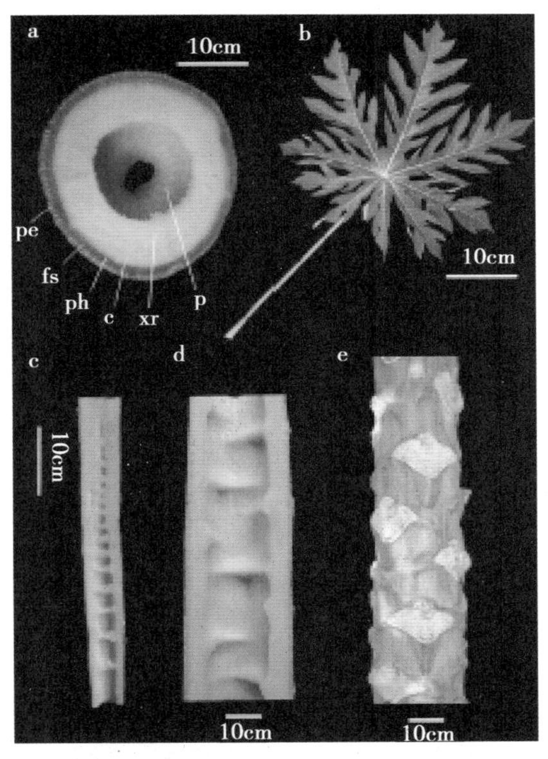

图2－1　番木瓜植株的营养器官

(a) 生长一年的番木瓜茎部横切面；周皮（pe)，纤维鞘（fs)，韧皮部（ph)，形成层（c)，木质部射线（xr)，髓腔（p)。(b) 叶片和叶柄。(c) 生长三个月的番木瓜茎部纵切面开始出现中空的髓腔。(d) 生长一年的番木瓜茎部纵切面出现完整的髓腔。(e) 生长一年的番木瓜茎部出现明显的叶柄痕。

图 2－2　番木瓜植株的不同性别类型

（a）雌株。（b）两性株。（c）雄株。（c）结果的雄株。

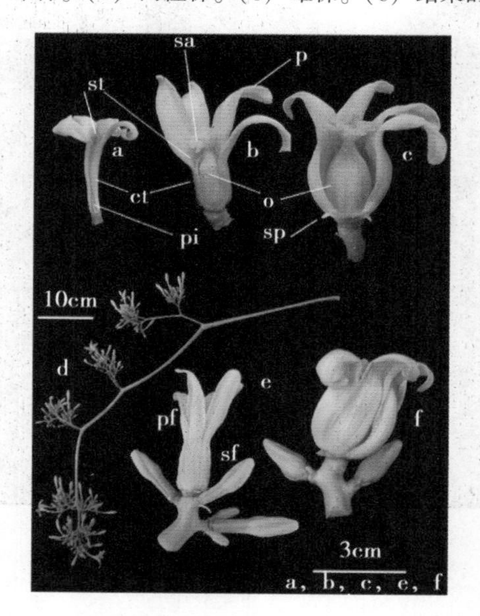

图 2－3　去掉一个花瓣以展示内部结构（a～c）和花序（d～f）的番木瓜花朵

（a）带有雄蕊的雄花（st），退化雄蕊（pi）和花冠管（ct）.（b）完整的花包括 st，ct，柱头（sa），花瓣（p）和细长的子房（o）。（c）雌花包括萼片（sp），花瓣和子房（o）。（d）一个长雄花序上有几十个雌花。（e）雄性花序中有一个主要的完整花（pf）和五个次要花朵（sf）。（f）包含三个雌花的雌性聚伞花序。

植株的生长和发育

番木瓜种子在适宜的水、光照、空气和湿度等条件下（图 2－4a），一般 2～3 周可以发芽（Fisher，1980），幼苗子叶没有分裂（图2－4b），第二个叶片分裂（图2－4c）。成年叶简单、大，掌状（图2－1b）。在热带条件下，每周大约有两片叶呈螺旋生长在植物顶端的3/8位置（Fisher，1980）。叶通常存活3～6个月，并且会在树干上留下持久粗大的叶痕（图2－1e），较低部位叶片掉落和持续长出的新叶在树冠顶端呈现出伞状可提供大量的阴凉处。

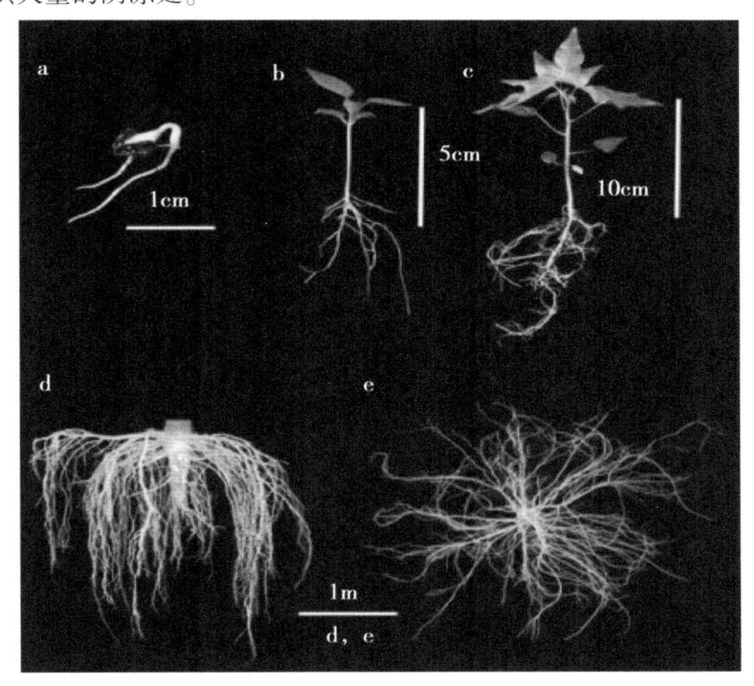

图2－4　番木瓜幼苗和根系

（a）萌发中的番木瓜种子。（b）生长十天的番木瓜幼苗同时有子叶和第一片真叶（c）生长三周的番木瓜幼苗有六片真叶。（d）五个月大的番木瓜根系侧视图，区分出主次根。（e）同一根系的仰视图，展示了次生根的水平分布。

番木瓜生长非常迅速，从种子发芽到开花只需3～8个月，9～15个月就能收获果实（Paterson et al，2008）。番木瓜生长可达20年，然而，由于过度的株高和病虫害影响约束，商业性果园的番木瓜寿命通常是2～3年。

虽然番木瓜被认为是喜阳植物，在背荫下的形态可塑性很高，涉及到诸如叶片单位面积质量的变化、叶绿素a/b比率、气孔密度、节间长度和叶片密度等特点（Buisson，Lee，1993）。多层农业生态系统和高密度果园的番木瓜多具有形态可塑性（Marler and Discekici，1997；Iyer and Kurian，2006）。

番木瓜幼苗和成年植物对机械刺激反应非常强烈（Fisher and Mueller，1983；Porter et al，2009）。这些反应对早期暴露在严酷大风条件下的番木瓜成长至关重要，因为它触发硬化机制，使结构紧凑，增加了木质化和叶柄的延展性（Clemente and Marler，2001；Porter et al，2009）。

茎—支撑和运输系统

番木瓜由单茎提供结构支撑、植株质量、存储容量、防御物质、高度、竞争能力、水、营养、各种有机化合物的上下运输、以及调节生根和发芽的化学和物理信号（Reis et al，2006）。成年植株茎的基部直径10～30 cm，顶部5～10 cm。茎密度只有0.13 g/cm^3。下部茎节紧密宽大，用以支撑整个植株的重量（Morton，1987）。

番木瓜茎厚实，由富含纤维单层的次生韧皮部，和位于内部的负责刚性（硬度）的两个厚壁组织层组成（图2－1a）。木质部的不良木质化有助于水和淀粉的储存（Fisher，1980）。高度发达的髓部从生长早期就很明显。幼茎随着植株的生长逐步发育成中空（图2－1c，图2－1d），并且纤维增厚和硬化（Carneiro and Cruz，2009）。随着茎杆的增厚，厚角组织外层的纤维给软细胞组织和周皮留下广阔的空间，所以内层刚度增加使得茎增粗。除了缓解日常水平衡，茎杆里面的水分对于多汁高大草本植物的机械稳定性可能也是一个重大的结构性因素（Fisher，1980）。

Fisher（1980）对于番木瓜维管组织的描述总结如下：木质部由许多肉眼可见的维管组成，由未木质化的实生组织和射线分化而成。中间有相互交替、相邻和不相邻的孔，每个孔之间有简单横向的穿孔板。有宽、多列和长的韧皮射线。筛细胞可能是多层的，筛板横向位于侧壁。木质部汁液流的记录来源于下沉率，通过观察田间番木瓜植株的液压结构表明，水分运输和韧皮部易位能力维持高水平的气体交换和增长。韧皮部装载可能是协同的，可能应该对番木瓜从海拔0到3 500米的加载机制的变化进行研究。

乳管细胞及功能作用

番木瓜乳管是是一个相互连通的复杂组织系统。一般来说，它们与侧壁穿孔、原生质体融合及韧皮部细胞相互交织形成分支网络（Hagel et al，2008）。由于乳管丰富，只要有损伤，分布广泛的乳管会流出乳胶，这是番木瓜的典型特点（Azarkan et al，2003）。这种酸性乳胶含80%水分（Rodrigues et al，2009）。它含有糖类、淀粉粒、矿物质（硫、镁、钙、钾、磷、铁、锌）、生物碱、类异戊二烯和蛋白质、包括像脂酶、多种纤维素酶、半胱氨酸蛋白酶（番木瓜蛋白酶、番木瓜凝乳蛋白酶）的多种酶类油脂和蛋白质，这些物质对草食性昆虫的防御及组织器官的形成起重要作用（Sheldrake，1969；Moussaoui et al，2001；Azarkan et al，2003；Konno et al，2004）。未成熟的番木瓜，乳管细胞在维管束附近生长，与侧壁分离后溶解融合成细胞，未成熟的番木瓜（直径>10 cm）利用番木瓜酶使之继续生长（Madrigal et al，1980）。第一年番木瓜蛋白酶的产量约245 kg/hm^2（Becker，1958）。

根系

幼根部分良好分化成表皮细胞、外皮和内皮，封闭形成一个由6个木质部和6个韧皮部组成的初生维管系统。形成层继续生长使根增粗增厚而保持肉质化。番木瓜根系由没有主根，有1～2条0.5～1.0 m长根，再从上面分化出丰富的次生根（图2－4d，图2－4e）。这些分布在浅表的须主要维持植株整个生长期的营养和向地性，还能看到许多再次分化的须根。发育正常的根通常是白色和乳白色，没有乳液。根的表型可塑性高，在整个生长期，根的尺寸、数量、分布及方向根据土壤结构和条件发生变化，从而使番木瓜成为复杂农业生态系统和山坡植被的首选（Marler and Discekici，1997；Carneiro and Cruz，2009）。

番木瓜植株依赖于菌根植物提供营养，从土壤覆盖和适当的排水中受益匪浅，排水促进根际相互作用以及水和养分吸收，尤其是磷和氮的吸收。研究发现番木瓜根与4到5属11种灌木真菌有关联，其中包括球囊霉属、无梗囊霉属、巨孢囊霉属。研究发现有4到5个属11种丛枝菌根真菌与番木瓜根的生长有关，其中包括球囊霉属、无梗囊霉属、巨孢囊霉属。菌根与雄株番木瓜和雌株番木瓜相互作用方面可能有所不同：雌株的菌根似乎对土壤肥力的改变更敏感，从而作出相应的调整（Fisher，Mueller，1983；Marler，Discekici，1997）。

番木瓜植株的性别表现

番木瓜植株按性别分为三种：雌株、雄株和两性株，性别由初期的X－Y染色体控制。番木瓜可以是雌雄异株（雌株和雄株）或雌全异株（雌雄同株和雌性株）。一些研究显示，在一个小的特定区域的Y染色体可以控制雄株（Y）或雌雄同株（Y^h）类型。雌株是XX类型。所有Y染色体和Y^h染色体组合都是不育的；因此，雄株和雌雄同株的类型都是杂合体（分别是XY和XY^h形式）（Ming et al，2007）。

花

番木瓜花主要长在树干顶端附近，一般在上午7～9点之间开放。花期持续3～4d，但实际上雌蕊的花期是不确定的。番木瓜花在叶柄处呈放射状的伞状花序。雌雄同株和雌株的伞状花序数量（2～15个）不等（图2－3e，f）。雄株包含几十个甚至几百个花朵长花序（图2－3d）。虽然番木瓜花粉由于有甜蜜的香味和大量花蜜而吸引飞蛾、甲虫、蝴蝶、蜜蜂、苍蝇、蜂鸟，（花蜜仅存在雄株和两性株花上）（Decraene and Smets，1999），最近有证据表明：飞蛾负责大部分的传粉（Martins and Johnson，2009；Brown et al，2012），风也能传粉（Sritakae et al，2011）。28℃下从授粉到达第一个胚珠需要25 h时（Cohen et al，1989）。

两性花

番木瓜完全花呈细长形，5个花瓣，雄蕊5枚，子房1个（图2－3b）。花瓣在下部融合在一起，雄蕊位于中部形成花冠管。花瓣上部分散，有些弯曲，子房卵圆形，近流苏状，花柱5，顶部5裂片，这种构造使得开花时可能略向后弯曲。5对雄花生于2个具外轮对萼的雄蕊上，但每对雄花属于不同的雄蕊。与萼片对生的雄蕊比与花瓣对生的具更长的花丝（Decraene and Smets，1999）。

虽然雌雄同株通常指番木瓜植株上具完全花，但确切的定义应该是指同一个植株上有雄花和完全花，通常，雌雄同株的番木瓜花序有一到两个主要的完全花和几个次要的雌性不育的花（只有雄蕊的）和中间类型的花（图2－3e）。由于遗传和环境因素的影响，在一个花序上的完全花和雄花比例差异可能很大，可能从完全花变化到完全不育。雄株的番木瓜植树上雌性不育通常逐步形成，子房变小，心皮数减少，相关组织退化，最终可能导致只包含一个退化的雌蕊的雄花（图 2 －5a ~ d）（Nakasone and Lamoureux，1982）。

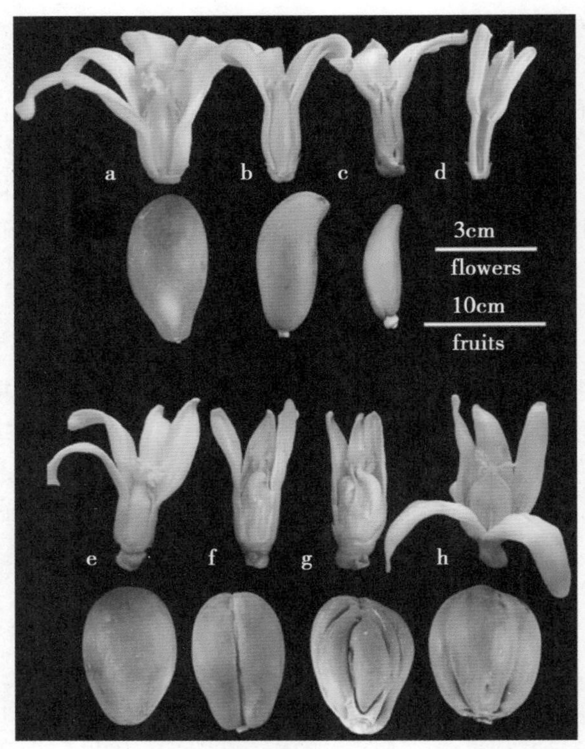

图 2 －5　番木瓜的雌性不育和心皮化

（a ~ d）雌蕊由于雌性不育逐渐减小和相应果实的近似类型。（a）正常两性花有五个心皮（b，c）．失去心皮子房退化导致部分雌性不育。（d）雌性完全不育花。（e，f）相应果实的心皮化和近似类型增长水平。（e）正常的两性花（f ~ g）一个（f）或两个（g）雄蕊融合到子房和部分转化为心皮导致畸形果。（h）五对瓣雄蕊完全转化为心皮形成花的“五心皮化”式的，子房（果实）周围几乎没有花瓣。

当雌雄同株的番木瓜遭受诸如高温、缺水、缺氮等外界压力下，会导致雌性不育加剧（Awada and Ikeda，1957；Arkle and Nakasone，1984；Almeida et al，2003）。这甚至会影响主花，在某些情况下导致完全不育（只有雄蕊）和无产的花序。在某些情况下导致完全不育（只有雄蕊）和无效花序。有时完全花也会发生雄蕊和子房之间的融合（图 2 －5f，图 2 －5g）（Decraene and Smets，1999）。在严重的情况下，与花瓣对生的五个雄蕊会完全转化为心皮，由此长成的花就像雌性花一样，有一个圆形的子房和几乎各种长度的自由花瓣。这种类型的花也被称为“主蕊型”（图 2 －5h）。中间不正常的类型也常见，只有一些雄蕊与子房完全或部分融合，导致水果畸形（图2 －5f，图 2 －5g

和图2－6c)。虽然产生不正常果型有很强的遗传因素（Storey，1953；Ramos et al，2011)，低温、土壤高水分和高氮似乎也对此有影响（Awada，1953，1958；Awada and Ikeda，1957；da Silva et al，2007)。

雌花

番木瓜雌花有五个自由花瓣和一个圆形的具有五个心皮的（Decraene，Smets，1999)、中空的、胎座式发育良好的子房（图2－3c）（Fisher，1980)。与雌雄同株的植株相比，雌株花完全稳定，不会受环境影响出现性别逆转。

雄花

雄花中的雄蕊和两性花的一样，有一个基本的雌蕊或退化的雌蕊（图2－3a)。在某些情况下，由于遗传或环境因素，花序中一些占主导地位的雄花可以发育完全的雌蕊，从而变成两性花，出现雄株座果的表型（图2－2 d）（Storey，1953)。

水果

番木瓜果已被广泛研究（Roth and Clausnitzer，1972；Roth，1977)。番木瓜是浆果类，大小和形状多种多样。两性株的番木瓜果往往是细长的，从圆柱形到梨形不等，而雌株果往往是圆形（图2－6a，图2－6b)。水果大小变化不一，有重量不到100 g的野生种，也有重量超过10 kg的某些地方品种。成熟番木瓜的果皮有2.5～3.0 cm厚。长种子的空间体积占了果实的大部分。成熟果实主要由三层不同的薄壁组织构成：外层是较小的富含色素体的细胞；中间层是较大的有丰富细胞间隙的圆形细胞；内层由海绵状的软细胞组织和拉伸的分支细胞以及丰富的气泡组成。果实含有两组五个维管束，一个在背部（外)，另一个在腹侧内圈（Roth，1977)。

果实通过光合作用获取碳源可能比较少，仅对生长早期的幼小绿色果实表面积和体积比例高时的增长重要。此外，在密集的番木瓜树冠阴影下果实生长也限制了光合作用。此外，在密集的番木瓜树冠阴影下生长的果实，其光合作用也受到限制。果实光合作用可能比在水果内部释放CO_2更重要。果实成熟大约需要5个月。

番木瓜果实成熟是呼吸跃变型的，高乙烯在收获后仅几小时开始产生（果实上出现一两条黄色条纹)。成熟时，番木瓜果实颜色变化、硬度、碳水化合物和负责水果颜色和香味的次生代谢产物都发生改变。成熟果实的颜色会从黄色到橙红色变化。最重要的类胡萝卜素是番茄红素和β-隐黄素，和150多种挥发性酯类和醇类负责水果的甜香味和风味（Pino et al，2003)。

番木瓜果实对低温伤害十分敏感，低于10℃的储存温度会导致果实缩水、表皮凹陷、局部坏死、软化、电解质外渗、采后疾病暴发（Chen and Paull，1986)。用热水处理果实可以诱导产生应急效应和热激蛋白（Paull and Chen，2000)，从而减少对低温的敏感度（McCollum et al，1993)。番木瓜其他重要的生理障碍是擦伤（“皮肤雀斑”）和半透明的果肉（Oliveira and Vitória，2011)。

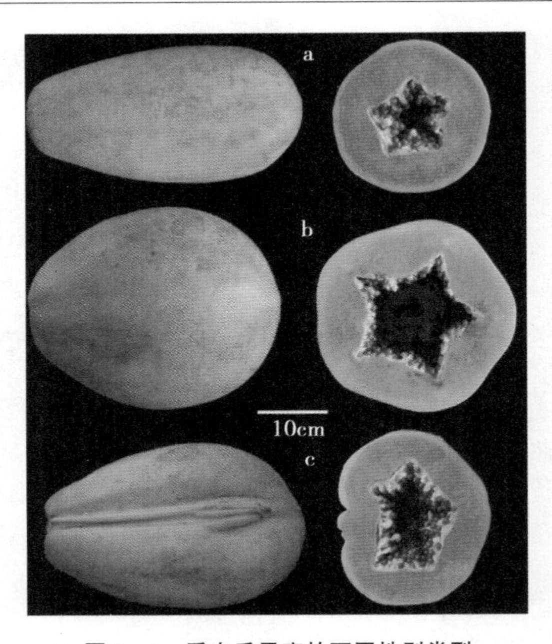

图 2－6　番木瓜果实的不同性别类型

（a）两性植株的果实。（b）雌性植株的果实（c）两性植株上由于心皮化形成的畸形果。

种子

授粉良好的果实有 600 颗黑色种子，甚至更多（图 2－6a～c）。胚芽是直的卵圆形，具扁平的子叶（Fisher，1980）。种子由来源于多层表皮的粘液质覆盖，在生理成熟期胚芽是封闭在肉质状的外种皮里（Roth，1977）。在外种皮下面可以观察到紧密的中种皮以及外部和内部的表皮。胚乳是由有丰富油体和蛋白质微粒的薄壁细胞组成的，在成熟期缺乏淀粉（Fisher，1980；da Silva et al，2007）。野生番木瓜光敏种子在成熟期有休眠期，改变光照条件打破休眠而发芽（Paz and Vázquez-Yanes，1998）。

番木瓜展示出了 C3 植物的光合特性（Campostrini and Glenn，2007）。最适宜生长温度为 21～33℃，在这个温度下番木瓜每周可以长 2 片分裂叶，每月结 8～16 个果实。番木瓜无法忍受 10℃以下温度（Allan，2002，2005）。番木瓜叶片光合补偿点是 ca. 35 $\mu mol\ m^{-2}\ s^{-1}$，并在光合密度（PPFD）（Campostrini and Glenn，2007）2 000 $\mu mol\ m^{-2}\ s^{-1}$时达到饱和（El-Sharkawy et al，1985；Marler and Discekici，1997；Marler and Mickelbart，1998）。受空气湿度影响，25～30 $\mu mol\ CO_2\ m^{-2}s^{-1}$的高光合率和低气压相互作用，可能降低 35%～50% 产量（Campostrini and Glenn，2007）。

光呼吸可以进一步减少 25%～30% 的碳净同化效率，可以改善水资源可利用率和 PPFD 条件。在叶导热辐射能的直接作用下，PPFD 光合作用减少可以降低气孔导度。受损后光抑制作用减弱，PSII 反应中心替代的 D1 蛋白也减少了高 PPFD 水平的光合作用（Reis et al，2006；Campostrini and Glenn，2007）。碳平衡的另一个重要因素是呼吸作用的增长和维持。番木瓜在 25℃温室条件下的碳同化效率 400 $\mu L\ O_2\ g^{-1}h^{-1}$，大约是日常的1/3，在暴露于50℃高温时碳同化率可达1 600 μLO_2 $g^{-1}h^{-1}$（Todaria，1986）。

与其他热带水果（如香蕉）不同，番木瓜不储存淀粉，持续的开花结果需要叶片提供稳定的碳流。糖分积累由三个关键酶控制。在第一次果实生长发育的2/3阶段，糖含量增长缓慢，根据蔗糖合成酶的规律，受非原质体的控制，糖分在后来的成熟期大幅增加。第三种酶即蔗糖磷酸合成酶仍然很低，但活跃在整个果实生长期（Zhou et al，2000；Zhou and Paull，2001）。

木质部中最大的液流率接近0.6～0.8 L H_2O $m^{-2}h^{-1}$，蒸发速率大约是25 mmol H_2O $m^{-2}s^{-1}$（Reis et al，2006）。一般而言，1m^2的叶子每日蒸发1 L水，但随需求增加蒸发量会持续上升。有35片叶子的番木瓜，相当于3.5～4 m^2的面积，每天可以消耗70 gCO_2，蒸发10 L水（Filho et al，2007）。灌溉充足的番木瓜，农作物灌溉系数（Kc）接近一个单位值，但也可能达到的1.2个单位，由于对树冠气体交换强烈依赖，光合作用和水的使用在太阳辐射下都能进行（Campostrini and Glenn，2007；Coelho Filho et al，2007）。

水分胁迫的反应包括通过严格的气孔调节、空化修复、强烈的渗透调节使脱水推迟（Marler and Mickelbart，1998；Marler，2000；Mahouachi et al，2006）。肉质根无法容忍多余的水分，如果水淹2d因缺氧导致萎黄病，叶子脱落，甚至3～4d后死亡（Campostrini，Glenn，2007）。

现代栽培品种中，一片番木瓜叶可以维持三四个水果的生长。然而，有迹象表明：微弱的调整能力来源于番木瓜果期库源比率，大概是因为果实吸收能力较低（Acosta et al，1999；Zhou et al，2000）。这很重要，因为大多数作物的收获器官生物量分配是最容易选择和育种的收益率组成（Bugbee and Monje，1992）。

番木瓜的营养价值

番木瓜对营养需求很高。在阳光下吸收的矿物营养如下：钾＞氮＞钙＞磷＞硫＞镁（营养元素），氯＞铁＞锰＞锌＞硼＞铜＞钼（微量元素）。大量吸取氮、磷、钾对新陈代谢非常重要，在热带土壤中经常受到限制，1 t新鲜水果含有1 770 g氮、200 g磷和2 120 g钾。高密度种植条件下，每公顷需要110 kg氮、10 kg磷和103 kg钾，根据种植面积有时需求量更高。果实需要吸收20%～30%营养。因此，健康发展的根际和菌根共生体应该严格遵循土壤生物化学循环，在热带环境中，指导制定肥料和对土壤修复，如土壤浅薄、泥土板结、通气性不良、矿物质缺乏和营养不平衡（Villachica and Raven，1986；Arango-Wiesner，1999）。

总结

番木瓜是极好的植物。对资源的获取和高效利用使他们的形态及生态特性一样给人印象深刻。高光合率、碳积累、高产、需水量大和矿物质营养需求高。发芽、生根和生殖的表型可塑性很高。所有这些属性都影响番木瓜种植制度的可持续性。番木瓜也可能成为生态研究模型，通过研究其生长、新陈代谢、性别表现、生长期，将多年生植物种群生态学和进化问题联系起来。

参考文献

Acosta C, González HV, Livera M, et al. 1999. Respuesta de las plantas de papayo al dife- rente número de frutos por planta. I. Distribución de biomasa [J]. Serie Hortic, 5 (2): 131 - 136.

Allan P. 2002. *Carica papaya* responses under cool subtropical growth conditions [J]. Acta Hortic, 575 (575): 757 - 763.

Allan P. 2007. Phenology and production of *Carica papaya* "Honey Gold" under cool subtropical conditions [J]. Acta Hortic, 740 (740): 217 - 223.

Almeida FT, Marinho CS, Souza EF, et al. 2003. Expressão sexual do mamoeiro sob diferen- tes lâminas de irrigação na Região Norte Fluminense [J]. Revista Brasileira De Fruticultura, 25 (3): 383 - 385.

Arango-Wiesner LV. 1996. El cultivo de la papaya en los llanos orientales de Colombia [R]. Villavicencio, Colombia. Manual de Asistencia Técnica No 4, vol 4.

Arkle TD, Nakasone HY. 1984. Floral differentiation in the hermaphroditic papaya [J]. HortScience, 19 (6): 832 - 834.

Awada M. 1953. Effects of moisture on yield and sex expression of the papaya plants. *Carica papaya* L [J]. Hawaii Agricultural Experiment Station Progress Notes, 97, 4.

Awada M. 1958. Relationships of minimum temperature and growth rate with sex expression of papaya plants. *Carica papaya* L [J]. Hawaii Agric Exp Station Tech Bull, 38: 1 - 16.

Awada M, Ikeda WS. 1957. Effects of water and nitrogen application on composition, growth, sugars in fruits, yield, and sex expression of the papaya plants. *Carica papaya* L [J]. Hawaii Agric Exp Station Tech Bull, 33: 3 - 16.

Azarkan M, El Moussaoui A, van Wuytswinkel D, et al. 2003. Fractionation and purification of the enzymes stored in the latex of *Carica papaya* [J]. J Chromatogr B, 790 (1 - 2): 229 - 238.

Becker S. 1958. The production of papain—an agricultural industry for tropical America [J]. Econ Bot, 12 (1): 62 - 79.

Brown JE, Bauman JM, Lawrie JF, et al. 2012. The structure of morphological and genetic diversity in natural populations of *Carica papaya*. *Caricaceae*. in Costa Rica [J]. Biotropica, 44 (2): 179 - 188.

Bucci SJ, Scholz FG, Goldstein G, et al. 2003. Dynamic changes in hydraulic conductivity in petioles of two savanna tree species: factors and mechanisms contributing to the refilling of embolized vessels [J]. Plant Cell Environ, 26 (10): 1633 - 1645.

Bugbee B, Monje O. 1992. The limits of crop productivity: theory and validation [J]. Bioscience, 42 (7): 494 - 502.

Buisson D, Lee DW. 1993. The developmental responses of papaya leaves to simulated canopy shade [J]. Am J Bot, 80 (8): 947 -952.

Campostrini E, Glenn DM. 2007. Ecophysiology of papaya: a review [J]. Braz J Plant Physiol, 19 (4): 413 -424.

Canini A, Alesiani D, D'Arcangelo G, et al. 2007. Gas chromatography-mass spectrometry analysis of phenolic compounds from *Carica papaya* L. leaf [J]. J Food Compos Anal, 20 (7): 584 -590.

Carneiro CE, Cruz JL. 2009. Caracterização anatâmica de órgãos vegetativos do mamoeiro [J]. Ciênc Rural, 39 (3): 918 -921.

Carvalho FA, Renner SA. 2014. The phylogeny of Caricaceae. In: Ming R, Moore PH. eds. Genetics and genomics of papaya [J]. Plant Genetics & Genomics Crops & Models, 10: 81 -92.

Chen NM, Paull RE. 1986. Development and prevention of chilling injury in papaya fruit [J]. J Am Soc Hortic Sci, 111 (4): 639 -643.

Clemente HS, Marler TE. 2001. Trade winds reduce growth and influence gas exchange patterns in papaya seedlings [J]. Ann Bot, 88 (3): 379 -385.

Coelho Filho MA, Coelho EF, Cruz LL. 2007. Uso da transpiração máxima de mamoeiro para o manejo de irrigação por gotejamento em regiões úmidas e sub-úmidas [M]. vol 162, EMBRAPA. Cruz das Almas, Bahia.

Cohen E, Lavi U, Spiegel-Roy P. 1989. Papaya pollen viability and storage [J]. Sci Hortic, 40 (4): 317 -324.

da Silva F, Pereira M, Junior P, et al. 2007. Evaluation of the sexual expression in a segregating BC1 papaya population [J]. Crop Breed Appl Biotechnol, 7 (1): 16 -23.

Dhekney SA, Litz RE, Moraga Amador DA, et al. 2007. Potential for introducing cold toler- ance into papaya by transformation with C-repeat binding factor. CBF. genes [J]. Vitro Cell Dev Biol Plant, 43 (3): 195 -202.

El Moussaoui A, Nijs M, Paul C, et al. 2001. Revisiting the enzymes stored in the laticifers of *Carica papaya* in the context of their possible participation in the plant defence mechanism [J]. Cell Mol Life Sci, 58 (4): 556 -570.

El-Sharkawy M, Cock J, Hernandez A. 1985. Stomatal response to air humidity and its relation to stomatal density in a wide range of warm climate species [J]. Photosynth Res, 7 (2): 137 -149.

Ewel JJ. 1986. Designing agricultural ecosystems for the humid tropics [J]. Annu Rev Ecol Syst, 17 (1): 245 -271.

Fisher JB. 1980. The vegetative and reproductive structure of papaya. *Carica papaya* [J]. Lyonia, 1 (4): 191 -208.

Fisher JB, Mueller RJ. 1983. Reaction anatomy and reorientation in leaning stems of balsa. Ochroma. and papaya. *Carica* [J]. Can J Bot, 61 (3): 880 – 887.

Fitch MMM. 2005. *Carica papaya*Papaya [J]. In: Litz RE. ed. Biotechnology of fruit and nut crops, vol 29. CABI, Cambridge, 174 – 207.

Hagel JM, Yeung EC, Facchini PJ. 2008. Got milk? The secret life of laticifers [J]. Trends Plant Sci, 13 (12): 631 – 639.

Hart RD. 1980. A natural ecosystem analog approach to the design of a successional crop system for tropical forest environments [J]. Biotropica, 12 (2): 73 – 82.

Iyer CPA, Kurian RM. 2006. High density planting in tropical fruits: principles and practice [M]. Delhi: International Book Distributing Co..

Khade SW, Rodrigues BF, Sharma PK. 2010. *Arbuscular mycorrhizal* status and root phosphatase activities in vegetative *Carica papaya* L. varieties [J]. Acta Physiol Plant, 32 (3): 565 – 574.

Kim M, Moore P, Zee F, et al. 2002. Genetic diversity of *Carica papaya* as revealed by AFLP markers [J]. Genome, 45 (3): 503 – 512.

Konno K, Hirayama C, Nakamura M, et al. 2004. Papain protects papaya trees from herbivorous insects: role of cysteine proteases in latex [J]. Plant J, 37 (3): 370 – 378.

Leal-Costa MV, Munhoz M, Meissner Filho PE, et al. 2010. Anatomia foliar de plantas transgênicas e n? o transgênicas de *Carica papaya* L. *Caricaceae* [J]. Acta Bot Brasil, 24: 595 – 597.

León J. 1987. Botánica de los cultivos tropicales [J]. IICA, San José.

Madrigal SL, Ortiz NA, Cooke RD, et al. 1980. The dependence of crude papain yields on different collection. 'tapping'. procedures for papaya latex [J]. J Sci Food Agric, 31 (3): 279 – 285.

Mahouachi J, Socorro A, Talon M. 2006. Responses of papaya seedlings*Carica papaya* L. to water stress and re-hydration: growth, photosynthesis and mineral nutrient imbalance [J]. Plant Soil, 281 (1): 137 – 146.

Marler TE. 2000. Water conductance and osmotic potential of papaya. *Carica papaya* L. roots as influenced by drought [J]. Springer Netherlands, 87: 239 – 244.

Marler TE, Discekici HM. 1997. Root development of 'Red Lady' papaya plants grown on a hillside [J]. Plant Soil, 195 (1): 37 – 42.

Marler TE, Mickelbart MV. 1998. Drought, leaf gas exchange, and chlorophyll fluorescence of field-grown papaya [J]. J Am Soc Hortic Sci, 123 (4): 714 – 718.

Martins DJ, Johnson SD. 2009. Distance and quality of natural habitat influence hawkmoth pollination of cultivated papaya [J]. Int J Trop Insect Sci, 29 (3): 114 – 123.

McCollum TG, D'Aquino S, McDonald RE. 1993. Heat treatment inhibits mango chilling injury [J]. HortScience, 28 (3): 197 – 198.

Ming R, Yu Q, Moore PH. 2007. Sex determination in papaya [J]. Semin Cell Dev Biol, 18 (3): 401 -408.

Ming R, Yu Q, Blas A, et al. 2008. Genomics of papaya, a common source of vitamins in the tropics [J]. Plant Genetics & Genomics Crops & Models, 1: 405 -420.

Morton J. 1987. Fruits of warm climates; Papaya. [M]. Miami: Fruits of warm climates. Julia F. Morton. 336 -346.

Nakasone HY, Lamoureux C. 1982. Transitional forms of hermaphroditic papaya flowers leading to complete maleness [J]. J Am Soc Hortic Sci, 107 (4): 589 -592.

Niklas KJ, Marler TE. 2007. *Carica papaya. Caricaceae*: a case study into the effects of domestication on plant vegetative growth and reproduction [J]. Am J Bot, 94 (6): 999 -1002.

Oliveira JG, Vitória AP. 2011. Papaya: nutritional and pharmacological characterization, and quality loss due to physiological disorders. An overview [J]. Food Res Int, 44 (5): 1306 -1313.

Paterson A, Felker P, Hubbell S, et al. 2008. The fruits of tropical plant genomics [J]. Trop Plant Biol, 1 (1): 3 -19.

Paull RE, Jung Chen N. 2000. Heat treatment and fruit ripening [J]. Postharvest Biol Technol, 21 (1): 21 -37.

Paz L, Vázquez-Yanes C. 1998. Comparative seed ecophysiology of wild and cultivated *Carica papaya* trees from a tropical rain forest region in Mexico [J]. Tree Physiol, 18 (4): 277 -280.

Pino JA, Almora K, Marbot R. 2003. Volatile components of papaya*Carica papaya* L., Maradol variety fruit [J]. Flavour Fragrance J, 18 (6): 492 -496.

Porter BW, Zhu YJ, Webb DT, et al. 2009. Novel thigmomorphogenetic responses in Carica papaya: touch decreases anthocyanin levels and stimulates petiole cork outgrowths [J]. Ann Bot, 103 (6): 847 -858.

Posse RP, Sousa EF, Bernardo S, et al. 2009. Total leaf area of papaya trees estimated by a nondestructive method [J]. Scientia Agricola, 66: 462 -466.

Ramos HCC, Pereira MG, Silva FF, et al. 2011. Seasonal and genetic influ- ences on sex expression in a backcrossed segregating papaya population [J]. Crop Breed Appl Biotechnol, 11 (2): 97 -105.

Reis FO, Campostrini E, Sousa EF, et al. 2006. Sap flow in papaya plants: Laboratory calibra- tions and relationships with gas exchanges under field conditions [J]. Sci Hortic, 110 (3): 254 -259.

Rodrigues S, Da Cunha M, Ventura JA, et al. 2009. Effects of the Papaya meleira virus on papaya latex structure and composition [J]. Plant Cell Rep, 28 (5): 861 -871.

Ronse Decraene LP, Smets EF. 1999. The floral development and anatomy of *Carica papaya* [J]. *Caricaceae* Can J Bot, 77 (4): 582 -598.

Roth I. 1977. Fruits of angiosperms [J]. Acta Bot Venezuelica, 7: 187 -206.

Schweiggert R, Steingass C, Heller A, et al. 2011a. Characterization of chromo- plasts and carotenoids of red- and yellow-fleshed papaya. *Carica papaya* L [J]. Planta, 234 (5): 1031 - 1044.

Schweiggert RM, Steingass CB, Mora E, et al. 2011b. Carotenogenesis and physicochemical characteristics during maturation of red fleshed papaya fruit *Carica papaya* L [J]. Food Res Int, 44 (5): 1373 - 1380.

Sheldrake AR. 1969. Cellulase in latex and its possible significance in cell differentiation [J]. Planta, 89 (1): 82 - 84.

Sritakae A, Praseartkul P, Cheunban W, et al. 2011. Mapping airborne pollen of papaya. *Carica papaya* L. and its distribution related to land use using GIS and remote sensing [J]. Aerobiologia, 27 (4): 291 - 300.

Storey WB. 1953. Genetics of the papaya [J]. J Hered, 44 (2): 70 - 78.

Silva JAT, Z Rashid, DT Nhut, et al. 2007. Papaya. *Carica papaya* L. biology and biotechnology [J]. Tree Forest Sci Biotechnol, 1 (1): 47 - 73.

Todaria N. 1986. Respiration rates of some greenhouse cultivated tropical and subtropical species [J]. Biol Plant, 28 (4): 280 - 287.

Vega-Frutis R, Guevara R. 2009. Different *Arbuscular mycorrhizal* interactions in male and female plants of wild *Carica papaya* L. [J]. Plant Soil, 322 (1): 165 - 176.

Villachica H, Raven K. 1986. Nutritional deficiencies of pawpaws. *Carica papaya* L. in the central tropical forest of Peru [J]. Turrialba, 36 (4): 523 - 531.

Walsh KB, Ragupathy S. 2007. Mycorrhizal colonisation of three hybrid papayas (*Carica papaya*) under mulched and bare ground conditions [J]. Aust J Exp Agric, 47: 81 - 85.

Zhou L, Paull RE. 2001. Sucrose metabolism during papaya (*Carica papaya*) fruit growth and ripening [J]. J Am Soc Hortic Sci, 126 (3): 351 - 357.

Zhou L, Christopher DA, Paull RE. 2000. Defoliation and fruit removal effects on papaya fruit production, sugar accumulation, and sucrose metabolism [J]. J Am Soc Hortic Sci, 125 (5): 644 - 652.

Zunjar V, Mammen D, Trivedi BM, et al. 2011. Pharmacognostic, physicochemical and phytochemical studies on *Carica papaya* Linn. leaves [J]. Pharmacognosy J, 3 (20): 5 - 8.

第三章　番木瓜的表型和遗传多样性①

遗传多样性在作物改良中的作用

遗传多样性是动植物形态和生理外观性状（表型）变异的主要来源。自然选择或不选择某一个特定表型影响物种内和物种间的进化变化，并最终导致物种遗传多样性，反过来又为物种适应环境条件的变化提供了基础（Hammer et al，2003）。了解特定作物品种的遗传多样性对理解进化关系、制定有效的保护遗传资源策略、指导育种和作物改良是必要的。颜色、器官形态、与病原体的相互作用或酶的变化等鲜明特征在很大程度上与环境影响无关，这些是可靠的质量性状，可以很容易被评估以反映作物高度的遗传多样性。然而，当表型性状不是由某一特定基因型决定或当它们受到环境的影响的是数量性状，因此，必须使用更昂贵直接的分子手段来评价其遗传基础。像产量、株高、叶片和果实大小、果实品质、病虫害抗性等重要农艺性状一般是数量性状，其遗传多样性要在分子水平上进行评估。发现分子基因型和期望农艺性状之间的关系，有利于种质资源库的建立和维护、新品种培育和品种改良。

种群遗传多样性的大小和结构决定了种群适应环境的能力。因此，自然种群需要有足够的遗传多样性，以确保他们能在生物和非生物因素不断变化的环境条件下存在。类似地，作物遗传改良计划需要评价和利用足够的遗传多样性来繁殖种群，使不同的基因重组来选择具有期望性状的后代。正如在本质上，育种家期望的性状是那些能使作物在目标环境中获得成功，或抗目标病虫害，拥有一些如对消费者重要的有良好营养价值或风味的品质。

已发表的对番木瓜表型和遗传多样性的分析极大地反映了当前考察的分类群体的广泛性。包括22个种的 *Carica* 属分成两部分：*Carica*，*Vasconcellea*，比分类群体缩小到一个单一的物种 *Carica papaya* 有更大的多样性。具体说来，常见的番木瓜（*C. papaya* L.）是小科 *Caricaceae* 的一员，*Caricaceae* 科包括六个属，其中有一些的分类地位会随时间变化（Ming et al，2005；Scheldeman et al，2007）。值得注意的是，*Carica* 属一直包括普通番木瓜，但有时也包括 *Vasconcellea* 属的高地番木瓜。然而，*Vasconcellea* 最近恢复为一个属（Badillo，2000），包括21个种，其中一些被称为高地番木瓜，因为它们通常出现在高海拔地区（Ming et al，2005；Scheldeman et al，2007）。随着 *Vasconcellea* 恢复为一个属，*Carica* 属便减少到单一的种 *C. papaya*，它的多样性少于原来包括 *Vasc*

---

① 参考：Moore P H. 2014. Phenotypic and Genetic Diversity of Papaya//Genetics and Genomics of Papaya［M］. New York：Springer. 35 – 45.

*oncellea*的时候。

番木瓜表型多样性

普通番木瓜种质表现出叶片形态特征及其大小、花序类型、果实形状大小和对病虫害反应方面适度的高表型变异（描述由IBPGR提供，1988）。最独特、最有经济价值的番木瓜品种表型性状与花和果实的特征有关（表3－1）。

表3－1　在商业和育种上常见的番木瓜品种

Variety	Origin	Average fruit size, notable traits	Fruit characteristics (e. g, shape, color)
Bettina	Australia (Florida Betty × Queensland var.)	1.36～2.27 kg	Round-ovoid Well colored
Cariflora	Florida, USA	0.8 kg Tolerant to PRSV	Round, dark yellow to light orange flesh
Coorg Honey Dew[H]	India	2～3.5 kg	Long to ovoid, yellow
Eksotika[H]	Malaysis (Sunrise Solo × Sugang 6)	0.6～0.90 kg	Elongate (from hermaphrodite), orange-red flesh
Eksotika Ⅱ[H]	Malaysia (Eksotika lines 19×20)	0.6～1.0 kg, higher yield than from Eksotika	Fewer freckles on skin and sweeter than Eksotika
Hortus Gold (selection: Honey Gold)	South Africa	1 kg, propagated from cuttings	Round-ovoid, golden yellow flesh
Kapoho Solo[H]	Hawaii, USA	0.45 kg	Pear shaped, but shorter neck than "Sunrise Solo". orange-yellow flesh
Known You I[H]	Taiwan	1.6～3 kg, tolerant to PRSV	Very long and slender, yellow flesh
Maradol	Cuba	2.6 kg	Elongate, green or yellow skin
Rainbow[H]	Hawaii, USA (SunUp × Kapoho Solo)	0.65kg, transgenic resistance to PRSV	Pear shaped to ellipsoid, yellow-orange flesh
Red Lady 786	Taiwan	1.5～2 kg, tolerant to PRSV	Elongate, red flesh
Red Maradol	Mexico	2.5～2.6 kg	Red flesh, yellow-orange skin
Sekaki[H]	Malaysia	1.0～2.5 kg	Long cylindrical with smooth skin, red, firm flesh
Solo[H]	Developed in Hawaii, USA; originally from Barbados	0.5～1 kg, bisexual flowers, highly selfing	Pear shaped (from hemaphrodites), orange-yellow skin, golden orange flesh

（续表）

Variety	Origin	Average fruit size, notable traits	Fruit characteristics (e. g, shape, color)
Sunset Solo[H]	Hawaii, USA	0. 4 ~ 0. 55 kg	Pear shaped, red fimer flesh
Sunrise Solo[H]	Hawaii, USA	0. 57 kg	Pear shaped, reddish-pink flesh
SunUp[H]	Hawaii, USK	0. 45 ~ 0. 9 kg transgenic resistance to PRSV	Pear shaped, red flesh
Tainaung I[H]	Taiwan	1. 1 kg	Pointed blossom end (from hemaphrodite), red flesh
Waimanalo[H]	Hawaii, USA	0. 6 ~ 0. 9 kg	Pear shaped to round ovoid, yellow flesh

番木瓜花序形态和因植株性别而异的花。番木瓜品种通常是雌雄异株（雌花与雄花分别生长在不同的株体）或雌花两性花异株（在雌雄同体植株上有两性花和雌株上有单性花）；雌株的花序梗或花梗短（2. 5 ~ 6 cm 长），只有一个或几个大的弯曲的分离花瓣的铃形花。雌花果实从球形到卵形。雄株花序梗一般长 60 ~ 90 cm，有的甚至可以超过 150 cm，下垂，有很多小喇叭状花，花瓣和雄蕊花丝融合在一个有外展叶的窄管中。雌雄同株植株的花序梗介于花序梗长 2. 5 ~ 6 cm 的单性花类型和可变性别的两性花类型之间，但它们通常有中点的管状或大花瓣裂片下部收缩。雌雄同株植株的果实是梨形，颈部的收缩程度与品种有关。

虽然番木瓜的性别是由基因控制的，但在环境条件的影响下，性别的表达可以改变。雌雄同体植株可以通过降低子房的大小和功能，停止产生雌雄同体花而产生雄性花。雄性植物可能会出现季节性的性逆转，产生雄花、雌花和两性花（Storey，1958，1976）。年幼的雌雄同体植株在压力下可能有雄花，但在最佳条件下是两性花。雄性植株有稳定的性表达，但却不知道是如何通过雄性结构来开花（Hofmeyr，1939；Nakasone and Lamoureux，1982）。番木瓜表型多样性表现出许多广泛的性状（IBPGR，1988），包括幼苗阶段长短的重要园艺特征、植物株型、雄蕊心皮化、心皮败育、果实性状、对病虫害的反应。此外，商业番木瓜品种可能来源于雌花两性花异株品系的近亲繁殖，典型的是夏威夷的 Solo 品系，或雌雄异株种群的远缘杂交，例如昆士兰南部的澳大利亚番木瓜，杂种 F1 代，台农系列（中国台湾）、Eksotica II（马来西亚）、Rainbow（夏威夷）和 Hortus Gold（南非）。如前面所讨论过的，果形反映了花型，花型反映了植株性别。地方消费者的偏好和市场也影响水果的形状、大小、果肉颜色、风味和甜味（Nakasone，Paull，1998）。某些品种（表 3 - 1）的一般大型果实从球形或卵形到梨形或长度增加 10 ~ 50 cm。果实重量可以有很大的不同，0. 35 ~ 10 kg，甚至 12 kg，主要依赖于种植者为特定的本地市场所做的选择。Storey（1969）报道在南美和南太平洋地区偏好 2. 5 ~ 6kg 的水果，南非是 1. 25 ~ 2. 5 kg 的小叶水果，夏威夷是小到 0. 4 ~ 0. 5 kg 的 Solo 型水果。Solo 是指一个小果种群、含糖量高、选育自 1910 年从巴巴多斯引种到夏威夷的栽培品种（Storey，1969）。

采用形态和同工酶遗传型的方法发现哥斯达黎加普通番木瓜有 32 个野生型，7 个农家（或地方）种植型，和 7 个商业化种植品系（d'Eeckenbrugge et al，2007）。如前所述，已经报道了从典型野生雌性植株（籽粒小而多的黄皮果实）到商业化水果（具有丰富的橙色或淡红色果肉的中大型果实）的果实性状发生了相当大的形态变化。野生水果品系在太平洋沿岸更常见，而更加多样的水果类型在加勒比海一侧的国家更常见，表明当地野生型和栽培型间种质深入的增加。所有的原始材料的形态与商业品种有较大区别，包括大叶片和大叶柄、叶片分裂不明显、有苞片、小花。方差分析表明，在叶片裂片和长度方面有显著性的影响。同工酶多态性不够丰富，没有显著的遗传多样性。在哥斯达黎加的后续独立研究使这项初步研究的结果在很大程度上证实了自然种群和栽培品种的形态和微卫星多样性（Rieger，2009）。自然种群间的形态多样性最为明显。天然番木瓜种群间更大的形态多样性同样在微卫星多样性上得以体现（Pérez，2006；Eustice et al，2008）。

遗传多样性

在描述植物多样性、确定基因型方面，分子生物学方法的主要优点是在 DNA 水平上更大的分辨率，基因序列可以为鉴定提供直接的联系（表 3－2）。此外，由于排除了所有的环境影响，分子的方法可以应用于任何发育阶段。最早发表的关于番木瓜种质资源遗传多样性的分子研究利用随机扩增多态性 DNA（RAPD）标记检测了一个小群体，包括七个夏威夷 Solo 栽培品种和三个不相关的番木瓜品系（Stiles et al，1993）。这项研究的目的是检测揭示已知系谱的番木瓜品系的亲缘关系的 RAPD 数据的有效性，而不是提供一个遗传多样性的广泛概述。结果表明，RAPD 分析可用于评价试验品种间的关系，简单匹配系数范围从 0.7 到 0.95，即遗传多样性的仅有中等程度，表明驯化番木瓜具有狭窄的遗传基础。

表 3－2　遗传变异和多样性检测方法比较

Method	Variation detected	Throughput	Loci analyzed per assay	Reproducibility	Type of character	Inheritance of character	Technology level
Morphology	Low	High	Low no.	Medium	Phenotypic	Qualitative/ quantitative	Low
Isozymes	Medium	Medium	Low no.	Medium	Proteins	Codominant	Medium
RFLP (low copy)	Medium	Low	Low no. (specific)	Good	DNA	Codominant	High
RFLP (high copy)	High	Low	High no. (specific)	Good	DNA	Dominant	High
RAPD	High to medium	High	High no. (random)	Poor	DNA	Dominant	Medium
AFLPs	Medium to high	High	High no. (random)	Medium	DNA	Dominant	High

（续表）

Method	Variation detected	Throughput	Loci analyzed per assay	Reproducibility	Type of character	Inheritance of character	Technology level
Sequence-tagged SSRs	High	High	Medium no.（specific）	Good	DNA	Codominant	High
DNA sequencing（old）	High	Low	Low no.（specific）	Good	DNA	Codominant/dominant	High
DNA sequencing（new）	High	High	High no.（specific）	Good	DNA	Codominant/dominant	High

联合使用 RAPD 和酶标记（Jobin-Décor et al，1997）、叶绿体 DNA 基因间隔区内的限制性片段长度多态性（RFLP）（Aradhya et al，1999）、扩增片段长度多态性（AFLP）标记（Van Droogenbroeck et al，2002）和微卫星标记（Pérez，2006；Eustice et al，2008）。最广泛的研究（Van Droogenbroeck et al，2002）是基于 AFLP 标记分析了在厄瓜多尔收集的所有 95 份材料，包括 *C. papaya*、至少 8 个 *Vasconcellea* app 和 2 个 *Jacaratia* spp 的三个属。五个引物组合产生 496 个多态性 AFLP 标记为基础的聚类分析，清晰地将三个属的物种分开，显示出种质资源 *C. papaya* 和 *Vasconcellea* spp 之间较大的遗传距离。总的来说，由 Ming et al（2005）审查的这些多样性分析研究表明 *C. papaya* 是在进化早期从 *Vasconcellea* spp. 中分离出来的。Aradhya et al（1999）和 Van Droogenbroeck 等（2002）指出，野生南美番木瓜种与 *Jacaratia* 属的一些物种有更近的亲缘关系。

番木瓜栽培种、育种品系、改良的种质资源和 *Carica* 的 *Vasconcellea* 部分（Jobin-Décor et al，1997）间遗传关系利用扩增片段长度多态性（AFLP）标记建立（Kim et al，2002）。71 个番木瓜种质和相关的 *Carica* 种用 9 个 EcoRI-MseI 引物组合分析。共生成分析了 186 个有价值的 AFLP 标记。聚类分析表明，63 个番木瓜种质间的平均遗传相似性为 0.880，这意味着番木瓜内的遗传变异有限（图 3－1）。来自相同或相似基因库

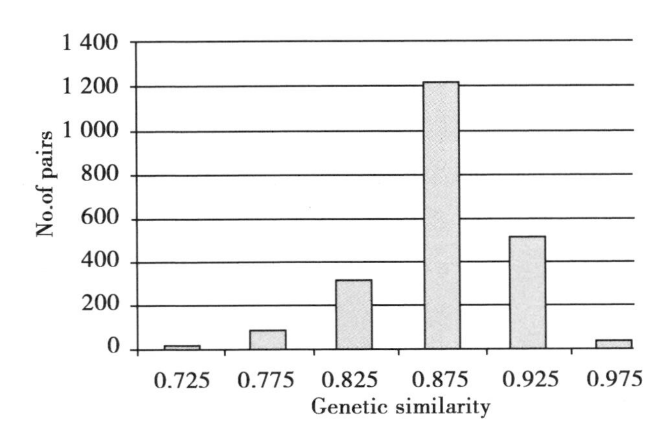

图 3－1　成对比较番木瓜品种之间的遗传相似性分布

的品种间的遗传多样性较小，例如仅在夏威夷Solo hermaphrodite栽培种的遗传相似性是0.921，澳大利亚雌雄异株栽培种遗传相似性是0.900。令人惊讶的是，结果表明开放授粉的雌雄异株栽培种没有比自花授粉的雌雄同株栽培种有更多的变异，它们可能都是雌雄异株和雌雄同体的衍生品种，遗传基础狭窄（Ming et al，2005）。

对 *C. papaya* 和六个相关的 *Caricaceae* 种之间的遗传多样性进行了分析。*C. papaya* 与这些物种有着最小遗传相似性，平均遗传相似性为0.432。其他六个品种间的平均遗传相似性为0.729。AFLP标记结果提供了番木瓜栽培种内和种间的遗传变异的详细分析并支持 *C. papaya* 在这个属进化早期就已与其他种分开的结论。

对72份来自哥斯达黎加（野生和栽培品系）、哥伦比亚、委内瑞拉和安的列斯群岛的13个地区的番木瓜进行了更广泛的遗传多样性评价。分析包括使用15个微卫星标记计算等位基因的丰富性和频率、期望杂合度（He）、遗传距离（Nei，1973，1978）和主成分分析（PCA）。共用99个等位基因确定了15个位点。虽然取自哥斯达黎加的番木瓜品系显示出最多的稀有和独特等位基因，但它们却表现出了最低的遗传多样性，He值在0.37和0.44之间。哥斯达黎加的野生和栽培个体之间没有差异证实了它们之间的种质渗入，正如先前基于形态和同工酶描述的报道（d'Eeckenbrugge et al，2007）。瓜德罗普岛、委内瑞拉、哥伦比亚和巴巴多斯的番木瓜种质有最高的多样性，He值在0.69和0.50之间。PCA分析表明采样的番木瓜种质间根据其地理来源有明显的不同。有趣的是，栽培品种“Solo”的作图接近巴巴多斯岛种群，这看似是合理的，因为它最初就是来源于巴巴多斯岛的种质资源。哥斯达黎加和哥伦比亚种质资源中的稀有等位基因，哥伦比亚、委内瑞拉和瓜德罗普岛采集的一些栽培种质资源中更大的等位基因多样性，这个实验得出了遗传多样性的AFLP调查（Kim et al，2002）结论，即目前美国农业部在夏威夷收集的种质资源包括绝大多数的番木瓜自然变异。尽管 *C. papaya* 的遗传多样性很小，更可能是通过从推测为物种起源中心的美国部和南美东北部地区收集和鉴定未来的种质资源。

总之，栽培番木瓜内的遗传多样性研究表明，栽培方法和地理隔离从导致遗传多样性低的相对狭窄的遗传基础中强制选择出了栽培番木瓜（Aradhya et al，1999；Jobin-Décor et al，1997；Kim et al，2002；Van Droogenbroeck et al，2002）。例如，夏威夷“Solo”番木瓜是在1910年从巴巴多斯的引种中选育出的（Storey，1969）。虽然在该领域各种各样的形态特征是可见的，63份种质资源中只有约12%的扩增片段长度多态性（AFLP）（Kim et al，2002）。在分析的63个种质中，有82%的成对比较显示遗传相似性大于0.85，小于4%的表现不到0.80。栽培番木瓜中存在的遗传变异是由于自然杂交事件；根据具体育种或选择程序，报道的遗传相似性是依据每个种质的来源（Kim et al，2002）。Van Droogenbroeck等（2002）把六份栽培番木瓜种质列入代表来自厄瓜多尔三个属11个种的 *Caricaceae* 的95个种质间遗传关系的研究。对这些材料的AFLP分析表现出较低的遗传变异（平均相似性 0.99），也显示出栽培番木瓜相比其他试验的属是非常独特的，与其平均遗传相似性只有 0.23，这支持了 *C. papaya* 早期便从它的的野生近源种分化出来，然后独立进化的想法（Aradhya et al，1999；Van Droogenbroeck et al，2002）。

展望

番木瓜的表型多样性很难评价，因为多样性没有被广泛研究，大部分被记录的受限于植物生长习性、花和果实特性、对病原体的响应。对于这些重要农艺性状，普通番木瓜的多样性似乎更合适些。同样，普通番木瓜的遗传多样性很难评价，也许是因为迄今为止使用的分子方法分辨率有限，或者是因为普通番木瓜品系一般都是近交系，只有有限的遗传多样性。当然，番木瓜及其野生近缘种，特别是以前被认为是 *Carica* 一部分（Jobin-Décor et al，1997）的 *Vasconcellea* 属的 20 多个高地番木瓜品种，其多样性比番木瓜栽培种大得多。

从近源番木瓜种质中获得更大多样性的潜力表明需要整合有理想性状的野生亲缘种。然而，这样的种质渗入已被证明是难以捉摸的。虽然栽培番木瓜和它的野生亲缘种有相同的体细胞染色体数目（2n = 18）和类似的基因组大小（约 372 百万碱基），但它们在分子水平上有很大的不同。栽培番木瓜和 *Vasconcellea* 属高地番木瓜间的同工酶和 RAPD 分析分别显示出 73% 和 69% 同源性。叶绿体 DNA（cpDNA）基因间隔区 AFLP 分析使用引导分析所得 64% 的置信度也将栽培番木瓜归类为 *Vasconcellea* 的一个单独分支（Aradhya et al，1999）。不管是什么原因，受精后障碍高度表达的某些形式阻碍了自然杂交，使 *Carica* 和 *Vasconcellea* 间强制杂交变得困难。

71 个番木瓜和相关的物种种质间的简单匹配系数图见图 3－2。

Vasconcellea 的不亲和性并不常见。在一些重叠分布的地区，几种 *Vasconcellea* 产生了天然杂交种（Badillo，1993；Scheldeman et al，2013）。相反，栽培番木瓜需要胚胎挽救（Manshardt and Wenslaff，1989；Manshardt 和 Drew，1998）或利用杂种回交桥（Drew et al，2006）从 *Vasconcellea* 中引入遗传多样性。胚胎挽救费力且效率低下。混合回交桥工作更有效，包括 *C. papaya* 和 *Vasconcellea quercifolia* 属间杂种后再与 *C. papaya* 回交的使用。这个澳大利亚和菲律宾的联合项目迄今已产生了三个抗澳大利亚分离的番木瓜环斑病毒（PRSV）回交株系和六个抗菲律宾分离的 PRSV 株系。不育和不亲和问题通过第二回交世代已经不再是问题（Drew et al，2006）。这些属间杂交和胚胎挽救技术的精炼将进一步促进未来理想性状和遗传多样性渗入到番木瓜中。

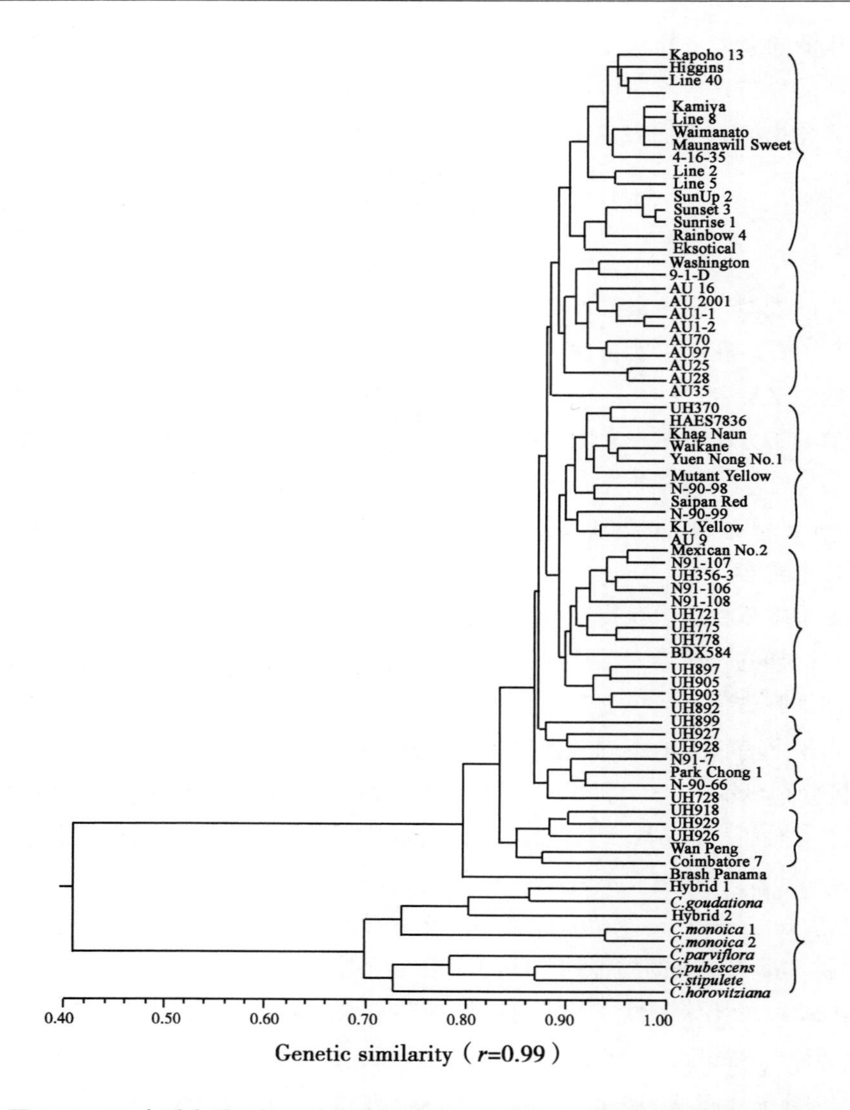

图 3－2　71 个番木瓜和相关的物种种质间的简单匹配系数图。相关系数 =0.99。

参考文献

Anonymous. 2005. Consensus document on the biology of papaya. *Carica papaya* [R]. Series on Harmonisation of Regulatory Oversight in Biotechnology. No. 33, ENV/JM/MONO. Paris

Aradhya MK, Manshardt RM, Zee F, et al. 1999. A phylogenetic analysis of the genus *Carica* L. *Caricaceae*. based on restriction fragment length variation in a cpDNA intergenic spacer region [J]. Genet Res Crop Evol, 46 (6): 579－586.

Badillo VM. 1993. *Caricaceae*. Segundo esquema [J]. Rev Fac Agron Univ Cent Venezuela, Alcance 43, Maracay, Venezuela.

Badillo VM. 2000. Carica L. vs. Vasconcellea St. Hill. Caricaceae [J]. con la rehabilitación de este último Ernstia, 10 (2): 74 – 79.

Chan YK, Paull RE. 2008. *Caricaceae*: *Carica papaya* L. papaya [M]. London: CABI. 237 – 247.

D'Eeckenbrugge GC, Restrepo MT, Jiméz D, et al. 2007. Morphological and isozyme characterization of common papaya in Costa Rica [R]. 1st International Symposium on Papaya. Acta Hortic 740: 109 – 120.

Drew RA, Siar SV, O'Brien CM, et al. 2006. Progress in backcrossing between *Carica papaya* × *Vasconcellea quercifolia* intergeneric hybrids and *C. papaya* [J]. Aust J Exp Agric, 46 (3): 419 – 424.

Eustice M, Yu Q, Lai CW, et al. 2008. Development and application of microsatellite markers for genomic analysis of papaya [J]. Tree Genet Genomes, 4 (2): 333 – 341.

Hammer K, Arrowsmith N, Gladis T. 2003. Agrobiodiversity with emphasis on plant genetic resources [J]. Naturwissenschaften, 90 (6): 241 – 250.

Hofmeyr JDJ. 1939. Sex-linked inheritance in *Carica papaya* L [J]. South Afr J Sci, 36: 283 – 285.

International Board for Plant Genetic Resources. IBPGR. 1988 [R]. Descriptors for papaya. IBPGR, Rome, 34.

Jobin-Décor MP, Graham GC, Henry RJ, et al. 1997. RAPD and isozyme analysis of genetic relationships between *Carica papaya* and wild relatives [J]. Gene Res Crop Evol, 44 (5): 471 – 477.

Kim MS, Moore PH, Zee F, et al. 2002. Genetic diversity of *Carica papaya* as revealed by AFLP markers [J]. Genome, 45 (3): 503 – 512.

Manshardt RM, Drew RA. 1998. Biotechnology of papaya [J]. Acta Hortic, 461 (461): 65 – 73.

Manshardt RM, Wenslaff TF. 1989. Inter-specific hybridization of papaya with other species [J]. J Am Soc Hortic Sci, 114 (4): 689 – 694.

Ming R, Van Droogenbroeck B, Moore PH, et al. 2005. Molecular diversity of Carica papaya and related species [J]. Annals of the Association of American Geographers, 87 (4): 681 – 699.

Ming R, Yu Q, Moore PH. 2007. Sex determination in papaya [J]. Semin Cell Dev Biol, 18 (3): 401 – 408.

Nakasone HY, Lamoureux C. 1982. Transitional forms of hermaphroditic papaya flowers leading to complete maleness [J]. J Am Soc Hortic Sci, 107: 589 – 592.

Nakasone HY, Paull RE. 1998. Papaya. In: Tropical fruits. CABI, New York. 239 – 269.

Nei M. 1973. Analysis of gene diversity in subdivided populations [J]. Proceedings of the National Academy of Sciences of the United States of America, 70 (12): 225 –233.

Nei M. 1978. Estimation of average heterozygosity and genetic distance from a small number of individuals [J]. Genetics, 89: 583 –590.

Pérez JO. 2006. Microsatellite markers in *Carica papaya* L.: isolation, characterization and transferability to *Vasconcellea* species [J]. Mol Ecol Notes, 6 (1): 212 –217.

Pérez JO. 2007. Papaya genetic diversity assessed with microsatellite markers in germplasm from the Caribbean region [J]. Acta Hortic, 740: 93 –101.

Rieger JE. 2009. Genetic and morphological diversity of natural populations of *Carica papaya* [M]. Masters of Science Thesis, Miami University of Ohio.

Scheldeman X, Willemen L, Coppens d'Eeckenbrugge G, et al. 2007. Distribution, diversity and environmental adaptation of highland papayas. *Vasconcellea* spp. in tropical and subtropical America [J]. Springer Netherlands, 6 (6): 293 –310.

Scheldeman X, Kyndt T, d'Eeckenbrugge GC, et al. 2011. Vasconcellea [M]. Springer Berlin Heidelberg: 213 –249.

Stiles JI, Lemme C, Sondur S, et al. 1993. Using randomly amplified polymorphic DNA for evaluating genetic relationships among papaya cultivars [J]. Theor Appl Genet, 85 (6): 697 –701.

Storey WB. 1958. Modification of sex expression in papaya [J]. Hortic Adv, 2: 49 –60.

Storey WB. 1969. Papaya [M]. In: Ferwerda FP, Wit F. eds. Outlines of perennial crop breeding in the tropics. H Veenman, Zonen NV, Wageningen, 21 –24.

Storey WB. 1976. Papaya [M]. In: Simmonds NW. ed. The evolution of crop plants. Longman, London, 21 –24.

Van Droogenbroeck B, Breyne P, Goetghebeur P, et al. 2002. AFLP analysis of genetic relationships among papaya and its wild relatives. Caricaceae. from Ecuador [J]. Theoretical and Applied Genetics, 105 (2): 289 –297.

第二篇

番木瓜生物技术育种技术和方法

第四章　番木瓜转化体系①

摘　要：转基因番木瓜最初使用基因枪的方法获得。基因枪的方法具有较低的转化效率和单拷贝率。基于农杆菌介导的转化系统有利于产生单拷贝。我们介绍了金刚砂介导农杆菌侵染的方法。本方法具有高通量的特点，成功率高的特点。10%到20%的农杆菌共生的愈伤群就有至少一个阳性转化体。整个转化过程到最终获得转化植株需要9到13个月。

关键词：胚性愈伤；*Carica papaya* L. 夏威夷 Solo.

前言

番木瓜（*Carica papaya* L.）用于生产果实或者生产番木瓜蛋白酶。番木瓜是为数不多的能够在播种9个月后开始周年结果的一种果树。一个番木瓜树可以生长25年甚至更长。番木瓜能够持续结果，每个果实里面含有1 000左右的种子。人工授粉非常容易。周年都有花开，很容易进行杂交或者自交获得后代加上相对较为成功的基因转化体系，使得番木瓜作为一个基因/基因组后功能性育种的模式植物。

番木瓜是世界上第一例转基因水果在美国成功商业化生产

番木瓜通过将番木瓜环斑病毒的外壳蛋白转入植物体内获得抗性（Fitch，et al，1992）之后不同的研究团队开始使用农杆菌进行转化番木瓜。用于农杆菌转化的材料包括叶片和叶柄，但是最成功还是胚性愈伤转化率最高的方式是通过金刚砂摩擦产生微伤口然后和农杆菌进行共培养或者转化子。转化子的抗性通常是在卡那霉素上进行150 mg/L，需要6～13个月。再生苗中含有一个单基因拷贝的插入，同时能够抗PRSV。最近有研究通过基因枪的方法将番木瓜转入一个抗真菌的 *Phytophthora palmivora* 方法（Zhu，et al，2004）。转基因番木瓜在获得安全证书后成为改良作物提高产量的一个重要发展方向。

① 参考：Yun J. Zhu，Maureen M. M. Fitch，Paul H. Moore. 2006. Papaya（*Carica papaya* L.）［J］. Methods in Molecular Biology，344.

材料

植物材料

番木瓜种子‘Kapoho’（Hawaii Agriculture Research Center）.

菌株

1. 大肠杆菌 *Escherichia coli*：MAX Efficiency DH5a 电转化感受态细胞（Invitrogen，www. invitrogen. com）.

2. 农杆菌 *Agrobacterium*：LBA4404（Invitrogen，www. invitrogen. com）和 EHA105（Hood，et al，1986），（Clontech，www. clontech. com）（见备注 1）.

培养基

1. YEP 培养基：5.0 g/L 酵母粉，10.0 g/L 蛋白胨，10 g/L NaCl，15g/L 琼脂，pH 7.2.

2. 愈伤诱导培养基：MS 培养基（Murashige and Skoog，1962）（Gibco，www. lifetech. com）：2.5 g/L（0.25% w/v）Phytagel（Sigma），含有 100 mg/L 植物机醇，70 g/L（7%，w/v）蔗糖，和全 MS 维生素（0.5 mg/L Nicotinic acid，0.5 mg/L Pyri-doxine · HCl，0.1 mg/L Thiamine · HCl，2 mg/L Glycine）和 10 mg/L 2,4-D，pH 5.6 to 5.8.

3. 愈伤筛选培养基：同愈伤诱导培养基一样，但是含有合适的抗生素（see Note 2）.

4. MBN 植物分化培养基：MS 培养基含有 2 mg/L Benzyl-aminopurine（BA），2 mg/L Napththalene acetic acid（NAA），和 2.5g/L（0.25%，w/v）Phytagel，pH 5.6 to 5.8.

5. 根诱导培养基：MS 含有 2 mg/L BA，2 mg/L Indoleacetic acid（IAA），2.5 g/L（0.25%，w/v）Phytagel，pH 5.6 ~ 5.8.

试剂，溶液和其他耗材

2,4-D 储存液（1 mg/mL）：配制 100 mL 的 2,4-D，先秤取 100 mg 的 2,4-D（Sigma）溶于少量的 1 N NaOH 或者 95%（v/v）乙醇，然后用去离子水定容到 100 mL，过滤除菌。4℃保存。

羧苄青霉素和氨噻肟头孢菌素（100 mg/mL）：取 100 mg 的羧苄青霉素和氨噻肟头孢菌素（Agro-bio，www. agri-bio. com），用 100mL 去离子水溶解，过滤除菌，-20℃保存。

庆大霉素和 G418（100 mg/mL）：取 100 mg 的羧苄青霉素和氨噻肟头孢菌素（Agro-bio，www. agri-bio. com），用 100 mL 去离子水溶解，过滤除菌，-20℃保存。

乙酰丁香酮 Acetosyringone（3,5-Dimethoxy-4-hydroxyacetophenone）（Sigma-Aldrich；www. sigma-aldrich. com）：配制 0.3 M 储存液 -20℃保存，20 uM。

GUS 染色液：50 mM NaHPO4 pH 7.2，0.5%（v/v）Triton X-100，1 mM X-Gluc

(5-Bromo-4-chloro-3-indolyl-beta-D-glucuronide cyclohexyl ammonium salt [USB Corporation] 终浓度 20 mM 溶于二甲基甲酰胺。

(EDTA) 缓冲液：100 mM Tris-HCl，pH8.0 和 10 mM EDTA，pH 8.0.

TAE 电泳缓冲液：40 mM Tris-acetate 和 1 mM EDTA.

基因组 DNA 提取缓冲液 (300 mL)：30 mL 的 1 M Tris-HCl pH 8.0，30 mL 的 0.5 M EDTA pH 8.0，30 mL 的 5 M NaCl，18.7 mL 的 20% (w/v) SDS 用去离子水定容到 H2O 300 mL.

纯化缓冲液：70% (v/v) 乙醇，0.3 M NaOAc.

Southern 预杂交缓冲液：7% (w/v) SDS，1% (w/v) 牛血清白蛋白 (BSA) (Sigma)，1 mM Na2EDTA，和 0.25 M Na_2HPO_4，pH 7.4。

Southern 杂交第一次洗脱液：0.5% (w/v) BSA，1 mM Na_2EDTA，40 mM Na_2HPO_4，pH 7.4 和 5% (w/v) SDS。

Southern 杂交第二次洗脱液：1 mM Na2EDTA，40 mM Na_2HPO_4，pH 值 7.4 和 1% (v/v) SDS。

盆栽基质：Sunshine mix 4 (Horticulture Supply Company，HI)。

缓施肥：Osmocote 14－14－14 (Scotts；www.scottscompany.com)。

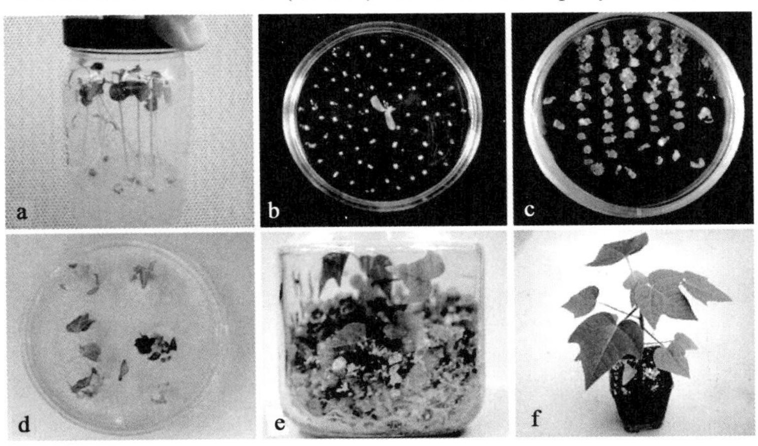

图 4－1　用 2,4-D 诱导体细胞胚轴部分再生番木瓜

(a) 在 1% 水琼脂中发芽长至两周大的番木瓜幼苗。在这个发育阶段从幼苗中取出下胚轴和其他组织。(b) 取出 1～2 mm 下胚轴在含 10 mg/L 2,4-D 的培养基中诱导愈伤组织。(c) 下胚轴在含 10 mg/L 2,4-D 的培养基中诱导愈伤组织 2 个月后。所有的部分都发育成高胚性愈伤组织。(d) 从农杆菌介导转化的转基因胚性愈伤组织在含有 2 mg/L BA 和 NAA 2 mg/L 的 MBN 培养基中生长 2 个月的番木瓜试管苗。(e) 番木瓜植株在 IBA 生根培养基 (蛭石和 2mg/L IBA 的 MS 培养基 1∶1 的体积混合) 生根培养 1 个月后。(f) 经过实验室炼苗长在土壤中的转基因番木瓜植株。

方法

诱导愈伤（11）

1. 种子‘Kapoho’在1.1%次氯酸钠中表面消毒1h。将没有漂白的种子去掉。

2. 用灭菌的去离子水进行洗涤，然后在1 M KNO_3 震荡过夜。弃去漂浮的种子后，用去离子水洗涤两侧，在32℃培养发芽。

3. 发芽的种子放在1%（w/v）水琼脂上生长，培养温度24～26℃，两周或者更长。

4. 种苗的胚轴生长到3～12 cm时候取做外植体（图4－1a）。将胚轴切成2～3 mm的小段放到愈伤诱导培养基上（图4－1b）。

5. 在黑暗处培养27℃，培养6到8周，直到胚性愈伤出现。

6. 每3周转一次新鲜的培养基（图4－1c）。

农杆菌培养和农杆菌侵染（Fitch，et al，1993；Cheng et al，1996）

1. 将含有合适的抗生素的5mL YEP液体培养基加入到20 mL培养管中（见备注5）。

2. 挑取单克隆菌体接种到YEP中（见备注6）。

3. 震荡培养菌体20～24 h在28℃，转速100到150 rpm。

4. 利用分光光度计测定菌体浓度The OD_{600}大于1.0。

5. 将接种前的农杆菌的浓度调整到OD_{600}等于0.5 to 1.0，加入0.3 M acetosyringone（AS）终浓度微（20 uM；充分震荡1 h后用于农杆菌共培养）。

6. 取0.5 g金刚砂（600目）和20 mL诱导培养基，灭菌后备用（Cheng et al，1996）。

7. 加入大约1 g番木瓜胚性愈伤。

8. 涡旋震荡60 s。

9. 用新鲜的愈伤诱导液体培养基洗涤愈伤2到3次。

10. 将微创伤的愈伤加入农杆菌中，共培养10 min。

11. 用灭菌的纸巾将多余的菌体培养液吸干后，在黑暗处共培养24 h。

12. 将愈伤转入含有250 mg/L cefotaxime或者500 mg/L carbenicillin愈伤诱导培养基上。

转化愈伤的筛选和再生苗和根诱导（Fitch，et al，1993）

1. 选取合适的筛选抗生素例如100mg/L G418对应nptII基因。

2. 每3到4周转接一次。

3. 在选择性培养基上3个月后，将活的愈伤转到MBN再生培养基上。

4. 培养条件同前。

5. 继续培养直到开始有再生苗形成（图4－1）。整个过程持续大约2个月。

6. 将再生苗取出，放到根诱导培养基上继续培养1周，开始诱导生根。

7. 将有根的再生苗转入含有1/2 MS培养基和2 mg/L IBA的蛭石中进行培养1个月

左右（图4-1e）。

8. 将再生苗转入较大的培养盆里面，用塑料膜包裹保持湿度，并逐渐打开塑料膜，驯化再生苗。

9. 驯化好的再生苗转至温室中继续培养（图4-1f）并适量加入缓施肥。

10. 等植物长到12～20 cm后移栽到大田中。

11. 大田植物，用于种子收集，抗病性测定等实验。

转基因植物分析

1. 待植物生长的足够大的时候采集植物样品用于分析。

2. 分析方法包括PCR测序，以及Southern Blot等。

GUS组织染色

1. 经过农杆菌侵染3周番木瓜愈伤可以用于GUS检测（Jefferson，1989；Jefferson et al，1987）。

2. 取少量愈伤或者叶片至离心管中。

3. 加入GUS染色液，但是不要盖盖子。

4. 使用真空泵移除叶子表面的气泡，使得叶片和染色液充分接触。

5. 盖上盖子培养24 h、37℃。

6. 弃掉染色液，再加入70%乙醇。

7. 每24h更换两次新的70%（v/v）乙醇直到叶绿素去掉，蓝色的GUS染色清晰可见。

植物全基因组DNA提取（备注7）

1. 加入1.1 g $NaHSO_3$到300 mL提取缓冲液中。

2. 在液氮中研磨叶片样品。加入20 mL提取缓冲液，充分震荡。在65℃的水浴中培养1 h。

3. 加入6 mL of 5 M KOAc，颠倒数次混匀，放置在冰上20 min。

4. 离心20 min，2 000 g，4℃。

5. 取新管加入15 mL冷的异丙醇（-20℃）将离心的上清夜通过滤沙网过滤沉淀和碎叶片后加入到新管中，不要颠倒混匀两种液体-20℃保温1～2 h。

6. 用玻璃棒将DNA取出，转移到含有1 mL纯化缓冲液中。

7. 小心弃去纯化缓冲液。

8. 用1 mL冷乙醇（-20℃）70%（v/v）洗涤DNA沉淀。

9. 小心的弃去乙醇，空气晾干。

10. 加入200到300 uL的TE缓冲液，直到DNA全部溶解。

11. DNA用于PCR检测或者Southern分析。

备注

1. 载体 pBI121 购买于 Clontech（Palo Alto，CA）。

2. 转 nptII 基因的载体可用 300 mg/L 卡那霉素或者 100mg/L 庆大霉素作为筛选压力。

3. 2，4-D 先溶解于 1 N NaOH 或者 95%（v/v）乙醇然后在加水稀释。

4. 夏威夷品种‘Kapoho’最容易形成胚性愈伤。其他品种如‘Sunrise’，‘Sunset’，和‘Waimanalo’比较慢。

5. 利福平 25 mg/L 用于 EHA105，25mg/L 卡那霉素用于 LBA4404，50 mg/L 是 pBI121 载体的筛选浓度。.

6. 使用在固体培养基活化农杆菌。

7. DNA 可以用于 PCR 验证和 Sounthern 杂交，如仅用于 PCR 实验，也可以使用 CTAB 法提取 DNA。

参考文献

FitchMMM，ManshardtRM，Gonsalves D，et al. 1992. Virus resistant papaya plants derived from tissue bombarded with the coat protein gene of papaya ringspot virus [J]. Nature Biotechnology，10（11）：1466 -1472.

BauHJ，ChengYH，YuTA，et al. 2003. Broad-spectrum resistance to different geographic strains of papaya ringspot virus in coat protein gene transgenic papaya [J]. Phytopathology，93（1）：112 -120.

Bau HJ，ChengYH，YuTA，et al. 2004. Field evaluation of transgenic papaya lines carrying the coat protein gene of Papaya ringspot virus in Taiwan [J]. Plant Disease，88（6）：594 -599.

ChenG，YeCM，HuangJC，et al. 2001. Cloning of the papaya ringsport virus. PRSV. replicase gene and generation of PRSV-resistant papayas through the introduction of the PRSV replicase gene [J]. Plant Cell Reports，20（3）：272 -277.

DavisMJ，YingZ. 2004. Development of papaya breeding lines with transgenic resistance to Papaya ringspot virus [J]. Plant Disease，88（4）：352 -358.

Ying ZT，YuX，Davis MJ. 1999. New method for obtaining transgenic papaya plants by Agrobacterium-mediated transformation of somatic embryos [J]. Proc Fl State Hort Soc，112：201 -205.

Fermin G，Inglessis V，Garboza C，et al. 2004. Engineered resistance against Papaya ringspot virus in Venezuelan transgenic papayas [J]. Plant Disease，88（5）：516 -522.

Zhu YJ，AgbayaniR，Jackson MC，et al. 2004. Expression of the grapevine stilbene synthase gene VST1 in papaya provides increased resistance against diseases caused by

Phytophthora palmivora [J]. Planta, 220 (2): 241 -250.

Hood EE, Helmer GL, Fraley RT, et al. 1986. The hypervirulence of *Agrobacterium tumefaciens* A281 is encoded in a region of pTiBo542 outside of T-DNA [J]. J Bacteriol, 168 (3): 1291 -301.

Murashige T, Skoog K. 1962. A revised medium for rapid growth and bioassays with tobacco tissue cultures [J]. PhysiolPlant, 15 (3): 473 -497.

Fitch MMM. 1993. High frequency somatic embryogenesis and plant regener- ation from papaya hypocotyl callus [J]. Plant Cell, Tissue and Organ Culture (PCTOC), 32 (2): 205 -212.

Fitch MMM, Manshardt RM, Gonsalves, D, et al. 1993. Transgenic papaya plants from Agrobacterium-mediated transformation of somatic embryos [J]. Plant Cell Reports, 12 (5): 245 -249.

Cheng YH, Yang JS, Yeh SD. 1996. Efficient transformation of papaya by coat protein gene of papaya ringspot virus mediated by Agrobacterium following liquid-phase wounding of embryogenic [J]. Plant Cell Reports, 16 (3): 127 -132.

Jefferson RA. 1989. The GUS reporter gene system [J]. Nature, 342 (6251): 837 -838.

Jefferson RA, Kavanagh TA, Bevan MW. 1987. GUS fusions: beta- glucuronidase as a sensitive and versatile gene fusion marker in higher plants [J]. EMBO Journal, 6 (13): 3901 -3907.

SouthernEM. 1975. Detection of specific sequences among DNA fragments separated by gel electrophoresis [J]. Journal of Molecular Biology, 98 (3): 503 -17.

第五章　金刚砂创伤法高效转化番木瓜①

摘　要：传统的农杆菌侵染或基因枪方法的低转化效率限制了转基因番木瓜的生产。本章描叙了一种基于液相中金刚砂创伤处理培养的胚性愈伤组织高效的农杆菌介导转化方法。收集授粉后75～90 d的未成熟合子胚培养，获得胚性组织。将台湾番木瓜环斑病毒（PRSV）的外壳蛋白（CP）基因构建到一个含有NPT-II选择标记基因的Ti binary载体pBGCP上。胚性组织与600目金刚砂在无菌蒸馏水中涡旋处理1 min后，转入含有pBGCP的*A. tumefaciens*感受态中。转化细胞在含有2，4 -D和羧苄青霉素的无卡那霉素培养基中培养2～3周，再转入含有卡那霉素的培养基中3～4个月。体细胞胚（The developed Somatic embryos）转移到包含NAA、BA和卡那霉素的培养基上，再生成正常植株（Normal-appearing plants）。PCR检测转化株系，Western blotting验证CP的表达。对回交后代R1的分离分析显示转入基因是可稳定遗传的。在5个独立的实验中，转化成功率平均为15.9%（327份合子胚得到52份转基因体细胞胚），是之前报道方法的10～100倍。因此，金刚砂涡旋创伤可再生分化组织是一种简单而高效的番木瓜农杆菌介导转化方法。

关键词：*Agrobacterium*载体；番木瓜环斑病毒；外壳蛋白

前言

将外源基因转入植物有几种方法，其中农杆菌介导转化是最常用的方法（Klee et al，1987）。其他转化方法，如电穿孔（Formm et al，1986），原生质体DNA直接转化法（Krens et al，1982），基因枪转化法（Klein et al，1987），可以不受农杆菌的宿主范围限制。然而，这些方法的转化效率通常很低。

以原生质体（Chen，Chen，1992）、子叶（Litz et al，1983）、叶柄（DeBryijne et al，1974）、下胚轴（Yie and Liaw，1977）、根（Chen et al，1987）、花粉（Tsay and Su，1985）、胚珠（Litz and Conover，1982）和未成熟胚（Fitch，Manshardt，1990）为材料诱导形成番木瓜再生植株都有报道。Pang and Sanford（1988）用*Agrobacterium*能转化番木瓜的叶片、茎和叶柄，但没有获得再生植株。

用基因枪转化法（Fitch et al，1990）或农杆菌介导转化法（Fitch et al，1993）都

① 参考：Ying－Huey Cheng，Jiu-Sherng Yang，Shyi-Dong Yeh. 1996. Efficient transformation of papaya by coat protein gene of papaya ringspot virus mediated by Agrobacterium folloMng liquid－phase wounding of embryogenic tissues with caborundum. Plant Cell Reports，16（3）：127－132.

得到了表达 PRSV CP 和 GUS 基因的转基因番木瓜。在这两个报道中，胚性组织作为外植体，转化效率低，基因枪法为 0.42%，农杆菌介导法是 0.6%（Fitch et al，1990；1993）。最近 Yang 等以叶柄为外植体，用农杆菌介导法将细菌 GUS 基因成功转入番木瓜（Yang et al，1996）。然而，漫长的再生过程（转化后需 10～11 个月）和高变异率限制了该方法的应用（Yang et al，1996）。

而以番木瓜未成熟合子胚的胚性组织作为外植体，再生率高（Fitch and Manshardt，1990）。在本实验中，未成熟合子胚生成的愈伤组织在液相中用金刚砂机械伤害后再用农杆菌转化。经共培养和选择后，抗性转基因胚再生为表现正常的植株，Western blotting 和 PCR 检测转基因株系中外源基因的表达。对回交后代 R1 的分离分析显示转入基因是可稳定遗传的。研究结果表明，农杆菌转化之前用金刚砂创伤胚性组织是一种可靠而有效的番木瓜转化方法。

材料和方法

植物材料

取 75～90 d 的番木瓜（*Carica papaya* L. var. Tainung No. 2）果实的未成熟合子胚在诱导培养基中培养。培养基配方（Fitch et al，1990）：1/2MS 盐（Murashige and Skoog，1962），50 mg/L 肌醇，全 MS 维生素，400 mg/L 谷氨酸，6% 蔗糖，2 mg/L2，4-D，1% 酵母提取物，pH 值 5.8。两星期后离体合子胚顶端膨大，4～5 星期后膨大的顶端生成 10～20 个芽。培养 3～4 周，取体细胞胚未发育成熟的胚性组织，用于随后的转化实验。

PRSV CP 基因载体构建

质粒 pTMD9 包含大部分 Nib 基因，完整的 CP 基因，以及来自台湾嵌合型株系 PRSV YK 基因组的完整的 3' 非编码区（Wang et al，1994）。质粒 pBI121 购自 Clontech 公司，包含 NPT II 和 GUS 基因（Palo Alto，California）。通过体外诱变方法在 pBI121 和 pTMD9 的 GUS 和 CP 阅读框前构建一个 NcoI 酶切位点。将 pTMD9 上 NcoI/SacI 双酶切片段转入 pBI121，使 pBI121 的 GUS 基因替换为 PRSV CP 阅读框和 3' 非编码区。因为 NcoI 插入位点在 CP 基因阅读框前，CP 基因 N-端前多了蛋氨酸和丙氨酸两个氨基酸。包含 CP 基因的质粒被命名为 pBGCP。用 PRSV HA 株系的 5' cDNA 序列替代 GUS 前导序列，构建不同的载体，该序列包含有 PRSV P1 蛋白的完整的 5' 非翻译区和 N-terminal 87 个氨基酸（Yeh et al，1992）。从 pBI121 切除 GUS 阅读框，构建第三个载体 pBIN，作为 pBGCP 的对照。

用三亲交配法分别将这三个载体（pBGCP，pBGCP and pBIN）分别转化农杆菌 LBA4404（Rogers et al，1986）。根癌农杆菌在含有 50 mg/L 卡那霉素和 100 mg/L 链霉素的 LB 培养基中 28℃ 培养 36 h 进行植物转化。

植物转化和再生

30 mL 蒸馏水和 0.5 g 金刚砂（600 目）装入离心管高压灭菌消毒。每个离心管中

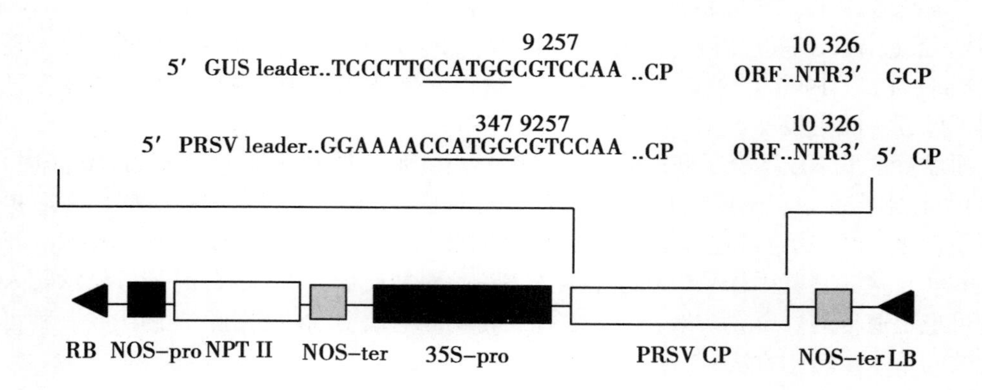

图 5-1 Ti 载体中 PRSV CP 的结构

粗体字上面的数字表示在 PRSV 基因组中的核苷酸位置。CP 基因构建时用 GUS 报告基因或其他同源病毒报告基因，转录用花椰菜花叶病毒 35S 启动子、NOS 终止子。筛选基因用 NPT II，其终止子也是 NOS。

加入约 40 块来源于未成熟合子胚的胚性愈伤（3 ~ 4g），在 Vortex Genie - 2（Scientifie Industries，Inc.，Bohemia，NY）上以速度 7 涡旋 1 min，再将愈伤组织浸入农杆菌中培养 5 min。去掉多余的培养液，将愈伤组织转入诱导培养基中共培养 2 d（Fitch et al，1990），再在含有 500 mg/L 羧苄青霉素的诱导培养基中培养以抑制农杆菌的生长。三个星期后，愈伤组织转移到含有 100 mg/L 卡那霉素和 500 mg/L 羧苄青霉素的培养基中进行选择培养。

抗性筛选的转化细胞生成体细胞胚，转入含有 0.2 mg/L BA 和 0.02 mg/L NAA 培养基中发芽（Yang，Ye，1992）。发芽后，分离成单芽，含有 0.5 mg/L IBA 的 MS 培养基中培养一个星期，然后转入含有 1/2 MS 基本培养基的蛭石中生根。

DNA 提取和 PCR 检测

总 DNA 提取采用 Mettler（1987）发表的方法。DNA 经 RNase 处理后作为 PCR 模板。PCR 上游引物 MO928：5’ TACCGGTCTGAATGAGAAGC3’，下游引物 MO1008：5’ GTGCATGTCTCTGTTGACAT3’，分别对应 PRSV YK RNA 序列的 9 277 bp ~ 9 296 bp 和 10 077 bp ~ 10 096 bp（Wang et al，1994）。PCR 反应程序为 94℃ 1 min，55℃ 2 min，72℃ 3 min，30 个循环。PCR 产物 1% 琼脂糖凝胶电泳分析。

Western blotting 分析

用 anti-PRSV 血清（Yeh et al，1984）为一抗，Goat anti-rabbit IgG conjugated with alkaline phosphatase 为二抗做 Western blotting 分析 CP 的表达。番木瓜叶子或愈伤组织加入4倍体积裂解液（62.5 mM Tris. HC1，pH 6.8；2% SDS；3% 2-Mereaptoethanol，10% Glycerol，0.005% Bromophenol blue），混匀，95℃温浴5 min，8 000 g 离心3 min，取上清。总蛋白在12%凝胶上做 SDS-PAGE（Laemmli，1970），然后转移到 PVDF 膜（Millipore Co.）。免疫染色过程参照 GUS 基因融合系统的用户手册（Clontech）。

转基因的分离分析

抗生素筛选的阳性株系组织培养生苗 R_0 植株（Yang et al，1996）后接种 PRSV YK。PRSV 感染的 *Cucumis metuliferus* 叶片提取液用 pH 7.0 的0.01 M 磷酸钾缓冲稀释至1/20，摩擦接种于嫩叶。观测接种植株的感染症状，并做 ELISA 检测（Yeh et al，1984）。转基因阳性株系 GCP16－0，GCP17－0 和 GCP17－1 都表现出高 PRSV 抗性。GCP17－1 种植在温室，与亲本 SunUp 回交得到 R1 植株。通过 PCR 检测和 PRSV 侵染实验来分析 GCP17－1 R 1 的遗传表现。提取 R1 叶片总 DNA 作为 PCR 检测的模板，PRSV 接种3～5叶的幼苗观察病毒抗性。

结果

选择培养基上体细胞胚的发育

含有 PRSV CP 基因和筛选标记 NPT II 构建于载体 pBGCP（图5－1），采用先金刚砂涡旋创伤，再农杆菌介导的方法转化番木瓜。在每个实验中，有75～107团胚性愈伤用于转化。在含有羧苄青霉素的培养基中共培养3～4星期后，胚性愈伤开始大量生成胚状体。然而，转入卡那霉素选择培养基后，只有转基因胚状体能够继续生长（图5－2a）。非转化胚状体在选择培养基上停止生长，逐渐变成棕色或发白，形成金刚砂处理后特有外观的愈伤组织（图5－2b）。

在卡那霉素培养基中培养2～3个月后，胚性愈伤再生多个胚状体（图5－1）。从同一团愈伤生成的胚状体被认为是来源于相同的未成熟合子胚。327份胚性愈伤得到52份转基因阳性胚状体，转化效率为0～72.4%，平均为15.9%。

图 5－2　未成熟合子胚在加有金刚砂的无菌水中形成胚性愈伤组织，经农杆菌介导转化后再生的转基因番木瓜

平板 a 和 b，愈伤组织转化区域逐渐生长形成体细胞胚，但非转化的区域变成了褐色，停止增长，并形成金刚砂导致的独特外观。平板 c，转基因胚胎在含卡那霉素的培养基中发芽。平板 d，萌发的非转化芽在选择培养基上变苍白和坏死。平板 e，在蛭石生根培养基中的转基因植株。

表 5－1　用农杆菌介导来自番木瓜未成熟合子胚经金刚砂涡流后形成的胚性愈伤组织转化效率

实验	基因结构	处理的胚性组织数量[a]	转化事件数量[b]	百分比（%）
1	GCP	35	4	11.4
	5’CP	40	1	2.5
2	GCP	29	21	72.4
	5’CP	49	0	0
3	AL4404[c]	19	0	0
	5’CP	38	6	15.8

（续表）

实验	基因结构	处理的胚性组织数量[a]	转化事件数量[b]	百分比（%）
4	AL4404	22	0	0
	5’CP	46	3	6.5
	121	39	4	10.3
5	AL4404	32	0	0
	5’CP	24	6	25.0
	BIN	9	1	11.1
	121	18	6	33.3
总计	AL4404	73	0	0
	外源基因	327	52	15.9

[a] 一丛胚性组织来自一个未成熟合子胚。

[b]在卡那霉素选择培养基幸存下来并生长 2～3 个月的愈伤组织团可以认为是转化成功的细胞。

[c]无外源基因的根癌农杆菌质粒 pAL4404 作为阴性对照。

转基因阳性株系的建立

转化胚胎在含有 NAA，BA 和卡那霉素的培养基上培养 2～4 周发芽。发芽后，转化株生长迅速，生成多个芽（图 5－2c）。非转化胚不能发芽并逐渐死亡（图 5－2d）。少数胚性组织变绿但夹杂着白斑，这是由于嵌合体同时含有转化和非转化细胞造成的。这些组织需要 2～4 周生根发芽。分离来自于不同体细胞胚的芽，并在相同的培养基上再次培养分芽繁殖。芽生长到 1.0～1.5 cm 时转入 IBA 培养基中生根。生长在蛭石培养基上的转化植株生长正常（图 5－2e）。在培养箱中炼苗 2～3 周，移入 23～28℃温室中做进一步研究。实验共得到 63 个卡那霉素抗性株系，其中 15 个株系组织培养扩繁后种植在温室进行进一步检测。

PCR 检测

提取卡那霉素抗性转化植株总 DNA 作为模板，用 PRSV CP 基因特异性引物做 PCR，验证番木瓜植株中是否含有 PRSV CP 基因。在 GCP16－0，GCP16－1，GCP17－0，GCP17－6 和 GCP18－1 5 个株系中都扩增到了大小为 0.82 kb 的目的片段（图 5－3，4－8 泳道），非转基因株系中没有扩增到此片段（图 5－3，2，3 泳道）。在其他 10 个选择株系中也可扩增到此片段。

Western blotting

提取总蛋白用于 Western blotting。从转化植株及非转化植株中提取蛋白质，经 SDS-PAGE 分离，进行抗 PRSV 血清免疫印迹。在 GCP16－1，GCP17－1，GCP17－6 和

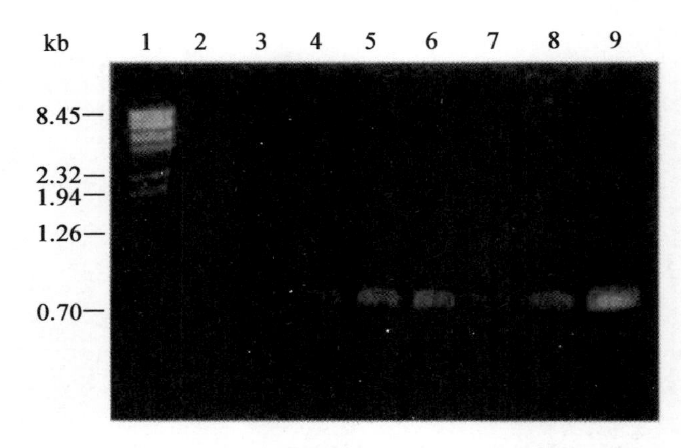

图 5-3　PCR 检测转基因番木瓜株系中的 PRSV CP 基因

泳道 1 是 DNA marker，2，3 是非转基因番木瓜样品。4 to 8 列分别来自 GCP16-0，GCP16-1，GCP17-0，GCP17-6 和 GCP18-1。9 是质粒 DNA。

GCP18-1 株系中检测到 PRSV CP 蛋白（图 5-4，3-6 泳道）。GCP16-0 株系的愈伤组织中检测到完整的 CP 蛋白（图 5-4，8 泳道），在芽中蛋白部分降解（图 5-4，7 泳道）。GCP17-1 的愈伤组织及芽中都检测到 CP 蛋白（图 5-4，1 和 2 泳道）。非转化体中未检测出 PRSV CP 蛋白（图 5-4，9，10 和 11 泳道）。GCP17-2，GCP17-3，5′CP18-2 和 5′CP18-4 的愈伤组织中也检测出了 CP 蛋白（未提供图片）。

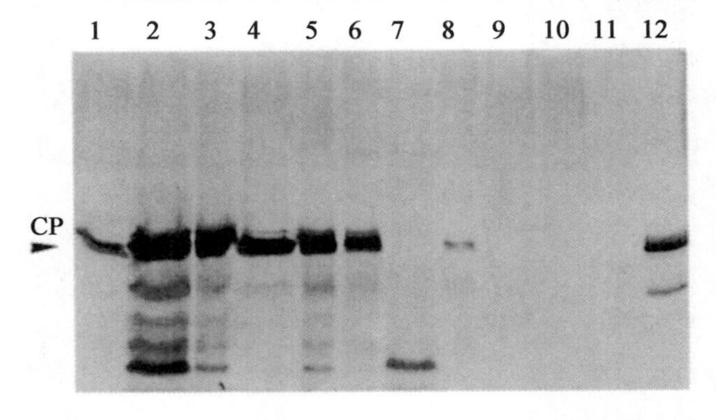

图 5-4　Western blot 杂交结果显示 PRSV CP 蛋白的表达

泳道 12 为阳性对照，泳道 3 到 6 为 GCP16-1，GCP17-1，GCP17-6 and GCP18-1 株系的茎，泳道 1 是 GCP17-0 的愈伤组织，泳道 2 是 GCP17-0 的茎，泳道 8 是样品没有降解前，泳道 7 是样品发生了降解，泳道 9 到 11 是非转基因对照。

R1 中转基因的分离

15 个转 PRSV YK 基因阳性株系中，GCP 16-0，GCP 17-0 和 GCP 17-1 高抗 PRSV。这 3 个株系病毒侵染 2 个月仍未发现可见症状，而非转基因对照植株在侵染 12d

内就表现出严重的花叶和枯萎症状。ELISA 检测结果表明这 3 个株系的抗性原理是在于抑制病毒的复制。其他株系对病毒低抗，具体表现为有不同程度的症状减弱和发病的延迟。对 GCP 17 -1 株系做转基因遗传分析。

外源基因整合到染色体上，则此转基因是可遗传的。GCP17 -1 与栽培种 SunUp 回交，得到 R1 代，通过 PCR 和机械接种病毒对其进行检测。检测的 374 个植株中，186 个植株中观测到花叶和枯萎症状，其他 188 株植株接种 3 周仍未见症状。对其中 40 株植株进行 PCR 检测，21 株植株检测到了 0. 82kb 的 CP 基因片段，且这 21 株植株都具有病毒抗性。R1 代的分离率为 1 : 1，这表明 17 -1 株系是外源基因单拷贝整合到染色体上。

讨论

金刚砂创伤预处理后，农杆菌介导转化番木瓜，经卡那霉素抗性筛选，PCR 检测，Western blotting，分离分析，表明 PRSV CP 基因已经转入番木瓜中。转基因株系 GCP17 -1 与栽培种 SunUp 回交，R1 的分离率约为 1 : 1，表明 GCP17 -1 是单拷贝显性遗传。Western blotting 易检测出转基因番木瓜中病毒蛋白的表达。这与 Fitch et al（1990，1993）和 Yang et al（1996）的报道相反，在他们的实验中，Western blotting 不能或很难检测出 PRSV CP 蛋白。有报道表明在转基因番木瓜中病毒 CP 蛋白的表达可有效抑制病毒感染（Fitchen and Beachy，1993）。在本实验中，转基因番木瓜表现出 PRSV 抗性，但 CP 的表达量与抗性强弱的相关性仍需进一步研究。

胚性组织比其他外植体，如茎尖，茎，叶柄或根尖，有着更高的再生潜力（Fitch et al，1990）。本实验中，用来源于未成熟合子胚的胚性组织作为转化材料，成功的得到了转基因番木瓜。因为使用的外植体非常小而脆弱，传统的创伤方法，如刀切或针刺，非常困难和繁琐。与金刚砂一起涡旋是一种能快速有效的在有再生能力的细胞上生成适合于农杆菌感染的小伤口的方法。金刚砂颗粒的大小和涡旋的速度是影响转化效率的关键因素。例如，金刚砂是 400 目或 350 目时，或全速涡旋时，会严重损伤材料，从而不能得到转基因植株。延迟涡旋时间至 2min 或 4min，也会大大降低再生效率至 1. 2% 和 0% 。

Fitch et al 报道（1990，1993），外源基因转化番木瓜，基因枪法的效率为 0. 42%（2 300个合子胚得到 10 个株系）或 19 克胚性愈伤得到 5 个转基因株系，农杆菌介导转化胚性愈伤的效率为 0. 15%（13 克胚性愈伤得到 2 个株系，每克 0. 24 株转基因）。本实验的平均转化效率为 15. 9% ，每克愈伤约 1. 6 个转基因（327 份合子胚的胚性愈伤得到 52 份转基因体细胞胚），高于以前报道的传统农杆菌介导法或基因枪法约 6 ~100 倍。

用叶柄作外植体时，体细胞胚的再生需要较长时间（Yang and Ye，1992）。农杆菌介导转化叶柄，转化细胞的再生需要 10 ~11 个月（Yang et al，1996）。下胚轴或未成熟合子胚生成的胚性组织作为外植体用于转化，其再生过程约 13 个月（Fitch et al，1993）。番木瓜体细胞胚的再生使用的培养基通常含有 2，4-D。2，4-D 长期使用可能是异常芽、叶、或植株高频生成的诱因（Fitch et al，1993；Yang et al，1996）。金刚砂预处理，农杆菌介导转化愈伤组织的方法不仅能提高转化效率，还缩短了再生时间（约 9

个月)。而且，此方法得到的大多是可繁殖的，能生成转基因后代的正常转基因番木瓜。

参考文献

Chen MH, Chen CC. 1992. Plant regeneration from Carica protoplasts [J]. Plant Cell Rep, 11 (8): 404 -407.

Chen MH, Wang PJ, Maeda E. 1987. Somatic embryogenesis and plant regeneration in *Carica papaya* L. tissue culture derived from root explants [J]. Plant Cell Rep, 6 (5): 348 -351.

DeBruijne E, DeLanghe E, van Rijck R. 2009. Action of hormones and embryoid formation in callus cultures of *Carica papaya* [J]. Journal of Structural & Construction Engineering, 74 (638): 681 -690.

Fitch MMM, Manshardt RM. 1990. Stable transformation papayavia microprojectile bombardments [J]. Plant Cell Rep, 9 (4): 320 -324.

Fitch MMM, Manshardt RM, Gonsalves D, et al. 1990. Somatic embryogenesis and plant regeneration from immature zygotic embryos of papaya (*Carica papaya* L.) [J]. Plant Cell Reports, 9 (6): 320 -4.

Fitch MMM, Manshardt RM, Gonsalves D, et al. 1990. Stable transformation of papaya via microprojectile bombardment [J]. Plant Cell Rep, 9 (4): 189 -194.

Fromm ME, Taylor LP, Walbot V. 1986. Stable transformation of maize aftergene transfer by electroporation [J]. Nature, 319 (6056): 791 -793.

Fitchen JH, Beachy R. 1993. Efficient transformation of papaya by coat protein gene of papaya ringspot virus mediated by*Agrobacterium* following liquid-phase wounding of embryogenic tissues with caborundum [J]. Annu Rev Microbial. 47: 739 -763.

Klee H, Horsch R, Rogers S. 1987. Agrobacterium-mediated plant transformation and further applications to plant biology [J]. Plant Biology, 38 (38): 467 -486.

Klein TM, WolfED, Wu R, Sanford JC. 1987. High-velocity microprojectiles for delivering nucleic acids into living cells [J]. Biotechnology, 24 (6117): 384 -386.

Krens FA, Molendijk L, Wullems GJ, Schilperoort RA. 1982. In vitro transformation of plant protoplast with Ti-plasmid DNA [J]. Nature, 3 (5852): 72 -74.

Laemmli UK. 1970. Cleavage of structural proteins during the assembly of the head of bacteriophage T4 [J]. Nature, 227 (5259): 680 -685.

Litz RE, Conover RA. 1982. Recent advances papayatissule culture [J]. Plant Sci Lett, 26: 153 -158.

Mettler IJ. 1987. A simple and rapid method for minipreparation of DNA from tissue cultured plant cells [J]. Plant Mol Biol Rep, 5 (3): 346 -349.

Murashige T, Skoog F. 1962. A revised medium for rapid growth and bioassays with tobacco tissue cultures [J]. Physiol Plant, 15 (3): 472 -497.

Pang SZ, Sanford JC. 1990. Somatic embryogenesis and plant regeneration from immature zygotic embryos of papaya [J]. Plant Cell Reports, 9 (6): 320 -4.

Rogers SG, Horsch RB, Fraley RT. 1986. Gene transfer in plant: production of transformed plants using Ti plasmid vectors [J]. Methods Enzymol, 118 (2): 627 -640.

Tsay HS, Su CY. 1985. Anther culture of papaya (*Carica papaya* L.) [J]. Plant Cell Rep, 4 (1): 28 -30.

Wang CH, Bau HJ, Yeh SD. 1994. Practices and perspective of control of papaya ringspot virus by cross protection [J]. New York: Springer, 10: 237 -257.

Yang JS, Yu TA, Cheng YH, Yeh SD. 1996. Strong GUS activity was detected in the selected putative transgenic calli or plants [J]. Plant Cell Rep. in press.

Yeh SD, Gonsalves D, Provvidenti R. 1984. Comparative studies on hostrange and serology of papaya ringspot virus and watermelon mosaic virus [J]. Phytopathology, 74 (9): 1081 -1085.

Yeh SD, Jan F J, Chiang CH, et al. 1992. Complete nucleotide sequence and genetic organization of papaya ringspot virus RNA [J]. J Gen Virol, 73 (4): 2531 -2541.

Yie ST, Liaw SI. 1977. Two methods of in vitro culture were employed to regenerate papaya plants [J]. In Vitro, 13: 564 -567.

第六章　转基因番木瓜的 PMI/Man 筛选系统①

摘　要： 磷酸甘露糖异构酶选择标记基因（pmi）编码磷酸甘露糖异构酶（PMI）能够筛选在含甘露糖（Man）的培养基上生长的转化细胞系，本研究评估了该标记基因在番木瓜的遗传转化（*Carica papaya* L.）中的应用。我们发现，番木瓜胚性愈伤组织没有或有很少的 PMI 活性并且无法利用 Man 作为碳源；然而，当愈伤组织中转入 pmi 基因时，PMI 活性极大增强，并且它们能与利用蔗糖一样高效利用 Man。愈伤组织再生植株也表现出 PMI 活性，但在一个较低的比活水平。Man 筛选的转化效率高于已经报道的使用抗生素或视觉标记的筛选。对于番木瓜来说，用来生产转基因植物的 PMI /Man 筛选系统是以前公布的筛选方法的高效的补充，可能促进多基因叠加。此外，由于 PMI/Man 筛选系统的不含抗生素或除草剂抗性基因，它的使用可能会减少这些基因流向相关植物群体的潜在环境问题。

关键词： 细胞筛选系统；遗传转化；植物组织培养；甘露糖；磷酸甘露糖异构酶（PMI）

缩写

BA 苄基腺嘌呤
2，4 – D 2，4 – 二氯苯氧基乙酸
IBA 3 – 吲哚丁酸
Man 甘露糖
NAA α – 萘乙酸
PMI 磷酸甘露糖异构酶
Suc 蔗糖

引言

植物转化技术通常依赖于可选择标记基因的引入，以便于对转化或未转化细胞群体的识别。对于高等植物来说，只有少数几个性能良好的筛选系统，而筛选效果这些通常受抗生素或除草剂耐药性增加的影响（Brasileiro and Aragão，2001），并可能无法对所有感兴趣的物种都有效。此外，筛选方案的缺乏会限制给定植物株系的多

① 参考：Yun J. Zhu，Ricelle Agbayani，Heather McCafferty，et al. 2005. Effective selection of transgenic papaya plants with the PMI/Manselection system [J]. Plant Cell Rep，24 (7)：426 – 432.

基因叠加，因此可能阻碍转化技术更广泛的应用。在优良品种中进行连续的多基因“叠加”，将需要一个新的选择标记基因以用于每个新性状基因的引入，或需要一种去除最初选择标记基因的技术以便该选择标记基因可再次用于后续转化事件（Hare and Chua，2002）。另外一个要考虑的实际的或可能的威胁是，广泛种植的作物中的抗生素和除草剂抗性基因可能转移到杂草或微生物中。最后，尽管所有的证据表明，筛选基因对人类或动物消费者构不成任何的健康威胁，但消费者对含抗生素失活蛋白的食品的低接受度是有一定的可能性的。考虑到所有这些原因，改进基因筛选技术是植物转基因研究和发展的关键。

磷酸甘露糖异构酶（PMI，EC 5.3.1.8）是一种将甘露糖（Man）磷酸转化为甘露糖-6-磷酸（Man-6-P）的酶。由于许多植物中不存在 PMI，且缺乏 PMI 的植物细胞不能在含 Man 的合成培养基中存活，因此学者们对 PMI/Man 筛选系统在识别转化植物细胞的潜力进行了研究。Bojsen 等（1999）首次描述了将 PMI 作为植物转化的选择蛋白，他们发现表达细菌 pmi 基因会使对 Man 敏感的马铃薯（*Solanum tuberosum* L.）、甜菜（*Beta vulgaris* L.）和玉米（*Zea mays* L.）的植物细胞培养物能以 Man 作为碳源生长。该研究组获得了 PMI/Man 筛选系统的专利（Bojsen et al，1998，1999），并且这项筛选系统已经在拟南芥（*Arabidopsis thaliana* L.）（Todd and Tague，2001）、木薯（*Manihot esculenta* Crantz）（Zhang et al，2000）、玉米（Negrotto et al，2000；Wang et al，2000；Wright et al，2001）、水稻（*Oryza sativa* L.）（Datta et al，2003；He et al，2004；Hoa et al，2003；Lucca et al，2001）、甜菜（Joersbo et al，1998；1999）、甜橙（*Citrus sinensis* L. Osbeck）、小麦（*Triticum aestivum* L.）（Wright et al，2001）和珍珠粟（O'Kennedy et al，2004）上成功应用。

筛选基因 pmi（manA 来自大肠杆菌）广泛存在于自然界中。它不产生对抗生素或除草剂的抗性，因此没有对杂草或微生物选择优势的可能性。已经报道使用 PMI/Man 系统的转化效率较高，有时大大高于（Boscariol et al，2003；Joersbo et al，1998；Lucca et al，2001；Wright et al，2001）传统的抗生素或除草剂筛选。PMI 在模拟胃环境中容易消化，在小鼠急性口服毒性试验中无不良影响，Man 相关通道没有产生检测到的生化变化（Privalle et al，1999），缺乏许多与已知的口服过敏原相关的特征（Privalle，2002），并可能因此被认为是一种理想的植物转化筛选蛋白。

在本文中，我们评价了利用基因枪法转化番木瓜（*Carica papaya* L.）的 PMI/Man 系统的使用。

材料与方法

植物材料和胚性愈伤组织培养

无菌生长 10 d 的番木瓜（*Carica papaya* L）cv. Kapoho 幼苗下胚轴切成 2 到 3 mm 厚的切片（Fitch，1993）。从每一株幼苗，取约 50 个 2.0 mm 厚的切片放在加有 25 mL 1/2 浓度含盐 MS 培养基（pH 5.8，含 30 g l^{-1} 蔗糖、2.5 g l^{-1} 植物凝胶和 10 mg l^{-1} 2，4-D）（Murashige and Skoog，1962）的 100×15 mm 培养皿中（Fitch et al，1990）。在 27℃暗培养 2 或 3 个月（每月继代 1 次），产生与相同的胚胎形成条件下繁殖到 6 个月

(每月继代 1 次) 的胚性愈伤组织。

Man 对番木瓜愈伤组织生长发育的影响

非转化体细胞胚性愈伤组织培养在相同浓度 1/2MS 培养基，它用于愈伤组织的诱导，但是蔗糖分别用 0、0.5、1、2、5、10、20、或 30 g·L^{-1}浓度的甘露糖代替，但在培养基中的总量仍为 30 g·L^{-1}。五个鲜重 100 mg 愈伤组织团转移到细胞培养板，每个水平的 Man 重复五次，然后 27℃暗孵育 4 周。在生长的第一个周期结束时，每个愈伤组织在新培养基传代培养前称重。在第二个周期结束时，再将愈伤组织进行称重，然后再转到含 1/2 浓度 MS 的再生培养基的平板上，该培养基不含 2，4-D，用 0.2 mg·L^{-1}的 BA 和 0.2 mg·L^{-1} α-萘乙酸 (NAA) 代替，30 g·L^{-1}的蔗糖由甘露糖代替。对包括三个培养在不同浓度 Man 水平培养基进行了两个月继代培养的愈伤组织群在内的五个复制板的再生情况进行目测和记录。

粒子轰击和转化的筛选

Novartis 提供 (现在是 Syngenta; http: //www. syngenta. com) 的质粒 pNOV3610 包含由拟南芥 Ubq3 (At) 泛素启动子 (包含它的第一个内含子) 驱动的植物表达的 Man 筛选基因 pmi。如前所述 (Fitch et al，1990)，使用 PDS 1 000 Helium (Bio-Rad) 装置将 1.6-μm 的包裹了质粒 DNA 的金粒 (Bio-Rad，Hercules，Calif.; http: //www. bio-rad. com) 导入到胚性愈伤组织。含约 1g 鲜重胚性愈伤组织的每个靶平板轰击三次。轰击后的胚性愈伤组织在 1/2 浓度 MS 胚胎培养基 (10 mg·L^{-1}的 2，4-D、pH 5.8、3% 蔗糖，和 2.5% 植物凝胶) 中培养恢复 10 d。每个轰击愈伤组织团都作为一个独立的事件，将其分为五个或六个小块，分别在选择和再生过程中标记为 "重复"。轰击胚性愈伤组织的选择通过在 Man (3%) 代替了全部 Suc 的 1/2 浓度 MS 胚胎培养基中继代培养 (每月继代 1 次) 2 个月。抗 Man 愈伤组织的再生是用 3% Suc 代替 3% Man 在 1 ~ 2 个月不经选择。再生自同一重复愈伤系的任何植株都被认为是同一转化事件的产物。

筛选的愈伤组织在蔗糖或甘露糖中的生长

经过 2 个月 Man 的选择生长，两个愈伤系 PMI 51 和 PMI60 和一个非转化愈伤系的五个大小相等 (大约 100 mg) 重复接种到含 30 g·L^{-1}蔗糖或 Man 的 1/2 浓度 MS 培养基上，对比生长在两种培养基上的鲜重。在第一个月末时，记录单个愈伤组织的鲜重，之后愈伤组织转移到相同成分的新鲜培养基中，在第二个一个月周期末时称重。

植株的再生、快繁、生根和驯化

经过 2 个月的 3% Man 筛选，推定的转化愈伤组织在含 3% Suc 、0.2 mg·L^{-1} BA 和 0.2 mg·L^{-1} NAA 的 1/2 浓度 MS 培养基中长出小植株。依据 Fitch，将繁殖芽切成节段在相同培养基上进行每月一次的传代培养 (1993)。放置在含 2 mg·L^{-1} IBA 的 MS 培养基中的新鲜的切芽 7 d 后长出新根，随后移到不含生长调节剂的 MS 培养基中。根生植株盆栽在含 1/2 浓度 MS 培养基的湿润灭菌蛭石中直到长出大量密集根系。在移栽到大田前，植株先移植到大盆中，盆栽土蒸汽灭菌，在全光照下进行温室驯化。

转化植株的分子分析

用 Wang 等人的所描述的方法从约 20 mg 的愈伤组织和叶片组织中提取 DNA（2000）。使用 Negrotto 发表的方法进行 PCR 分析。PCR 反应体系为 25 μL，含 1.5 U Taq DNA 聚合酶，10 mM Tris-HCl（pH 值 9.0），50 mM KCl，1.5 mM $MgCl_2$，每种 dNTP 200 μM，每种引物 1.0 μM，牛血清白蛋白（BSA）作稳定剂。PCR 反应为 94℃ 30 s，55℃ 30 s，72℃ 45 s，30 个循环，使用 Perkin-Elmer 9600 热循环仪（PE-Applied Biosystems，Foster City，Calif.）。用于扩增大小为 550 bp 的 pmi 基因片段的引物是：PMI-U（18 mer）5′-ACAGC-CACTCTCCATTCA－3′和 PMI-L（18 mer）5′-GTTTGCCATCACTTCCAG－3′。用作阳性对照扩增出 300 bp 的肌动蛋白基因片段引物是：ACT-U（20 mer）5′-ACTACGAGTTGCCTGAT-GGA－3′和 ACT-L（20 mer）5′-AACCACCACTGAGCACAATG－3′。根据标准方案，逆转录酶（RT）-PCR 用 PMI 特异性引物进行。用于扩增大小为 250 bp 的 pmi cDNA 片段的引物是：Man－1（20 mer）5′-ACATCCGGCGATTGCTCACT－3′和 Man－2（20 mer）51-GCAG-GTAAGCGTGCGGTGTT－3′。PCR 反应为 94℃ 30 s，55℃ 30 s，72℃ 45 s，30 个循环，使用 Bio-Rad iCycler 热循环仪。

PMI 酶活性测定

愈伤组织和叶片组织的 PMI 检测基于 Wang 等人的改进方案（2000）。植物组织（250 mg）在液氮中研磨后加入 250 μL 的 50 mM Tris-HCl，4℃、14 000 rpm 离心 30 min。取上清（50μL），加入 100 μL 50 mM Tris-HCl（pH 值 7.5），再加入 100 μL 反应混合液，混匀，37℃孵育 30 min，去除内源的 d-Man－6-P。反应混合液包括 25 μL β-烟酰胺二核苷酸磷（β-NADP，10 mM；Sigma，St. Louis，Mo.）、25 μL 磷酸葡萄糖异构酶（PGI，10 U/mL，EC 5.3.1.9；Sigma）、12.5 μL 葡萄糖－6-磷酸脱氢酶（G6PDH，10 U/mL，EC 1.1.1.49；Sigma）和 32.5 μL Tris-HCl（50 mM，pH 值 7.5）。在 37℃孵育 30 min 结束时，添加 5 μL d-Man－6-P 底物（50 nM）到测定溶液中，吸光值的测定用 MRX 读板（Dynex Technologies，Frankfurt，Germany；http://www.dynextechnologies.com）在 340 nm 处测定超过 30 min。大肠杆菌的纯化 PMI 替换植物提取物，作为阳性对照。PMI 活性使用 biolinx（http://www.dynextechnologies.com）软件依据吸光度斜率随时间的变化计算。用 Bradford 法测定提取物的蛋白质浓度（Bradford，1976）。

数据分析

愈伤组织生长和 PMI 活性的数据用 SAS（http://www.sas.com）软件进行单因素方差分析，随后使用邓肯 K 值 T 测验平均分离。

结果与讨论

Man 对非转基因番木瓜细胞培养物生长和再生的毒性作用

当缺乏 PMI 酶的植物细胞生长在 Man 代替了蔗糖的培养基时，细胞可以将 Man 磷酸化为 Man-6-P，但不能将 Man-6-P 异构化为果糖-6-磷酸（Fru-6-P），从而使其失去碳源造成磷缺乏（Barb et al，2003）。非转基因番木瓜愈伤组织很少或没有 PMI 活性，生长在 Man 浓度大于 5 $g \cdot L^{-1}$ 时受到抑制（图 6-1）。Man 第二个月继代培养的抑制作用大于第一个月。在 Man 最高浓度时，愈伤组织的重量只有对照的约三分之一，愈伤组织表现不正常。它是褐色的，含水多，不如在不含 Man 的培养基中生长的对照饱满。

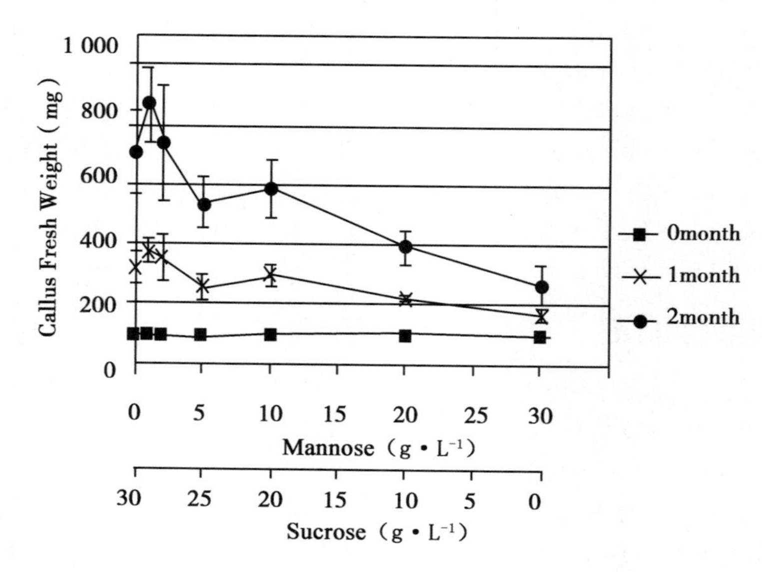

图 6-1 非转化（野生型）番木瓜胚性愈伤组织在含 0~30 $g \cdot L^{-1}$ 甘露糖和 0~30 $g \cdot L^{-1}$ 蔗糖的 1/2 MS 盐培养基中暗生长到 2 个月的鲜重 ± 标准误。愈伤组织初始鲜重约为 100 mg

总的来说，在不同 Man 水平（0.5~30 $g \cdot L^{-1}$）生长 2 个月的非转化愈伤组织植株再生比例呈指数下降（图 6-2）。当 Man 替换为 5 $g \cdot L^{-1}$ 或浓度更高的 Suc 时，愈伤组织再生率下降到低于对照的 50%，Man 浓度是 20 $g \cdot L^{-1}$ 和 30 $g \cdot L^{-1}$ 时，再生率最低，大约为 6%。

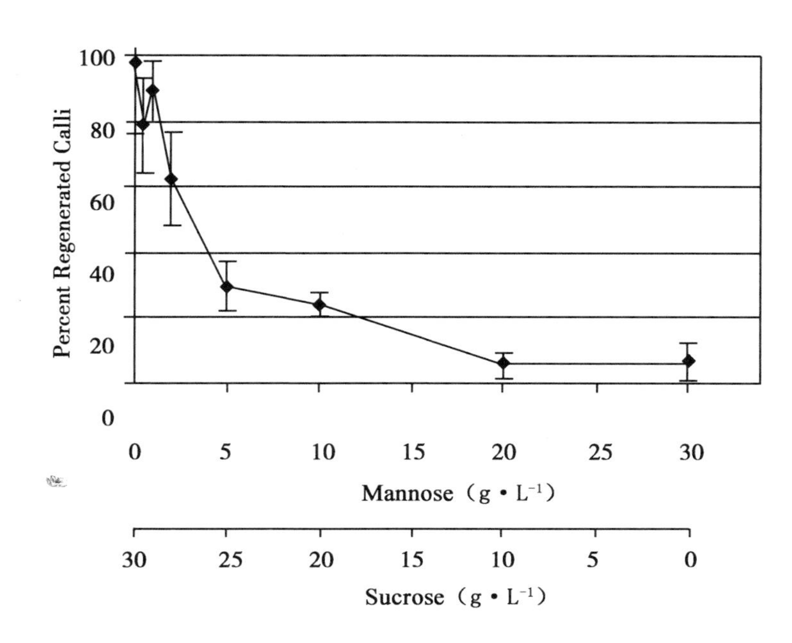

图 6－2　将在含 0～30 g · L^{-1} 甘露糖和 30～0 g · L^{-1} 蔗糖的 1/2 MS 盐培养基中暗生长到 2 个月的愈伤组织转到用 30 g · L^{-1} 蔗糖代替甘露糖的新鲜 1/2 MS 盐培养基中，在 2 个月末时的植株再生百分比 ± 标准误差

Man 对 PMI-转化番木瓜细胞培养物的生长和再生的影响

在含 30 g · L^{-1} Man 不含蔗糖的培养条件下，PMI-转化和 Man 筛选的番木瓜愈伤组织呈黄色，生长健康且旺盛，而在同样的生长条件下，非转化愈伤组织含水多，呈褐色，且鲜重增加缓慢或几乎不增加。将抗 Man 的愈伤组织的再生植株进行快繁、生根和在温室条件下盆栽驯化。随试验的不同，筛选和再生步骤所需的时间稍有不同，但是在 13～17 周内从轰击到植株恢复 Man 抗性通常是可能的，1 周恢复、8 周 Man 筛选、4～8 周植株再生。抗 Man 植株没有表现出任何明显的异常形态。我们目前种植这些植物以完备 pmi 基因通过有性途径传播的试验。

非转化愈伤组织和 PMI 筛选愈伤组织在含 30 g · L^{-1} 的 Man 或 Suc 的培养基中的生长比较表明，转 pmi 愈伤组织可以跟 Suc 一样有效利用 Man 作为碳源（表 6－1）。然而，当这些相同愈伤组织系的重复生长在 30 g · L^{-1} Man 中时，非转化株系鲜重仅约为生长在 Suc 的一半。这与 PMI 筛选愈伤组织在 Man 上生长时每月增加三倍鲜重（与在 Suc 上生长一样）形成对比。通过方差分析和邓肯 K 值 t 测验测定，非转化愈伤组织和 PMI 筛选愈伤组织生长在含 30 g · L^{-1} Man 的培养基上的重量有显著差异（$P \leq 0.05$）。

表 6－1　生长在含 30 g・L^{-1} 甘露糖或蔗糖的 1/2 MS 培养基上的番木瓜非转化系和 PMI 筛选系愈伤组织系鲜重比较。

愈伤组织	蔗糖培养基		甘露糖培养基	
	一个月（mg ± SE）	两个月（mg ± SE）	一个月（mg ± SE）	两个月（mg ± SE）
非转化	324 ± 55	711 ± 137	170 ± 18a	270 ± 70a
转基因 PMI 51	298 ± 42	681 ± 150	302 ± 39b	674 ± 122b
转基因 PMI 60	274 ± 35	639 ± 130	269 ± 40b	625 ± 107b

注：每个愈伤组织初始鲜重为 100 mg。SE 标准误差。方差分析和邓肯 K 值 t 检验表明，在同一列标有不同字母的鲜重值差异显著（$P \leq 0.05$）。

评价野生型愈伤组织生长在 Man 的实验中，培养基含 5～10 g・L^{-1} Man 和 20～25 g・L^{-1} Suc，这是为了提供足够的碳支持番木瓜愈伤组织生长（Fitch et al，1990）。尽管如此，生长依然受到抑制。因此，观察到的 Man 抑制生长可能是 Man 的特异性抑制作用，也许是磷酸盐和/或 ATP 的消耗（Joersbo et al，1998），而不是碳消耗的影响。在拟南芥中，只有 5 mM 的 Man 便明显抑制种子的萌发，并且这种抑制作用不是由 ATP 和/或磷酸盐消耗（Pego et al，1999）造成的。与番木瓜愈伤组织生长相比，拟南芥种子萌发的抑制作用明显可以通过添加代谢糖逆转，包括蔗糖，所以这两个系统和/或组织的 Man 抑制发生的机制似乎不同。

PMI/Man 筛选系统对番木瓜转化的效率的影响

我们的 PMI /Man 筛选方案每个 1 g 新鲜愈伤组织的轰击板产生约 20 个株系，8 g 愈伤组织总共产生 165 个转化株系（表 5－2）。Man 为唯一碳源的培养基上分离培养 2 个月愈伤组织系获得的 165 个株系被初步认为是独立事件的最小数目，因为轰击 10 d 后愈伤组织系被彼此分离。我们使用 PMI 基因和 Man 筛选的番木瓜抗性株系恢复频率明显高于报道的用新霉素磷酸转移酶 II（NPTII）基因和 G418 筛选的每克轰击愈伤组织恢复 0. 26 个转基因株系（Fitch et al，1990），也高于已报道的用绿色荧光蛋白基因进行可视化转基因株系鉴别，它每克轰击愈伤组织产生 8 个株系（Zhu et al，2004）。农杆菌介导法（Cheng et al，1996）的转化率（每克轰击愈伤组织产生 1. 6 个转化系）已有报道，但我们发现很难将被农杆菌感染的番木瓜植株消毒。

表 6－2　PMI 筛选到的转基因番木瓜愈伤组织数量

试验	轰击板数量	转化愈伤组织的恢复株系数（共计）	每克胚性愈伤组织产生的独立的转化株系（平均值 ± SE）
1	4	86	（20. 6 ± 1. 2）
2	4	79	

在 Man 筛选中存活但不包含或表达 PMI 基因（逃逸）的愈伤组织是罕见的；在 75

个测定了 PMI 酶活性的抗 Man 株系中，除了 2 个株系以外，其他所有株系的 PMI 酶活性都显著高于野生型对照，并且有 95% 的株系的 PMI 酶活性比野生型对照至少多 5 倍（图 6-3）。对 10 个具有 PMI 酶活性的抗 Man 愈伤组织进行 PCR 检测，全部包含预期的指示 pmi 基因片段的 550 bp 的 PCR 扩增 DNA 片段（图 6-4）。用 pmi 特异性引物对相同的 10 个株系进行 RT-PCR，结果表明转基因 pmi 在植物中有转录活性。PMI/Man 系统的这种明显的低比率的或缺乏基因逃逸是一个特别有吸引力的特性，在生产转基因番木瓜株系时能节省时间和花费。

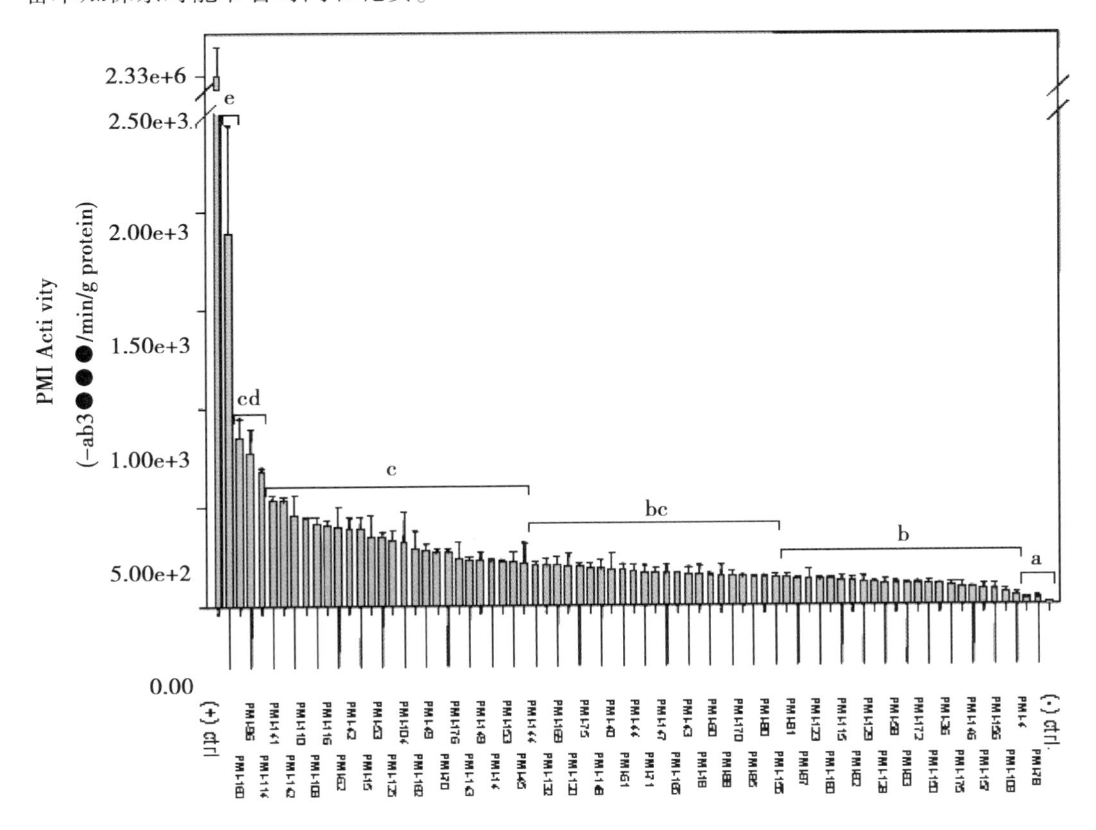

图 6-3　75 个 PMI 转化愈伤组织在含 30 g · L^{-1} 甘露糖的 1/2 MS 盐培养基上筛选生长 2 个月磷甘露糖异构酶活性的 ± 标准误差

根据方差分析和邓肯 K 值 t 检验，方括号（a ~ e）内的愈伤组织簇（与相邻的簇有显著差异（$P \leq 0.05$）。+ 对照：纯化的大肠杆菌表达的 PMI 作为阳性对照，- 对照：非转化对照。

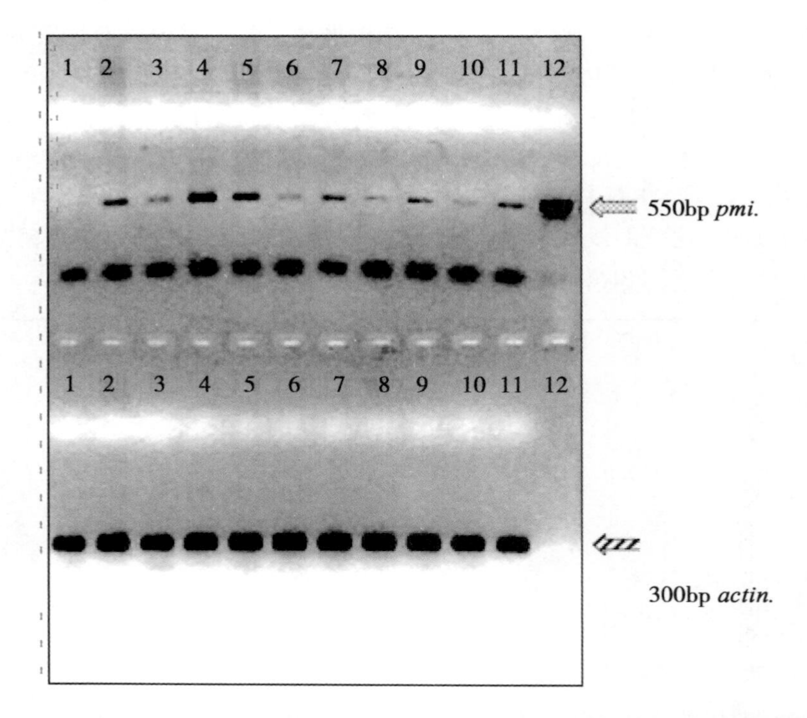

图 6－4 对在含 30 g · L^{-1}甘露糖的 1/2 MS 盐培养基上生长 2 个月的转化愈伤组织中筛选出具有 PMI 活性的 10 个细胞系的 DNA 进行 PCR 扩增的琼脂糖凝胶电泳图像

凝胶上半段的箭头显示扩增出 pmi 基因 550 bp 的片段。凝胶下半段的箭头显示扩增出内源性肌动蛋白基因 300 bp 的片段。每个条带注释：条带 1：非转 Kapoho 愈伤组织的 PCR 扩增产物；条带 2～11：十个有 PMI 活性耐甘露糖愈伤系的 PCR 扩增产物，2～11PMI 愈伤系分别是株系 153、115、142、123、042、148、014、060、044、125，12；条带 12：转化质粒的扩增产物。

转化番木瓜中 PMI 的活性

在 165 个筛选愈伤系中随机抽取 75 个进行 PMI 活性测定，以评价 pmi 基因在番木瓜愈伤系中的表达。PMI/Man 筛选株系中表达的 PMI 活性最高和最低有 20 倍差距（图 6－3）。在这 75 个独立的代表株系中，有 71 个株系（95%）的 PMI 酶活性比非转基因株系至少高五倍。

筛选愈伤组织的再生植株的叶片的 PMI 活性也被测定。对 71 个活性五倍高于对照的株系来说，再生植株叶片中的 PMI 活性低于原愈伤组织。在大多数情况下，愈伤组织中 PMI 表达相对较高，叶片中的 PMI 活性差异相对较低（图 6－5）。75 个筛选株系中只有 45 个（60%）的叶片有 PMI 活性，且比野生型对照至少高五倍。阳性对照是纯化的大肠杆菌（http：//www. sigmaaldrich. com）的 PMI。

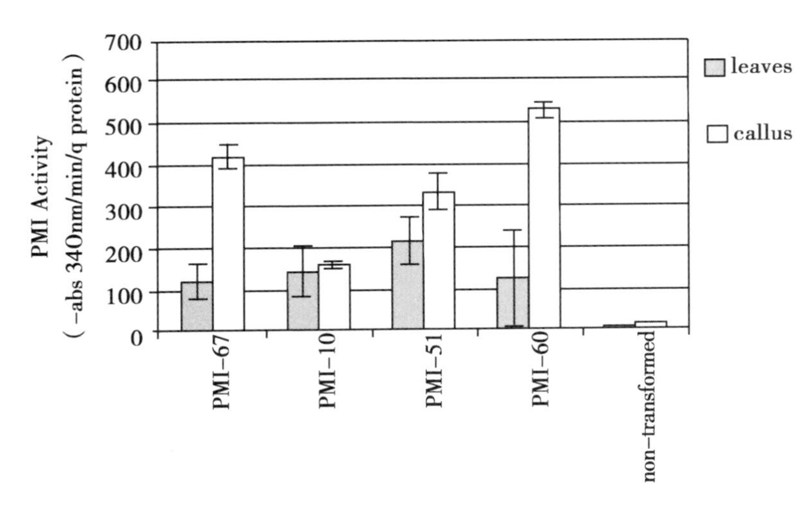

图 6-5　PMI 转化愈伤组织和每个愈伤组织再生幼苗叶片的 PMI 活性 ± 标准误差

对于许多试验株系，PMI 活性在植株再生后降低。这种变化可以反映这种特殊启动子的发育表达模式，或它可能反映了转基因在发过程中的部分沉默。对于选择标记，通过筛选过程保持基因活性是基本要求，这是肯定要实现的。即使再生株系中的表达水平降低，但也足以导致抗性，因此，所观察到的表达减少不会以任何方式限制该筛选系统的有效性。

参考文献

Barb AW, PharrDM, Williamson JD. 2003. A*Nicotiana tabacum* cell culture selected for accelerated growth on Man has increased expression of phosphomannose isomerase [J]. Plant Sci, 165 (3): 639 -648.

Bojsen K, Donaldson I, Haldrup A, et al. 1998. Mannose or xylose based positive selection: United States, Patent No. 5, 767, 378 [P].

Bojsen K, Donaldson I, Haldrup A, et al. 1999. Positive selection: United States, Patent No. 5, 994, 629 [P].

Boscariol RL, Almeida WA, Derbyshire MT, et al. 2003. The use of the PMI/mannose selection system to recover transgenic sweet orange plants. *Citrussinensis* L. Osbeck [J]. Plant Cell Rep, 22 (2): 122 -8.

Bradford MM. 1976. A rapid and sensitive method for the quantitation of microgram quantities of protein utilizing the principle of protein-dye binding [J]. Anal Biochem, 72 (1 -2): 248 -54.

Brasileiro ACM, Aragão. 2001. Marker genes for in vitro selection of transgenic plants [J]. J Plant Biotechnol, 3: 113 -121.

Cheng YH, Yang JS, Yeh SD. 1996. Efficient transformation of papaya by coat protein gene of papaya ringspot virus mediated by *Agrobacterium* following liquid-phase wounding of embryogenic tissues with carborundum [J]. Plant Cell Rep, 16 (3): 127 - 132.

Datta K, Baisakh N, Oliva N, et al. 2003. Bioengineered 'golden' indica rice cultivars with β-carotene metabolism in the endosperm with hygromycin and mannose selection systems [J]. Plant Biotechnol J, 1 (2): 81 - 90.

Fitch M. 1993. High frequency somatic embryogenesis and plant regeneration from papaya hypocotyl callus [J]. Plant Cell Tissue Organ Cult, 32 (2): 205 - 212.

Fitch M, Manshardt R, Gonsalves D, et al. 1990. Stable transformation of papaya via microprojectile bombardment [J]. Plant Cell Rep, 9 (4): 189 - 194.

Hare PD, Chua NH. 2002. Excision of selectable marker genes from transgenic plants [J]. Nat Biotechnol, 20 (6): 575 - 580.

He Z, Fu Y, Si H, et al. 2004. Phosphomannose-isomerase (pmi) gene as a selectable marker for rice transformation via *Agrobacterium* [J]. Plant Sci, 166 (1): 17 - 22.

Hoa TT, Al-Babili S, Schaub P, et al. 2003. Golden Indica and Japonica rice lines amenable to deregulation [J]. Plant Physiol, 133 (1): 161 - 169.

Joersbo M, Donaldson I, Kreierg JD, et al. 1998. Analysis of mannose selection used for transformation of sugar beet [J]. Mol Breed, 4 (2): 111 - 117.

Joersbo M, Peterson SG, Okkels FT. 1999. Parameters interacting with mannose selection employed for the production of transgenic sugar beet [J]. Physiol Plant, 105 (1): 109 - 115.

Lucca P, Ye XD, Potrykus I. 2001. Effective selection and regeneration of transgenic rice plants with mannose as selective agent [J]. Mol Breed, 7 (1): 43 - 49.

Murashige T, Skoog K. 1962. A revised medium for rapid growth and bioassays with tobacco tissue cultures [J]. Physiol Plant, 15 (3): 473 - 497.

Negrotto D, Jolley M, Beer S, et al. 2000. The use of phosphomannose-isomerase as selectable marker to recover transgenic maize plants. *Zea mays* L. via *Agrobacterium* transformation [J]. Plant Cell Rep, 19 (8): 798 - 803.

OKennedy MM, Burger JT, Botha FC. 2004. Pearl millet transformation system using the positive selectable marker gene phosphomannose isomerase [J]. Plant Cell Rep, 22 (9): 684 - 90.

Pego JV, Weisbeek PJ, Smeeken SCM. 1999. Mannose inhibits *Arabidopsis* germination via a hexokinase-mediated step [J]. Plant Physiol, 119 (3): 1017 - 1023.

Privalle LS. 2002. Phosphomannose isomerase, a novel plant selection system: potential allergenicity assessment [J]. Ann N Y Acad Sci, 964 (964): 129 - 38.

Privalle LS, Wright M, Reed J, et al. 1999. Phosphomannose isomerase, a novel selectable plant selection system: mode of action and safety assessment [M]. University of Saskatchewan, Saskatoon: University Extension Press. 17 - 178.

Todd R, Tague GW. 2001. Phosphomannose Isomerase: A versatile selectable marker for *Arabidopsis thaliana* germ-line transformation [J]. Plant Molecular Biology Reporter, 19 (4): 307 -319.

Wang AS, Evans RA, Altendorf PR, et al. 2000. A mannose selection system for production of fertile transgenic maize plants from protoplasts [J]. Plant Cell Rep, 19 (7): 654 -660.

Wright M, Dawson J, Dunder E, et al. 2001. Efficient biolistic transformation of maize (*Zea mays* L.) and wheat (*Triticum aestivum* L.) using the phosphomannose isomerase gene, pmi, as the selectable marker [J]. Plant Cell Rep, 20 (5): 429 -436.

Zhang P, Potrykus I, Puonti-Kaerlas J. 2000. Efficient production of transgenic cassava using negative and positive selection [J]. Transgen Res, 9 (6): 405 -415.

Zhu YJ, Agbayani R, Moore PH. 2004. Green fluorescent protein as a visual selection marker for papaya (*Carica papaya* L.) transformation [J]. Plant Cell Rep, 22 (9): 660 -667.

第七章　绿色荧光蛋白可视化筛选在番木瓜转化中的应用①

摘　要： 化学法筛选植物转化体所面临的一系列问题可以通过可视化的筛选标记来克服。我们利用绿色荧光蛋白（GFP）作为可视化筛选标记来筛选胚性愈伤组织通过基因枪得到的番木瓜转化体。GFP 筛选法将筛选时间从 G418 抗生素培养基筛选法的 3 个月降低至 3～4 个星期。另外，与现有的抗生素筛选法相比，GFP 筛选法筛选到的番木瓜转化植株是其 5 至 8 倍。总的来说，GFP 在转基因番木瓜品系筛选中的应用将筛选的量提高了 15 至 24 倍，而且还有效克服了抗生素抗性筛选法的缺点。

关键词： 绿色荧光蛋白；植物转化；化学筛选法；可视化选择标记

简介

将外源 DNA 整合进植物细胞核的效率很低，因为植株内获得功能性转基因的细胞与未获得的细胞相比在数量上小得多。为了将小部分转化细胞从大量的未转化细胞分离，需要在转化过程中将能够编码植物自身不含蛋白的标记基因导入作为选择性元件。起初使用最多的标记基因是那些能够编码特殊蛋白的基因，这些蛋白赋予转化细胞在含有有毒化合物如除草剂或抗生素的培养基中生长。目前使用最广泛的筛选系统都是基于转基因的抗生素抗性，这些抗性通常来自 nptII 基因或 hpt 基因，前者能够合成新霉素磷酸转移酶 II，该酶能够消除包括卡那霉素、新霉素、巴龙霉素和遗传霉素（G-418）等氨基糖苷类抗生素的毒性，后者编码潮霉素磷酸转移酶，能够消除潮霉素的影响。这些标记基因将留在植物基因组中并持续表达，除非通过特别的操作去除标记基因。

有毒物质条件下的转化筛选能够节省工作量，但它降低了转化植株的恢复率。另外还存在一些目前还未得到证据支持的观点，该观点认为化学抗性基因的使用将引起许多问题，如转基因向自然群落转移风险。虽然目前还没有数据支持这个观点，但它却也代表一种担忧，如果有另外的可供选择筛选方法存在，而不使用抗生素筛选法，那么将减轻这种担忧。一组特异的标记基因为我们提供了一种潜在的可供选择的筛选方法，这些基因合成的蛋白质能够分解代谢无毒性化合物，或通过集成和表达能产生可视的信号。从而为我们提供一种更加高效和灵活的筛选转化法的同时，还能够避免通过有毒化合物

① 参考：Y. J. Zhu · R. Agbayani · P. H. Moore. 2004. Green fluorescent protein as a visual selection marker for papaya（*Carica papaya* L.）transformation［J］. Plant Cell Rep, 22（9）：660－667.

抗性进行筛选。

在含有除草剂或抗生素中培养面临的操作问题是那些已凋亡的非转化细胞释放的毒性物质、抑制性物质的或细胞凋亡信号化合物将不利于转化细胞的生长和发育。另一个面临的实际问题是仅仅利用少量的标记基因将限制遗传转化的灵活性。一个植物品种通常只有一至两个可用的抗生素抗性系统，这就限制了它们通过重复转化将多种特性集中的能力。最后，公众的关注在于抗生素或除草剂抗性基因可能在实验室以外能够赋予植物一些优势并导致这些性状逃逸至自然界中。以上面临的潜在问题或多或少地表明我们有必要开发能代替依赖于抗生素和除草剂抗性转化筛选的代替方法。

一种最近开发的替代方法是基于可选择地在其他非代谢糖甘露糖中的培养生长。虽然甘露糖磷酸盐对细胞有毒性，但这种可选择系统已经取得了一些成功。这种方法最适用于一些单子叶植物，包括玉米、小麦、水稻和大麦，也可用于一些双子叶植物。

更广泛的转化可视化应用是以编码 β-葡萄糖醛酸酶（GUS）和荧光素酶（LUC）的基因为基础的。虽然这些可视化报告基因在很多应用中被证明是有效的，但他们都需要添加对植物细胞有害的底物。因此，GUS 和 LUC 在转基因筛选中的有效性都还未被证明。然而，一种由分离自水母，并经过改造的一种基因编码的可视化报告物——绿色荧光蛋白（GFP）在转基因植物中的应用变得越来越广泛。GFP 的固有荧光允许我们通过非侵入性的分析和检测方式来追踪蛋白质的表达和定位，另外还可用于追踪生物体内的显微结构，如病毒、线虫和真菌等，而不杀死或破坏生物样品。因为 GFP 的转基因表达可以在不添加外源底物或辅因子的条件下直接观察，因此可以在活细胞上反复观察，而不会对细胞造成破坏。与其他可视化标记物相比，工程类 GFP 蛋白被认为对植物和哺乳动物无毒性。利用合成的 gfp 基因来补充化学筛选的方法已经被用于一系列植物物种中。最近，gfp 基因已被当作非可视选择性标记的完全替代物用于大麦、甘蔗、水稻和燕麦中。在燕麦中，该技术已被作为一种有效和可重复的常规筛选系统。

番木瓜的转化效率的最初报道为从 2 300个粒子轰击转化胚胎中获得 10 株转化株系，从 19 克的胚性愈伤组织中获得 5 个株系。同一个团队在随后实验报道从 19 克根瘤农杆菌转化的胚性愈伤组织中获得 5 个转化株系。随着农杆菌转化法的进一步改进，提高了番木瓜的转化效率，从 327 个通过农杆菌转化的愈伤组织簇中获得 52 个转化株系。虽然后面的这些努力确实提高了番木瓜转化株系的数量，但单个愈伤组织的分化潜力却与愈伤组织的报告重量不一致，这就使得我们不能比较它们之间的转化效率。无论如何，迄今为止报道的所有方法需要至少 3 至 4 个月进行培养基筛选，导致转化效率很低。取消在含抗生素培养基中的筛选或许能提高转化效率。本研究将同时报告利用 GFP 作为选择性标记的有效性和该系统相较于抗生素抗性筛选方法在分离番木瓜转化愈伤组织上的优势。

材料与方法

植物材料

所有实验材料均为夏威夷番木瓜品种 Kapoho，体细胞胚性培养物来自经表面消毒并于水培养基中培养 10d 的种子长成的植株幼苗下胚轴切段。10d 的下胚轴，被切成 3 ~ 6cm 长片段，并切为 2 ~ 3mm 厚，随后放入含半强度的 MS 盐、10mg/l 2，4-D 和 7% 蔗糖的胚性诱导培养基中。2 ~ 3 个月形成胚性愈伤组织后，每月转移至相同培养基中再培养，直至产生适合转化的组织。

质粒构建

质粒 pCAMBIA1303（图 7 – 1a）由澳大利亚堪培拉 CAMBIA 提供，含有串联的 gusA 和 mgfp5 基因，能够产生 GUS 和 GFP 的融合物，由花椰菜花叶病毒（CaMV）35S 启动子启动。这种特异的 gfp 基因是在原始基因的基础上经过修饰的，为了植株能得到最理想的密码子选择去除了异常的 mRNA 剪切位点，并增加了 GFP 的折叠。mgfp5’N 端信号肽和 C 端 HDEL 序列的添加指导内质网上 GFP 的合成并且使无毒的性 GFP 积累至很高水平。

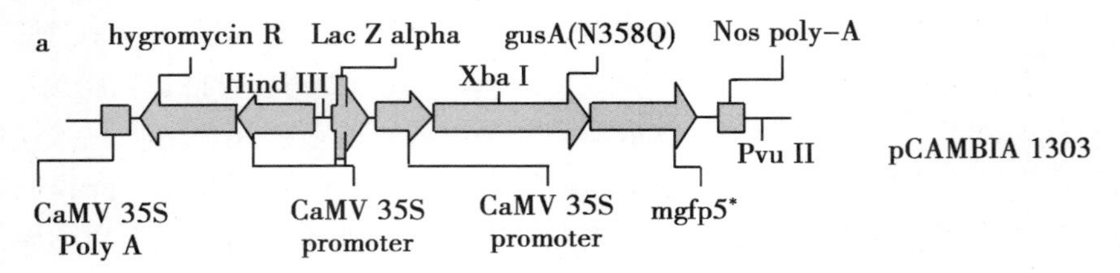

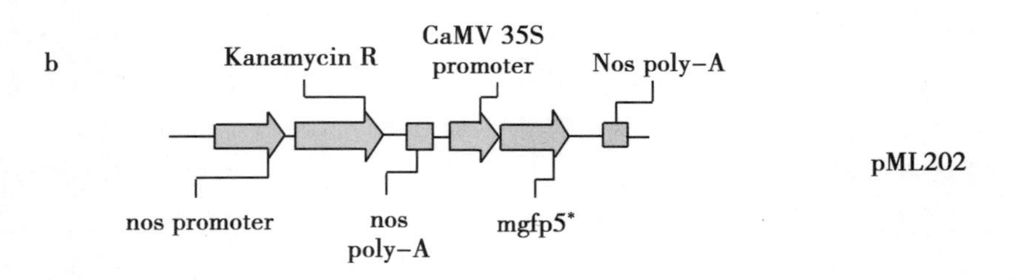

图 7 – 1　番木瓜转化所用的两种 GFP 基因结构核心特征

mgfp5’还包含一个 I167T 突变位点，能够在 400nm 和 475nm 处激发大致相同强度双重的激发峰，因此可以在长紫外和蓝光的照射下实现可视化。pCAMBIA 质粒还具有两个 CaMV 35S 启动子，分别启动融合 gusA 报告基因和可选标记基因 hpt，该基因在已报道的使用中并没有被用于筛选。第二种质粒 PML202（图 1b）包含一个由 35S 启动子驱动的 gfp 基因和由 Nos 启动子驱动的 nptII 选择标记基因。转基因细胞可以通过荧光视觉选择或在含 G-418 的培养基中生长筛选，nptII 基因编码的新霉素磷酸转移酶具有对 G-418 的解毒作用。

粒子轰击和选择

质粒包被与直径 1. 6 μm 的金属粒子上，并使用 PDS 1000 Helium（Bio-Rad）设备将其轰击胚性愈伤组织中，每个靶愈伤组织轰击2～3次。转化pCAMBIA1303质粒的愈伤组织通过荧光进行筛选（图7－2），轰击两天后转移至新鲜的半强度MS发育培养基中。可视化筛选是在放大率为50×蔡司立体显微镜，该显微镜配备有GFP过滤装置，可以在波长为385 nm上被激活，并透过截止波长为510 nm的吸收滤光片观察。使用镊子手动将荧光愈伤组织从无荧光愈伤组织中分离。对各个细胞团的分离每周至少重复一次直到获得均一的荧光愈伤组织。获得均一培养物的总时间接近4个星期。质粒PML202轰击的愈伤组织留在轰击板中恢复两天，然后平均分为两份。其中一半转移至含有100 mg/L G418的抗生素筛选培养基中培养3个月，每月转移一次。另一半进行GFP表达可视筛选。筛选试验进行两次，总结计算出每个轰击板中再生植株的平均数量。

再生、微扩繁、生根和驯化

筛选完成后，将认为是转基因的愈伤组织转移至含0.2 mg/L BA和0.2 mg/L NAA的MS培养基中再生成幼苗。幼苗再生并在将近3个月内培养至有2到6片叶。将培养3个月的幼苗切割，将新鲜切下的嫩枝放入含2 mg/L BA的MS培养基中培养7d，然后转移至不含生长激素的MS培养基中。将生根的嫩枝放入含灭菌的蛭石和半强度MS培养基的瓶中培养直至长出稠密的根。将根长近3cm的植株转至经过高压灭菌消毒的培养土中生长，在种入大田前先在实验室中的荧光灯照射或温室条件下生长一个月。

全植株GFP检测

通过安装在显微镜上的柯达数字摄像机，在白炽灯或荧光灯照射下获取植株组织的图像。在紫外灯下所有图像的曝光时间均为8s。全植株通过150 W的手提式紫外灯进行照明，使用柯达数字相机通过黄色或橙色滤片进行拍照。曝光时间根据GFP的密度调节，但不超过16s。

GUS活性分析

GUS表达水平根据Jefferson的MUG（4-Methyl umbelliferyl-β-D-glucuronide）实验进行分析。番木瓜幼苗小块分离至组织培养基并保存于－80℃。液氮研磨后加入600 μL提取缓冲液（0.05 M Sodium phosphate buffer pH 7.0，10 mM Dithiothreitol，1 mM EDTA，0.1% Sodium lauroyl sarcosine，and 0.1% Triton X100），4℃下离心5 min。通过100 μL上清液和100 μL MUG底物在37℃条件下温育反应测量GUS活性。反应参数在反应刚开始时清除，随后在特定的时间点记录参数。反应完成后加入180 μL 0.2 M碳酸钠溶液终止酶促反应。荧光值通过荧光酶标仪在365 nm激发波长和450 nmf发射波长进行测量。上清液蛋白浓度的测量采用Bradford的方法。每个样品测量三次，最后的值为三个独立测量值的平均值±1.0平均值的标准偏差。

NPTII ELISA实验

愈伤组织中NPTII的表达量通过ELISA实验进行分析。使用酶标仪在波长450 nm

测量蛋白提取物颜色反应的 OD 值，并用标准物校准 OD 值。每个样品测量三次计算标准差。

基因组 DNA 提取和 Southern 杂交分析

取在温室中生长 3 个月的番木瓜植株中充分伸展的叶片，迅速放入液氮中并在 -80℃中保存备用。采用 CTAB 法进行基因组 DNA 提取。取 30 微克基因组 DNA，用单一酶 HindIII 或双酶 XbaI 和 PvuII 酶切过夜。用 0.8% 琼脂糖凝胶电泳分离酶切后的 DNA 片段，然后印迹至碱性尼龙膜上。以 700 bp 的 gfp 编码序列作为探针，该探针通过引物 5’ -GGCCGAATTCAGTAAAGGAG-3’ 和 5’ -TCCCAGCAGCTGTTACAAACT-3’ 的 PCR 扩增得到。

结果

轰击转化两天后在紫外光下观察到愈伤组织，pCAMBIA1303 或 pML202 两种 gfp 功能基因能表达明亮 - 绿色荧光。因为两天的时间不足以导致大量的细胞分裂，我们假定此时的初始荧光值为 gfp 基因瞬时表达的结果。当转化 14 d，产生了足够量的转化愈伤组织后，将稳定的转化系从非转化细胞中筛选分离（图 7-2a，图 7-2b），在这个阶段，能相对容易地将大部分绿色荧光细胞从愈伤组织细胞团中分离，并转移至新鲜的含 2，4-D 的半强度 MS 培养基促进增殖。荧光愈伤组织的生长很快，质量在 7 d 左右就可以增加近一倍（图 7-2c，图 7-2d）。每隔一个星期进行一次绿色荧光细胞筛选。每经过一轮筛选都获得更大、更均一的快速生长荧光细胞团。经过将近 4 个星期的重复筛选后获得具有均一性绿色荧光的愈伤组织（图 7-2e，图 7-2f）。

将愈伤组织置于再生培养基中培养一个月内，较大的愈伤组织细胞团就可以发芽产生幼苗（图 7-2g，图 7-2h）。随着分化幼苗的生长，它们开始在可见光下呈现淡绿色。从转化愈伤组织中再生的幼苗将在紫外灯下呈现微弱的绿色荧光，而非转化愈伤组织中没有。虽然这一阶段幼苗扩增叶片的荧光值很低，但转化愈伤组织持续很强的荧光表达量。幼苗再生超过两个月后将被转移至温室盆栽土壤中。盆栽植株的叶片在颜色上显著变为深绿，表明叶绿素的增加。通过在紫外灯下观察非转化植物叶绿素的红色自发荧光，确认叶绿素水平确实升高了（图 7-3b）。当使用紫外滤光片结合紫外照射，非转化植株的自发荧光将会被屏蔽，植株呈现黑暗（图 7-3d），另一方面，当转化植株在紫外照明下观察时，由于叶绿素的红色自发荧光与 GFP 的绿色荧光结合，将呈现黄色（图 7-3c）。当用滤光片屏蔽叶绿素的红色自发荧光时，植株将呈现典型的绿色荧光（图 7-3d）。虽然这种描述符合植株的一般外观，但它们随着转化植株中 GFP 在一个株系内或使用相同转化载体的不同株系间的表达水平的变化而呈一定的数量关系。

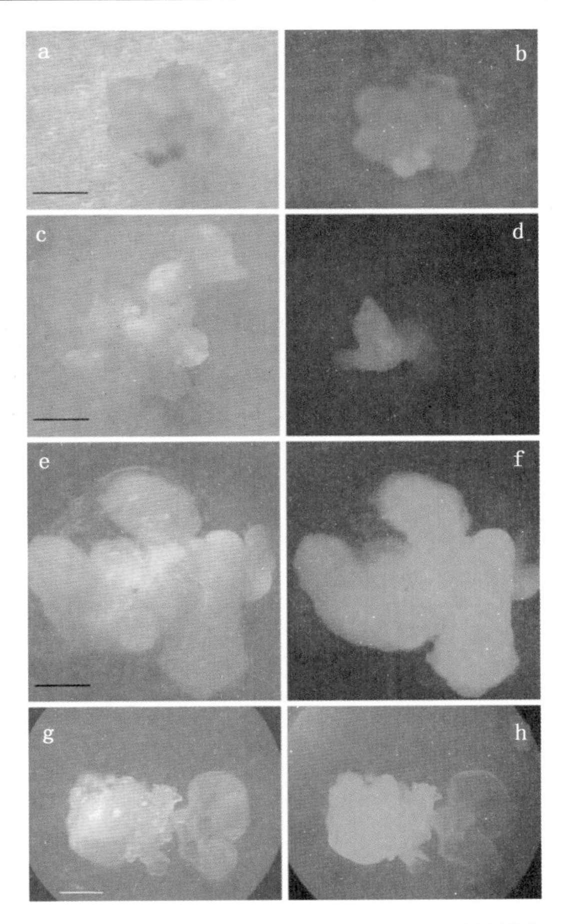

图 7－2　a～h 使用含 gfp 基因的 pCAMBIA1303 质粒转化 4 周期间 GFP 在番木瓜胚性愈伤组织中的表达

a，c，e，g 为白炽灯下拍的图片；b，d，f，h 为紫外灯下的图片；a，b 胚性愈伤组织在转化 14 d 后显示表达；c，d 胚性愈伤组织在转化 21 d 后 GFP 表达增强；e，f 胚性愈伤组织在转化 28 d 后均一表达 GFP；g，h GFP 在选定的愈伤组织中表达，将 21 d 愈伤组织的置于再生培养基中再生获得幼苗。

图 7-3　a～e 叶绿素和 GFP 荧光在非转化与转化番木瓜植株中的图像

a GFP 转基因植株在白光下的图像。b-e 紫外灯下非转化和 GFP 表达番木瓜植株图像。b，c 非转化（b）和转化（c）植株在紫外灯下无滤光片时图像的比较。d，e 紫外灯下利用橙色滤光片观察非转化（d）和转化（e）番木瓜植株。

为比较 GFP 可视化筛选与 G418 筛选的效率，将质粒 pML202 转化的愈伤组织平均分为两部分。轰击转化愈伤组织后，24 h 内转移至新鲜的不含 G418 的生长培养基中，其中一部分按照上面描述的步骤进行绿色荧光植株的筛选和再生。剩下的愈伤组织在含 100 mg/L G418 半强度 MS 培养基中培养 3 个月，每个月进行一次筛选。在 GFP 筛选中，平均从每个转化板中获得 5.5 株 pML202 转基因植株和 7.8 株 pCAMBIA1303 转基因植株，而相应地使用抗生素筛选只获得 0.9 株转 pML202 植株（表 7-1）。

表 7-1　GFP 视觉筛选与 G418 抗生素筛选番木瓜转化植株数量比较

载体构建筛选方法	轰击培养皿数	转化植株总数	每皿中转化系数量 （平均数 ± 标准差）
GFP 视觉筛选（pCAMBIA1303）			
实验 1	8	64	7.8 ±0.4a
实验 2	8	60	
GFP 视觉筛选（pML 202）			
实验 1	5	24	5.1 ±0.5a
实验 2	5	27	
G418 筛选（pML 202）			
实验 1	5	5	0.9 ±0.1b
实验 2	5	4	

通过 NPTII 的 ELISA 实验确认 nptII 基因是否整合进 pML202 共转化愈伤组织再生得到的植株中，并在含 G418 培养基中筛选培养。所有表现绿色荧光的株系都为 NPTII 阳性。我们利用 MUG 试验来确认 gusA 整合至 pCAMBIA1303 转化的并通过视觉筛选愈伤组织再生植株中。所有通过视觉挑选出来的植株都为 MUG 阳性。MUG 的活性水平各不相同，但通常高于非转化株系（图 7－4）。虽然荧光水平未被定量，但 MUG 活性水平似乎与荧光水平相对应。GUS 活性最高的株系表现出最高水平的荧光值，相应地 GUS 活性最低的株系对应的荧光值为最低水平。

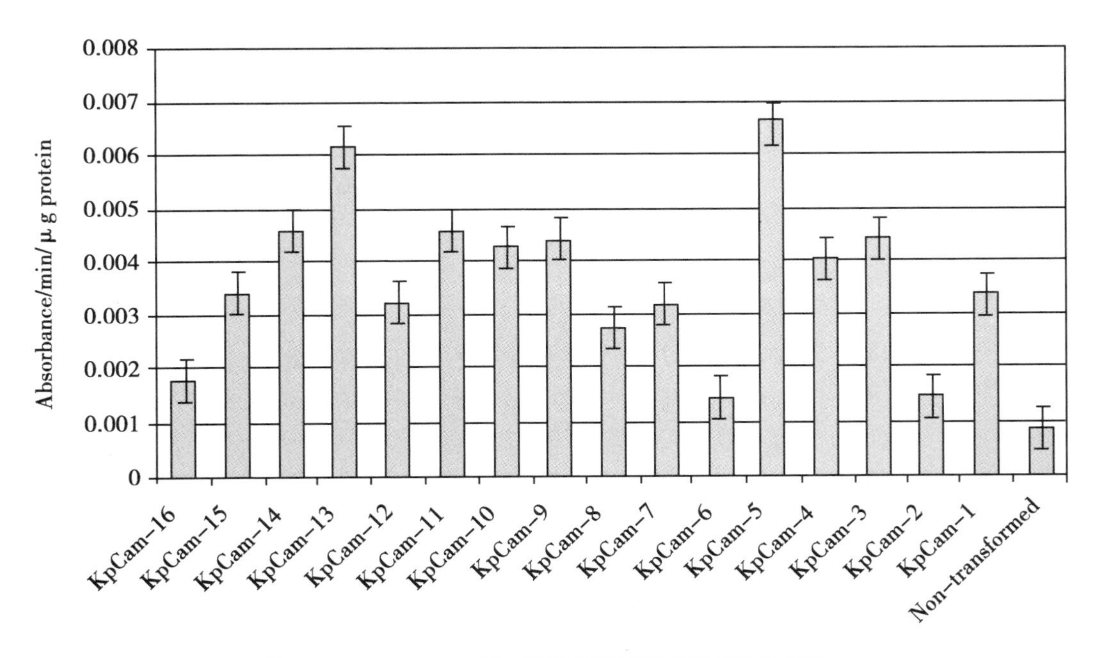

图 7－4 pCAMBIA1303 转化视觉筛选植株 MUG 活性

从 9 株经视觉筛选愈伤组织再生的位于 T_0 的植株中提取基因组 DNA 用于 Southern 杂交分析，确认它们为独立的转化系。提取的 DNA 通过限制性酶 HindIII 和 PvuII 进行双酶切，获得大小为 1.4 kb 的片段，该片段与提取自转化质粒和所有 9 个选定植株的 gfp 基因同源（图 7－5a）。在非转化对照植株中没有观察到相应片段。虽然所有 9 株推测的转基因植株都含有预期大小的转基因片段，但信号强度表明这些植株含有的拷贝数并不一样。HindIII 限制性酶消化植物 DNA，它将在 gfp 基因结构进行一次切割，这有助于了解 gfp 基因的整合模式。同源片段模式表明 9 株转基因植物中有 8 株为独立转化事件（图 7－5b），且绝大部分表现为只有一个插入事件。植株 1 和 2 好像有相同的插入模式，而植株 3 和 8 复杂的插入模式表明它们有 3 至 4 个转基因拷贝。

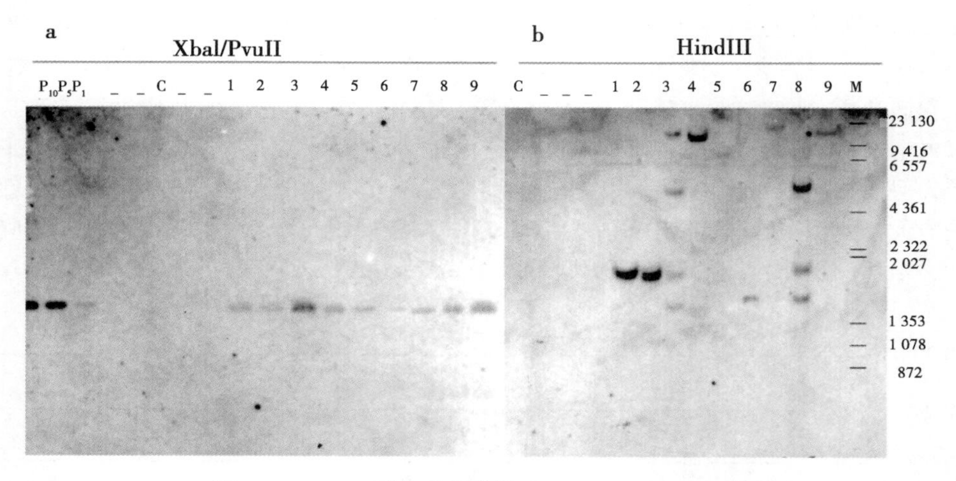

图 7－5　a，b 番木瓜植株基因组 DNA Southern 杂交

a Xba I 和 Pvu II 双酶切；b Hind III 单酶切

讨论

本研究表明基于 GFP 的筛选方法不仅是可行的，而且在番木瓜上的应用比抗生素筛选法更有效。番木瓜细胞培养物中功能性 gfp 基因产生的绿色荧光在紫外灯下足够明亮和明显，因此可以很容易地用于愈伤组织转化片段的分离。培养物在再培养、生长和发育期荧光亮度都维持完整强度，直到培养物小根再生分化。再生苗仍具有荧光性，但强度已经下降。我们目前还不知道下降的原因，但它表明可能存在一种或多种因素能削弱荧光强度，如 GFP 的差异表达，细胞增殖期间使 GFP 稀释和来自叶绿素自发荧光的干扰。需要注意的是，细胞培养物并不显示任何自发的荧光性，因此没有必要将背景荧光过滤掉。这种情况在植株再生后并不适用。不管是非转化的对照植株还是 gfp 基因转化植株中，再生绿色植株都表现出典型的叶绿素红色自发荧光。在转化 gfp 植株中，红色自发荧光与 GFP 绿色荧光相互作用使植株在紫外灯下显示为黄色。使用合适的黄色或橙色滤镜屏蔽发出的红色荧光，这样就可以通过表达的绿色荧光鉴别转化植株。

通过可视化的筛选鉴定和物理分离将一种细胞类型从其他细胞中分离，这样就可以使所有类型细胞单独生长，而不会受它们之间相互作用的影响。一方面这相互作用能成为细胞在利用必需资源中的竞争性因素，如矿物质营养、水、光或激素，剥夺其他细胞的必需资源，结果使细胞快速生长发育。另一方面，这种相互作用有时可能是一种抑制因素，有些细胞处于活性生长状态或死亡状态时将产生有毒化合物，这些有毒化合物将抑制培养物中其他细胞的生长和发育。另外也可能是以上两种类型相互作用的结合，结果使细胞在分离状态的生长速度快于它们共培养时的速度。负作用的概率与我们对番木瓜细胞培养物在两种不同的筛选法下的发育速率差异的观察有关，我们并不比较转化番木瓜细胞在以下两种条件下的生长速率：①从非荧光细胞中分离 GFP 细胞；②在有 G418 的条件下的选择性生长。然而，我们的确在不用化学筛选的情况下观察到比 G418 筛选情况下更多的表现出更快的组织扩张和更早的再生时间的大量 GFP 系植株。为获得足够多的组织进行再生培养，G418 的筛选时间需要 12 个星期，相比之下 GFP 筛选时间降至 4 至 5 个星期。我们不仅将生长和发育的所需时间降低了 3 倍，另外还提高了 GFP 培养物的再生能力。

因为使用了不同的构建载体，并不能从这些预实验中判断获取自 pCAMBIA1303 的 7.8 株转化体与 5.1 株 pML202 转化之间是否有区别。SAS LSD 检验表明两种载体在 GFP 筛选中的结果差异并不显著 $P \leq 0.05$ 。虽然如此，可以肯定植株从两种 GFP 载体中恢复的量显著大于 G418 筛选中每板的 0.9 株，且这种差异与培养物生长中是否存在 G418 有关。总之，时间上降低的 3 倍和植株数量上增加的 5 至 8 倍使番木瓜转化效率在使用 GFP 进行筛选情况下比通过 G418 进行筛选提高了 15 至 24 倍。正如本研究所说明的一样，在缺乏抗生素的条件能够实现更高效筛选。另外，将两者方法结合或许可以显著提高番木瓜转化的总量。已经设计实验来检测这一假设。

参考文献

Ahlandsberg S, Satish P, Sun C, et al. 1999. Green fluorescent protein as a reporter system in the transformation of barley cultivars [J]. Physiol Plant, 107 (2): 194 - 200.

Baulcombe DC, Chapman S, Santa Cruz S. 1995. Jellyfish green fluorescent protein as a reporter for virus infections [J]. Plant J, 7 (6): 1045 - 1053.

Bevan MW, Flavell RB, Chilton MD. 1983. A chimaeric antibiotic resistance gene as a selectable marker for plant cell transformation [J]. Nature, 24 (5922): 184 - 187.

Bradford MM. 1976. A rapid and sensitive method for the quantitation of microgram quantities of protein utilizing the principle of protein-dye binding [J]. Anal Biochem, 72 (1 - 2): 248 - 254.

Chalfie M, Tu Y, Euskirchen G, et al. 1994. Green fluorescent protein as a marker for gene expression [J]. Science, 263 (5148): 802 - 805.

Cheng YH, Yang JS, Yeh SD. 1996. Efficient transformation of papaya by coat protein gene of papaya ringspot virus mediated by *Agrobacterium* following liquid-phase wounding of embryogenic tissues with carborundum [J]. Plant Cell Rep, 16 (3): 127 - 132.

Chiu W, Niwa Y, Zheng W, et al. 1996. Engineered GFP as a vital reporter in plants [J]. Current Biology Cb, 6 (3): 325 - 30.

Comai L, Facciotti D, Hiatt WR, et al. 1985. Expression in plants of a mutant aroA gene from *Salmonella typhimurium* confers tolerance to glyphosate [J]. Nature, 317 (6039): 741 - 744.

Crawley MJ, Brown SL, Hails RS, et al. 2001. Transgenic crops in natural habitats [J]. Nature, 409 (6821): 682 - 683.

De Block M, Botterman J, Vanderwiele M, et al. 1987. Engineering herbicide resistance in plants by expression of a detoxifying enzyme [J]. EMBO J, 6 (9): 2513 - 2518.

Ebinuma H, Sugita K, Matsunaga E, et al. 2001. Systems for the removal of a selection marker and their combination with a positive marker [J]. Plant Cell Rep, 20: 383 -392.

Elliott AR, Campbell JA, Dugdale B, et al. 1999. Green-fluorescent protein facilitates rapid in vivo detection of genetically transformed plant cells [J]. Plant Cell Rep, 18 (9): 707 -714.

Fitch MMM. 1993. High frequency somatic embryogenesis and plant regeneration from papaya hypocotyl callus [J]. Plant Cell Tissue Organ Cult, 32 (2): 205 -212.

Fitch MMM, Manshardt RM, Gonsalves D, et al. 1990. Stable transformation of papaya via microprojectile bombardment [J]. Plant Cell Rep, 9 (4): 189 -194.

Fitch MMM, Manshardt RM, Gonsalves D, et al. 1993. Transgenic papaya plants from Agrobacterium-mediated transformation of somatic embryos [J]. Plant Cell Rep, 12 (5): 245 -249.

Fitch MMM, Pang S-Z, Slightom JL, et al. 1994. Genetic transformation in *Carica papaya* L. Papaya [M]. vol 29. Berlin Heidelberg New York: Springer. 236 -256.

Fraley RT, Rogers SG, Horsch RB, et al. 1983. Expression of bacterial genes in plant cells [J]. Proc Natl Acad Sci USA, 80 (15): 4803 -4807.

Harper BK, Mabon SA, Leffel SM, et al. 1999. Green fluorescent protein as a marker for expression of a second gene in transgenic plants [J]. Nat Biotechnol, 17 (11): 1125 -1129.

Haseloff J, Amos B. 1995. GFP in plants [J]. Trends Genet, 11 (8): 328 -329.

Haseloff J, Siemering KR, Prasher DC, et al. 1997. Removal of a cryptic intron and subcellular localization of green fluorescent protein are required to mark transgenic *Arabidopsis* plants brightly [J]. Proc Natl Acad Sci USA, 94 (6): 2122 -2127.

Haughn GW, Smith J, Mazur B, et al. 1988. Transformation with a mutant *Arabidopsis* acetolactate synthase gene renders tobacco resistant to sulfonylurea herbicides [J]. Mol Gen Genet, 211 (2): 266 -271.

Heim R, Prasher DC, Tsien RY. 1994. Wavelength mutations and posttranslational autooxidation of green fluorescent protein [J]. Proc Natl Acad Sci USA, 91 (26): 12501 -12504.

Herrera-Estrella L, De Block M, Messens E, et al. 1993. Chimeric genes as dominant selectable markers in plant cells [J]. EMBO journal - European Molecular Biology Organ..., 2 (6): 987 -95.

Jefferson R. 1987. Assaying chimeric genes in plants: the GUS gene fusion system [J]. Plant Mol Biol Rep, 5 (4): 387 -405.

Joersbo M, Donaldson I, Kreiber J, et al. 1998. Analysis of mannose selection used for transformation of sugar beet [J]. Mol Breed, 4 (2): 111 -117.

Kaeppler HF, Menon GK, Skadsen RW, et al. 2000. Transgenic oat plants via visual selection of cells expressing green fluorescent protein [J]. Plant Cell Rep, 19 (7): 661-666.

Kaeppler HF, Carlson AR, Menon GK. 2001. Routine utilization of green fluorescent protein as a visual selectable marker for cereal transformation [J]. In Vitro Cell Dev Biol-Plant, 37 (2): 120-126.

Murashige T, Skoog F. 1962. A revised medium for rapid growth and bioassays with tobacco tissue cultures [J]. Physiol Plant, 15 (3): 473-497.

Ow DW, Wood KV, de Luca M, et al. 1986. Transient and stable expression of the firefly luciferase gene in plant cells and transgenic plants [J]. Science, 234 (4778): 856-859.

Plautz JD, Day RN, Dailey GM, et al. 1996. Green fluorescent protein and its derivates as versatile maker for gene expression in living *Drosophila melanogaster*, plant, and mammalian cells [J]. Gene, 173: 83-7.

Richards HA, Han CT, Hopkins RG, et al. 2003. Safety assessment of recombinant green fluorescent protein orally administered to weaned rats [J]. Am Soc Nutr Sci J Nutr, 133 (6): 1909-1912.

Rogers S O, Bendich A J. 1994. Extraction of total cellular DNA from plants, algae and fungi [M] // Plant Molecular Biology Manual. Springer Netherlands. 183-190.

Sacchetti A, Alberti S. 1999. Protein tags enhance GFP folding in eukaryotic cells [J]. Nat Biotechnol, 17 (11): 1046.

Sacchetti A, Ciccocioppo R, Alberti S. 2000. The molecular determinants of the efficiency of green fluorescent protein mutants [J]. Histopathology, 15 (1): 101-107.

Sambrook J, Fritsch EF, Maniatis T. 1989. Molecular cloning: a laboratory manual [M], 2nd ed, vol 1-3. Cold Spring Harbor Press, Cold Spring Harbor.

Siemering KR, Golbik R, Sever R, et al. 1996. Mutations that suppress the thermosensitivity of green fluorescent protein [J]. Curr Biol, 6 (12): 1653-1663.

Southern EM. 1975. Detection of specific sequences among DNA fragments separated by gel electrophoresis [J]. J Mol Bol, 98 (3): 503-517.

Stewart CN Jr. 2001. The utility of green fluorescent protein in transgenic plants [J]. Plant Cell Rep, 20 (5): 376-382.

Todd R, Tague BW. 2001. Phosphomannose isomerase: a versatile selectable marker for *Arabidopsis thaliana* germ-line transformation [J]. Plant Mol Biol Rep, 19 (4): 307-319.

Vain P, Worland B, Kohli A, et al. 2000. The green fluorescent protein (GFP) as a vital screenable marker in rice transformation [J]. Theor Appl Genet, 96 (2): 164-169.

Van Den Elzen PJM, Townsend J, Lee KY, et al. 1985. A chimaeric hygromycin resistance gene as a selectable marker in plant cells [J]. Plant Mol Biol, 5 (5):

299 -302.

Wright M, Dawson J, Dunder E, et al. 2001. Efficient biolistic transformation of maize (*Zea mays* L.) and wheat (*Triticum aestivum* L.) using the phosphomannose isomerase gene, pmi, as the selectable marker [J]. Plant Cell Rep, 20 (5): 429 -436.

第八章　番木瓜快繁生根技术①

摘　要：对大批量番木瓜快繁来说，一种能产生高质量根系简易又经济的生根方法是十分必要的。在这个研究中，一些长至2～3片叶子的番木瓜组培苗（>0.5 cm）放到含有2.5 μM IBA的MS培养基里，在黑暗条件下诱导生根1周。1周后，把这些材料移到含1/2MS的琼脂培养基或蛭石培养基，在透气或不透气的条件下使它们的根进一步生长。2周后，转移到透气蛭石培养基的组培苗生根率为94.5%，不透气蛭石培养基为90.0%，透气琼脂培养基为71.1%，不透气琼脂培养基为62.2%。生根的组培苗在100%RH的蛭石中适应1周，然后在温度控制在28℃的培养箱中生长2周。来自透气蛭石培养基的幼苗存活率为94.5%，不透气蛭石培养基的存活率为87.8%，透气琼脂培养基的为42.2%，不透气琼脂培养基的为35.6%。因此，对番木瓜组培苗来说有效的生根方法就是：先在含少量IBA的琼脂培养基诱导生根，接着转移到透气的含有1/2MS蛭石培养基中长根。

关键词：透气；琼脂；番木瓜生根；幼苗存活；蛭石

缩写词：IBA-吲哚乙酸，NAA-奈乙酸，BA-细胞分裂素，CPA－对-氯苯氧基乙酸

引言

番木瓜组培苗培养已被详细报道（Conover，1981；Smith，1986；Drew，1988）。对快繁番木瓜组培苗来说生根和适应环境是关键。番木瓜组培苗利用这些生长素（IBA，NAA，CPA）诱导生根（Drew，1987；Drew et al，1993）。当基本培养基中含有核黄素时，IBA对组培苗的生根率和根的数量有很好的促进作用（Drew，1987；1993）。组培苗先在含有IBA培养基中培养3d可提高生根率（Drew et al，1993）。90%以上的生根率（Drew，1988，1992；1993）和高达100%的存活率（Drew，1988；Manshardt and Drew，1998）也已有报道。虽然，澳大利亚报道了一个单一番木瓜株系，14 000株全为母株（Manshardt and Drew，1998），但是对大批量番木瓜快繁来说一种能产生高质量根系简易又经济的生根方法才是十分必要的。

对植物大批量繁殖来说体外诱导生根是一个必须解决的问题（Kataoka and Inoue，1992；Reuveni and Shlesinger，1990）。然而，这个生根问题是有局限性，它受严格的生

① 参考：Tsong－AnnYu，Shyi－DongYeh，Ying-HueyCheng. 2000. Efficient rooting for establishment of papaya plantlets by micropropagation［J］. Plant Cell，Tissue and Organ Culture，61（1）：29－35.

根条件、时间、季节因素和外植体类型的影响（Kataoka and Inoue，1992）。

研究番木瓜组培苗，在透气或不透气的蛭石或琼脂培养基中根的生长情况，为快繁番木瓜幼苗探索建立一个有效的生根方法。环境条件适应性对快繁番木瓜来说也是必须考虑的。

组培苗在不同 IBA 浓度的 MS 培养基中黑暗培养 0、0.5、1、1.5、2 周后，转到无激素的 MS 培养基光照条件下培养 3 周。图 8 - 1 显示每个处理共 60 个外植体设 3 次重复得到的数据。根据 Duncan's multiple range test（$P = 0.05$）相同字母的处理得到的数据差异不显著。

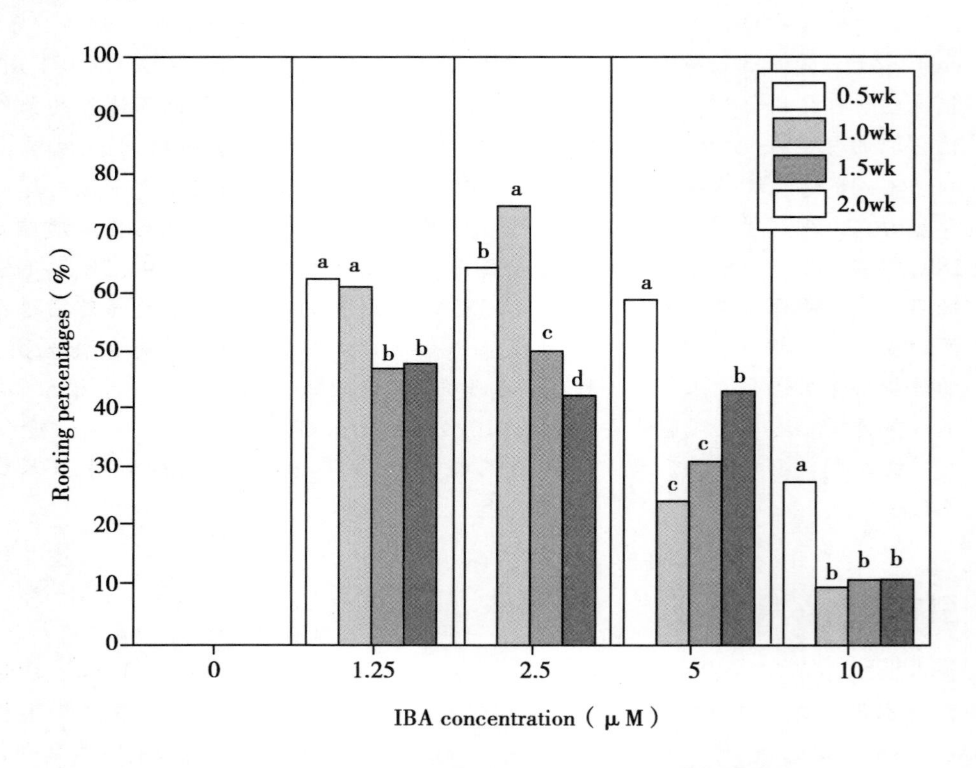

图 8 - 1　不同 IBA 浓度对番木瓜组培苗生根率的影响

图 8 - 2 为组培苗在含有 2.5 μM IBA 的 1/2MS 不同介质培养基培养 1，2，3 周后生根率效果图。AV：透气的蛭石培养基。NV：不透气的蛭石培养基 . AA：透气的琼脂培养基 . NA：不透气的琼脂培养基。每个处理共 60 个外植体分 3 次重复，根据 Duncan's multiple range test（$P = 0.05$）相同字母的处理得到的数据差异不显著。

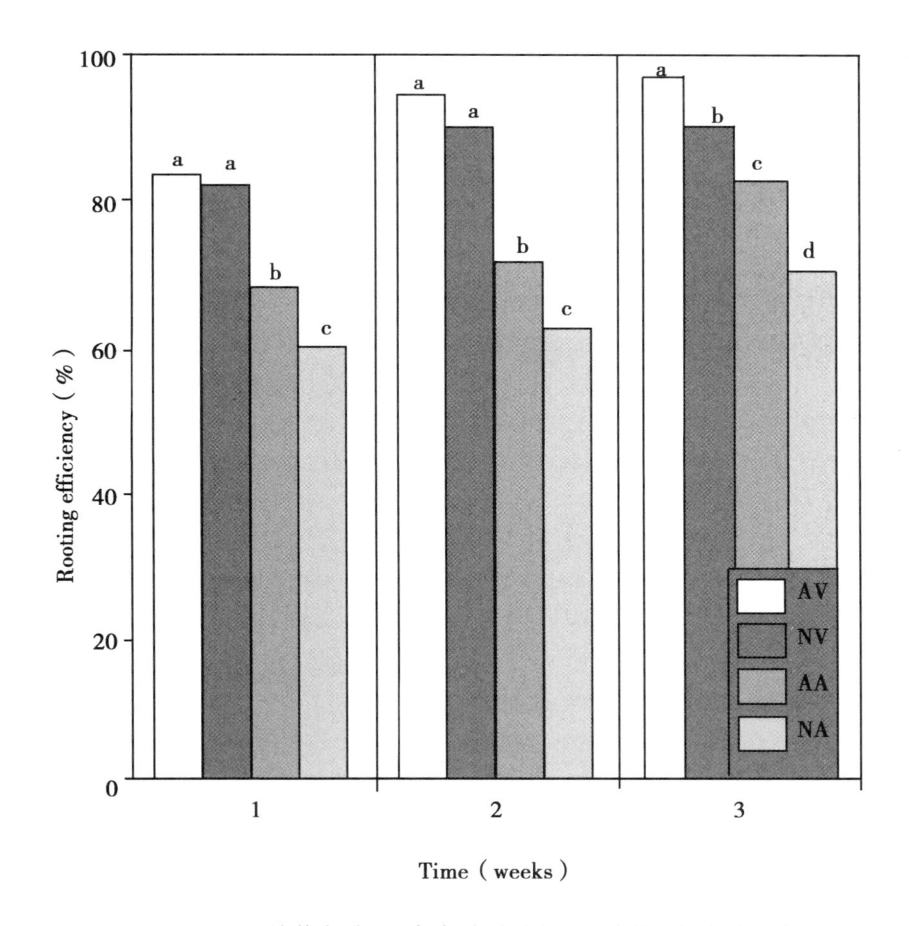

图8－2 不同培养介质和透气条件对番木瓜组培苗生根率的影响

材料和方法

植物材料和组织培养

切取长 0.5cm 番木瓜茎尖（*Carica papaya* L. var. Tainung No. 2），根据杨和叶（1992）发表的培养方法进行繁殖。所用培养基均含有 MS 盐（Murashige，Skoog，1962），B5（Gamborg et al，1968）和各种生长调节素。培养番木瓜组培苗的 MSNB 培养基含有 MS 盐、B5，0.1 μM NAA 和0.8 μM BA，30 g·L^{-1}蔗糖和9 g·L^{-1}琼脂。培养基用 KOH 调节 PH 值至5.7±0.1，然后放进灭菌锅在 1.1 kg cm^{-2}，121℃条件下灭菌 20 min。四块芽团（长<0.5 cm，面积0.5×0.5 cm^2）放在含有50 mL MSNB 培养基的250 mL 烧瓶中培养3 周，以产生丛生芽。这些丛生芽转到生长培养箱培养，培养箱的温度控制在 28±1℃，以 53 μmol $m^{-2}s^{-1}$光照 14 h。待这些丛生芽长出 2～3 片叶（长>0.5 cm）时则可用于实验。把丛生芽的基部剪下，转到新鲜的 MSNA 培养基（Yang，1992）

生根

番木瓜组培苗转到250 mL烧瓶中，各瓶含有不同IBA浓度（0、1.25、2.5、5、10 μM）的半固体培养基的，黑暗培养0、0.5、1、1.5、2周，以促进生根。接着转到不含激素的MS琼脂培养基光照培养3周，使根更好地生长。

培养基和透气对生根的影响

番木瓜组培苗转到含有2.5 μM IBA生根培养基中培养1周。接着转到10 cm高的350 mL三角瓶里，瓶中含有50 mL1/2MS琼脂（9 g·L^{-1}）或［50 mL 1/2MS/100 mL蛭石（No.3）］培养基，在透气和不透气条件下继续进行生根培养1，2，3周。透气处理，是用透气膜SunCapclosure（0.02 μm filter）（SigmaChemicalCo. St. Louis，MO）封住瓶口；不透气的则用Polypro-pylene（PP）薄膜封住瓶口。

不同MS浓度培养基对生根的影响

将已生根的组培苗转移到不同MS含量（MS，1/2MS，1/4MS）的琼脂或蛭石培养基中，或转移到无菌水中进行培养。不同浓度MS培养基各取50 mL分别加到100 mL的蛭石中。每个处理6瓶，每瓶放10个组培苗，每个处理3次重复，180个组培苗放到18个瓶子中。从实验一开始，每周按时记录不同条件下幼苗的生根率、根数量和根长度的情况。

适应性和幼苗的存活率

生根的组培苗转到装有100 mL培养基（蛭石：草碳土=3：1）的PE袋子（10 cm×11 cm）里，在袋子上扎16个直径5 mm洞。接着把这些袋子放在塑料篮子里（篮子的尺寸为45 cm×35 cm×12 cm），用PP膜封住篮子以保证100%的湿度。把这些篮子放进温度为28℃的培养箱1周后，除去PP膜，让小苗在适宜环境生长2周。这些小苗进而放到28℃的温室，不增加光照，生长2周后，移到不控温的温室中进一步锻炼。小苗转到炼苗室5周后，统计其存活率。

结果与讨论

生根条件

番木瓜组培苗在IBA浓度为1.25~2.5 μM条件下培养0.5~1周，或在IBA浓度为5~10 μM条件下培养0.5周，生根效果都很好（图8-1）。在MS培养基培养了3周的番木瓜组培苗，接种到不同IBA浓度的培养基1周后，生根率情况：浓度2.5 μM的最好为74.4%，浓度1.25 μM的为61.1%，浓度5 μM的为24.4%，浓度10 μM的为10%。组培苗在没含IBA的培养基中发不了根。据Drew et al（1993）研究，不定根形成有两个阶段：①根的萌发，激素必不可少；②根的生长，不需激素或禁用激素（Want and Thimann，1937；Went，1939）。组培苗在较高IBA浓度的培养基培养1周以

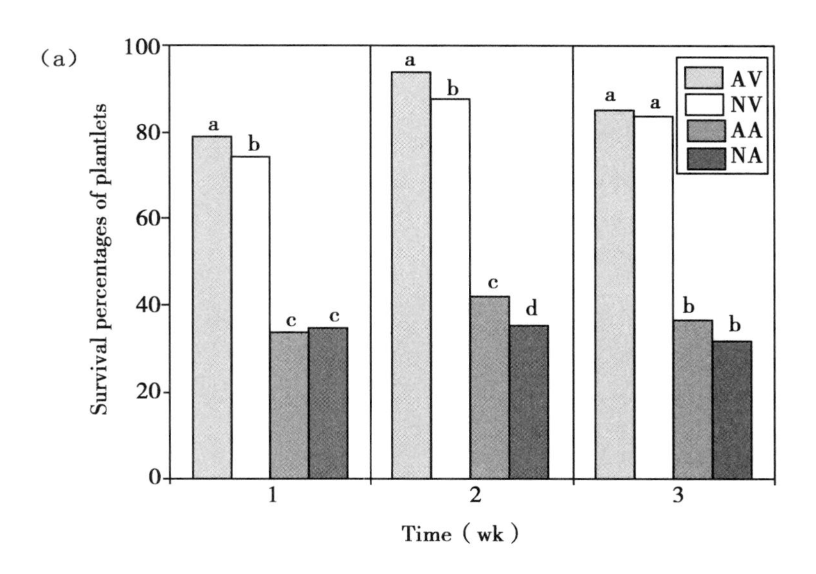

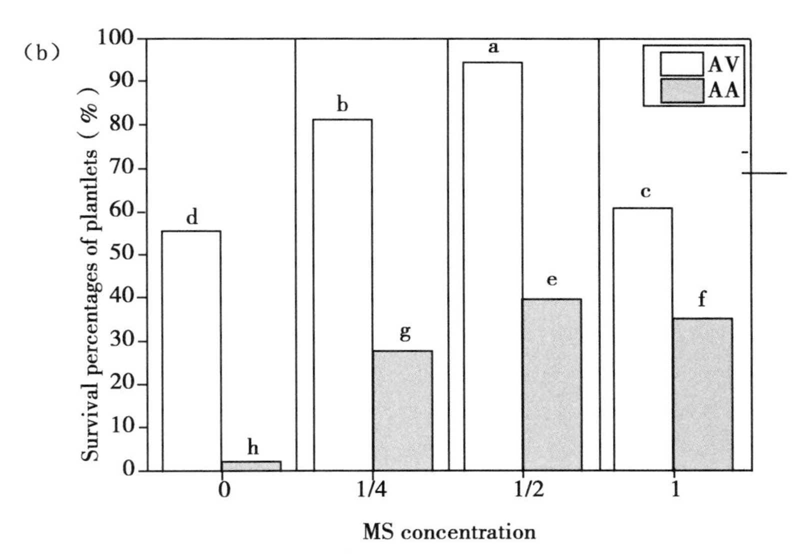

图 8－3　在不同生根条件下，幼苗在培养箱生长 5 周的生存情况

（a）幼苗生根后，转到透气或不透气的不同生根材料培养 1～3 周。（b）幼苗生根后，转到透气的不同 MS 浓度培养基的生根情况。AV：透气的蛭石培养基，NV：不透气的蛭石培养基，AA：透气的琼脂培养基，NA：不透气的琼脂培养基。上图反映的是每个处理 60 个外植体 3 次重复的结果。板块（a）和（b）相同字母的数据依 Duncan's 多重极差检验（multiple range test）（$P=0.05$）方差分析差异不显著。

后，叶子会变得黄化或上性生长，而根则变得又短又粗。

培养基对根生长的影响

番木瓜组培苗在含有2.5 μM IBA的MS琼脂培养基中黑暗培养1周后，转到不同的生根培养基生根。图8－2（NV，NA）所示，组培苗在不透气的蛭石和琼脂培养基的生根率。组培苗在蛭石培养基中培养1周生根率达≥82%，2至3周则可达到90%。相比之下，组培苗在琼脂培养基中培养1至3周后，生根率只有60%～70%。番木瓜组培通常用固体的琼脂培养基诱导生根（Drew，1988；Teo and Chan，1994）。然而，在本研究中，我们发现用蛭石培养基可得到更好的根。Teo and Chan（1994）观察到番木瓜组培苗的根在琼脂培养基表面生长是正常的，在里面生长则变得又短又粗，而在蛭石培养基中生长都是正常的，根很健康且带有根毛，不会形成愈伤组织。

透气对生根的影响

图8－2展示的是透气条件下的生根率。番木瓜组培苗在透气的琼脂培养基培养3周，生根率可高达96.7%，2周可达94.4%，1周只有83.3%。而在透气的琼脂培养基中，番木瓜组培苗的生根率只有82%～67%。我们的研究结果表明番木瓜组培苗在透气的琼脂培养基1～3周生根率明显提高。但对蛭石培养基而言，只有到第3周时才有明显提高。组培苗无论转移在琼脂或者蛭石培养基，都是3周后才得到最高的生根率。表8－1展示的是在不同条件和时间段根的数量和长度。培养1周时，透气条件下的根数量明显比不透气的多。番木瓜组培苗在不透气的琼脂培养基培养1～2周，比在透气或不透气的蛭石培养基培养根要少些。在蛭石培养基培养1周比在琼脂培养基中培养1周，所得的根也长些。在透气的蛭石培养基培养2～3周，根的长度明显长于在其他条件下培养的。在透气的蛭石培养基培养2周，根的增长明显好于在其他条件下培养。当番木瓜组培苗接种到透气的蛭石培养基中3周后根生长到6.9 cm。就根的数量和长度而言，透气的蛭石培养基优于其他不透气的培养基或琼脂培养基。

Magdalita等（1997）发现番木瓜的茎段培养对乙烯很敏感。在乙烯浓度低至0.1 mg/L，比封闭培养2～3周产生的乙烯浓度还低时，茎段生长明显放缓。在透气条件下，培养盘透气好，检测不到乙烯（Lai et al，1998），这可能就是番木瓜组培苗在透气的蛭石培养基中有发达的根系、能旺盛地生长的原因吧。

表8－1　在不同时间段，生根培养基和透气条件对诱根后转到1/2 MS培养基的番木瓜组培苗生根数量和根长度的影响

Treatments[3]		Timeweeks		
		1	2	3
Root No.[1]	AV	4.0 a[4]	4.9a	6.0a
	NV	3.5b	4.5ab	5.7a
	AA	4.1a	4.1b	5.5a

（续表）

Treatments[3]		Timeweeks		
		1	2	3
Rootlength[2]（cm）	NA	2.8c	3.1c	3.1b
	AV	2.6a	5.4a	6.9a
	NV	2.4a	3.7b	5.2b
	AA	1.7b	3.0c	5.2b
	NA	2.0b	1.8d	3.4c

[1] 主根数量；[2] 最长根平均值；[3] AV：透气的蛭石培养基。NV：不透气的蛭石培养基。AA：透气的琼脂培养基。NA：不透气的琼脂培养基；[4] 每栏相同字母的每组数据，根据邓肯的方差分析（P = 0.05）. n = 30，差异不显著。

不同 MS 浓度对生根的影响

表 8－2 展示的是不同 MS 浓度对生根率的影响。最高的生根率 94.4% 是在含有 1/2MS 的透气蛭石培养基中得到的。在含有 1/2MS 的琼脂培养基中，最好的生根率仅为 71.1%。表 2 也展示了 MS 浓度对根数量和长度的影响。组培苗在含有 1/4MS 的蛭石培养基比含有 1/2MS 的得到的根数多些，但长度比较短。

表 8－2　番木瓜组培苗诱导生根后，转到透气的含有不同 MS 浓度（50 mLMS 溶液与 100 mL 蛭石混合）生根培养基中培养 2 周，其生根率、根数量和长度情况

MS 培养基	生根率（%）		主根数[1]		主根长度[2]（cm）	
	蛭石	琼脂	蛭石	琼脂	蛭石	琼脂
0	75.6c[3]	17.8d	2.2b	1.7c	3.6b	1.5c
1/4	88.9b	42.2c	5.6a	2.2b	3.2b	3.9a
1/2	94.4a	71.1a	4.9b	4.1a	5.4a	3.0b
1	77.8c	52.2b	4.3c	2.1b	2.5c	3.7a

[1] 主根数。[2] 最好的根长。[3] 相同字母下的每栏数【（P = 0.05），n = 30】方差分析差异不显

小苗的适应性和存活率

番木瓜组培苗先在含有 2.5 μM IBA 的培养基培养 1 周生根，接着转到不同的生根培养基培养 2 周生根，然后在培养箱和温室中培养 5 周。在透气的蛭石培养基中培养 2 周，小苗的存活率可达 94.4%，而在不透气的蛭石培养基为 87.7%，透气的琼脂为 42.2%，不透气的琼脂为 35.5%（图 8－3a）。小苗在透气条件下存活率显著高于不透气的。从图 2 得知组培苗在透气蛭石培养基培养 3 周可以获得最高生根率，而且这个处理产生的根数量和长度也都是最好的（表 8－1）。然而，在透气的蛭石培养基培养 2 周中可获得最好的存活率（见图 8－3a）。茎段在透气的蛭石培养基培养 3 周可得到长的

根，但这些根在适应环境时容易受损和衰老。

图 8 -3b 展示的是不同 MS 浓度下小苗生长 5 周的存活情况。相比其他处理，番木瓜组培苗在含有 1/2MS 的透气蛭石培养基中存活率最好，高达 94.4%，而在含有 1/4MS 蛭石培养基中根数量较多。但这些根比较细短，在炼苗过程中容易损伤。

一般来说，番木瓜组培苗在含有 1/2MS 的透气蛭石培养基中培养 2 周，就能长出大大的新叶和健康的根系（图 8 -4a），而在琼脂培养基培养中，叶子又小又黄，根系

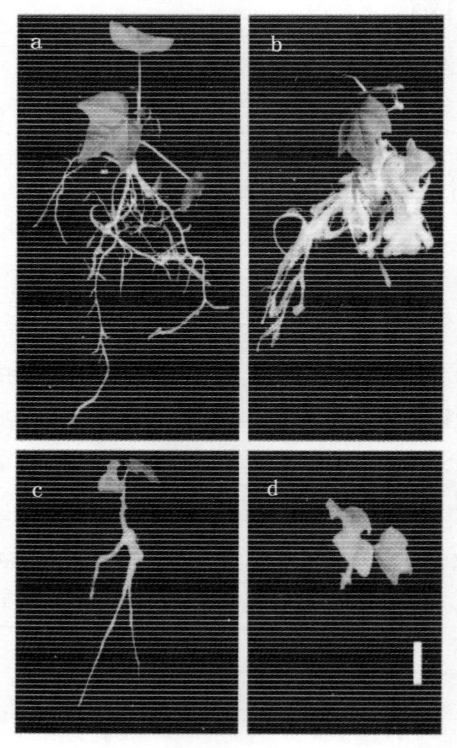

图 8 -4　番木瓜组培苗在 2.5 μM IBA 培养基培养 1 周后，在不同条件下继续培养，其生根和长苗情况

（a）组培苗在含有 1/2MS 透气蛭石培养基生长 2 周的情况：生长旺盛的叶子、健康的主根和众多的侧根。（b）组培苗在含有 1/2MS 琼脂培养基生长 2 周的情况：黄叶和粗短的根。（c）组培苗在蛭石培养基中用无菌蒸馏水保湿生长 2 周的情况：小苗长得不大好，只有主根无须根。（d）在琼脂培养基用无菌蒸馏水保湿生长 2 周的情况：没长出根系。图中白杠 =1 cm。

又短又粗（图 8 -4b）。这种情况（Drew，1987；Katoaka and Inoue，1987；Drew and Miller，1989；Drew et al，1993；Teo and Chan，1994）这些研究者都已描述过。这种现象同样出现在，木兰（McCown，1988）和针叶类的植物上（Mohammed，Vidaver，1988）。这样的根系输送不了养料，幼苗就无法生长（Drew，1987；Drew，Miller，1989）。番木瓜组培苗在用水保湿的透气蛭石培养基培养，长出了主根和侧根，但叶子

小且逐步变黄（图 8 -4c），需要更多的时间来适应，可最终小苗还是无法生长。在只含水的透气琼脂培养基中，组培苗只有 17.8% 的生根率（表 8 -2），多数只长叶片不生根（图 8 -4d）。

Drew et al（1993）报道用核黄素（Riboflavin）生根培养基可使组培苗有很高的生根率，而（Drew，1988；Manshardt and Drew，1998）则报道有很高的存活率。然而，对大批量番木瓜快繁来说有效又经济的生根快繁模式是很必要的。在本研究中，证明先用低浓度 IBA 的琼脂培养基，后用含有 1/2MS 的透气蛭石培养基可使番木瓜试管苗长出健康强壮的根系。试管内用蛭石诱导 *Haworthia* spp.（Rogers，1993）and *Castaneadentata*（Sanchez et al，1997）生根同样是有效的。小苗在温室里能正常旺盛地生长（图 8 -5），移栽时也能长得很好。

图 8 -5　小苗移栽温室 2 周，生长旺盛

参考文献

Drew RA. 1987. The effects of medium composition and cultural conditions on in vitro root initiation and growth of papaya（*Carica papaya* L.）[J]. Journal of Horticultural Science，62（4）：551 -556.

Drew RA. 1988. Rapid clonal propagation of papaya in vitro from mature field grown trees [J]. science，109（109）：485 -6.

Drew RA. 1992. Improved techniques for in vitro propagation and germplasm storage of papaya [J]. HortScience，27（10）：1122 -1124.

Drew RA，Miller RM. 1989. Nutritional and cultural factors affecting rooting of papaya（*Carica papaya* L.）in vitro [J]. J Hortic Sci，64：767 -773.

Drew RA，Smith NG. 1986. Growth of apical and lateral buds of papaw（*Carica papaya* L.）as affected by nutritional and hormonal factors [J]. J Hortic Sci，61（4）：535 -543.

Drew RA, McComb JA, Considine JA. 1993. Rhizogenesis and root growth of *Carica papaya L. in vitro in relation to auxin sensitive phase and use of riboflavin* [*J*]. *Plant Cell* Tiss Org Cult, 33 (1): 1 -7.

Gamborg OL, Miller RA, Ojima K. 1968. Nutrient requirements of suspension cultures of soybean root cells [J]. Exp Cell Res, 50 (1): 151 -158.

Kataoka I, Inoue H. 1992. Factors influence ex vitro rooting of tissue culture papaya shoots [J]. Acta Hortic, 321 (321): 589 -586.

Lai CC, Yu TA, Yeh SDet al. 1998. Enhancement of in vitro growth of papaya multishoots by aeration [J]. Plant Cell Tiss Org Cult, 53 (3): 221 -225.

Litz RE, Conover RA. 1981. Effect of sex type, season, and other factors on in vitro establishment and culture of *Carica papaya* L. explants [J]. J Amer Soc Hort Sci, 106: 792 -794.

Magdalita PM, Godwin ID, Drew RA, et al. 1997. Effect of ethylene and culture environment on development of papaya nodal cultures [J]. Plant Cell Tiss Org Cult, 49 (2): 93 -100.

Manshardt RM, Drew RA. 1998. Biotechnology of papaya [J]. Acta Hort, 461 (461): 65 -73.

McCown BH. 1988. Adventitious rooting of tissue culture plants [M]. Oregon USA: Dioscorides Press. 289 -302.

Mohammed GH, Vidaver WE. 1988. Root production and plantlet development in tissue culture conifers [J]. Plant Cell Tiss Org Cult, 14 (3): 137 -160.

Murashige T, Skoog F. 1962. A revised medium for rapid growth and bioassays with tobacco tissue cultures [J]. Physiol Plant, 15 (3): 473 -497.

Reuveni O, Shlesinger DR. 1990. Rapid vegetative propagation of papaya plants by cuttings [J]. Acta Hortic, 1990 (275): 301 -306.

Rogers SMD. 1993. Optimization of plant regeneration and rooting from leaf explants of five rare Haworthia [J]. Scientia Hortic, 56 (2): 157 -161.

Sanchez MC, San-Jose MC, Ferro E, et al. 1997. Improving micropropagation conditions for adult-phase shoots of chestnut [J]. J Hortic Sci, 72 (3): 433 -443.

Teo CKH & Chan LK. 1994. The effects of agar content, nutrient concentration, genotype and light intensity on the in vitro rooting of papaya microcutting [J]. J Hortic Sci, 69 (2): 267 -273.

Went FW. 1939. The dual effect of auxin on root formation [J]. Amer J Bot, 26 (1): 24 -29.

Went FW, Thimann KV. 1937. Root formation [M]. MacMillan, New York: Phytohormones. 183 -206.

Yang JS, Ye CA. 1992. Plant regeneration from petioles of in vitro regenerated papaya (*Carica papaya* L.) shoots [J]. Bot Bull Acad Sin, 33: 375 -381.

第三篇

番木瓜生物技术育种

第九章　世界第一个商业化转基因番木瓜[①]

摘　要：商业化转基因品种 Rainbow 和 SunUp 中，它的插入片段和插入位点以及 DNA 转化对整个基因组结构的影响，这些数据成为夏威夷番木瓜出口日本重要数据证据。插入数量与类型由 Southern 分析确定，该过程利用整个转化质粒及其序列生成探针，确定转基因片段在番木瓜基因组上的插入位点分析。一个 9 789 bp 的插入片段包含所有功能基因，编码 PRSV-CP、NPTII 和 β-葡萄糖醛酸苷酶（uidA）。另外在 Rainbow 和 SunUp 品种里还检测到两个插入片段，一个是包含 290 bp 非功能性片段的 NPTII 基因，另一个是含有 TETA 基因非功能性 222 bp 片段的 1 533 bp 质粒片断。在转基因五到八代（R5-R8）中均可以检测到这三个相同的插入片段，表明这三个片段可以稳定遗传。这三个片段侧翼的六个基因组 DNA 片段中有五个是核糖体序列。从生物安全的观点来看，可以确定基于转化质粒插入位点的序列结构的内源基因功能无变化，从插入位点和侧翼基因组 DNA 的分析没有发现过敏或毒性蛋白。

引言

番木瓜环斑病毒主要靠蚜虫传播。早在 90 年代夏威夷的番木瓜业遭受了严重的损失。当时夏威夷的主要生产区域是夏威夷岛的 Puna 地区，那里种植了这个国家的 95% 的番木瓜。到 1995 年，PRSV 广泛传播 Puna 造成了严重的作物损失。幸运的是，这致使转基因番木瓜 Rainbow 和 SunUp 得到发展。这些品种在 1998 年获得批准种植并有效地控制了病毒。在夏威夷，Rainbow 是目前种植的主要品种，约占番木瓜种植面积的 70%。

SunUp 和 Rainbow 是转基因 55－1 株系的 R0 的杂交后代，55－1 是由基因枪法将病毒外壳蛋白（CP）基因转入 Sunset 而获得。这是利用致病菌衍生的抗病性原理（PDR）而设计的转基因抗病策略。通过选择 55－1 株系后代获得了 SunUp（CP 基因纯合体）。Rainbow 是 SunUp 和黄色果肉非转基因品种 Kapoho 杂交获得的一个 F1 杂交后代。因此，Rainbow 是黄色果肉 Kapoho 和带有 PRSV CP 基因的杂合子。最近的研究表明，Rainbow 和 SunUp 的抗性是由于转录后基因沉默（PTGS）和抗性也受到转 CP 基因剂量和植物老幼的影响。例如，相比较 Rainbow 而言，SunUp 的转基因剂量的增加赋予抗环斑病毒株的范围更广。

---

① 参考：Jon Y. Suzuki，Savarni Tripathi，Gustavo A. Fermín，et al. 2008. Characterization of Insertion Sites in Rainbow Papaya. the First Commercialized Transgenic Fruit Crop [J]. Tropical Plant Biology，1 (3)：293－309.

Rainbow 和 SunUp 的转化质粒的插入序列，其目的是提供关于促成转基因过程的因素和转基因功能稳定性的线索。在农杆菌介导法和 DNA 直接导入的方法，如基因枪介导转化，都是利用非同源重组整合的方法，其影响基因表达和基因破坏的可能性在很多工作中都有报道（Wilson et al，2006，Kohli et al，2003，Somers and Makarevitch，2004，Wilson et al，2006）。因此，了解转基因遗传稳定性有助于发展更可靠的转基因番木瓜技术和应用于其他植物的改良。

结果

鉴定插入位点的功能

为了验证转基因功能经过多代后能保持遗传稳定性，对 Rainbow 和 SunUp 的 R5-8 代（表 9－1）的基因组 DNA 样本，原始样本（R0）进行了核酸分子杂交分析。探针所代表的功能基因插入跨越整个重组质粒探针（图 9－1，表 9－2）。

表 9－1　用于插入分析番木瓜 55－1 株系

	55－1 line derivatives tested	R generation no.	55－1 functional transgene zygosity
1	SunUP “Ⅰ”	R6	homozygous
2	Rainbow	R7	hemizygous
3	SunUP “Ⅱ”	R5	homozygous
4	SunUP “Ⅲ”	R8	homozygous

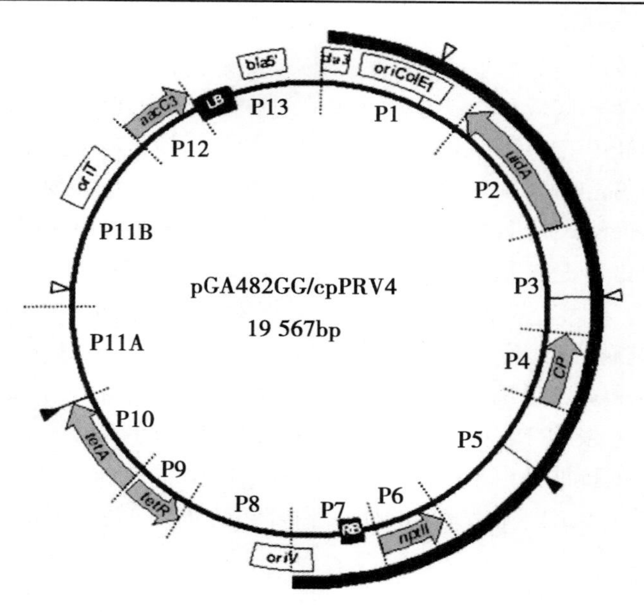

图 9－1　番木瓜 PRSV 外壳蛋白（CP）转化载体

表 9－2　包含转化质粒 pGA482GG / cpPRV4 的探针

	探针	描述	起始位置	终止位置	总长度（bp）
1.	PA	转基因插入位点混合探针，混合（P1→P7）但不包括 P6－1	173	9 955	9 783[a]
2.	P1	包括 *uldA* 基因的终止子（T-*nos*）	173	2 005	1 833
3.	P2	*uldA* 结构基因	2 006	3 817	1 812
4.	P3	*uldA* 5'end 非编码序列和 PRSV *CP*3′非编码序列包含 *uldA*，35S（35S）启动子（P－35S）和 PRSV *CP*，35S 终止子（T－35S）	3 818	5 198	1 381
5.	P4	PRSV *CP* 结构基因	5 199	6 113	915
6.	P5	PRSV *CP* gene 5′非编码区 and *nptll* 3′非编码区包含 PRSV *cp* P－35S，and *nptII* Tnos	6 114	8 075	1 962
7.	P6	*nptII* 结构基因	8 076	8 897	822
8.	P6－1	*nptII* 结构基因部分序列，不含有第二个插入片段的，290 bp（8 129 to 8 416）*nptII*	8 417	8 897	481
9.	P7	*nptII* 5′非编码区和转基因的有边界包含 *nptII nos* 启动子（P-nos）	8 898	9 955	1 058
10.	PB	混合探针 P8→P13，不包括 P9－1，P9－2，P10－1	9 956	172	9 784
11.	P8	主要是骨架探针	9 956	11 444	1 489
12.	P9	包括转基因有边界	11 445	12 200	756
13.	P9－1		11 445	11 931	487
14.	P9－2	100 bp *tetR*N 末端＋105 bp 序列间隔区 *tetA*＋*tetR*＋*tetA* 非同源序列	12 000	12 200	201
15.	P10	*tetA* 结构基因	12 201	13 400	1 200
16.	P10－1	*tetA* 结构基因不包括 222 bp *tetA* i	12 201	13 178	978
17.	P11A	载体序列但是不包括 *aacC*3，5′	13 401	14 690	1 290
18.	P11B	*aacC*3 结构基因	14 691	17 139	2 449
19.	P12	载体序列，包含 *aacC*3 3′end 和左边界	17 140	18 000	861
20.	P13		18 001	172	1 739

假定功能基因插入的 DNA 序列信息和侧翼获得了从基因组克隆 pRb6 基因组 DNA

分离 Rainbow 番木瓜基因组 DNA 库使用 CP 基因探针。这个克隆包含单一，相连 9 789 bp 片段编码 PRSV CP，uidA 和 npt2 基因来源于重组转化载体 pGA482GG/cpPRV4 侧翼是植物基因组 DNA。

总结

为了验证这个克隆序列包含转基因功能插入位点进行了 Southern 分析，番木瓜基因组 DNA 用限制性内切酶消化将会产生预测大小的片段，基于限制酶图谱的序列区域。限制内切酶包含 BglII，它不可以消化质粒衍生内部序列；StuI 被预测消化一次在功能基因插入插入位点的部分（图 9－1，图 9－2）。七片段被用作探针来表示整个功能基因插入。为了验证探针的完整性，重组载体 pGA482GG/cpPRV4 被限制性内切酶消化成片段，用作杂交阳性对照（图 9－3）。这检测到片段的数量和大小与单一插入 55－1 基因组片段相一致与 pRb6 限制性酶切程度有关（图 9－2，表 9－3）。

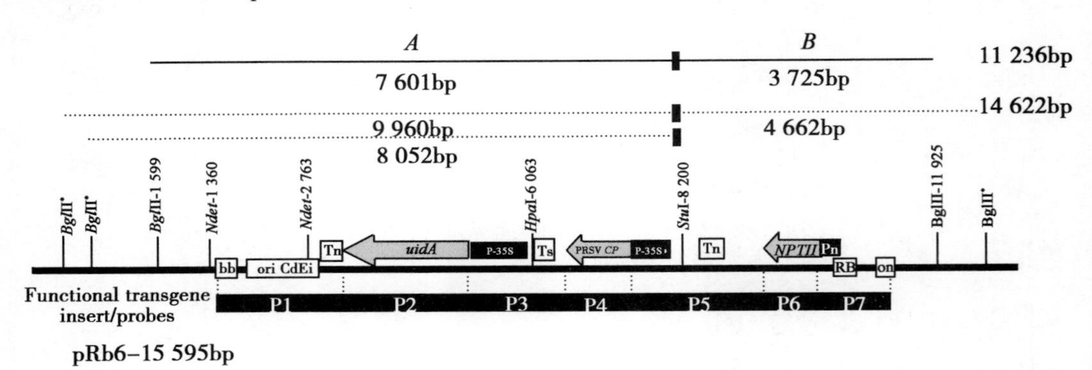

图 9－2　55－1 功能转基因插入 DNA 序列图谱来源与克隆载体

表 9－3　Southern 杂交带计算包含基因插入功能转化质粒 pGA482GG / cpPRV4 衍生探针的 55－1 株系分子量（KB）

Sample	Band designation[a]	Functional transgene insert probes								
		A	1	2	3	4	5	6	6－1	7
55－1：*BglII*	○	14.8	14.6	14.9	15.2	14.6	14.5	14.6	14.9	15.2
	●	10.8	11.2	11.3	11.5	11.1	10.9	10.9	11.2	11.4
	■	6.9						7.0		

（续表）

Sample	Band designation[a]	Functional transgene insert probes								
		A	1	2	3	4	5	6	6-1	7
55-1：*BglII/StuI*	○	10.0	9.9	10.7	11.1	10.3	10.0			
	○	8.1	8.1	8.5	8.6	8.0	8.1			
	●A	7.0	7.2	7.5	7.6	7.3	7.1			
	□							6.7		
	■α	5.1						5.2		
	○	4.6					4.7	4.7	4.7	4.9
	●B	3.5	3.7*				3.6	3.7	3.7	3.7
Plasmid：*NdeI/HpaI*	+	5.8	5.9							
	+	3.3	3.4	3.3	3.3		3.3**			
	+	10.8	10.8*		10.9	10.9	10.7	11.0	10.8	11.0

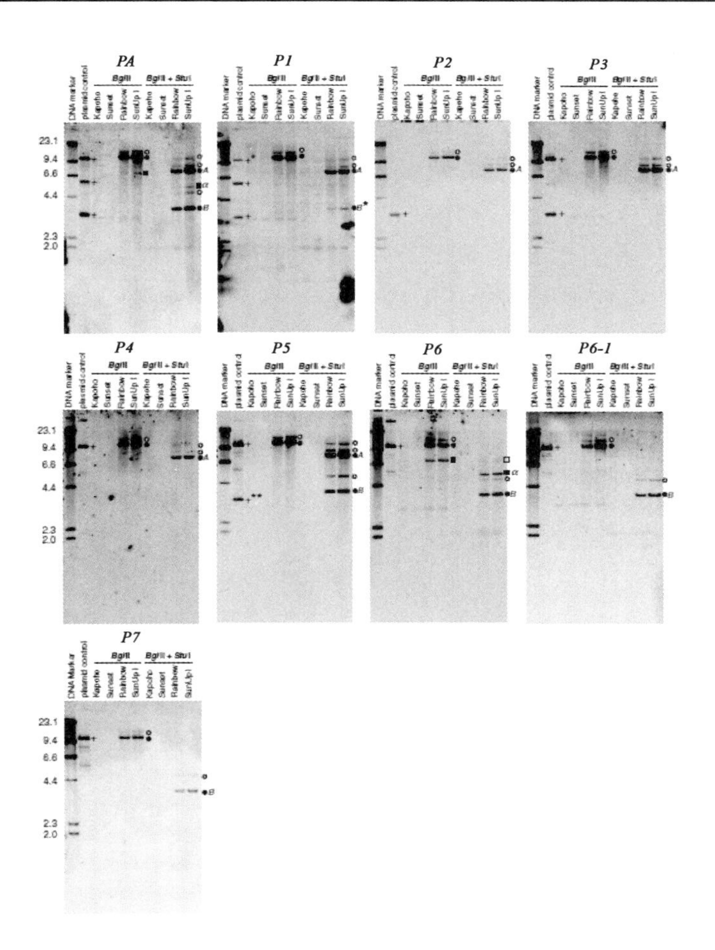

图 9-3　使用所有探针产生插入功能的转基因番木瓜 55-1 株系的 Southern 印迹分析

杂交探针的位置

目的基因 npt2（编码新霉素磷酸转移酶），CP 番木瓜 PRSV 外壳蛋白基因（CP）HA5－1 和 uidA（β-葡萄糖醛酸酶，GUS）。载体骨架基因 tetA 和 tetR，aacC3 编码四环素抗性和庆大霉素抗性。箭头显示基因表达的方向。空方框代表没有功能 5′和 3′半部分的 B-内酰胺酶基因（bla5′，bla3′，分别）和质粒复制的起源（oriV，oriT，和 ori-ColE1）。农杆菌 T-DNA 左边界（LB）和右边界（RB）拷贝是由黑方框表示。转化载体的片段用于 Southern 分析和 WGS 数据库搜索是划定虚线和标签表示（P1-P13）。这个质粒划分代表这个插入转基因功能在番木瓜 55－1 上和它的衍生物（包含 P1～P7 探针）被实心弧线表示。实心的三角形表明载体仅有的两个 StuI 限制性内切酶位点的位置，一个是在 55－1 功能转基因位点，另一个在 tetA 片段插入位点。空心的三角形标记 HpaI 或 NdeI 限制性内切酶位点的位置，这些是酶将质粒片段分成三个部分 Southern 分析阳性对照 pRb6。实心方框的箭头表示序列编码功能基因 uidA，PRSV CP 、nptII 的方向，侧翼是浮动开放和实心框表示基因转录元件 35S 和胭脂碱合成酶启动子（P－35S 和 Pn），35S 和胭脂碱合成酶转录终止子元素（Ts 和 Tn）. DNA 元件与转基因功能不相关包括平端 B-内酰胺酶（bla），ColE1 和复制子 V 起始位点（ori ColE1 和 ori 分别）和转移 DNA 右边拷贝（RB）标记并显示固定空心的方框。Southern 分析探针覆盖整个功能转基因插入序列包括结构基因探针序列（P2、P4、P6）和插入序列（P1，P3，P5 和 P7）都被标记。DNA 序列没有被代表侧翼番木瓜基因组 DNA 探针所包围。DNA 片段和片段大小来自于 BglII 和 StuI 双酶切，被标记‘A’（被探针 P1 to P5 检测）或者‘B’（被探针 P5 to P7 检测）并且他们的大小被显示多少碱基（bp）。检测到的片段各自的大小来自于完全的消化被显示用粗黑线字体，片段大小来自于部分消化用虚线没有粗体的标签来表示。基因组 DNA 的片段大小由 BglII 消化生成单独显示在右边。

鉴定意外插入

两个意外片段，一个意外插入是一个平端，npt II 无功能的拷贝。非功能 nptII 序列由 290 bp 的 3′段。而整个 nptII 基因 822 bp 编码序列（GenBank Accession no. FJ467932）。nptII 基因基因探针是唯一在功能基因中插入探针检测到二个不同插入位点（图 9－3，表 9－3）。一个探针（P6－1）它缺乏相应的非功能性基因片段序列，表明 nptII 基因片段序列代表第二个 nptII 基因插入（图 9－3、图 9－4a，表 9－2、表 9－3）。

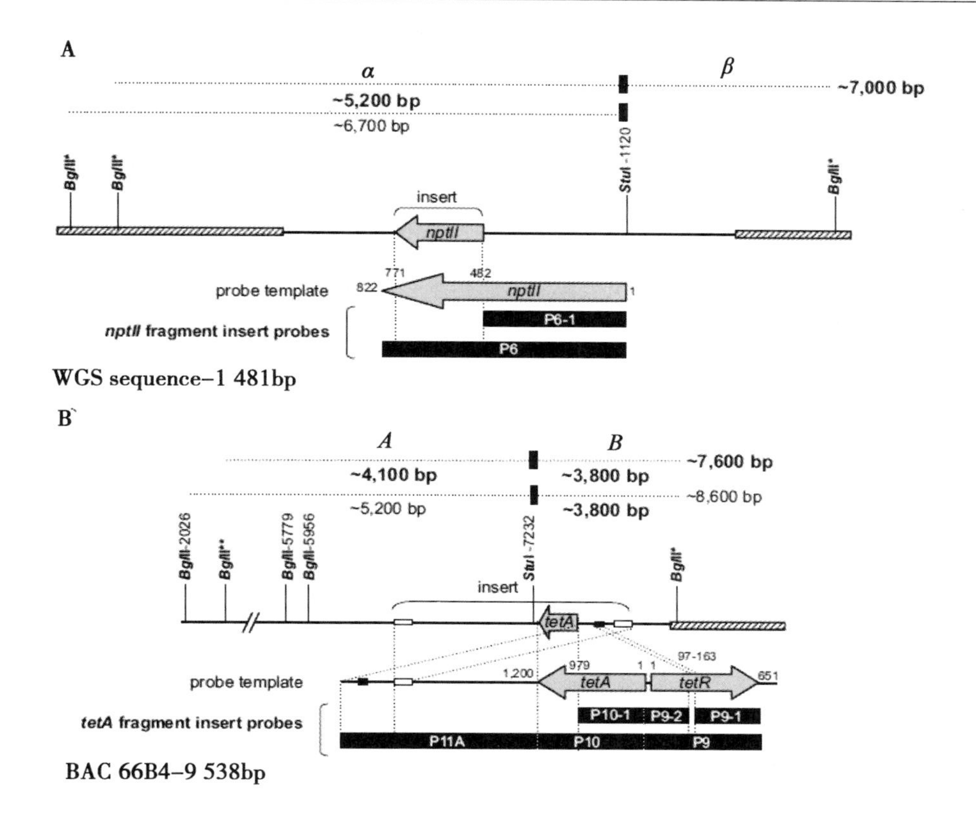

图 9－4　55－1 株系意外、无功能插入 DNA 序列图

a. nptⅡ基因片段插入到番木瓜 SunUp 的 WGS 序列 b. 来自该细菌人工染色体（BAC）克隆 66B4 序列 tetA 片段插入。

表 9－4　Southern 杂交带计算包含基因插入功能转化质粒 pGA482GG／cpPRV4 衍生探针的 55－1 株系分子量（kb）总结

Sample	Band designation*	Vector backbone probes										
		B	8	9	9－1	9－2	10	10－1	11A	11B	12	13
55－1：*Bg*/II	◇	8.7		8.8***			8.9	8.7	8.6			
	◆	7.7		7.7***			7.8		7.6			
	▲										7.3	
55－1：*Bg*/II/*Stu*I	▲										7.3	
	◇	5.0							5.2			
	◆A	4.0							4.1			
	◆B	3.7		3.7***			3.8		3.8			
Plasmid：*Nde*I/*Hpa*I	+	5.6								5.9	5.9	5.9
	+											
	+	10.9	10.6	11.1	10.8	10.9	11.0	10.9	10.7	11.0		

第二个意外插入位点

除了插入的功能序列，Southern 杂交分析检测到了 1 个 1 533 bp 覆盖整个转基因载体片段，它包含有一个无功能的 222 bp tetA 基因片段和侧翼载体 DNA。以复合探针 PB 为代表（表 9－2）。与 tetA 关联杂交片段序列信息是获得了克隆 66B4 确定从 SunUp 基因组 DNA 文库使用 tetA 探针（图 9－4b；FJ467934）。Southern 杂交带相关 tetA 片段插入似乎对应到 1 个插入（图 9－5、表 9－4）。尽管这个检测到的片段大小显示在若干限制位点缺乏消化通过 tetA 片段插入序列预测，一般插入位点的体系结构也证实了各种插入基因的杂交探针的模式。用 55－1，R5 and R8 基因组 DNA 建立杂交模型，结果与 R6 and R7 样本结果一致说明所有插入鉴定，表明历经几代之后鉴定 3 个稳定遗传。

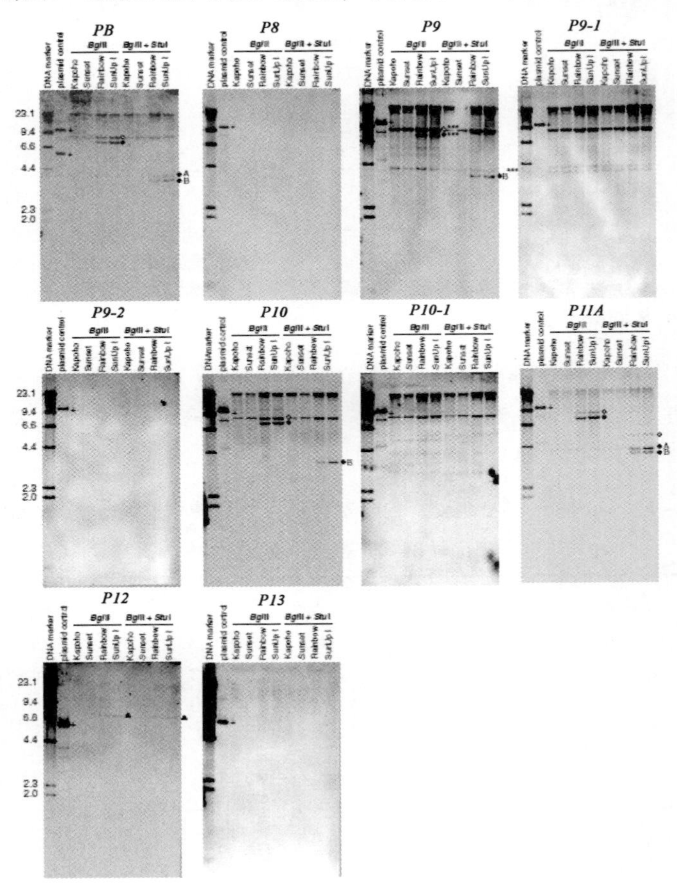

图 9－5　使用所有探针产生插入功能以外的番木瓜 55－1 株系的 Southern 印迹分析

aacC3（P12）作为一个特例的探针，观察没有清晰的转基因特异性杂交条带，在 tetA 基因及其两侧的载体序列以外转化子骨架进行了探讨。从 DNA 杂交后获得与 aacC3

探针杂交模式相比，这些探针插入已知的观察和检测不到与多个单独非常浅和模糊，结果表明观察到 aacC3 探针的杂交带并不代表真正的插入。

所有插入证实，通过全序列与转化子 pGA482GG/cpPRV4 的序列使用番木瓜 WGS 序列数据库进行比对。聚合酶链反应（PCR）产品的预期大小是用引物生成的侧翼/质粒 DNA 基因组 DNA 的插入连接在所有三个验证插入和插入序列插入。六个额外的番木瓜 WGS 组装的序列与载体 DNA 序列一样，也是由 MUMmer 只有修剪序列检测被包括在分析。然而，这些潜在的插入的存在不能通过 PCR 明确验证，也没有 DNA 印迹分析使用跨越整个转化质粒探针检测新的杂交条带可能对应于这些序列的带。

在番木瓜 55－1 株系基因组中转基因插入位点的结构见图 9－6。

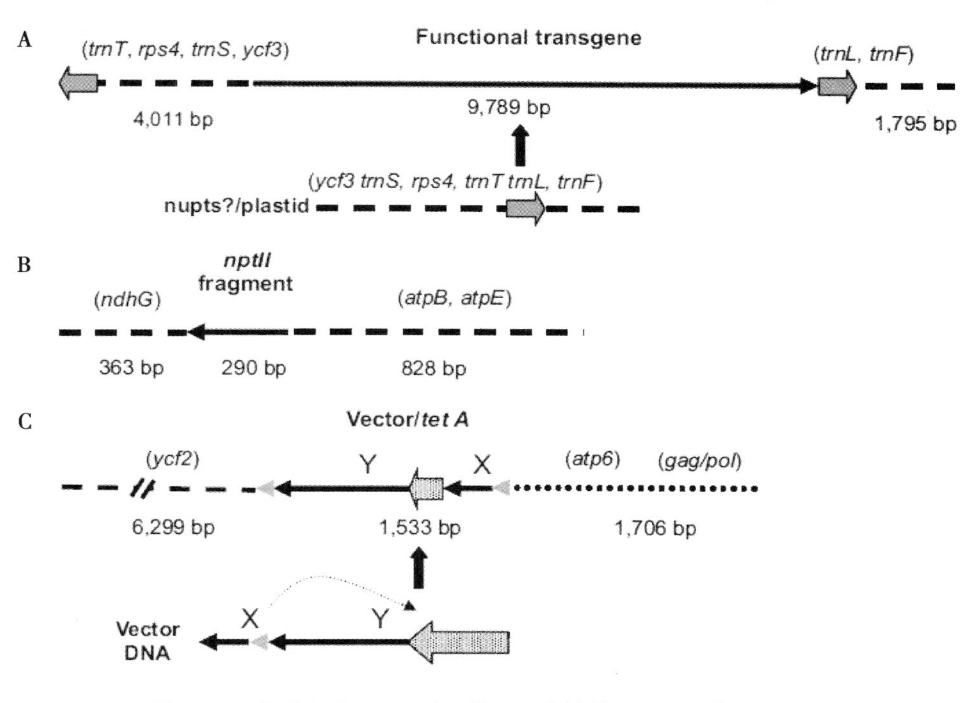

图 9－6　在番木瓜 55－1 株系基因组中转基因插入位点的结构

功能基因插入

利用数据库搜索插入 DNA 两侧序列的核酸数据库比较分析。有趣的是，功能转基因的基因组侧翼序列番木瓜核糖体 DNA（NC_ 010323）。在高等植物中质粒 DNA 通常包括半自主性细胞器，其基因组相对高度保守区。核糖体基因组转化可以排除，因为转基因 55－1 基因分离符合孟德尔遗传，而核糖体通常是母系遗传。因此，可以得出结论，DNA 侧翼插入核糖体 DNA 衍生的核基因组序列相似的众多序列记录在其他植物和非光合植物，核糖体含有真核生物和最近被称为核质体序列（nupts）或核叶绿体 DNA。

nupts 侧翼序列的基因插入两侧出现来自番木瓜质体基因组包括 TRN 和 RPS 基因编码的 tRNA 和质体成分相同的区域小分子核糖体，分别和部分参与光系统 I 装配 ycf3 基因。从质体得到这些序列和表达有问题通过原核或噬菌体基因转录系统和原核翻译系统，这和其他 nupts 预期并不代表功能或表达的基因。

非功能性 NPT2 基因片段插入

基因组 DNA 的片段侧翼 NPTII 两边边界也被显示用来识别番木瓜核糖体 DNA 序列。这个序列表现了与同源性的质粒基因组序列 ndhG 和 atpB，E 分别在质体中编码蛋白质复合物成分，NADH 脱氢酶和 ATP 酶的特定功能。

在番木瓜 55 -1 株系中边界插入位点序列见图 9 -7。

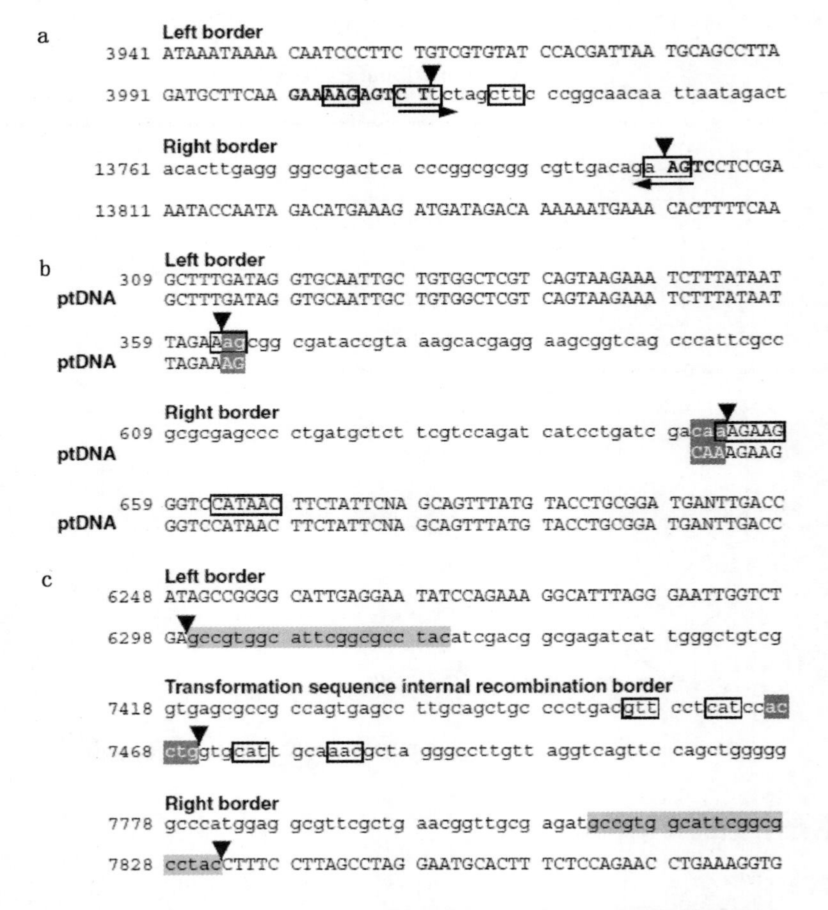

图 9 -7　在番木瓜 55 -1 株系中边界插入位点序列：a 功能转基因插入、b 非功能性基因片段插入和 c tetA 功能片段插入

非功能性 tetA 片段插入

一个人的基因组 DNA 序列侧翼的 TETA 片段插入核糖体 DNA 序列，ycf2。ycf2 编码的一个最大的开放阅读框架中的功能尚不清楚，功能似乎对于细胞活力是至关重要的质体的环境中。在 55 -1 中，六个基因组序列只有一个中的三个插入检测到，55 -1 是由非质体 DNA 序列，发现侧翼的 TETA 片段插入。两段序列内发现 1 706 bp 非质体 DNA 序列与整个数据库表现出相似。同源性分析表明，一段位于靠近质粒 DNA 插入位点（侧翼核酸 518 到 557）有相似用不同数据库的入口，一个很短的同源性（39 的 40 bp）到一个序列中的葡萄（葡萄）发现基因（GenBank. AM461950. 2，AM470652. 2，AM467675. 1）和调整相同的序列（38 到 39 bp）是非编码片段相关与胡萝卜的细胞质雄性不育（细胞质雄性不育）位于 atp6 基因（GenBank 登录号 AY007817. 1）。第二段，一个 264 bp 的区域（侧翼核苷酸 1167 至 1431）的质粒 DNA 插入末端发现与水稻转座子 gag-pol 序列（登录号 AAQ56390. 1）有显著的同源性，通过 BlastX 分析，而且在水稻和苹果相关物种的基因组 DNA，通过 tBlastX 分析大豆和莲花粳相似。

在插入站点的基因重组的证据

插入位点的基因序列不仅可以识别潜在的基因插入，有助于评估转化对番木瓜基因组的影响，但也揭示了转基因整合的过程中的线索。基因组 DNA 序列信息，例如指出在每个插入站点重组发生的程度不同。可以推断从序列和预测的 nupts 推导质体基因序列高度保守的侧翼序列表现出近相似番木瓜叶绿体基因组。

在功能基因的插入，在插入两侧序列来自叶绿体基因组的同一区域的颠倒序列。一个重复区域的功能性基因插入两侧发现似乎是一个颠倒的迹象。在非功能性基因片段插入的情况下，像 nupts 核质体上的插入两侧发现；然而，该序列完全不同的位置是基于对番木瓜核质体基因组安排。最后对 tetA 片段插入，插入序列不可能精确的落在 nupts 和非 nupts 之间的边界的 DNA 序列。因此，tetA 片段整合可能参与重组或重新加入 DNA 的结果。

插入和侧翼序列不编码过敏原或毒素

证据表明，插入不编码新的毒性或过敏的蛋白质分析包括，插入位点的开放阅读框，连接区域和植物基因组的侧翼序列两端至少 1. 0kb 范围内的序列进行分析。分析结果表明没有 ORFs 来自基因组 DNA 的序列或连接任何转化质粒衍生的插入与已知的有毒或比对上的过敏的蛋白质在蛋白质序列数据库中也没有显示相似的已知的有毒蛋白质的食品和农业组织的特别联合委员会列出的标准（FAO）和世界卫生组织（卫生组织）。

讨论

基因转化对整个基因组结构的影响，首先需要确认每个插入元件及插入位点。DNA 印迹分析，作为转基因分析的标准方法是基于检测在番木瓜 55－1 衍生品的转化质粒的插入。Southern 分析确实是一个敏感、有效的检测方法，插入的插入位点的序列信息。转化事件跨越世代 R5 到 R8 样品，因此可以稳定的遗传。

发现三个确定插入的六个侧翼序列有五个是核质体序列 nupts，nupts 代表只有一小部分，但是令人吃惊的是占番木瓜核基因组的一大部（0. 28%）。DNA 碱基组成通常被视为一个可能的插入位点的选择：自外源基因优先插入 A / T 丰富的区域如 MAR 位点。

nupts 侧翼的质粒插入番木瓜 55－1 可能会有额外的或选择的优势原因，核质体整体DNA 碱基组成的是 A-T 丰富，G-C 含量 37%（GenBank 登录号 NC_ 010323. 1）但类似于番木瓜核基因组碱基组成 G-C 含量占整体的 35. 3%。对于像周围的质体 DNA 插入位点序列的优势，一个可能的解释是，质粒片段插入彼此接近的如上，巧合的是在一个簇内 nupts，如已报道至少发生在水稻核基因组中。

通过调查 1 000 例农杆菌介导转化拟南芥中获得 T-DNA 插入的结果显示，只有0. 6% nupts 或核质体序列中插入。在另一项研究中，涉及转基因拟南芥的分析粒子轰击，一个插入位点两侧的 nupts 三转化的植物。这些报告表明，在 nupts 转基因插入可以发生在粒子轰击和农杆菌介导转化中。然而，在未来，这将有助于分析大量的外源基因插入位点基因枪法使 nupts 插入的相对频率可以与通过农杆菌介导的转化产生相比。形式上，我们很可能认为 nupts 在 55－1 番木瓜 DNA 侧翼插入也由于转化事件已经在各玉米通过粒子轰击获得转基因的插入位点的确定。55－1 实际提前插入的位点的序列是不确定的，虽然 PCR 扩增产物与侧翼序列插入相符合，实际上是从 55－1 线以及非转基因番木瓜 DNA 亲本获得的。但是，它至少可以推断，侧翼 nupts 可能不是古老的插入，因为他们几乎与番木瓜叶绿体基因组中的相应序列完全相同，而相对老式的预测为低质体 DNA 标识插入由于碎片和随着时间的推移发生的突变。

虽然转基因技术被看作是一个非自然的事件，即使在非转化的同一物种的植物nupts 的存在和多样性表明，至少对外源 DNA 整合到基因组是一种自然的、不断发生的事件，并不会对基因组功能造成损害。质体 DNA 进入细胞核的融合过程似乎也与转基因的共享属性。例如，已经在同源序列上发现 tetA 和 nptII，在 55－1 也可以找到 NPTII片段的插入位点处，发现了在非转基因植物有 nupts。在这项研究中观察到的填充和重复序列，拓扑异构酶 I 和重排在转化质粒片段的插入位点，先前被描述为天然的 DNA修复过程以及外源 DNA 插入。只有一个转基因的基因组序列毗邻接壤的 tetA 片段插入不同源的 nupts。

从克隆 SunUp 番木瓜的 WGS 序列插入的 DNA 序列的可用性分析，可以评估潜在的有害或过敏蛋白的表达和对源性基因的影响。来自于 55－1 的基因产生的有害或过敏蛋白的潜力以前被前人仔细研究，然而，他们的结论是，一个单一的六个氨基酸由环斑病毒 CP 基因编码的多肽可能是过敏一直排斥和在本研究中未发现有害或过敏蛋白甚至在新 ORFs 跨越插入位点。此外，现有证据表明，在 55－1 番木瓜的创造，没有内源性基因中断。

这项工作的一个重要部分，对转基因转化质粒片段插入位点的分子分析是在努力争取 Rainbow 和 SunUp 的引入监管审批产生番木瓜水果到日本市场。虽然许多数据处理环境和食品安全问题提交给相关的日本监管机构，插入位点的分子分析是需要考虑的关键数据之一。与 SunUp 的番木瓜基因组最近的出版物提供了透明度和文档对番木瓜基因组的结构和功能转变的影响，结合 Rainbow 和 SunUp 的插入位点的细节表现，证明转化技术的安全。

方法

植物材料和 DNA 印迹分析

番木瓜基因组 DNA 用 CTAB 和氯仿异戊醇方法提取。基因组 DNA 与核酸内切酶在 37℃消化 6～8 h。大约基因组 60 μg 消化后的 DNA 进行电泳，在 0.8% 琼脂糖凝胶分离。DIG PCR 标记试剂盒（Roche）和地高辛标记产品用于探针的标记。杂交温度选择 42℃。杂交信号采用光成像仪拍摄的。

功能转基因和非功能 tetA 和 nptII 片段插入 DNA 序列测定

插入 55－1 环斑病毒的外壳蛋白序列是从质粒亚克隆载体（prb6），用 BglII 酶切消化获得。DNA 片段克隆到 pUC18 载体。使用 ABI 3730xlDNA 分析仪进行序列测定。

55－1 缺乏对 aacC3 片段序列的测定

在 55－1 包括 3X 覆盖基因组 Fosmid 和 10X 从 SunUpDNA 和多样 PCR 等方法制备基因组步移覆盖基因组 BAC 文库筛选 aacc3 相关序列搜索试剂盒（Clontech）和 NlaII 消解多核苷酸尾以及热不对称交错 PCR（TAIL）。

插入位点边界序列分析

插入边界是由 2 个序列标识方案使用功能基因，tetA 片段和抗药性基因片段插入序列与 pGA482GG（Gustavo，Fermín，未公布序列数据）和 cpPRV4 序列比对。侧翼基因组 DNA 的识别通过结合 DNA 比对分析］和 blast2seq 插入位点的番木瓜叶绿体基因组的序列比对的方式（NC_ 010323.1）。看到插入连接位点用 Topo I 处理和侧翼序列检查的 MAR 位点使用 EMBOSS Marscan 方案（http：//emboss. sourceforge. net/）。

潜在的过敏或毒性蛋白表达分析

ORF 分析与 NCBI ORF 搜索程序使用常规密码子功能和 50 bp 临界值（http：//www. ncbi. nlm. nih. gov/gorf/gorf. html）。每个 ORF 搜索 nr（非冗余）数据库。评估潜在的 ORFs 蛋白质的毒性测定，根据粮农组织/世卫组织报告中提出的过敏性规则（粮农组织/世卫组织专家在生物技术食品的致敏性会议），和过敏蛋白之间 35% 的同源性视为潜在的过敏蛋白（使用 80 个氨基酸组成一个窗口）。每个 ORF 的氨基酸序列还通过在得克萨斯大学医学分校的过敏蛋白结构数据库（SDAP；http：//fermi. utmb. edu/SDAP/sdap_ who. html）寻找可能的同源性过敏原。SDAP 是一个 Web 服务器提供数据库信息与计算的过敏蛋白的研究工具。SDAP 数据库包含的信息对过敏原的名称、来源、序列、结构和 IgE 的表位。SDAP 过敏原列表，建立了从 IUIS（国际免疫学会联合会）的网站，http：//www. allergen. org，辅以文献资料和主要序列（蛋白质序列数据库，与 NCBI）和结构（PDB）的数据库。每个 ORF 的潜在过敏性进行了重新评估无论他们是否以前由一个或多个分析三种方法在 SDAP 网站使用过敏蛋白数据库：①对于 60

个≥A. A. ，全 FASTA 搜索同源 SDAP 数据库蛋白质由 E 值 <0. 01；②搜索确定≥35% 相似 SDAP 数据库的蛋白质在 80 个氨基酸的窗口）八个相同的氨基酸与蛋白质 SDAP 数据库搜索。

参考文献

Altschul SF，Madden TL，Schäffer AA，et al. 1997. Gapped BLAST and PSI-BLAST：a new generation of protein database search programs [J]. Nucleic Acids Res，25 (17)：3389 - 3402.

Brunaud V，Balzergue S，Dubreucq B，et al. 2002. T-DNA integration into the *Arabidopsis* genome depends on sequences of pre-insertion sites [J]. EMBO Rep，3 (12)：1152 - 1157.

Dai S，Zheng P，Marmey P，et al. 2001. Comparative analysis of transgenic rice plants obtained by Agrobacterium-mediated transformation and particle bombardment [J]. Mol Breed，7 (1)：25 - 33.

Drescher A，Ruf S，Calsa T Jr，et al. 2000. The two largest chloroplast genome-encoded open reading frames of higher plants are essential genes [J]. Plant J，22 (2)：97 - 104.

FAO/WHO. 2001. Evaluation of allergenicity of genetically modified foods [J/OJ]. FAO/WHO. http：//www. who. int/foodsafety/publications/biotech/en/ec_ jan2001.

Fermín GA. 2002. Use，application，and technology transfer of native and synthetic genes to engineer single and multiple transgenic viral resistance [M]. Geneva：Thesis，Cornell University. 293.

Gonsalves D. 1998. Control of papaya ringspot virus in papaya：A case study [J]. Annu Rev Phytopathol，36 (36)：415 - 437.

Gonsalves D，Ferreira S. 2003. Transgenic papaya：A case for managing risks of Papaya ringspot virus in Hawaii [J]. Plant Health Progress.

Gonsalves D，Gonsalves C，Ferreira S，et al. 2004. Transgenic virus resistant papaya：From hope to reality for controlling papaya ringspot virus in Hawaii [J]. Apsnet Feature.

Gonsalves D. 2006. Transgenic papaya：Development，release，impact，and challenges [J]. Adv Virus Res，67：317 - 354.

Gonsalves D，Vegas A，Prasartsee V，et al. 2006. Developing papaya to control Papaya ringspot virus by transgenic resistance，intergeneric hybridization，and tolerance breeding [M]. Hoboken：John Wiley and Sons. 35 - 73.

Gonsalves D，Ferreira SA，Suzuki JY，et al. 2008. Papaya [M]. vol. 5. Wiley-Blackwell：Oxford West Sussex Hoboken. 131 - 162.

Gonsalves D，Suzuki JY，Tripathi S，et al. 2008. Papaya ringspot virus [M]. Elsevier

Ltd, Oxford: Encyclopedia of virology. 1 – 8.
Gorbunova V, Levy AA. 1997. Non-homologous DNA end joining in plant cells is associated with deletions and filler DNA insertions [J]. Nucleic Acids Res, 25 (22): 4650 – 4657.
Gorbunova V, Levy AA. 1999. How plants make ends meet: DNA double-strand break repair [J]. Trends Plant Sci, 4 (7): 263 – 269.
Guo X, Ruan S, Hu W, et al. 2008. Chloroplast DNA insertions into the nuclear genome of rice: the genes, sites and ages of insertion involved [J]. Funct Integr Genomics, 8 (2): 101 – 108.
Heck GR, Armstrong CL, Astwood JD, et al. 2005. Development and characterization of a CP4 EPSPS-based glyphosate-tolerant corn event [J]. Crop Sci, 45 (1): 329 – 339.
Huang CY, Ayliffe MA, Timmis JN. 2004. Simple and complex nuclear loci created by newly transferred chloroplast DNA in tobacco [J]. Proc Natl Acad Sci USA, 101 (26): 9710 – 9715.
Huang CY, Gruünheit N, Ahmadinejad N, et al. 2005. Mutational decay and age of chloroplast and mitochondrial genomes transferred recently to angiosperm nuclear chromosomes [J]. Plant Physiol, 138 (3): 1723 – 1733.
Ivanciuc O, Schein CH, Braun W. 2002. Data mining of sequences and 3D structures of allergenic proteins [J]. Bioinformatics, 18 (10): 1358 – 1364.
Ivanciuc O, Schein CH, Braun W. 2003. SDAP: Database and computational tools for allergenic proteins [J]. Nucleic Acids Res, 31 (1): 359 – 362.
Kleter GA, Peijnenburg AACM. 2002. Screening of transgenic proteins expressed in transgenic food crops for the presence of short amino acid sequences identical to potential, IgE-binding linear epitopes of allergens [J]. BMC Struct Biol, 2 (1): 8.
Knoop V, Unseld M, Marienfeld J, et al. 1996. copia-, gypsy- and LINE-Like retrotransposon fragments in the mitochondrial genome of *Arabidopsis thaliana* [J]. Genetics, 142 (2): 579 – 585.
Kohli A, Leech M, Vain P, et al. 1998. Transgene organization in rice engineered through direct DNA transfer supports a two-phase integration mechanism mediated by the establishment of integration hot spots [J]. Proc Natl Acad Sci USA, 95 (12): 7203 – 7208.
Kohli A, Twyman RM, Abranches R, et al. 2003. Transgene integration, organization and interaction in plants [J]. Plant Mol Biol, 52 (2): 247 – 258.
Kohli A, Christou P. 2008. Stable transgenes bear fruit [J]. NatBiotechnol, 269 (6): 653 – 654.
Kurtz S, Phillippy A, Delcher AL, et al. 2004. Versatile and open software for comparing large genomes [J]. Genome Biol, 5 (2): R12.

Liebich I, Bode J, Frisch M, et al. 2002. S/MARt DB: adatabase on scaffold/matrix attached regions [J]. Nucleic Acids Res, 30 (1): 372 - 374.

Liere K, Maliga P. 2001. Plastid RNA polymerases in higher plants. In: Anderson B, Aro EM. eds. Regulation of Photosynthesis [J]. Kluwer Academic Publishers, Dordrecht: 29 - 49.

Ling K, Namba S, Gonsalves C, et al. 1991. Protection against detrimental effects of potyvirus infection in transgenic tobacco plants expressing the papaya ringspot virus coat protein gene [J]. Bio/Technol, 9 (8): 752 - 758.

Liu X, Baird V. 2001. Rapid amplification of genome DNA ends by NlaIII partial digestion and polynucleotide tailing [J]. Plant Mol Biol Rep, 19 (3): 261 - 267.

Liu YG, Mitsukawa N, Oosumi T, et al. 1995. Efficient isolation and mapping of *Arabidopsis thaliana* T-DNA insert junction by thermal assymetric interlaced PCR [J]. Plant J, 8 (3): 457 - 463.

Lius S, Manshardt RM, Fitch MMM, et al. 1997. Pathogen-derived resistance provides papaya with effective protection against papaya ringspot virus [J]. Mol Breed, 3 (3): 161 - 168.

Makarevitch I, Somers DA. 2006. Association of *Arabidopsis* topoisomerase IIA cleavage sites with functional genomic elements and T-DNA loci [J]. Plant J, 48 (5): 697 - 709.

Manshardt RM. 1998. ‘UH Rainbow’ papaya [R]. University of Hawaii College of Tropical Agriculture and Human Resources New Plants for Hawaii-1, 2.

Martin W. 2003. Gene transfer from organelles to the nucleus: Frequent and in big chunks [J]. Proc Natl Acad Sci USA, 100 (15): 8612 - 8614.

Matsuo M, Ito Y, Yamauchi R, et al. 2005. The rice nuclear genome continuously integrates, shuffles, and eliminates the chloroplast genome to cause chloroplast-nuclear DNA flux [J]. Plant Cell, 17 (3): 665 - 675.

Ming R, Moore PH, Zee F, et al. 2001. Construction and characterization of a papaya BAC library as a foundation for molecular dissection of a tree-fruit genome [J]. Theor Appl Genet, 102 (6): 892 - 899.

Ming R, Hou S, Feng Y, et al. 2008. The draft genome of the transgenic tropical fruit tree papaya (*Carica papaya* Linnaeus) [J]. Nature, 452 (7190): 991 - 996.

NASS. 2007. Papaya acreage survey 2007 results [R]. National Agricultural Statistical Service, 1 - 8.

Pawlowski WP, Somers DA. 1998. Transgenic DNA integrated into the oat genome is frequently interspersed by host DNA [J]. Proc Natl Acad Sci USA, 95 (21): 12106 - 12110.

Purcifull D, Edwardson J, Hiebert E, et al. 1984. Papaya ringspot virus [R]. Wallingford, UK: CAB International.

Richly E, Leister D. 2004. NUPTs in sequenced eukaryotes and their genomic organization in relation to NUMTs [J]. Mol Biol Evol, 21 (10): 1972 - 1980.

Ruf S, Kössel H, Bock R. 1997. Targeted inactivation of a tobacco intron-containing open reading frame reveals a novel chloroplast-encoded photosystem I-related gene [J]. J Cell Biol, 139 (1): 95 - 102.

Saghai-Maroof MA, Soliman KM, Jorgensen RA, et al. 1984. Ribosomal DNA spacer-length polymorphism in barley: Mendelian inheritance, chromosomal location, and population dynamics [J]. Proc Natl Acad Sci USA, 81 (24): 8014 - 8019.

Sawasaki T, Takahashi M, Goshima N, et al. 1998. Structures of transgene loci in transgenic *Arabidopsis* plants obtained by particle bombardment: Junction regions can bind to nuclear matrices [J]. Gene, 218 (1 - 2): 27 - 35.

Shahmuradov IA, Akbarova YY, Solovyev VV, Aliyev JA. 2003. Abundance of plastid DNA insertions in nuclear genomes of rice and *Arabidopsis* [J]. Plant Mol Biol, 52 (5): 923 - 934.

Somers DA, Makarevitch I. 2004. Transgene integration in plants: poking or patching holes in promiscuous genomes [J]. Curr Opin Biotechnol, 15 (2): 126 - 131.

Souza MT Jr, Tennant PF, Gonsalves D. 2005. Influence of coat protein transgene copy number on resistance in transgenic line 63 - 1 against Papaya ringspot virus isolates [J]. HortScience, 40 (2005): 2083 - 2087.

Sugiura M. 1992. The chloroplast genome [J]. Springer Netherlands, 30 (1): 149 - 168.

Sugiura M, Hirose T, Sugita M. 1998. Evolution and mechanism of translation in chloroplasts [J]. Annu Rev Genet, 32 (32): 437 - 459.

Suzuki JY, Tripathi S, Gonsalves D. 2007. Virus-resistant transgenic papaya: Commercial development and regulatory and environmental issues [M]. Wallingford: CAB International. 436 - 461.

Szabados L, Kovács I, Oberschall A, et al. 2002. Distribution of 1, 000 sequenced T-DNA tags in the *Arabidopsis* genome [J]. Plant J, 32 (2): 233 - 242.

Takano M, Egawa H, Ikeda J, Wakasa K. 1997. The structure of integration sites in transgenic rice [J]. Plant J, 11 (3): 353 - 361.

Tatusova TA, Madden TL. 1999. Blast 2 sequences—a new tool for comparing protein and nucleotide sequences [J]. FEMS Microbiology Letters, 177 (1): 187 - 188.

Tennant P, Fermin G, Fitch MM, et al. 2001. Papaya ringspot virus resistance of transgenic Rainbow and SunUp is affected by gene dosage, plant development, and coat protein homology [J]. Eur J Plant Pathol, 107 (6): 645 - 653.

Tennant P, Souza MT Jr, Gonsalves D, et al. 2005. Line 63 - 1: a new virus-resistant transgenic papaya [J]. HortScience, 40 (2005): 1196 - 1199.

Tennant PF, Gonsalves C, Ling KS, et al. 1994. Differential protection against papaya ringspot virus isolates in coat protein gene transgenic papaya and classically cross-protected papaya [J]. Phytopathology, 84 (11): 1359 - 1366.

Timmis JN, Ayliffe MA, Huang CY, et al. 2004. Endosymbiotic gene transfer: organelle genomes forge eukaryotic chromosomes [J]. Nat Rev Genet, 5 (2): 123 - 135.

Toyoshima Y, Onda Y, Shiina T, et al. 2005. Plastid transcription in higher plants [J]. Crit Rev Plant Sci, 24 (1): 59 - 81.

Tripathi S, Suzuki J, Gonsalves D. 2006. Development of genetically engineered resistant papaya for Papaya ringspot virus in a timely manner—A comprehensive and successful approach [M]. New Jersey: The Humana. 197 - 240.

Van Droogenbroeck B, Maertens I, Haegeman A, et al. 2005. Maternal inheritance of cytoplasmic organelles in intergeneric hybrids of *Carica papaya* L. and *Vasconcellea* spp. (*Caricaceae* Dumort., Brassicales) [J]. Euphytica, 143 (1): 161 - 168.

Vergunst AC, Hooykaas PJJ. 1999. Recombination in the plant genome and its application in biotechnology [J]. Crit Rev Plant Sci, 18 (1): 1 - 31.

Wilson AK, Latham JR, Steinbrecher RA. 2006. Transformationinduced mutations in transgenic plants: Analysis and biosafety implications [J]. Biotechnology and Genetic Engineering Reviews, 23 (1): 209 - 37.

第十章　台湾转基因番木瓜①

摘　要：过去的十年里，携带抗番木瓜环斑病毒（PRSV）的外壳蛋白基因（CP）的具有商业价值的转基因番木瓜在台湾和夏威夷得到了很好的发展。快捷灵敏的追踪转基因特异性和事件特异性的检测方法是必须的，以满足欧盟和一些亚洲国家的监管要求。在这里，基于聚合酶链式反应（PCR）方法，我们展示了PRSV转CP基因番木瓜株鉴定的不同方法。转基因产品用不同的特异性引物对靶序列的启动子、终止子、标记基因、转入基因，以及穿过启动子和转入基因的区域进行了扩增。此外，通过接头连接PCR（Adaptor ligation-PCR）克隆和测序DNA片段后，植物基因组DNA和T-DNA插入之间的连接点得到阐明。针对侧翼序列和转基因的事件特异性方法被开发用于鉴定一个特定的转基因株系。在三个选定的转基因番木瓜株系使用从转基因插入DNA序列左或右侧翼的设计引物的PCR模式具有特异性和可重复性。我们的研究还表明，PRSV CP基因被整合到了转基因番木瓜基因组的不同位点。插入T-DNA的拷贝数通过实时PCR进一步进行验证。在这项调查中发展的事件特异的分子标记对一些国家的监管要求和知识保护是至关重要的。同时，这些标记有助于在育种中快速筛选纯合子转基因后代。

关键词：接头连接PCR；转基因番木瓜；T-DNA整合；实时荧光定量PCR

前言

番木瓜广泛生长于热带和亚热带地区。由番木瓜环斑病毒（PRSV）引起毁灭性疾病是全世界番木瓜商业化大规模生产的主要障碍。1975年，PRSV最早在台湾南部被发现。从那以后，它摧毁了大部分番木瓜生产的商业果园。PRSV是马铃薯Y病毒属的成员之一，它是最大的和经济上最重要的植物病毒组。PRSV由蚜虫以非持久性方式传播，主要症状为叶子扭曲、驳斑，并迅速将症状移至叶柄和茎，抑制果树的生长，从而导致果实品质和产量急剧降低。

许多保护控制措施已经被用来保护番木瓜植株免受PRSV病毒的侵染，包括选择合适的种植时间，避免有翅蚜虫的高峰时期种植；种植时用薄膜覆盖，避免蚜虫造访幼苗；用PRSV的轻度菌株进行交叉保护。然而，这些方法都没有提供一个长期有效抵抗

---

① 参考：Ming－Jen Fan，Shu Chen，Yi－Jung Kung，et al. 2009. Transgene－specific and event－specific molecular markers for characterization of transgenic papaya lines resistant to Papaya ringspot virus［J］. Transgenic Research，18（6）：971－986.

PRSV 的方法。在网室中种植是目前台湾种植番木瓜最有效的阻止蚜虫传播 PRSV 病毒的途径。然而，高成本的网、对环境造成风险的自然界中难以降解的塑料材料和网室被热带风暴破坏的高风险是主要的问题。

在最近几年里，基于病原诱导性抗性（PDR）的概念，含有一种植物病毒基因组片段的转基因植物的发展是广泛使用的一种来控制相应的病毒策略。在大多数情况下，抗病机制发生在转录后，通过 RNA 介导，同时靶向病毒 RNA 和转基因 mRNA，使其序列降解。1998 年以来，在夏威夷已经通过基因枪成功将 PRSV 病毒的外壳蛋白（CP）基因转入番木瓜中，并筛选出高抗病的株系，最后成功商业化。在台湾，通过农杆菌介导获得了携带 PRSV CP 基因的 YK 株系。当转基因番木瓜株系面对 PRSV YK 株系侵染时，其对病毒感染抗性从高感变成高抗。转基因株系 16－0－1，17－0－1，17－0－5 和 18－2－4 在不同地理来源的温室条件下展现了良好的广谱抗性，以及在田间试验展现出的高度抗性。

近年来转基因生物的安全问题引起了越来越多的关注。转基因食物已经在一些国家得到法律的批准并进行了标记。根据欧盟规定监管需要可以追踪转基因产品的每一个阶段，从生产到销售链。此外，在台湾的转基因作物田间试验和随之而来的品种权的监管也需要转基因株系的特定的基因组序列的信息。几种用来描述插入的基因序列和植物基因组 DNA 序列侧翼的转基因株系的方法已经被开发，包括聚合酶链反应（PCR）技术，基因组 DNA 杂交，热不对称交错（TAIL）PCR、Vector ligation-PCR、Adaptor ligation PCR、和 PCR 步行。另外通过酶连免疫吸附法检测转入基因的蛋白表达。根据 Holst-Jensen，转基因标识的方法可分为四类。第一类是筛选，这是用 PCR 引物来检测广泛应用于 T-DNA 插入的常见的片段，例如 CaMV 35S 启动子，NOS 终止子和新霉素磷酸转移酶 II 的选择标记基因（NPTII）。第二类是基因的特异性检测靶向于特异的转基因，如 cp 基因——昆虫的抗性基因，或被插入到植物组基因的除草剂耐受基因。第三类是构建特异性检测，放大在筛选目标和构建基因的区域的片段，如 CaMV35S 启动子和特定的转基因序列，或 NOS 终止子和特定的转基因序列。这个种类可以用来更精确的确认农业转基因作物。最后一类是事件特异性检测，它靶向于 T-DNA 插入的边缘地区及相应的侧翼序列的基因组 DNA 的区域。这一类主要是用于识别不同的转基因株系含有的相同的基因。由于这些特定的侧翼序列具有遗传标记和遗传歧视的潜在用途，这导致了知识保护的必要性。

本研究发展了的筛选和验证的草案，用三类方法证明 T-DNA 存在及整合到了转基因番木瓜株系中。此外，通过 AL-PCR 技术，插入的 PRSVCP T-DNA 侧翼序列能得到阐明。从侧翼序列设计引物进一步建立描述事件特异性的方案。研究结果不仅对监管要求知识保护具有重要意义，同时但也为风险评估、安全检测和分子育种提供依据。

材料与方法

植物材料

三种携带与 PRSV 相关的 CP 基因的不同品系的转基因番木瓜，具有高度抗 PRSV

的能力。研究材料包括 T0 株系 16－0－1 、17－0－5 和 18－2－4，T1 株系 16－0－1 和 18－2 －4 及半合子或纯合子的后代，所有幼苗都是通过组织培养获得。非转基因番木瓜材料包括台农 1 号、台农 2 号、台农 5 号、台农 6 号 Sunrise，Red Lady，Red Ear，Mai Tai Kua 和 Thailand。它们的幼苗由位于台湾雾峰的台湾农业研究所（TARI）的国家植物遗传资源中心提供。三个转基因株系和所有非转基因植株都生长在 TARI 的一个可控温室内。

番木瓜基因组 DNA 分离

用 CTAB 法（十六烷基三甲基溴化铵 SIGMA-ALDRICH，St. Louis，MO，USA）（Doyle and Doyle，1990）从 0.5 克的转基因番木瓜和非转基因品种的鲜叶中分离得到番木瓜基因组 DNA。在提取 DNA 的缓冲液中加入聚乙烯吡咯烷酮（PVP）提高提取 DNA 的纯度。用分光光度计 OD260 测量 DNA 浓度，用 1% 琼脂糖凝胶电泳分析 DNA 的提取质量。

通过聚合酶链反应（PCR）检测转基因的特异性

第一类鉴定，引物对 35S－F/35S－R，npt－1/npt－2，and nos－1/nos－2（表10－1）分别用于检测花椰菜花叶病（CaMV）35S 启动子、卡那霉素的选择标记基因 NPT II，和胭脂碱合成酶（NOS 终止子基因）。第二类鉴定，引物对 PRSV F/PRSV R（表 10－1）用来特异性检测 PRSV CP 基因。第三类鉴定，引物对 35－S/PRSV-R 为启动子和 PRSV CP 序列特异性引物。PCR 扩增反应混合物（最终体积 30 ul）含有 128 ng DNA 模板和 1.2 单位快速聚合酶，加入 2.5 mM $MgCl_2$，200uM dNTP，和 0.2uM 引物到 PCR 缓冲液中（50 mM KCl，10 mM Tris-HCl，pH9.0，0.1% Triton X－100）。PCR 扩增条件为：94℃ 变性 30s，退火 1 min，不同引物的退火温度变化如表 10－1 所示，72℃ 延伸 2 min 共循环 30 次；在 TAE Buffer（醋酸盐，pH 值 8.0，1 mM EDTA）中采用 2% 琼脂糖凝胶电泳对 PCR 产物进行分析。

表 10－1　本研究中所使用的引物序列和扩增温度

Primer/probe	Target	Sequence[a]	T_a（℃）
35S－F	35S promoter	$^{+2475}$5′－CAGCTATGACCATGATTACGC－3′$^{+2495}$	55
35S－R		$^{+3293}$5′－TCTTGCGAAGGATAGTGG－3′$^{+3310}$	55
nos－1	*nos* terminator	$^{+1616}$5′－TGCCGGTCTTGCGATGAT－3′$^{+1633}$	55
nos－2		$^{+1720}$5′－ATGTATAATTGCGGGACTCTAA－3′$^{+1741}$	55
npt－1	*npt*II	$^{+355}$5′－ATAATCTGCACCGGATCTGG－3′$^{+374}$	55
npt－2		$^{+1164}$5′－CCGCTCAGAAGAACTCGTCA－3′$^{+1183}$	55
PRSV－F	Transgene	$^{+3400}$5′－TCCAAGAATGAAGCTGTGGA－3′^{3419}	55
PRSV－R		$^{+4220}$5′－GTGCATGTCTCTGTTGACAT－3′$^{+4239}$	55

（续表）

Primer/probe	Target	Sequence[a]	T_a（℃）
Ap1	Adaptor	5′ – GTAATACGACTCACTATAGGGC – 3′	56
Ap2	Adaptor	5′ – ACTATAGGGCACGCGTGGT – 3′	56
S18	*nos* promoter	+213 5′ – ACGCGCAATAATGGTTTCTGACG – 3′ +235	56
Papa27	*nos* promoter	+96 5′ – GCGTCATCGGCGGGGGTCATAA – 3′ +117	55
P1	Transgene	+3704 5′ – CAAACACTCGCGCCACTCAA – 3′ +3723	55
Papa52	*nos* terminator	+4584 5′ – TGTTGCCGGTCTTGCGATGATTAT – 3′ +4607	55
Papa34	*nos* terminator	+4817 5′ – CAACGTCGTGACTGGGAAAAC – 3′ +4837	55
N1	*nos* terminator	+4952 5′ – GCCCGCTCCTTTCGCTTTCT – 3′ +4971	56
Papa31	RB flanking	5′ – TTGTTCTAATAAGGTTGCTAC – 3′	55
Papa32	RB flanking	5′ – AATATCAAATGGACGTGTTAGTG – 3′	55
Papa56	Left border	+5408 5′ – GTTATTAAGTTGTCTAAGCGTCAA – 3′ +5431	55
Papa57	LB flanking	5′ – AGACATATATCATCAAGACCATAGTAG – 3′	55
Papa58	Left border	+4592 5′ – GTCTTGCGATGATTATCAT – 3′ +4610	55
Papa59	LB flanking	5′ – TGGTTATCAATATAGCAATTATGTAG – 3′	55
S9 – 2	PRSV CP for qPCR	5′ – AGTAACGCGGCAGAGGCATA – 3′	60
S10 – 2	PRSV CP for qPCR	5′ – GAGCCCTATCAGGTGTTTTCGA – 3′	60
S5	Papain for qPCR	5′ – TGGGTTTGTCATTTGGTGATTTT – 3′	60
S6	Papain for qPCR	5′ – GTCTTTCAGTGGATGTCAAGTCATTT – 3′	60
Fam[b]	PRSV probe	5′ – TTAGTCTCGCTAGATATGCTT – 3′	60
Vic[c]	Papain probe	5′ – CTATTGTGGGTTATTCTC – 3′	60

PCR 产物采用遗传分析仪直接进行测序。测序过程中 PCR 延伸进行了 25 次热循环。通过最后的延伸，测序产物被沉淀，提取，重新溶解到测序缓冲液中。然后将样品置于 ABI 310 的 61 cm 毛细管中测序。Lasergene 软件被用来利用已知序列对的扩增序列进行排序。

基因组 DNA 片段的制备和接头连接

未克隆的基因组 DNA 片段通过 sibbert 等人描述的修饰要求准备。分别制备 16 – 0 – 1，17 – 0 – 5，18 – 2 – 4 的基因组。采用不同的限制酶（每个 10ug），分别酶切单独的基因组 DNA 生成钝性末端片段。接头包含由两个互补的寡核苷酸退火制备的长链和一个短的互补链，上段（48nts）5′ – GTAATACGACTCACTATAGGGCACGCGTGGTCGACGGCCCGGGCAGGT – 3′和下链（8 nts）5′ – PO4 – ACCTGCCC – NH2 – 3′。在终体积为 15 uL 包含 1. 5 uL 10x Fast-LinkTM 连接缓冲液，0. 75 uL 10 mM ATP，0. 5 uL 100 uM 上下游接头，2 uL 限制基因组 DNA 文库和 1 uL 快速链接 DNA 连接酶的体系中连接接头和被限制的基因组 DNA。15℃过夜连接，然后溶液置于 70℃条件下 10 min 终止反应。利用高纯的 PCR 产物纯化试剂盒（罗氏诊断）来纯化反应产物。

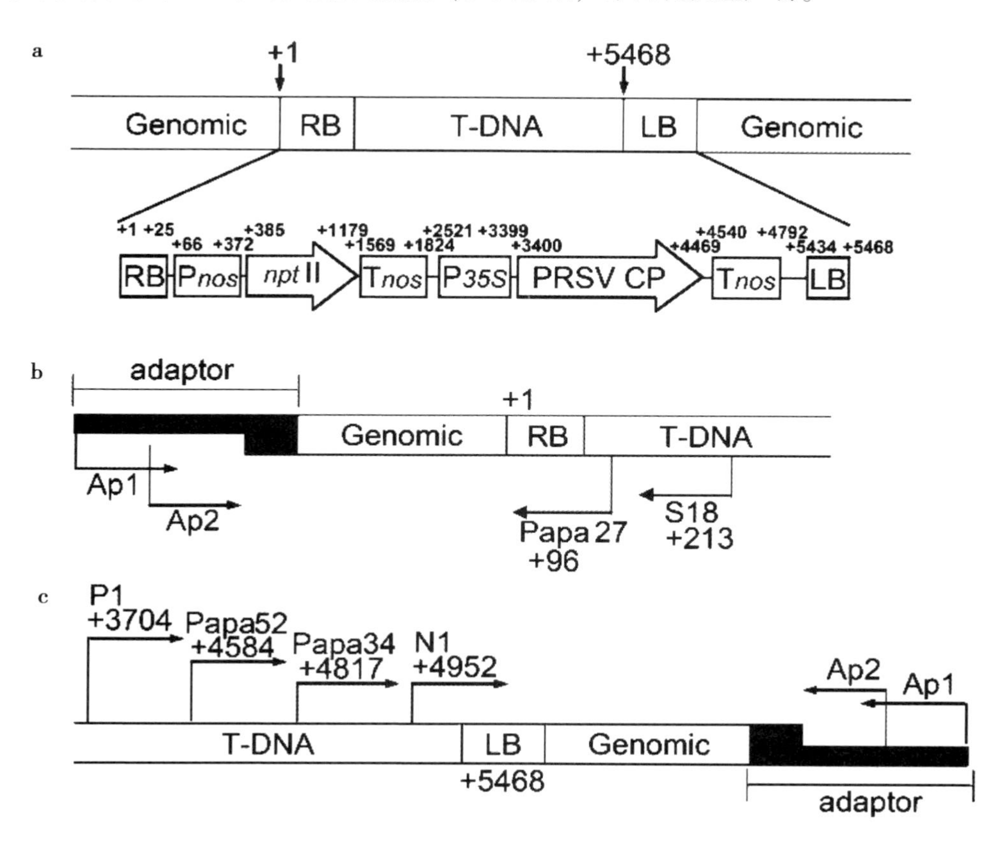

图 10－1　转基因番木瓜株系 T-DNA 侧翼插入部位示意图

巢式聚合酶链反应（nested PCR）

从酶切的基因组 DNA 片段连接接头开始利用步行 PCR 测定插入转基因番木瓜基因组的 T-DNA 侧翼序列。由于长链包含引物对 AP1 和 AP2（图 10－1）的同源序列，这对引物用来进行接头的退火。

设计转基因特异性引物检测右边界（RB）和左边界（LB）附近的的区域（图 10－1a～c）。引物 S18 和 Papa27（表 10－1，图 10－1b）被设计用来分别检测三个转基因株系的右边界从第一个核苷酸开始的 213～235 和 96～117 的碱基区域。靠近左边界区域的引物 P1 和 Papa52（表 10－1，图 10－1b），被设计用来分别检测 18－2－4 的右边界从第一个核苷酸开的 3 704～3 723和 4 584～4 607的碱基区域。靠近左边界区域的引物 Papa34 和 N1（表 10－1，图 10－1b），被设计用来分别检测 16－0－1 和 17－0－5 的右边界从第一个核苷酸开的 4 817～4 837和 4 952～4 971的碱基区域。PCR 反应体系 1，包含 128 ngDNA 模板和 1.2 单位快速聚合酶，加入 2.5 mM $MgCl_2$，200 uM dNTP，0.2uM 引物 S18 和 Ap1。加入到 PCR 缓冲液中（50 mM KCl，10 mM Tris-HCl，pH 9.0，0.1% Triton X－100）使终体积为 30 uL。PCR 反应条件为 94℃预变性 1 min；94℃变性 30 s，前六个循环的第一个初始退火温度为 61℃退火时间为 30 s，之后每个循环的退火温度降 1℃。每个循环 72℃延伸 3 min。另外的 30 个循环，94℃变性 30 s，56℃退火 30 s，延伸温度为 72℃，初始时间为 3 min，之后每个循环，延伸温度增加 10s。最后 72℃延伸 5 min。将第一次的 PCR 产物稀释 1 000倍，采用使用嵌套的接头引物 AP2 和嵌套的右边界特异性引物 papa27 进行第二次 PCR（表 10－1）。PCR 的反应体系和反应条件和第一次 PCR 相同。

对于左边界的区域也做和右边界类似的扩增。引物对 Papa34 和 Ap1 用来扩增 16－0－1 和 17－0－5 株系的左边界区域，引物对 P1 和 Ap1 用来扩增 18－2－4 株系的左边界区域（表 10－1，图 10－1b）。引物对 N1 和 Ap2 用于 16－0－1 和 17－0－5 株系的第二次 PCR，引物对 Papa52 和 Ap2 用于 18－2－4 株系的第二次 PCR。第二次 PCR 产物用 2% 琼脂糖凝胶电泳进行分析。

转基因植物基因组序列的测定

二次扩增的嵌套 PCR 产物根据制造商的说明克隆到 TOPO TA 载体，利用小量质粒提取试剂盒分离得到质粒 DNA。用 310 种遗传分析仪对纯化的质粒进行测序。利用 Lasergene 和 CpGDB 软件整理和分析基因组侧翼序列和 T-DNA 边界序列。

转基因番木瓜株系的事件特异性鉴定

对于 4 类事件的特异性检测，用特异性引物匹配 T-DNA 附近的右边界和左边界，包括进行嵌套 PCR 的引物 papa27，57，和 59（表 10－1），以及被设计用来从阐明基因的侧翼序列和的扩增 T-DNA 边界区域的特异性引物对。引物 Papa31 和 Papa56（表 10－1）被设计用来匹配 16－0－1 株系的右边界和左边界的侧翼序列的引物。引物 Papa32 和 Papa58（表 10－1）被设计用来匹配 18－2－4 株系的右边界和左边界的侧翼序列的引物。PCR 反应体系：将 1.2 单位快速聚合酶，2.5 mM $MgCl_2$，200 uM dNTP，0.2 uM 上述提到的合适的引物和 128 ng 16－0－1，17－0－5 或者 18－2－4DNA 模板加入到 PCR 缓冲液中（50 mM KCl，10 mM Tris-HCl，pH9.0，0.1% Triton X－100）使终体积为 30 ul。PCR 反应条件为 94℃预变性 2 min；94℃变性 1 min；61℃退火 1 min；72℃延伸 2 min；共 30 个循环；最后 72℃延伸 5 min。PCR 产物用 2% 琼脂糖凝胶电泳进行分析。

插入 T-DNA 的内源性序列分析

引物对 Papa31/Papa57（16－0－1 和 17－0－5 株系）和引物对 Papa32/Papa59（18－2－4 株系）用来检测转基因植株系的 T-DNA 的侧翼序列，这些引物可以用于分析非转基因番木瓜 T-DNA 插入区域的内源性序列。样本 16－0－1，17－0－5，18－2－4，TN2，16－0－1 纯合子和 18－2－4 纯合子的 DNA 被用来进行分析。PCR 反应体系：将 0.75 L 聚合酶，200 uM dNTP，0.2 uM 引物和 128 ng 每个样本的 DNA 模板加入到

PCR 缓冲液中（50 mM Tris/HCl，10 mM KCl，5 mM（NH_4）$_2SO_4$，2 mM $MgCl_2$，pH 8.3/25℃. 使终体积为 30 ul。PCR 反应条件为 94℃ 预变性 2 min；94℃ 变性 1 min；55℃退火 1 min；72℃延伸 2 min；共 30 个循环；最后 72℃延伸 10 min。PCR 产物用 2%琼脂糖凝胶电泳进行分析，按照上述方法进行克隆和测序。DNA 序列分析使用 BLAST 程序和 ORF Finder 进行分析。

DNA 印迹法

用于进行分析的 DNA 样本为 16－0－1，18－2－4，TN2，16－0－1 纯合子，18－2－4 纯合子和 16－0－1 与一个未被鉴定的转 PRSV CP 的株系杂交的品种。5 单位 Eco-RI 分别酶解 50 ug 被分离的转基因基因组 DNA 和非转基因基因组 DNA，37℃，过夜。在 0.8%的琼脂糖凝胶分离后，DNA 被转移到尼龙膜上。利用探针杂交检测试剂盒通过 PCR 扩增制备地高辛标记的 PRSV CP 基因相应的探针。60℃杂交过夜后，杂交膜洗涤在 65℃严格用洗涤液（0.59 SSC，0.1% SDS）洗涤。探针的阳性条带，通过磷酸化的化学发光底物 CSPD 光发射的 X 光线下显示。

通过实时 PCR 检测 T-DNA 插入的拷贝数

插入的转基因 T0 株系 16－0－1 和 18－2－4 及其相应的纯合子后代的拷贝数，通过内源性蛋白酶基因控制，用 ABI PRISM 7000 序列检测系统通过转基因（PRSV CP 基因）的相对定量实时 PCR 进一步进行分析。了基因特异性引物对 S9－2/S10－2；含有番木瓜蛋白酶基因的特异引物 S5、S6；和用于实时荧光定量 PCR 的荧光染料标记的特异性基因探针 TaqMan；FAM（转基因特异性）、Vic（番木瓜蛋白酶特异性）。扩增体系为：25。5ul DNA（每个样本 50 ng），0.6 uM 每个引物，12.5 ul 2x Master Mix 和 250 nm 的番木瓜蛋白酶或 PRSV 探针。用无菌水调节终浓度。热循环条件为 50℃2 min 和 95℃10 min，其次是 40 个循环的 95℃15 s 和 60℃1 min。在一个能清晰进行光反的 96 孔板中进行聚合酶链反应。每个样品一式三份进行测定，并用 SDS 软件 1.1 和微软 Excel 分析。在对数线性阶段，放大用公式 N = No（1 + E）n 进行描述，N 是扩增的分子数，No 是分子的初始数目，No 是扩增效率，而 n 是循环次数。如果扩增效率与反应相似，则通过比较增量的方法计算出样品的初始浓度，基因的拷贝数通过公式 2－（DDCt）计算，其中 DDCt =（$CtPRSV_{sample-Ctpapain\ sample}$）-（$Ct\ PRSV_{calibrator}$-$Ct_{papaincalibrator}$）这个公式被定义为在基线上的荧光水平上升的点。

结果

转基因番木瓜株系类别 1、2、3 的检测

对于 1 类检测，插入 CaMV 35S 启动子（图 10－2a），NPT II（图 10－2b），和 NOS 终止子的目标是确定一个可能存在的 T-DNA 的整合。三个转基因株系用引物 35s-f/35s-r 的扩增产物（图 10－2a）为 836 bp。这个 DNA 扩增在所有未转化的株系中没有被发现。同样的，三个转基因株系用引物 npt－1/npt－2 的扩增产物（图 10－2a）为

829 bp，三个转基因株系用引物 nos－1/nos－2 的扩增产物（图 10－2a）为 126 bp。

第 2 类，转基因特异性检测，引物对 PRSV-F/PRSV-R 用来检测三个转基因株系的 PRSV CP 基因，目的条带为 840 bp。此外，针对三个转基因株系在 CaMV 35S 启动子和 PRSV CP 编码序列的区域特异性检测引物，特异扩增产物的目的条带为 700 bp（图 10－2e）。这个片段被认为是第三类检测的产物。

对第 1，2 和 3 检测的所有特定产物进行测序，以验证其序列与目标区域的保真度。为了分析检测的灵敏度，我们结合提取不同比例的转基因和非转基因番木瓜 DNA。结果表明，当每个转基因株系的存在达 1% 的水平，可以检测到特定的片段。

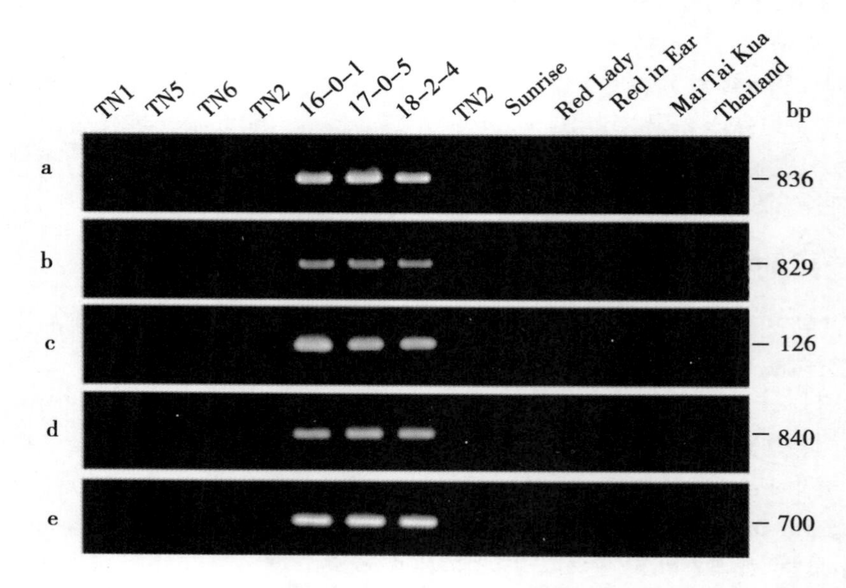

图 10－2　对类别 1、2 和 3 进行 PCR 检测以确定来自非转基因品种的转基因番木瓜株系

扩增覆盖 T-DNA 插入位点侧翼序列的区域

通过 AL-PCR 扩增转基因番木瓜株 T-DNA 插入的侧翼基因组序列。嵌套式 PCR，引物 Papa27 和 p AP2 分别特异性检测 T-DNA 和连接的接头，16－0－1 和 17－0－5 株系的扩增产物为 464 bp，而 18－2－4 株系的扩增产物为 543 bp。引物 N1 和 Ap2 分别用来检测 DraI 酶切过的 16－0－1 和 17－0－5 株系的 T-DNA 和接头，主要产物大小为 771 bp。引物 Papa52 和 Ap2 分别用来检测 EcoRV 酶切过的 18－2－4 株系，主要产物大小为 724 bp。

侧翼序列的鉴定

将所有转基因株系的嵌套式 PCR 的扩增产物进行克隆和测序。所有 DNA 分析包含一端的 T-DNA 特异引物序列和在另一端的接头引物，表明嵌套式 PCR 产物覆盖侧翼的 T-DNA 的插入基因组序列。对于右边界，16－0－1 和 17－0－5 株系扩增的 DNA 包含 92 bpT-DNA 序列（26～117），缺少 RB 序列（1～25），但有胭脂碱合成酶启动子的部分序列（图 10－3a），和一个 337 bp SSPI 裂解位点（AAT）的番木瓜基因组序列和一个 48 bp 的接头序列（图 10－3a）。18－2－4 株系右边界扩增的 DNA 包含基因组序列 422 bp，扩展序列为 SSPI 识别位点 AAT 和一个 48 bp 的接头序列和部分胭脂碱合成酶启动子序列 86 bp（31～117），没有完整的 RB 序列（1～30）（图 10－3b）。

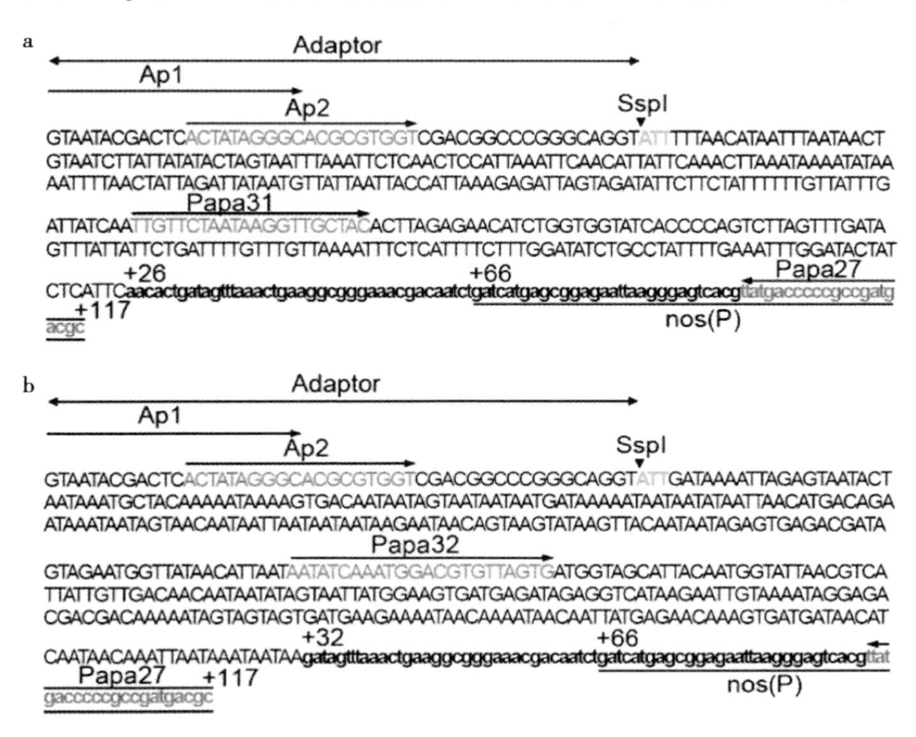

图 10－3　T-DNA 右边界/番木瓜基因组 DNA 结点的序列分析

对于左边界的 T-DNA 侧翼序列，16－0－1 和 17－0－5 株系扩增的 DNA 包含 498 p T-DNA 序列（4 952～5 449），以及一个不完整的左边界序列（16 bp）和 238 bp DraI 识别位点（TTT）的番木瓜基因组序列和一个 48 bp 的接头序列（图 10－4a）。18－2－4 株系左边界扩增的 DNA 包含基因组序列 90 bp T-DNA 序列（4 584～4 673），和 599 bp EcoRV 位点（GAT）的基因组序列和一个 48 bp 的接头序列（图 10－4b）。

利用侧翼序列特异引物检测转基因番木瓜株系

引物 papa31（图 10－3a）和 papa32（图 10－3b），这是从 16－0－1 Rb 和 18－2－4 株系的 T-DNA 侧翼序列，分别进行设计的，用于识别对应的转基因番木株系。引物对 papa31 / papa2 检测转基因株系 16－0－1 和 17－0－5，能获得一个 241 bp 的特异产物（图 10－5a），18－2－4 株系没有扩增出特异产物。引物对 papa32/ papa2 检测转基因株系 18－2－4，能获得一个 384 bp 的特异产物（图 10－5a），16－0－1 和 17－0－5 株系没有扩增出特异产物。

对于左边界序列，引物 papa56 / papa57（图 10－4a）和 papa58 / papa59（图 10－

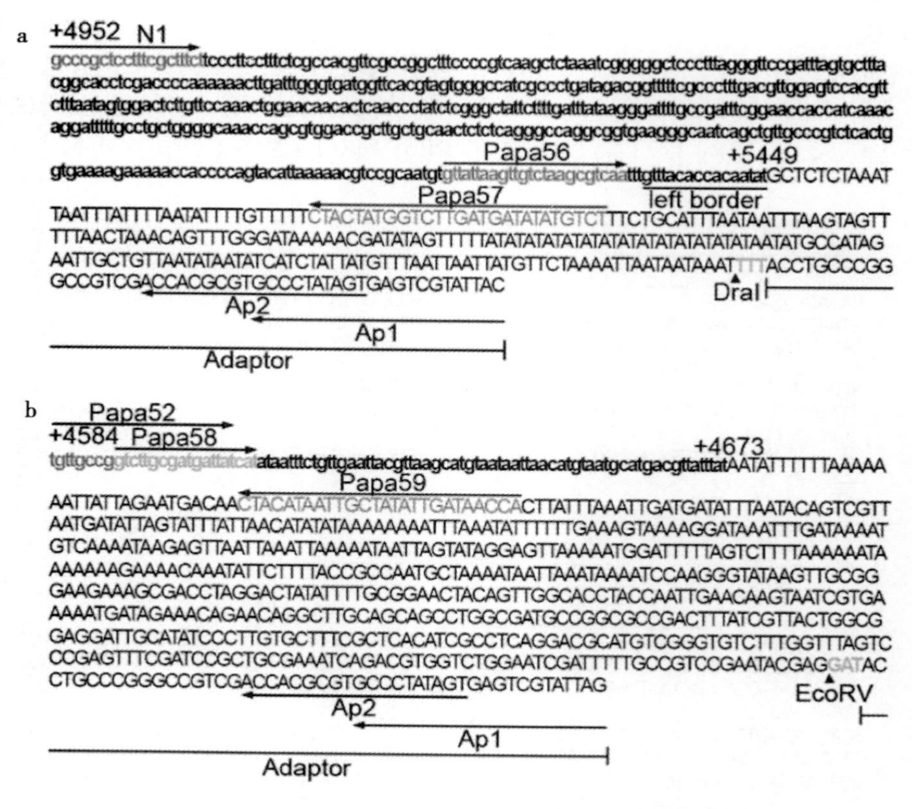

图 10－4　T-DNA 左边界/番木瓜基因组 DNA 结点的序列分析

4a）被设计用来检测三个转基因番木株系。引物对 papa56 / papa57 检测转基因株系 16－0－1 和 17－0－5，能获得一个 106 bp 的特异产物（图 10－5c），18－2－4 株系没有扩增出特异产物。引物对 papa58 / papa59 检测转基因株系 18－2－4，能获得一个 140 bp 的特异产物（图 10－5d），16－0－1 和 17－0－5 株系没有扩增出特异产物。

利用引物对 Papa31/Papa57 进行 PCR 检测，16－0－1，17－0－5，18－2－4，18－2－4 纯合子后代，和未转化的 TN2 株系，能获得一个 227 bp 的特异产物，16－0－1 纯合子后代株系没有扩增出特异产物（图 10－5e）。

利用引物对 Papa32/Papa59 进行 PCR 检测，16－0－1，17－0－5，18－2－4，16－0－1 纯合子后代，和未转化的 TN2 株系，能获得一个 345 bp 的特异产物（图 10－5a），18－2－4 纯合子后代株系没有扩增出特异产物（图 10－5f）。两个 PCR 产物进行测序，与 NCBI 数据库分析，但没有发现显着的同源性。引物 papa31 / papa57 扩增的 PCR 产物通过开放阅读框寻觅器显示没有包含任何的开放阅读框。引物 papa32 / papa59 扩增的 PCR 产物发现有一个 48 个氨基酸的阅读框，其氨基酸序列的同源性分析并没有显示任何与蛋白质数据库的相似序列。

DNA 印迹法

用于 Southern 分析的限制酶 EcoRI 单酶切，10 和 4 kb 的单信号结果分别来自 T0 株系

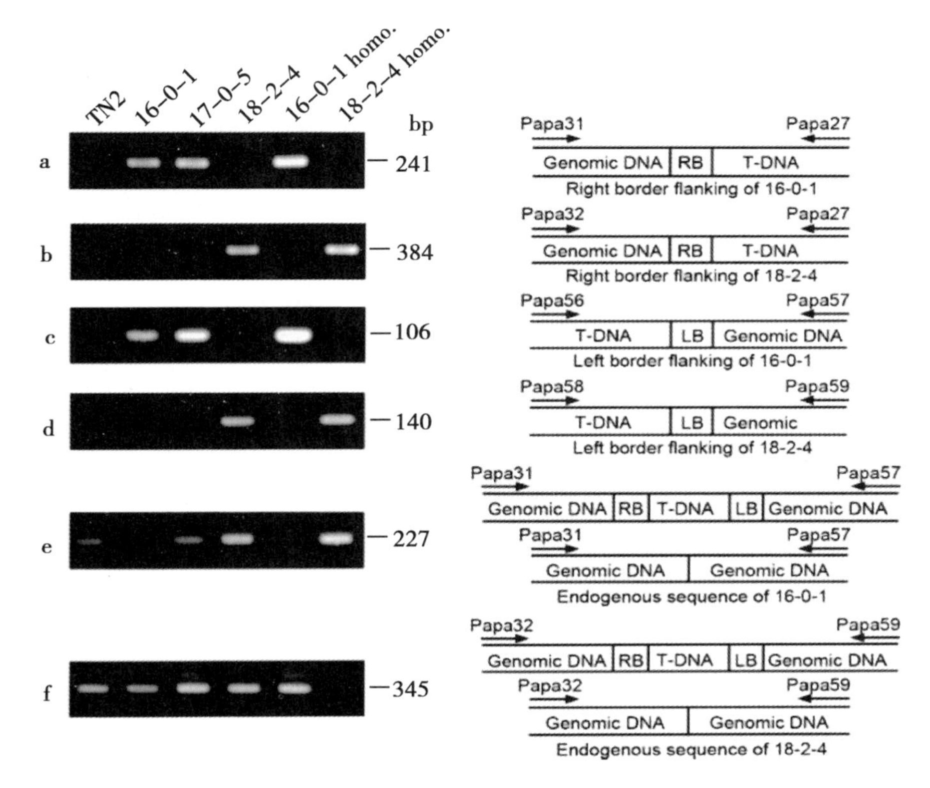

图 10－5　使用基因侧翼序列和 T-DNA 序列的特异性引物进行转基因番木瓜株系时间特异性检测，在 T-DNA 右边界和植物基因组或在 T-DNA 左边界和植物基因组产生 DNA 产物

的 16－0－1 和 18－2－4（图 10－6），表明在这些株系只有一个拷贝的 T-DNA 插入。转基因番木瓜 16－0－1 和 18－2－4 的纯合子后代与 T0 株系的杂合子后代在同一位置都出现了杂交信号，但 16－0－1 和 18－2－4 的纯合子后代的杂交信号强度更强。同时，我们还发现在 16－0－1 与信息不明的转基因株系的杂交后代中有两个携带相同 PRSV CP 结构的插入位点，一个片段的分子大小与 16－0－1 株系的分子大小相似，另一个的分子大小为 6 KB，显然是来自其他转基因番木瓜株系（图 10－6）。

通过 qPCR 应测定的拷贝数

通过实时 PCR，用 16－0－1 株系作为对照，比较转基因番木瓜株系 18－2－4，16－0－1 纯合子后代，和 18－2－4 纯合子后代的 T-DNA 插入拷贝数，以此分析转基因番木瓜的接合性。扩增曲线如图 10－7 所示。T1 植物 16－0－1 纯合子（B）和 T1 植物 18－2－4 纯合子（D）的扩增曲线图与番木瓜蛋白酶基因控制的扩增曲线类似。比较 T0 植物 16－0－1 杂合子和 T0 植物 18－2－4 杂合子的 PRSV CP 扩增印记，表明转基因的拷贝数在两中情形都增加了。实时 PCR 来源的 T-DNA 插入的拷贝数值列于表 10－2。用 16－0－1 株系作为参照，转基因株系 18－2－4 相对拷贝数估计为 0.85，16－0－1 纯合后代为 2.04 和 18－2－4 纯合子后代为 2.12。

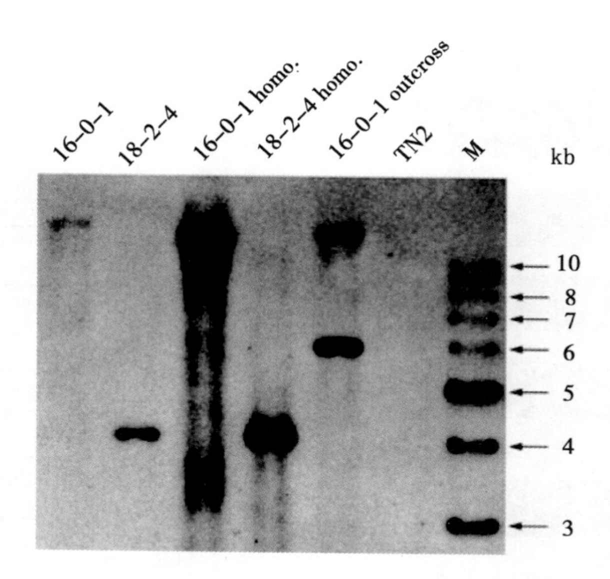

图 10-6　Southern 杂交检测 PRSV CP 转基因的拷贝数

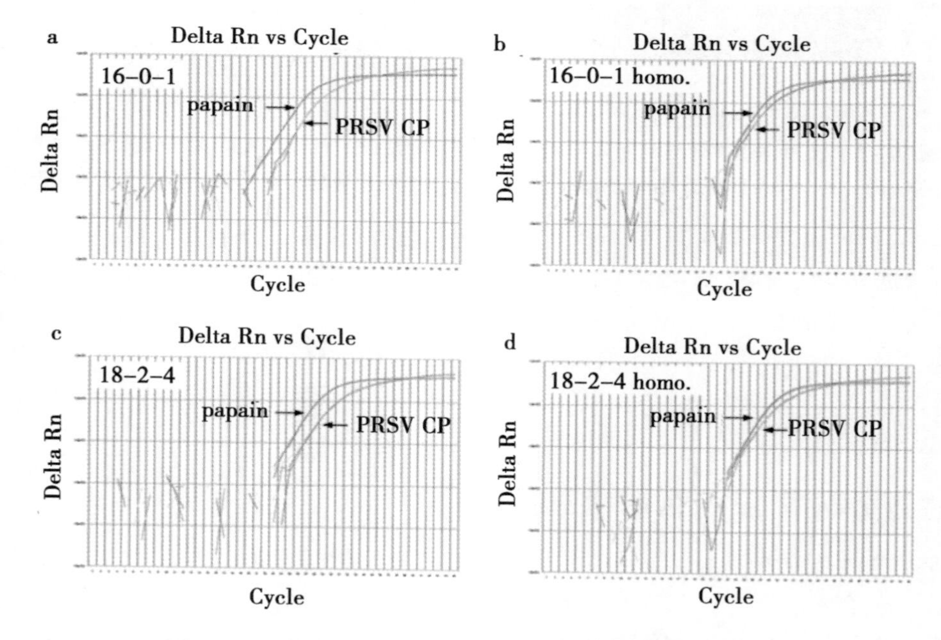

图 10-7　实时定量 PCR 法检测 PRSV CP 基因的扩增曲线

表 10－2　转基因番木瓜株系的拷贝数分析

Transgenic papaya line	△Ct（Ct_{PRSV} － Ct_{papain}）± SD[a]	Copy number in 16－0－1 as calibrator（$2^{-\triangle\triangle Ct}$）
16－0－1	2.13 ±0.03	1.00
18－2－4	2.37 ±0.09	0.85
16－0－1 homozygous	1.11 ±0.04	2.04
18－2－4 homozygous	1.05 ±0.06	2.12

讨论

利用 PCR 技术从不同的地理起源对具有不同 PRSV 广谱抗性的转基因番木瓜株系进行检测。根据其特异性水平，包括 1 类用于筛选，2 类用于基因特异性检测，3 类用于载体特定的检测，并用于事件特异性检测的 4 类。因为 16－0－1 和 17－0－5 株系的所有四个类别的 PCR 检测结果一致，我们认为这两个株系实际上起源于一个共同的株系。另一方面，16－0－1 和 18－2－4 株系是两个独立转基因株系，它们来自两个独立的转化事件，虽然他们都是来自从同一 T-DNA 构建的同一种转化，并且对不同的 PRSV 病毒压力具有相似程度的广谱抗性。通常一个植物载体通常几个元素组成的，包括至少一个目的基因，作为一个转录启动信号的启动子，作为一个终止信号的调控基因表达的终止子，和一个选择标记基因。由于大多数导入植物的基因组中含有 CaMV 35S 启动子的转基因，和 npt-II 选择标记基因 NOS 终止子，转基因植物的初步筛选时利用特异性引物检测这些部件。然而，有越来越多的类型的启动子和选择标记基因被用于植物转化。在本次调查中，用于检测 CaMV 35S 启动子，NOS 终止子，和 NPT II 标记的存在的特异性引物被用于检测转基因番木瓜株系。我们的研究结果表明，这些引物扩增的特异性扩增产物是用于检测一个可能的转基因番木瓜植物可靠的标记。然而，不能仅仅是用这个初步筛选方法来鉴别一个特定的转基因作物，因为一个筛选目标的存在并不一定意味着存在外源 DNA 的插入，因为从 CaMV 来源的 35S 启动子或从 Ti 质粒来源的 nos 终止子都是自然发生存在的。此外，一般认为，土壤中的细菌含有一个或一个以上的 npt-II 选择标记，这是一种存在于土壤的自然发生的转座子。

对于 2 类检测，目的基因也可能是天然来源，但往往经过了些微的修改，例如，通过修饰或者密码子交替使用。此外，可用的基因选择比可用的启动子和终止子的选择更具体。因此，PCR 方法靶向的目的基因比类别 1 的检测更特异。2 类检测的结果通常被用来证明一个特定的转基因株系含有特定的转基因，因此常用来进行培育具有特殊功能的品种。对于 3 类，阳性信号仅出现在存在的转基因来源的材料，可用于比 2 类方法更具体地识别的基因的来源。在本研究中，我们基于 PRSV CP 基因引物从所有携带相同 PRSV CP 基因的三个转基因番木瓜株系扩增一个独特的 PCR 产物（840 bp）。同样的，基于 35S promoter + PRSV CP 基因引物从所有携带相同 PRSV CP 基因的三个转基因番木瓜株系扩增一个独特的 PCR 产物（700 bp）。我们相信，这些类别 2 和 3 的分子标记可用于识别任何来自我们 PRSV CP 转化的转基因株系。此外，这些标记是用于识别在一个特定的子代的过程中、分子育种中转基因是否存在的可靠工具。

第 4 类检测的目是检测番木瓜基因组和插入位点之间整合的核酸。这是一个转换事件的最独特的特征。结合测序数据及 AL-PCR 结果提供的证据，T-DNA 真正整合到了番木瓜基因组。其次，它可以确定 T-DNA 插入的数量和完整性。它也可以确定和分析基因组 T-DNA 整合位点的核苷酸序列。选择不同的限制酶切割产生平端，因为它们产生了不同的游离片段，平端接头可以很容易地连接上。用限制性内切酶酶切产生的片段过长，可能逃脱掉 PCR 检测。因此，使用多种不同的限制酶会减少插入序列消失的风险。此外，T-DNA 特异性引物的设计尽量靠近生成适当的侧翼序列的边界序列。另一方面，接头的设计有一个交错末端互补的限制的基因组。这可以允许与特定的限制的基因组连接，但不与存在破碎的核酸的片段连接。防止接头连接到任何限制性片段，较低的接头没有被磷酸化，从而确保它在第一加热步骤的聚合酶链反应丢失。

从侧翼序列和 T-DNA 序列分析转基因番木瓜株系设计的引物进行特异性 PCR 方法，可作为个别的转基因株系的知识产权保护。由于转基因株系 16－0－1 和 18－2－4 的所有后代包含特定 T-DNA 插入的侧翼序列，4 类检测方法也可用于生成花粉分子标记鉴定，从一个特定的转基因番木瓜株系花粉后代的转基因鉴定合子型。此外，这些分子标记来自特定的侧翼序列，可用于监视在生产过程中或在市场上的特定转基因产品。美国和加拿大使用自愿的方法对商业化的转基因作物产品进行相关的标记，而欧盟国家采取更多的预防措施。因此，这些特定的标记已经成为欧盟国家和一些东亚国家，如台湾和日本的一个必须条件。

如果转基因是杂合状态，就像 T_0 植物的情况下，转基因番木瓜的基因组序列扩增的两个侧翼序列设计引物应扩大两个不同的片段，一个较大的产物包含整个 T-DNA 的部分两个侧翼序列和一个较小的产物只包含内源序列。转基因番木瓜品种携带 5.4kb 包含两个侧翼序列之间 T-DNA 结构。显然，包含整个 T DNA 片段太大，无法用快速 Taq 聚合酶进行扩增。但是，对应的没有 T-DNA 插入位点仍然会产生一个与非转基因番木瓜的类似的扩增产物。在纯合后代，大片段扩增产物不能被扩增，因为 T-DNA 插入在相同的二倍体染色体的基因，因此没有小片段因没有内源序列插入。转化事件特异性引物的设计从侧翼序列的品系 16－0－1 和 18－2－4 扩增序列的产物分别是 227 bp 和 345 bp 来自于 T0 杂合子植物，而不是来自纯合后代。在被检测的植物中转基因的存在是确定类别 1～3 检测反应的阳性。因此，这些事件的特异性引物适用于纯合子后代及识别来自品系 16－0－1 或 18－2－4 育种过程。另外，除了插入的转基因，这些标记可用于任何 PRSV 抗病品种来自品系 16－0－1 和 18－2－4 知识产权保护。像番木瓜种子来源于果实需要花费很长时间，这些分子标记物的应用可以大大缩短育种时间获得特定杂交品种耐 PRSV 环斑病毒 CP 基因纯合的亲本。

最常用的拷贝数确定方法是 DNA 印迹分析，其中消化植物基因组 DNA 的条带与相应的转基因 DNA 探针杂交，产生信息的杂交模型。根据 DNA 印迹分析，可以确定未知的转基因番木瓜两个 T-DNA 插入站点，但纯合株系的数量不符合拷贝数。实际检测中，纯合子与杂合子相比应该有两个强信号。由于纯合后代的杂交信号明显高于半合子个体来自于纯合番木瓜后代，DNA 印迹分析的结果可作为测定异型合子的重要参考。

从转基因植物半合子（T0）的区分后代纯合系（T1）是发展的关键一步，基因稳定和收益率优化转基因表达水平的株系。传统上，T1 植物对杂合子筛选通过耗时他们的 T2 的分离分析后代，这需要 T1 株系的增长到成熟，以收集他们的种子在选择媒介发芽筛选。用相对定量实时 PCR 定量基因的拷贝数，因此可以用来确定异型。本次实验中，纯合子和杂合子转基因番木瓜株系用实时 PCR 法区分了异型的测定。因此，实时荧光定量聚合酶链反应使用的特异性引物的转基因加上与事件特异性引物设计的事件特异性引物侧翼序列是一个快速和可靠的鉴定转基因植物的异型方法。在繁殖过程中都是有用的快速筛选工具，尤其是像番木瓜这样一个长期的水果作物。

参考文献

Anklam E, Gadani F, Heinze P, et al. 2002. Analytical methods for detection and determination of genetically modified organisms. GMO's. in agricultural crops and plant derived food products [J]. Eur Food Res Technol, 214 (1): 3 -26.

Bau HJ, Cheng YH, Yu TA, et al. 2003. Broadspectrum resistance to different geographic strains of Papaya ringspot virus in CP-gene transgenic papaya [J]. Phytopathology, 93 (1): 112 -120.

Bau HJ, Cheng YH, Yu TA, et al. 2004. Field evaluations of transgenic papaya lines carrying the coat protein gene of Papaya ringspot virus in Taiwan [J]. Plant Dis, 88 (6): 594 -599.

Beachy RN. 1997. Mechanisms and applications of pathogenderived resistance in transgenic plants [J]. Curr Opin Biotechnol, 8 (2): 215 -220.

Bubner B, Baldwin IT. 2004. Use of real-time PCR for determining copy number and zygosity in transgenic plants [J]. Plant Cell Rep, 23 (5): 263 -271.

Campisi L, Yang Y, Yi Y, et al. 1999. Generation of enhancer trap lines in *Arabidopsis* and characterization of expression patterns in the inflorescence [J]. Plant J, 17 (6): 699 - 707.

Carter CA, Gruere GP. 2006. International approval and labeling regulations of genetically modified food in major trading countries [M]. New York: Springer. 459 -480.

Cheng YH, Yang JS, Yeh SD. 1996. Efficient transformation of papaya by coat protein gene of Papaya ringspot virus mediated by *Agrobacterium* following liquid-phase wounding of embryogenic tissues with carborundum [J]. Plant Cell Rep, 16 (3): 127 -132.

Choi YI, Noh EW, Han MS, et al. 1999. Adaptor-aided PCR to identify T-DNA junctions in transgenic plants [J]. Biotechniques, 27 (2): 222 -226.

Devic M, Albert S, Delseny M, Roscoe TJ. 1997. Efficient PCR walking on plant genomic DNA [J]. Plant Physiol Biochem, 35 (4): 331 -339.

Doyle JJ, Doyle JL. 1990. Isolation of plant DNA from fresh tissue [J]. Focus, 12: 13 - 15.

English JJ, Mueller E, Baulcombe DC. 1996. Suppression of virus accumulation in transgenic plants exhibiting silencing of nuclear genes [J]. Plant Cell, 8 (2): 179 - 188.

European Parliament and Council of European Union. 2003. Concerning the traceability and labelling of genetically modified organisms and the traceability of food and feed products produced from genetically modified organisms and amending Directive 2001/18/EC [R]. In: Regulation EC No. 1830/2003 of the European Parliament and of the Council of 22 September 2003. Official Journal of the European Union. Available via DIALOG. http: //www. biosafety. be/PDF/1830 _ 2003 _ EN. pdf. Accessed 12 May 2009

Fauquet CM, Mayo MA, Maniloff J, et al. 2005. Virus taxonomy: VIIIth report of the international committee on taxonomy of viruses [M]. Elsevier, San Diego.

Fitch MMM, Manshardt RM, Gonsalves D, et al. 1990. Stable transformation of papaya via microprojectile bombardment [J]. Plant Cell Rep, 9 (4): 189 - 194.

Fitch MMM, Manshardt RM, Gonsalves D, et al. 1992. Virus resistant papaya plants derived from tissues bombarded with the coat protein gene of Papaya ringspot virus [J]. Bio/Technology, 10 (11): 1466 - 1472.

Gonsalves D. 2002. Coat protein transgenic papaya: "acquired" immunity for controlling Papaya ringspot virus [J]. Curr Top Microbiol Immunol, 266: 73 - 83.

Hemmer W. 1997. foods derived from genetically modified organisms and detection methods [R]. Clinical Immunology, 127 (400 - 401): 83.

Holst-Jensen A, Ronning SB, Lovseth A, et al. 2003. PCR technology for screening and quantification of genetically modified organisms. GMOs [J]. Anal Bioanal Chem, 375 (8): 985 - 993.

Ji W, Zhou W, Abruzzese R, et al. 2005. A method for determining zygosity of transgenic zebrafish by TaqMan real-time PCR [J]. Anal Biochem, 344 (2): 240 - 246.

Lindbo JA, Silva-Rosales L, Proebsting WM, et al. 1993. Induction of a highly specific antiviral state in transgenic plants: implications for regulation of gene expression and virus resistance [J]. Plant Cell, 5 (12): 1749 - 1759.

Liu YG, Mitsukawa N, Oosumi T, et al. 1995. Efficient isolation and mapping of *Arabidopsis thaliana* T-DNA insert junctions by thermal asymmetric interlaced PCR [J]. Plant J, 8 (3): 457 - 463.

Lius S, Manshardt RM, Fitch MMM, et al. 1997. Pathogen-derived resistance provides papaya with effective protection against Papaya ringspot virus [J]. Mol Breed, 3 (3): 161 - 168.

Livak KJ, Schmittgen TD. 2001. Analysis of relative gene expression data using real-time quantitative PCR and the 2 - DDCt method [J]. Methods, 25 (4): 402 - 408.

Lo CC, Chen SC, Yang JZ. 2007. Use of real-time polymerase chain reaction. PCR. and transformation assay to monitor the persistence and bioavailability of transgenic genes released from genetically modified papaya expressing npt II and PRSV genes in the soil [J]. J Agric Food Chem, 55 (18): 7534 -7540.

Ming R, Hou S, Feng Y, et al. 2008. The draft genome of the transgenic tropical fruit tree papaya (*Carica papaya* Linnaeus) [J]. Nature, 452 (7190): 991 -996.

Padegimas LS, Reichert NA. 1998. Adaptor ligation-based polymerase chain reaction-mediated walking [J]. Anal Biochem, 260 (2): 149 -153.

Prior FA, Tackaberry ES, Aubin RA, et al. 2006. Accurate determination of zygosity in transgenic rice by real-time PCR does not require standard curves or efficiency correction [J]. Transgenic Res, 15 (2): 261 -265.

Purcifull DE, Edwardson JR, Hiebert E, et al. 1984. Papaya ringspot virus [R]. CMI/AAB Descriptions of Plant Viruses. No. 292

Sanford JC, Johnston SA. 1985. The concept of parasitederived resistance: deriving resistance genes from the parasite's own genome [J]. Theor Biol J, 113 (2): 395 -405.

Shitara H, Sato A, Hayashi J, et al. 2004. Simple method of zygosity identification in transgenic mice by real-time quantitative PCR [J]. Transgenic Res, 13 (2): 191 -194.

Sibbert PD, Chenchik A, Kellogg DE, et al. 1995. An improved PCR method for walking in uncloned genomic DNA [J]. Nucleic Acids Res, 23 (6): 1087 - 1088.

Sijen T, Kooter JM. 2000. Post-transcriptional gene-silencing: RNAs on the attack or on the defense? [J]. Bioessays, 22 (6): 520 - 531.

Singh OV, Ghai S, Paul D, Jain RK. 2006. Genetically modified crops: success, safety assessment and public concern [J]. Appl Microbiol Biotechnol, 71 (5): 598 -607.

Spertini D, Beliveau C, Bellemare G. 1999. Screening of transgenic plants by amplification of unknown genomic DNA flanking T-DNA [J]. Biotechniques, 27 (2): 308 -314.

Staub JE. 1999. Intellectual property rights, genetic markers and hybrid seed production [J]. J N Seeds, 1 (1): 39 -64.

Tesson L, Heslan JM, Menoret S, et al. 2002. Rapid and accurate determination of zygosity in transgenic animals by real-time quantitative PCR [J]. Transgenic Res, 11 (1): 43 -48.

Tripathi S, Suzuki J, Gonsalves D. 2007. Development of genetically engineered resistant papaya for Papaya ringspot virus in a timely manner: a comprehensive and successful approach [J]. Methods Mol Biol, 354: 197 -240.

Vaucheret H, Beclin C, Elmayan T, et al. 1998. Transgene-induced gene silencing in plants [J]. Plant J, 16 (6): 651 -659.

Wang HL, Wang CC, Chiu RJ, et al. 1978. Preliminary study on Papaya ringspot virus in Taiwan [J]. Plant Prot Bull, 20: 133 - 140.

Willems H. 1998. Adaptor PCR for the specific amplification of unknown DNA fragments [J]. Biotechniques, 24 (1): 26 - 28.

Wolf C, Scherzinger M, Wurz A, et al. 2000. Detection of cauliflower mosaic virus by the polymerase chain reaction: testing of food components for false-positive 35S-promoter screening results [J]. Eur Food Res Technol, 210 (5): 367 - 372.

Yang JS, Yu TA, Cheng YH, et al. 1996. Transgenic papaya plants from Agrobacterium-mediated transformation of petioles of in vitro propagated multishoots [J]. Plant Cell Rep, 15 (7): 459 - 464.

Yeh SD, Gonsalves D. 1994. Practice and perspective of control of Papaya ringspot virus by cross protection [J]. Adv Dis Vector Res, 10: 237 - 257.

Yeh SD, Gonsalves D, Wang HL, et al. 1988. Control of Papaya ringspot virus by cross protection [J]. Plant Dis, 72 (5): 375 - 380.

Zheng SJ, Henken B, Sofiari E, et al. 2001a. Molecular characterization of transgenic shallots (*Allium cepa* L.) by adaptor ligation PCR. AL-PCR. and sequencing of genomic DNA flanking T-DNA borders [J]. Transgenic Res, 10 (3): 237 - 245.

Zheng SJ, Khrustaleva KI, Henken B, et al. 2001b. *Agrobacterium tumefaciens*-mediated transformation of *Allium cepa* L: the production of transgenic onions and shallots [J]. Mol Breed, 7 (2): 101 - 115.

Zhou Y, Newton RJ, Gould JH. 1997. A simple method for identifying plant/T-DNA junction sequences resulting from Agrobacterium-mediated DNA transformation [J]. Plant Mol Biol Rep, 15 (3): 246 - 254.

第十一章　对 PRSV 地理株系具有广谱抗性的转基因番木瓜研究①

摘　要：番木瓜环斑病毒（Papaya ringspot virus，PRSV）是世界热带和亚热带地区番木瓜（*Carica papaya*）生产的主要限制因子。虽然通过基因枪转化夏威夷PRSV 株系的衣壳蛋白（Coat protein，CP）基因获得了对夏威夷 PRSV 株系高抗的转基因番木瓜，但这些转基因株系不抗夏威夷以外的 PRSV 株系。这种株系特异性限制了转基因株系在世界其他地区的应用。本研究将中国台湾株系 PRSV YK 的 CP基因通过农杆菌介导法转入番木瓜。实验获得 45 个通过 PCR 反应确认的转基因株系。当这些转基因株系接种 PRSV YK 后，表现出不同程度的抗性，从延迟症状到完全免疫。选择 9 个不同抗性的转基因株系研究发现，目标基因的表达水平与抗性水平负相关，说明抗性机制由 RNA 介导。隔离分析表明，18－0－9 株系有两个目标基因遗传位点，其他 4 个高抗株系有 1 个位点。选则 7 个抗病株系进一步检测其对夏威夷，泰国和墨西哥等三个不同起源的病毒株系的抗性。其中有 6 个株系对外源病毒株系有不同程度抗性，而只有 19－0－1 不但免疫 YK 株系，也免疫 3 个外源株系。因此这些转基因番木瓜系具有广谱的抗性，能够用于控制台湾和其他地区的 PRSV。

前言

番木瓜（*Carica papaya* L.）在热带和亚热带地区被广泛种植。番木瓜苗移栽到大田后 8 至 10 个月可采收，在正常条件下其果实可周年生产。由番木瓜环斑病毒（Papaya ringspot virus，PRSV）引起的毁灭性病害（Purcifull et al，1984）是番木瓜大规模商业化生产的最大障碍（Yeh and Gonsalves，1994）。PRSV 是马铃薯 Y 病毒属，是最大和经济上影响最重要的植物病毒属，自然条件下以蚜虫的非持续性方式传播。1975 年PRSV 首先在台湾南部报道出现，从那时起 PRSV 已经摧毁了台湾的大部分番木瓜商业化果园（Wang et al，1978；Yeh and Gonsalves，D.，1994）。

番木瓜对 PRSV 没有抗性，虽然利用传统育种方法开展了抗性番木瓜的筛选，但筛选出来的株系都没有商业应用的价值（Conover 1976；Conover et al，1978）。从夏威夷PRSV 强致病株系 HA 通过亚硝酸诱导衍生的 HA5－1 和 HA6－1 温和毒株，在温室和

① 参考：Huey-JiunnBau，Ying-HueyCheng，Tsong-AnnYu，et al. 2003. Broad-spectrum resistance to different geographic strains of Papaya ringspot virus in coat protein gene transgenic papaya［J］. Phytopathology，93（1）：112－120.

大田都能为番木瓜提供高效的交叉保护作用（Wang et al，1987；Yeh et al，1984）。自1985年，利用交叉保护作用来控制PRSV的感染已成为台湾常规措施（Wang et al，1987；Yeh et al，1988）。然而，在温室条件下对HA具有高效交叉保护作用（90%～100%）的病毒株系（Yeh et al，1984），在大田中对抗台湾的强毒株系却只有相对低的保护效率（50%～60%）（Wang et al，1987）。株系特异性交叉保护作用，限制了夏威夷温和株系在台湾和世界其他地区的应用（Yeh 1994）。

最近，我们建立了一种在浸染阶段通过液相金刚砂伤口处理（Cheng et al，1996）进行农杆菌转化的方法，并将台湾强毒株系的CP基因转入番木瓜。通过转化获得了45个转基因株系，并在温室条件下进行了形态观察和抗性评价。这些转基因株系对台湾同源病毒株系，以及夏威夷，泰国和墨西哥的异源病毒株系，表现出从延迟症状到完全免疫的不同程度的广谱抗性。其中广谱抗性最突出的转基因株系可以用于控制台湾和其他地区的PRSV为害。

材料和方法

转基因番木瓜株系

在具有nptII选择标记的Ti质粒上，将台湾强毒株系PRSV YK的CP基因构建到去除GUS基因的CaMV 35S启动子，NOS终止子框架上（Cheng et al，1996）。通过三亲交配法将构建好的质粒转化LBA4404农杆菌（Pang et al，1988）。从未成熟体胚（番木瓜台农2号）诱导的胚性组织，通过液相金刚砂处理伤口（Cheng et al，1996）。将筛选后的体胚接种到萌发培养基（Yang et al，1992）培养2～4周，然后将幼苗接种到成苗培养基（MSi）上快繁，其中BA0.2 μg/mL，NAA 0.02 μg/mL，卡那霉素100 μg/mL（Yang et al，1992）。之后将丛生芽分开接种到生根培养基（Cheng et al，1996）。将从单个的转化体细胞胚增殖来的阳性克隆植株作为一个R_0株系，在温室（23～28℃）条件下栽培于土壤中。

PCR反应

总DNA利用DNeasy Plant Mini kit（Qiagen Inc.，Valencia，CA）试剂盒从阳性转基因和非转基因番木瓜叶片提取，以1 μg经RNA酶A处理的DNA为模板进行PCR分析(Saiki et al，1988)。前端引物序列MO926（5’－TCTAAAAATGAAGCTGTGGA－3’）是PRSV YK CP（Wang et al，1994；Wang et al，1992）的9，257至9，276核苷酸序列，后端引物序列MO1008（5’－GTGCATGTCTCTGTTGACAT－3’）是PRSV YK CP的10，096至10，077核苷酸序列。PCR反应条件是94℃，1 min；55℃，2 min；72℃，3 min；30个循环。PCR产物用1%的电泳凝胶分析。

PRSV同源毒株接种转基因株系

将增殖的R_0株系植株在温室条件下栽培一个月（6～8 cm高）后接种。在第三和第四片新叶上撒上600目的金刚砂，用200 μL接种液轻轻涂抹叶片表面接种，接种液用 0.01M 磷酸钾缓冲液（pH7.0）提取感染 PRSV YK 株系 3 周后的病叶，病叶与缓冲液比例为 1∶10（重量/体积）。非转基因番木瓜作为对照。接种后的植株保存在温室中（23～28℃），症状发展每日观察，监测 7 周。无症状植株进行双抗体夹心酶联免疫吸附试验（DAS-ELISA）（Clark et al，1977）使用 PRSV 抗血清（Yang et al，1992），检查病毒的存在。为此，将 PRSV 抗血清的 y 球蛋白用离子交换柱色谱法纯化，并用碱性磷酸酶缀合（Jackson and West Grove，PA）（Gonsalves et al，1980）。底物磷酸对硝基苯酯被用于彩色显影。吸光度读数（405 nm）采用 Biotek EL309 自动酶标仪（BIO-Tek 仪器公司，Winooski，VT）。

Western blot 分析

免疫印迹分析采用抗 PRSV 血清（Yeh et al，1984），用山羊抗兔免疫球蛋白与碱性磷酸酶进行缀合。在番木瓜幼叶植物匀浆中加入 6 倍体积（重量/体积）变性缓冲液（50 mM Tris 盐酸，pH6.8，4% 十二烷基硫酸钠［SDS］，2% 2－巯基乙醇，10% 甘油，0.001% 溴酚蓝）。将萃取液在 100℃ 下加热 5 min，并在 8 000 × g 离心 3 min 沉淀植物碎片。每个总蛋白样品（15 μL）在 10% 聚丙烯酰胺凝胶上电泳纯化，然后通过 SDS-聚丙烯酰胺凝胶电泳分离（Laemmli，U. K.，1970），接着转移到硝酸纤维素膜（Bio-RAD Laboratories，Hercules，CA.）（1）。免疫染色按照 GUS 基因融合系统（Clontech Inc.，Palo Alto，CA）的用户手册程序进行。

Northern blot 分析

转基因和非转番木瓜嫩叶的总 RNA 通过 ULTRASPEC RNA 分离体系（Biotecx Laboratories，Houston，TX）分离。取 15 微克总 RNA 分离液加到含甲醛的 1.2% 琼脂糖凝胶，然后转移到 Gene Screen Plus 尼龙膜上（DuPont Co.，Boston，MA）。使用 ^{32}P 标记的探针进行杂交，探针利用 Primer-It II 随机引物标记试剂盒（Stratagene，LaJolla，CA）通过 PCR 扩增 PRSV YK CP 片段制备（Wang et al，1997）。

转基因株系接种 PRSV 异源毒株

分别起源于夏威夷，泰国和墨西哥的三种异源 PRSV 株系 HA（Gonsalves et al，1980.），TH 和 MX 株（由 D. Gonsalves 提供，康奈尔大学），用于接种 7 个备选的番木瓜转基因株系。PRSV 株系用台农 2 号番木瓜进行增殖，接种 21 d 后取病叶按照 1∶10 重量/体积的比率，用磷酸钾缓冲液（0.01 M 磷酸钾缓冲液，pH 值 7.0）研磨提取病叶汁液接种转基因株系。比较评估转基因和非转基因植株的抗病能力大小。无症状植株用 DAS-ELISA 方法检测病毒是否存在。

转化基因的分离和抗性分析

将 R_0 代转基因株系与非转基因日升品种杂交，产生转基因株系 R_1 代．将 R_1 代的叶柄通过在含有卡那霉素的培养基上筛选培养，以及植株机械接种 PRSV YK 株系观察抗病情况。将 R_1 代单个幼叶进行 1% 次氯酸钠表面消毒后，切成小段（约 2 mm 长）

接种到含有0.1 μg/mL BA，0.5 μg/mL 2，4-D，100 μg/mL 卡那霉素的MS筛选培养基上筛选，2周后观察记录愈伤组织形成情况。具有转化基因或未转基因的R1子代，在6叶到8叶期的生长阶段人工接种PRSV YK株系，在14 d内发病的植株确认为无抗性。

PRSV TH 和 MX 病毒株系

RNA3′-末端区域的克隆与测序。将机械接种3周分别感染PRSV TH或PRSV MX株系的番木瓜病叶提取总RNA，用oligo-dT（Laemmli，1970）引物，通过逆转录（RT）（Sambrook，J. et al，2001）反应，从该RNA病毒3’端合成cDNA的第一链。前端引物序列为YK905 5’-GCAGGGCCCCATATGTGTCT-3’，代表PRSV YK序列9，054到9，073（Wang et al，1992.）的位点序列，并且5’端有一个ApaI酶切位点。反向引物寡脱氧胸苷酸（18）-Nt，在5′端有一个NotI位点，用于通过PCR反应扩增病毒的CP基因。

将TH和MX的RT-PCR产物连接到pCR-TOPO载体，通过热击法转入大肠杆菌TOP10F′感受态细胞（Invitrogen，San Diego，CA）进行克隆。DNA序列通过双脱氧核苷酸链终止法（Sanger et al，1977）和DNA自动测序确认系统人工测序（ABI 377-19；Perkin-Elmer Applied Biosystems，Foster City，CA）。TH和MX的CP基因和3′非编码区域的核苷酸序列通过PC/ GENE6.85软件（IntelliGenetics，Inc.，Mountain View，CA）组装，并与YK（Wang et al，1994）和HA（Yeh et al，1992）的公开序列的比对。多序列比对是通过GCG软件包的PILEUP程序完成（version 9.0；Genetics Computer Group，Madison，WI）。

结果

转基因株系的建立

转化后的胚性组织经筛选后，接到含100 μg/mL卡那霉素成苗培养基上，体胚能快速形成丛芽。而非转基因胚在成苗培养基上会逐渐死亡，难以成苗。少量胚性组织转绿，但混杂了白色区域，显然是由转化和非转化细胞的嵌合体组织构成。这些组织需要额外2~4周的时间来形成体细胞胚。从单个体胚来的芽被视为一个单独的转基因株系。将1.0~1.5 cm的丛生芽转移到生根培养基。实验共得到63个筛选株系，其中，通过PCR验证，有45株具有CP基因序列，产生了840 bp的扩增产物（数据未列出）。这些株系通过组织培养增殖，并转移到温室种植，用于后续实验评估。

转基因株系在温室条件下的抗性评估

每个转基因株系至少10株接种PRSV YK。比较转基因株系与非转基因对照株系的发病情况。非转基因番木瓜接种PRSV YK后10~14d新叶的叶脉突出，随后叶面出现马赛克斑块，叶柄和茎上出现水渍状条纹（数据未列出）。

在试验的7周内，转基因株系表现出不同水平的抗性，以接种株系中有明显症状植株的百分比表示。因此，转基因株系被分为4类，即易感、抗病、高抗、免疫（表

11－1)。其中 16 个转基因株系为易感株系，与对照相比发病没有延迟。17 个株系为抗性株系，延迟发病 3～4 周，接种后 7 周 60% 的被测植株感染病毒。10 个株系为高抗株系，延迟发病 4～5 周，接种后 7 周只有 20%～30% 的被测植株感染病毒。2 个株系，即 18－0－9 和 19－0－1 为免疫型，因为在测试的 4 个月内，没有感染症状发生。这两个株系的所有植株在接种病毒 7 周后都进行了 ELISA 测试，结果显示病毒被完全抑制。

表 11－1 转番木瓜环斑病毒（PRSV）YK 株系衣壳蛋白基因转基因株系在温室条件下人工接种 PRSVYK 的抗性情况

Number of transgenic lines	Reaction type	Percent plants showing symptoms after mechanical inoculation at day[a]					
		10	14	21	28	35	49
16	Susceptible	100	100	100	100	100	100
17	Resistant	0	0	40～50	50～60	60	60
10	Highly resistant	0	0	0	20	20～30	20～30
2	Immune	0	0	0	0	0	0
Untransformed control	…	100	100	100	100	100	100

感染病毒的抗病和高抗株系与对照相比，新生叶不表现叶脉突出症状。在抗性株系中，当新叶有褪绿斑点出现时，说明已感染病毒，之后随着叶片增长逐渐形成马赛克斑点。在高抗株系中，褪绿斑点首先在新叶上出现，但之后逐渐缩小。然而，大多数抗病和高抗植株的新叶接种病毒 2～3 月后表现出感病减轻症状，在恢复的感病叶片上甚至用 ELISA 检测不到病毒的存在。

抗病表现型与转化基因表达水平的关系

从 4 种抗病类型的转基因株系中挑选 9 个株系通过 Western 和 Northern 分析实验来分析转化基因 CP 的表达水平。通过一个 32 kDa 蛋白与 PRSV CP 蛋白发生的抗血清反应来检测 CP 基因的表达水平，实验结果显示，转基因株系 18－1－4，17－5－7，17－7－1，16－0－1，17－0－5，18－2－4 和感染 PRSV 的对照植株能产生免疫反应，而转基因株系 18－1－3，18－0－9，19－0－1，和非感染 PRSV 的对照植株不产生免疫反应（图 11－1A）。在细胞质中，CP 基因的转录水平常通过用 Northern 印迹分析法（图11－1B）来确定。两个中等抗性株系 17－5－7 和 17－7－1 比高抗株系 16－0－1 和 17－0－5 具有更高的转化基因转录水平。另一方面，在易感株系 18－1－3 和免疫株系 18－0－9 和 19－0－1 中未检出转录物和转化基因的蛋白质表达。除转基因株系 18－1－3 和 18－1－4，其他 7 个备选株系的转化基因稳定 RNA 表达水平和蛋白表达水平都与抗病性成负相关。

R1 子代转化基因的分离

将 4 个高抗性株系 16－0－1，17－0－1，17－0－5 和 18－2－4，一个免疫株系

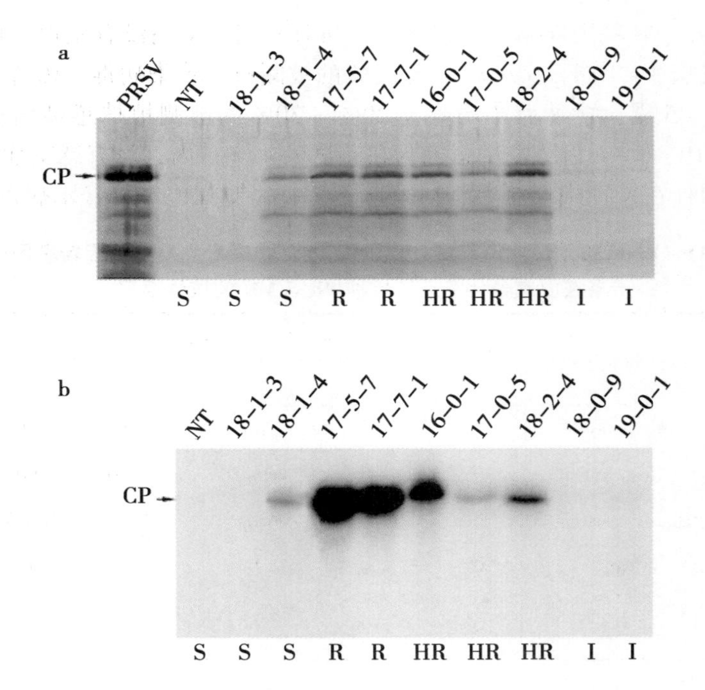

图 11-1　a 通过 PRSVCP 基因表达的抗血清免疫印迹法 Western blotting 分析转化株系的基因表达情况；b 通过转化基因 RNA 转录产物与 PRSV CP 基因 cDNA 探针的印迹法 Northern blotting，分析转化株系的基因表达情况，被选的 9 个转基因株系是 18-1-3，18-1-4，17-5-7，17-7-1，16-0-1，17-0-5，18-2-4，18-0-9 和 19-0-1。

a，PRSV = 感染 PRSV 用于做对照的植株，NT = 非转基因番木瓜，箭头代表 32-kDa 蛋白与 PRSV CP 蛋白杂交的位置。b，NT = 非转基因番木瓜，箭头代表 PRSVCP1，100 nt 的转录产物；S、R、HR 和 I 分别代表通过人工接种确认为易感、抗病、超抗和免疫的转基因株系。同量的 RNA 提取物通过凝胶分离后溴化乙锭染色（数据未列出）。

18-0-9，都与非转基因品种 Sunrise 杂交，收集种子，开展转化基因的遗传分析。通过检测 NPTII 基因的表达，以及人工接种 PRSV YK 株系检测的 CP 基因的分离。当 R1 子代的幼叶叶柄段在有卡那霉素的培养上培养 2 周以上，具有 NPTII 基因的子代叶柄段会产生大量愈伤组织，而没有 NPTII 基因的叶柄段会褐化缩小。4 个高抗株系，R_1 子代 NPTII 基因的分离比为 1∶1（表 11-2），表明这些株系的 NPTII 基因单一位点插入并整合到番木瓜染色体中。免疫株系 18-0-9（表 11-2）的 NPTII 基因分离比为 3∶1，表明 NPTII 基因分别插入了番木瓜染色体的两个不同染色体位点。

表 11－2　在卡那霉素筛选培养基（100 μg/mL）上筛选 2 周后的 R1 子代分离情况

Transgenic lines	Number of seedlings[a]		Segregation ratio	Predicted *npt*II locus	χ^2	P^b
	Resistant	Sensitive				
16－0－1	48	32	1∶1	1	2.800	0.05～0.10
17－0－1	55	45	1∶1	1	0.810	0.30～0.40
17－0－5	201	199	1∶1	1	0.003	0.90～0.95
18－0－9	141	59	3∶1	2	2.160	0.10～0.20
18－2－4	87	109	1∶1	1	2.469	0.10～0.20
Tainung No. 2	0	50	…	…	…	…

[a] 对卡那霉素抗性或易感。

[b] 拟合优度的概率设定在 0.05 的显著水平。

在人工接种检测中，所有非转基因的植株在接种 14 d 后叶脉突出，因此 R_1 子代中表现此现象的为不带 CP 基因的植株。实验结果显示，CP 基因在 16－0－1、17－0－1、17－0－5 和 18－2－4 株系中插入了一个染色体位点，而 18－0－9 株系插入了 2 个染色体位点（表 11－3）。病毒接种分析的结果与通过卡那霉素检测抗性的结果一致，并且所有 R_1 子代叶柄段褐化缩小的植株对病毒都不具有抗性。

表 11－3　接种 PRSVYK 株系后 R1 子代的分离情况

Plant lines[a]	Symptoms found on no. of plants 14 day postinoculation		Segregation ratio	Predicted CP locus	χ^2	P^b
	Vein-clearing and mosaic	Symptomless				
16－0－1	92	114	1∶1	1	2.14	0.10～0.20
17－0－1	174	187	1∶1	1	0.40	0.50～0.60
17－0－5	435	473	1∶1	1	1.50	0.20～0.30
18－0－9	94	272	3∶1	2	0.09	0.70～0.80
18－2－4	103	93	1∶1	1	2.84	0.05～0.10
Tainung No. 2	35	0	…	…	…	…

[a] R_1 与日升（Sunrise）杂交的转基因株系子代。

[b] 拟合优度的概率设定在 0.05 的显著水平。

转基因番木瓜株系对多种 PRSV 株系的抗性表现

R_0 代转基因番木瓜通过人工接种 PRSV YK 株系检测抗性后，选取 2 个抗病株系（17－5－7 和 17－7－1），3 个高抗株系（16－0－1，17－0－5 和 18－2－4）和 2 个免疫株系（18－0－9 和 19－0－1），进一步接种来自其他地区，包括夏威夷，泰国和墨西哥（表 11－4）的 3 种 PRSV 病毒株系。2 个抗病株系 17－5－7 和 17－7－1 接种病毒7周后50% ~100%感染这3个PRSV株系。虽然大多数植株延迟发病10至14d，但7周后植株发病程度与非转基因植株一样严重。3个高抗株系16－0－1、17－0－5和18－2－4，接种病毒后感染率为35% ~75%，症状较轻，褪绿斑点出现在展开的叶片上。免疫株系18－0－9完全抗夏威夷PRSV株系，但分别有20%和30%感染泰国和墨西哥株系。然而免疫株系19－0－1不但免疫PRSV YK株系，同时免疫夏威夷、泰国、墨西哥株系（图11－2a至图11－2d），接种后的植株不表现任何症状，接种7周后用ELISA测定均为阴性。

表11－4　将四个来自不同地理区域的番木瓜环斑花叶病毒机械接种到转PRSV-CP基因的番木瓜株系后的反应

Line，days postinoculation[a]	Plants with symptoms（%）[b]			
	YK	HA	TH	MX
17－5－7（CP＋）				
14	0	40	50	50
28	50	50	50	60
42	50	50	60	60
17－7－1（CP＋）				
14	0	0	0	0
28	25	75	70	75
42	65	100	100	100
16－0－1（CP＋）				
14	0	5	30	15
28	0	35	45	65
42	20	35	45	65
17－0－5（CP＋）				
14	0	5	15	5
28	0	40	40	65
42	20	75	50	65
18－2－4（CP＋）				
14	0	0	0	0
28	0	25	30	45
42	0	45	35	50

（续表）

Line，days postinoculation[a]	Plants with symptoms（%）[b]			
	YK	HA	TH	MX
18 –0 –9（CP –）				
14	0	0	0	0
28	0	0	10	30
42	0	0	20	30
19 –0 –1（CP –）				
14	0	0	0	0
28	0	0	0	0
42	0	0	0	0
Control				
14	100	100	100	100
28	100	100	100	100
42	100	100	100	100

作为对比，将 2 个高抗株系（17 –5 –7 和 17 –7 –1），2 个免疫株系（18 –0 –9 和 19 –0 –1）接种番木瓜畸形花叶病毒（Papaya leaf-distortion mosaic virus，PLDMV），这是从台湾分离的另一种马铃薯 Y 病毒，可导致番木瓜系统性严重感染（Kawano et al，1992）。以检验高抗和免疫株系对异源马铃薯 Y 病毒的抗性。实验结果表明，这 4 个株系没有明显的抗病效果，症状也不延迟发生（数据未列出）。

PRSV YK 株系与其他 3 个地区株系 3’端区域的差异比较。泰国 TH 和墨西哥 MX 株系与已发表的台湾 YK 株系（Wang et al，1997），夏威夷 HA（Yeh et al，1992）株系 3’端序列比较见表 11 –5。YK 株系 CP 基因序列与 HA、MX 和 TH，株系序列同源性分别为 90.9%、89.7% 和 92.5%，3’端非编码区序列同源性分别为 92.3%、93.7% 和 95.3%。结果显示 4 个株系中，3’端非编码区比 CP 基因序列更保守。当 YK 株系与夏威夷 HA5 –1（从 HA 来的温和株系）（Wang et al，1992；Yeh et al，1984）株系比较，CP 基因和 3’端非编码区序列同源性分别为 90.9% 和 92.3%。

表 11 –5　PRSV 外壳蛋白基因（上游）和 3′端非编码区（下游）台湾 YK 株系与 HA（来自夏威夷的强毒株系）、HA5 –1（从 HA 诱导来的温和株系）、MX（来自墨西哥的强毒株）和 TH（来自泰国的强毒株）等株系之间核苷酸序列差异百分比[a]

Virus strains	YK	HA5 –1	HA	MX	TH
YK	…	90.9	90.9	89.7	92.5

（续表）

Virus strains	YK	HA5 - 1	HA	MX	TH
HA5 - 1	92.3	…	99.8	95.0	89.8
HA	92.3	100	…	95.1	90.0
MX	93.7	93.7	93.7	…	88.5
TH	95.3	90.7	90.7	91.1	…

[a]YK 序列来自 Wang et al. （1997），HA 来自 Wang and Yeh （1994），HA5 - 1 来自 Quemada et al.（1990）。MX 和 TH 经本次实验测序。序列比对采用 PC/GENE 软件（version6.85，IntelliGenetics，Inc.，MountainView，CA）。

图 11 - 2　对番木瓜环斑病毒（PRSV）免疫的转基因株系 19 - 0 - 1 广谱的抗病效果。左边为转基因株系 19 - 0 - 1，右边为非转基因株系

a，接种台湾 YK 株系，b，接种夏威夷 HA 株系，c，接种泰国 TH 株系，d，接种墨西哥株系 MX. 。照片拍摄于接种病毒后 7 周。

PRSV HA、MX、TH 和 YK 株系 CP 基因和其 3’端非编码区序列比对情况如图 11 - 3 所示。对 CP 基因其中心和 C - 端区域的序列更保守，而 N - 端区域变化更大。并且，3’ - 端存在 100 核苷酸序列的高度同源区域。

讨论

对 45 个携带 PRSV YK CP 基因的转基因番木瓜株系进行微体繁殖，并通过其对人工接种 PRSV YK 株系的抗病表现，分为 4 个不同的抗病类型，除了易感类型，有 17 个株系抗病，10 个株系高抗，2 个株系免疫。转基因株系对同源病毒株的不同抗性表现在前人的研究中已有报道，是病毒的衍生性现象（Goodwin et al，1996；Jacquet et al，1998；Sinisterra et al，1999；Smith et al，1994）。然而，试验中有 2 个株系，18 - 0 - 9 和 19 - 0 - 1 不但对 PRSV YK 免疫，并对其他地区毒株如 HA、TH、MX 等具有广谱抗

```
YK  TCTAAAAATGAAGCTGTGGATACCGGTCTGAATGAGAAGCTCAAAGAAAAAGAAAAGCAGAAAGAAAAAGAAAAAGATAAACAACAAGATAAAGACAATG  100
HA    C  G               G T   T       A  A        G  G     A                    A      A    G        A   100
TH    C    C             G T     T     A           T        A       ---                 A   G      A   A   97
MX    T                 CG     T       A              G     A                    A      A    G        A   100

YK  ATGGAGCTAGTGACGGAAACGATGTGTCAACTAGCACAAAAACTGGAGAGAGAGATAGGGATGTCAATGCCGGAACTAGTGGAACCTTCACTGTTCCGAG  200
HA   C  T              T                                      A          TT  G  C        T                200
TH     A                                                      A           A           T  T                197
MX   CAAT          A   T    G   G                       G     A          TT     C       TT                200

YK  GATAAAGTCATTTACTGATAAGATGATCTTACCAAGAATTAAGGGAAAAACTGTCCTTAATTTAAATCATCTTCTTCAGTATAATCCGAAACAAGTTGAC  300
HA  A  T  A                  G TC    G           G  G                               C      C      A       300
TH  A     A T         C        T                               TAA                          C     A A     297
MX  A  C  A      C             T      G        A     G                                           GA       300

YK  ATCTCAAACACTCGCGCCACTCAATCTCAATTTGAGAAGTGGTATGAGGGAGTGAGAAATGATTATGGCCTTAATGATAACGAAATGCAAGTAATGTTAA  400
HA    T  T        T        T  A                             G                       T           G   C     400
TH                T  T              C  A                    G           T                       G         397
MX    T  T        T  T     G  A                             G         A    G        T           G   C     400

YK  ATGGTTTGATGGTTTGGTGTATCGAAAATGGTACATCTCCAGATATATCTGGTGTCTGGGTTATGATGGATGGGGAAACCCAAGTCGATTATCCCATTAA  500
HA                           G                 C                                         T        A  C    500
TH                     C           A     C     C                 G               T                   C    497
MX      C                    G           C     C                                         T        A  C    500

YK  ACCTTTGATTGAACACGCAACTCCTTCATTTAGGCAAATCATGGCTCACTTCAGTAACGCGGCAGAGGCATACATCGCGAAGAGGAATGCAACTGAGAAG  600
HA  G           G  T  T     G              T           T              A        T        A     T       G   600
TH  G        C     T           G  C                                               A           T       G   597
MX  G           G  T  T     G           G  T           T              A        T  A           T           600

YK  TACATGCCGCGGTATGGAATCAAGAGAAATTTGACTGACATTAGTCTCGCTAGATATGCTTTCGATTTCTATGAGGTGAATTCGAAAACACCTGATAGGG  700
HA                                              C           C        C                                    700
TH                            G                                      C        T     C  A                  697
MX                      T       G               C           C                                             700

YK  CTCGTGAAGCTCATATGCAGATGAAGGCTGCAGCGCTACGCAATACTAATCGCAAAATGTTTGGAATGGACGGCAGTGTCAGTAACAAGGAAGAAAACAC  800
HA      C        C                       G  A  C  C G     G         T              T                      800
TH                                       G     C   GGA    G                                               797
MX      C        C           A        A  G  A  C    G     G         T     T        T                      800

YK  GGAGAGACACACAGTGGAAGATGTCAACAGAGACATGCACTCTCTCCTGGGTATGCGCAATTGAATACTCGCGCTAGTGTGTTTGTCGGGCCTGGCTCGA  900
HA                             T                                C A     CT     T          T A T   A     900
TH                      TA                                                  A                 T         897
MX  A                 G        T                          A     C        A     T       C    A  T  A     900

YK  CCCTGTTTCACCTTATAATACTATGTAAGCATTAGAATATAGTGTGGCTGCGCCACCGCTTC-----TATTTTACAGTGAGGGTAGCCCTCCGTGCTTTT  995
HA                  GG      A              C  A                   -----                                 995
TH                          A                                     TTTTT T                               997
MX    T                     A              C                      -----       T                         995

YK  AGTGTTATTCGAGTTCTCTGAGTCTCCATACAGTGTGGGTGGCCCACGTGCTATTCGAGCCTCTTGGAATGAGAG  1070
HA     A                                              A              A           1070
TH                                                                   A           1072
MX     A                                              T              A           1070
```

图 11－3　比较番木瓜环斑病毒外壳蛋白基因（CP）和其 3′端非编码区（在 DNA 框架上）就 4 种不同地理株系间基因序列差异

－表示空白序列；终止密码子用下划线表示。HA 序列来自 Yeh et al.（X67673），YK 来自 Wang et al.（X97251），TH 和 MX 来自本实验测定。序列比对是由 GCG 软件包的 PILEUP 程序进行（version9.0，Genetics Computer Group，Madison，WI）。

性。研究表明，这两个免疫株系对病毒株系特异性小，相比夏威夷转基因株系能够对不同地区的 PRSV 有更实际的控制（Tennant et al，1994）。在之前夏威夷转基因番木瓜研究中，R_1 代转基因番木瓜 55－1（Fitch et al，1992）用于检测对 12 株来自世界不同地区的 PRSV 病毒的抗性，结果对夏威夷本地株系的侵染表现出了菌株特异性保护。虽然 R_1 代对某些菌株表现出不同水平的抗性，但这种不完全的保护现象与本实验的转基因株系 17－7－1 相似，只表现症状延迟发生。当夏威夷转基因株系 R_1 代接种夏威夷病毒株系后能很好的控制病毒的发生（Lius et al，1997），但接种泰国、厄瓜多尔、冲绳（Tennant et al，1994），以及台湾毒株（Gonsalves，1998），只是短时间延迟症状发生而不减弱，对夏威夷以外的病毒没有控制效果。相反，本研究的 4 个转基因株系（17－5

-7、16-0-1、17-0-5 和 18-2-4）对异源毒株 HA、TH 和 MX 都有较好的抗性，虽然不如对台湾 YK 株系的强烈。

在植物体内表达病毒的蛋白，有两种已知的抗病机制，即蛋白介导的抗性和 RNA 介导的抗性（Lomonossoff，1995）。蛋白介导的抗性共同特点是抗性与转基因的表达水平相关；然而，RNA 介导的抗性一般与转化基因的低水平表达或无法检测的表达相关（Lomonossoff，1995）。RNA-介导的抗性是由转录后基因沉默（PTGS）引起，这种沉默现象由转化基因 RNA 在细胞质内的特殊降解机制产生（Fagard et al，2000；Grant，1999）。这种抗性机制很强烈，但有序列同源性依赖，导致其抗性谱窄。RNA 介导的抗性常常与转化基因多拷贝的存在有关，也与转化基因转录区的甲基化有关（English et al，1996；Goodwin et al，1996；Jacquet et al，1998；Mueller et al，1995）。

2 个抗病株系（17-5-1 和 17-7-1）比其他 3 个高抗株系（16-0-1、17-0-5 和 18-2-4）积累了更高水平的 RNA 和 CP 蛋白表达量。而两个免疫株系（18-0-9 和 19-0-1）的 CP 表达没有被检测出来。抗性水平和转基因的表达水平之间的负相关性已经在许多以前的 RNA 介导抗性或 PTGS 报道中被关注（Fagard et al，2000；Vaucheret et al，1998），此外，18-1-4 转基因株系是 CP 基因的表达株系，但依然感病。因此，western 和 northern 分析实验表明，转基因株系的抗性主要来自 RNA 介导的抗性机制，而不是蛋白介导的抗性机制。有趣的是，18-1-3 易感转基因株系的 CP 基因通过 PCR 检测存在，但没有检测到 CP 基因的表达。

RNA 介导的抗性常与转化基因多拷贝的存在相关（Sijen et al，1996）。这也与我们的实验观察一致，免疫株系 18-0-9 就有 2 个可遗传的 CP 转化位点。这个株系比另外 3 个高抗株系（16-0-1、17-0-5 和 18-2-4）抗性更强。然而利用 Southern 杂交分析转基因株系转化基因的拷贝数时，只有两个株系（16-0-1 和 17-0-5）被确认为只有一个插入位点（数据未列出）。其他株系的 CP 基因信号位于高分子量区或检测不到。我们推测，这一现象可能是由于（i）转化基因转录区域的甲基化使限制性内切酶无法与染色体 DNA 结合或（ii）由于番木瓜胶乳的存在，采用一般的染色体纯化方法可能会影响 DNA 的提取质量。Southern 分析的结果并不确凿，因此不能排除 CP 基因作为串联重复序列而共享同一个位点的可能性。

Meuller 等（1995）报道 RNA 介导的抗性，转化序列与病毒有 88% 或以上同源性时才有效。Guo 等（1998）证明了李痘病毒（Plum pox virus，PPV）株系 PPV-R 与 PPV-PS 具有 84% 的序列同源性，PPV-PS 株系能克服 PPV-R 转基因株系的抗性。Jones 等研究表明，89% 的序列同源性是豌豆种传花叶病毒（Pea seed-borne mosaic virus）Nib 基因诱发基因沉默的最小序列要求（Jones et al，1998）。Moreno 等建议，设计马铃薯 Y 病毒转基因抗病株系时，转基因株系与病毒株系最好有接近 90% 以上的序列同源性，以获得更有效、更广的抗性（Moreno et al，1998）。我们的序列分析表明，YK 株系 CP 基因编码区和 3′非编码区与其他 3 个病毒株系间核苷酸序列同源性超过 89%。然而，在 7 个转基因株系中，只有 18-0-9 和 19-0-1 株系具有完全抵抗 3 个病毒株系的能力，其他转基因株系表现不同水平的株系特异抗性。近来研究显示高抗株系 17-0-5 和 18-2-4 在幼苗阶段表现强烈的株系特异抗性（5 cm 高），但在成苗阶段（10 cm

高）转基因株系具有了更广谱的抗性能力（数据未列出）。我们推测，植物的发育因子或环境条件在触发同源依赖性基因沉默中发挥着重要作用。

转基因株系与夏威夷的相比有更广谱的抗病性原因有多个解释。首先，PRSV YK 的致病性比 PRSV HA 严重得多，前者造成了严重的花叶，发育迟缓，并且在高剂量接种时萎蔫，而后者只造成花叶和变形，没有萎蔫现象。因此，转基因株系与夏威夷株系相比，有更高的选择压力。其次，用来进行抗性评价的 R_0 代转基因株系（45 个）比夏威夷 Fitch 等的 9 个株系多（Fitch et al，1992），从更多的株系中进行选择意味着有更高的几率获得广谱抗性的转基因株系。第三，YK 株系与其他 3 个病毒株系序列比较显示，CP 开放阅读框中间和 C－末端区域，以及 3′端非编码区高度保守（图 3）。RNA 介导的抗性如果针对这些区域，可能意味着更广谱的抗性。前人的研究有提到转化基因的 3′端往往是 PTGS 机制的作用位点（English et al，1996）。当与 Fitch 的转基因番木瓜株系 3′端非编码区拥有的 49 个核苷酸比较时，转基因株系包含了病毒 3′端非编码区更多的基因序列（206 nt）（Ling et al，1991）。太短的 3′端非编码区可能还不足以触发广谱基因沉默。CP 基因和 3′端非编码区，以及 PRSV 病毒的其他基因如 Nib 基因（Wang et al，1997；Yeh et al，1992）等的高度保守区域，能通过 RNA 基因沉默诱导产生更广谱的病毒抗性。第四，转基因株系 18－0－9 和 19－0－1 与 55－1 相比能更早的诱导 RNA 基因沉默，因此对所有病毒株系有更高的抗性。实验证明 PTGS 受发育调节，在幼苗期高水平表达的转化基因，在植物之后的生长过程中，基因的表达被沉默了（Dehio et al，1994；Niebel et al，1995；Pang et al，1996）。在实验中也观察到同样的现象，3 个高抗株系 16－0－1、17－0－5 和 18－2－4 在 5－cm 高的阶段显示较高的转化基因蛋白表达，然而两个免疫株系 18－0－9、19－0－1 在同样阶段不表达蛋白（数据未列出）。从上述的原因可看出，从更多转基因株系中挑选的具有马铃薯 Y 病毒完整 CP 基因和其 3’端非编码区的转基因株系，具有获得更高、更广谱抗病性材料的可能。两个免疫株系 18－0－9 和19－0－1 对来自不同地区的同源或台湾及其他地区异源的病毒株系都有较好的抗性，在中国台湾、泰国、墨西哥等地区都有很大的应用潜力。

参考文献

Cheng YH, Yang JS, Yeh SD. 1996. Efficient transformation of papaya by coat protein gene of papaya ringspot virus mediated by *Agrobacterium* following liquid-phase wounding of embryogenic tissues with carborundum [J]. Plant Cell Rep, 16 (3): 127－132.

Clark M F, Adams AN. 1977. Characteristics of the microplate method of enzyme-linked immunosorbent assay [J]. Journal of General Virology, 34 (3): 475－483.

Conover RA. 2015. A program for development of papaya tolerant to the distortion ringspot virus [J]. Proceedings of the Florida State Horticultural Society, 229－231.

Conover RA, Litz RE. 1978. Progress in breeding papaya with tolerance to papaya ringspot virus [J]. Proc FlaState Hortic Soc, 91: 182－ 184.

Dehio C, Schell J. 1994. Identification of plant genetic loci involved in a posttranscriptional mechanism for meiotically reversible transgene silencing [J]. Proceedings of the National Academy of Sciences, 91 (12): 5538 -5542.

English JJ, Mueller E, Baulcombe DC. 1996. Suppression of virus accumulation in transgenic plants exhibiting silencing of nuclear genes [J]. Plant Cell, 8 (2): 179 -188.

Fagard M, Vaucheret H. 2000. Trans. Gene silencing in plants: How many mechanism? [J]. Plant Biology, 51 (51): 167 -194.

Fitch MMM, Manshardt RM, Gonsalves D, et al. 1990. Stable transformation of papaya via microprojectile bombardment [J]. Plant Cell Rep, 9 (4): 189 -194.

Fitch MMM, Manshardt RM, Gonsalves D, et al. 1992. Virus resistant papaya plants derived from tissues bombarded with the coat protein gene of papaya ringspot virus [J]. Bio/Technology, 10 (11): 1466 -1472.

Gonsalves D. 1998. Control of papaya ringspot virus in papaya: A case study [J]. Phytopathology, 36 (36): 415 -437.

Gonsalves D, Ishii M. 1980. Purificaation and serology of papaya ringspot virus [J]. Phytopathology, 70 (11): 1028 -1032.

Goodwin J, Chapman K, Swaney S, et al. 1996. Genetic and biochemical dissection of transgenic RNA-mediated virus resistance [J]. Plant Cell, 8 (1): 95 -105.

Grant SR. 1999. Dissecting the mechanisms of posttranscriptional gene silencing: Divide and conquer [J]. Cell, 96 (3): 303 -306.

Guo HS, Cervera MT, Garcia JA. 1998. Plum pox potyvirus resistance associated to transgene silencing that can be stabilized after different number of plant generations [J]. Gene, 206 (2): 263 -272.

Jacquet C, Ravelonandro M, Bachelier JC, et al. 1998. High resistance to plum pox virus (PPV) in transgenic plants containing modified and truncated forms of PPV coat protein gene [J]. Transgenic Res, 7 (1): 29 -39.

Jones AL, Johansen IE, Bean SJ, et al. 1998. Specificity of resistance to pea seed-borne mosaic potyvirus in transgenic peas expressing the viral replicase (NIb) gene [J]. J Gen Virol, 79: 3129 -3137.

Kawano S, Yonaha T. 1992. The occurrence of papaya leaf-distortion mosaic virus in Okinawa [R]. Taipei: Tech. Bull. FFTC. Food Fertil. Technol. Cent. Asian Pac. Reg.

Laemmli UK. 1970. Cleavage of structural proteins during the assembly of the head of bacteriophage T-4 [J]. Nature, 227 (5259): 680 -685.

Ling K, Namba S, Gonsalves C, et al. 1991. Protection against detrimental effects of potyvirus infection in transgenic tobacco plants expressing the papaya ringspot virus coat protein gene [J]. Bio/Technology, 9 (8): 752 -758.

Lius S, Manshardt RM, Fitch MMM, et al. 1997. Pathogen-derived resistance provides papaya with effective protection against papaya ringspot virus [J]. Mol Breed, 3 (3):

161 - 168.

Lomonossoff GP. 1995. Pathogen-derived resistance to plant virus [J]. Phytopathol, 33 (33): 323 - 343.

Mekako HU, Nakasone HY. 1975. Interspecific hybridization among six *Carica* species [J]. Journal American Society for Horticultural Science, 100 (3): 294 - 296.

Moreno M, Bernal JJ, Jimenez I, et al. 1998. Resistance in plants transformed with the P1 or P3 gene of tobacco vein mottling potyvirus [J]. J Gen Virol, 79 (11): 2819 - 2827.

Mueller E, Gilbert J, Davenport G, et al. 1995. Homology-dependent resistance: transgenic virus resistance in plants related to homology-dependent gene silencing [J]. Plant J, 7 (6): 1001 - 1013.

Murashige T, Skoog F. 1962. A revised medium for rapid growth and bioassays with tobacco tissue cultures [J]. Physiol Plant, 15 (3): 473 - 497.

Niebel FdC, Frendo P, van Montagu M, et al. 1995. Post-transcriptional cosuppression of b-1, 3 - glucanase genes dose not affect accumulation of transgene nuclear mRNA [J]. Plant Cell, 7 (3): 346 - 358.

Pang SZ, Jan FJ, Carney K, et al. 1996. Post-transcriptional transgene silencing and consequent tospovirus resistance in transgenic lettuce are affected by transgene dosage and plant development [J]. Plant J, 9: 899 - 909.

Pang SZ, Sanford JC. 1988. Agrobacterium-mediated gene transfer in papaya [J]. Journal of the American Society for Horticultural Science, 113 (2): 287 - 291.

Powell-Abel P, Nelson RS, De B, et al. 1986. Delay of disease development in transgenic plants that express the tobacco mosaic virus coat protein gene [J]. Science, 232 (4751): 738 - 743.

Purcifull DE, Edwardson JR, Hiebert E, et al. 1984. Papaya ringspot virus [R]. CMI. Commonw. Mycol. Inst. Descr. Plant Viruses No. 84.

Quemada H, L'Hostis B, Gonsalves D, et al. 1990. The nucleotide sequences of the 3 - terminal regions of papaya ringspot virus strains W and P [J]. J Gen Virol, 71 (1): 203 - 210.

Saiki RK, Gelfand DH, Stoffel S, et al. 1988. Primer-directed amplification of DNA with a thermostable DNA polymerase [J]. Science, 239 (4839): 487 - 491.

Sambrook J, Russell DW. 2001. Molecular Cloning: A Laboratory Manual. 3rd ed. Cold Spring Harbor Laboratory, Cold Spring Harbor, NY.

Sanford JC, Johnson SA. 1985. The concept of parasite-derived resistance. Deriving resistance genes from the parasites own genome [J]. J Theor Biol, 113 (2): 395 - 405.

Sanger F, Nicklen S, Coulson AR. 1977. DNA sequencing with chain-termination inhibitor [J]. Proc Natl Acad Sci USA, 83: 571 - 579.

Sijen T, Wellink J, Hiriart JB, et al. 1992. RNAmediated virus resistance: Role of repeated transgenes and delineation of targeted regions [J]. Biotechnology, 24 (12):

104 - 108

Sinisterra XH, Polston JE, Abouzid AM, et al. 1999. Tobacco plants transformed with modified coat protein of tomato mottle begomovirus show resistance to virus infection [J]. Phytopathology, 89 (8): 701 - 706.

Smith HA, Swaney SL, Park TD, et al. 1994. Transgenic plant virus resistance mediated by untranslatable sense RNAs: Expression, regulation, and fate of nonessential RNAs [J]. Plant Cell, 6 (10): 1441 - 1453.

Tennant PF, Gonsalves C, Ling KS, et al. 1994. Differential protection against papaya ringspot virus isolates in coat protein gene transgenic papaya and classically cross-protected papaya [J]. Phytopathology, 84 (11): 1359 - 1366.

Vaucheret H, Beclin C, Elmayan T, et al. 1998. Transgeneinduced gene silencing in plants [J]. Plant J, 16 (6): 651 - 659.

Wang CH, Bau HJ, Yeh SD. 1994. Comparison of the nuclear inclusion B protein and coat protein genes of five papaya ringspot virus strains distinct in geographic origin and pathogenicity [J]. Phytopathology, 84 (10): 1205 - 1210.

Wang CH, Yeh SD. 1992. Nucleotide sequence comparison of the 3 - terminal regions of severe, mild and non-papaya infecting strains of papaya ringspot virus [J]. Arch Virol, 127 (1): 345 - 354.

Wang CH, Yeh SD. 1997. Divergence and conservation of the genomic RNAs of Taiwan and Hawaii strains of papaya ringspot potyvirus [J]. Arch Virol. 142 (2): 271 - 285.

Wang HL, Wang CC, Chiu RJ, et al. 1978. Preliminary study on papaya ringspot virus in Taiwan [J]. Plant Prot Bull, 20: 133 - 140.

Wang HL, Yeh SD, Chiu RJ, et al. 1987. Effectiveness of cross-protection by mild mutants of papaya ringspot virus for control of ringspot disease of papaya in Taiwan [J]. Plant Dis, 71 (6): 491 - 497.

Yang JS, Ye CA. 1992. Plant regeneration from petioles of in vitro regenerated papaya (*Carica papaya* L.) shoots [J]. Bot Bull AcadSin, 33: 375 - 381.

Yeh SD, Gonsalves D. 1984. Evaluation of induced mutants of papaya ringspot virus for control by cross protection [J]. Phytopathology, 74 (9): 1086 - 1091.

Yeh SD, Gonsalves D. 1994. Practices and perspective of control of papaya ringspot virus by cross protection [J]. Adv Dis Vector Res, 10: 237 - 257.

Yeh SD, Gonsalves D, Provvidenti R. 1984. Comparative studies on host range and serology of papaya ringspot virus and watermelon mosaic virus 1 [J]. Phytopathology, 74 (9): 1081 - 1085.

Yeh SD, Gonsalves D, Wang HL, et al. 1988. Control of papaya ringspot virus by cross protection [J]. Plant Dis, 72 (5): 375 - 380.

Yeh SD, Jan FJ, Chiang CH, et al. 1992. Complete nucleotide sequence and genetic organization of papaya ringspot virus RNA [J]. J Gen Virol, 73 (4): 2531 - 2541.

第十二章　番木瓜超强病毒株解决方案①

摘　要：通过基因工程的手段来增强植物抗病毒能力，如全球范围的重要病害番木瓜环斑病毒（Papaya ringspot virus，PRSV），就是基于转录后水平上的基因沉没（PTGS）原理，通过病毒外壳蛋白基因介导的植物抗病毒能力。多次田间重复实验发现毒力更强的 PRSV 株系能够攻克转单病毒 CP 基因的番木瓜或者转双病毒 CP 基因的番木瓜。重组实验分析发现基因沉默抑制子 HC－PRO 或者番木瓜环斑病毒 5～19 株系的毒力存在一种以不依赖于序列同源性的方法克服转 CP 基因的抗性。通过农杆菌侵染烟草的瞬时表达实验分析证明番木瓜环斑病毒超强株系 5～19 的 HC－Pro 基因要比来自转基因共体菌株的基因有更强的转录后基因沉默抑制力。为了消除超强病毒株系的抑制力，将一个不能翻译的 5－19HC-Pro 基因转入到番木瓜中，其转化株系表现出对 5～19 和其他不同地缘的 PRSV 株系 100% 的抗性。研究表明，由于转 CP 基因的作物广泛推广，更具毒力的超强病毒有爆发的潜在危险，本研究为控制这种菌株提供了一种新的思路。

前言

Beachy 和他的同事是利用外壳蛋白介导的抗病策略的主要贡献者（Abel et al，1986；Beachy and Philos. 1999），他们的这一原理被广泛的应用在各种作物上包括南瓜和番木瓜（Fuchs et al，2007）。最开始，转 CP 基因的抗性是通过蛋白介导的方式使得病毒 RNA 进行脱壳从而抑制病毒的复制（Register et al，1988）。可是后来发现转基因作物并没有积累更多的转录本和蛋白产物，于是人们推测整个抗病机理应该是在 RNA 水平上进行的（Lindbo et al，1993）。由 RNA 介导的抗病性是基于转录后基因沉默的原理（Bouche et al，2006；Ruiz et al，1998；Simon-Mateo et al，2011；Wang et al，2011）。植物 RNA 聚合酶能够识别外源 RNA，并通过转靶标序列最终形成 dsRNA，这一结构被体内的 Dicer 类的核酸酶识别并切成 21～24nt 大小不等的小片段（Garcia-Ruiz et al，2010；Nakahara et al，2012）。这些 siRNA 首先装载于 RNA 诱导的基因沉默复合体 ARGONAUTE1（AGO1）蛋白上，并通过同源互补的原理引导 AGO 内切酶锁定目标 RNA 进行切除（Morel et al，2002）。因此转录后沉默是一种基于转基因目标序列和病

① 参考：Yi－Jung Kung，Bang－Jau You，Joseph A. J. Raja et al. 2015. Nucleotide Sequence－Homology－Independent Breakdown of Transgenic Resistance by More Virulent Virus Strains and a Potential Solution［J］. Scientific Reports，5：83－84.

毒序列同源相似性的（Mueller et al，1995）。由于 dsRNA 在植物病毒进行复制的时候形成，转录沉默在植物应对病毒入侵的主要的防御。为了应对植物的防御反应，植物病毒有一类特殊的蛋白如蛋白酶帮助组分（HC－Pro）它能够通过抑制植物的转录后基因沉默防御（Anandalakshmi et al，1998；Brigneti et al，1998；Burgyan et al，2011）。番木瓜（*Carica papaya* L.）是一个重要的热带和亚热带水果。有蚜虫传到 ssRNA 病毒番木瓜环斑病毒是生产上的最大危险。

缺少自然的防御机制，也没有有效的农业管理措施，发展转基因抗病毒成为必然选择（Yeh et al，2010）。在夏威夷 Gonsalves 和他的同事们于 1980 年开始启动了转 CP 番木瓜的工作，并形成 SunUp 品种（Gonsalves and Curr，2002）能够有效抵御夏威夷病毒株 HA 的入侵（Baulcombe，1996）。在 1998 年 SunUp 和 Rainbow 在美国获得安全证书并允许商业化种植（Gonsalves and Curr，2002），夏威夷的番木瓜因此成为世界第一例转基因水果。然而来自不同地域的 PRSV 株系其遗传多样性很大这就是限制了转基因番木瓜在夏威夷以外的地区推广（Gonsalves and Curr，2002；Yeh，S. D et al，2010）。

前期将中国台湾本土的病毒 YK 的外壳蛋白序列连接到 3’－非转录区后转入台湾本土番木瓜品种 Tainung No. 2 获得抗性（Cheng et al，1996）。转 YK CP 的番木瓜有相对广谱的抗性，能够抵抗来自台湾，夏威夷，泰国和墨西哥的病毒（Bau et al，2003）。但是这个转基因番木瓜却对番木瓜畸叶病毒 PLDMV 没有作用（Bau et al，2008）。非常有必要发展同时含有 PLDMV 的 CP 和 PRSV YK 的 CP 双抗的番木瓜（Kung et al，2009）。但是经过 4 年的重复田间实验，不管单抗（24）还是双抗的转基因番木瓜都不能有效抵抗超强病毒株 PRSV5－19（Kung et al，2009）。超强病毒株系的出现对番木瓜产业又是一个新的挑战。

转基因 YK CP 的番木瓜具有广谱的抗病能力，能有效控制 CP 基因同源性高于 89% 的病毒（Bau et al，2003；Tripathi et al，2004）。然而 PRSV 5－19 能够攻克转基因的株系，其 CP 基因的相似性却高达（96/98%）（Tripathi S. et al，2004），这预示着番木瓜超强病毒存在一种不依赖 CP 同源性的抗病策略。之前 Maki-Valkama（Maki-Valkama et al，2000）报道含有 P1 基因的马铃薯 PVYO 能够有效抗 PVYO，但是他们不抗 PVYN。而 PVYO 和 PVYN 的 P1 的基因是一样的。因此推测超强病毒可能关闭了 RAN 沉默的防御机制。

本研究，重点对不依赖序列相似性的抗性缺失进行详细的研究。结果发现 5－19 的 HC-Pro 一是个转录后基因沉默抑制子（Brigneti et al，1998；Li et al，2001）。通过在烟草中的基因瞬时表达确认了 5－19 的 HC-Pro 的强的抑制作用。为了应对超强病毒株 5－19，本研究将 5－19 HC-Pro（无蛋白产物）的基因转入到番木瓜，获得的株系不仅能够抗 5－19 同时也能抗其他株系。

结果

转 CP 基因的抗性存在一种不依赖于序列同源性的方式。RNA 能够在实验室条件下在 cDNA 水平进行重组。利用一个含有全长 YK 的 cDNA 侵染性克隆作为骨架（Chen et al，2008），它利用噬菌体 T3 启动子，能够生成一个全长的 YK RNA 基因组，并具有侵染性（图 12－1a）。

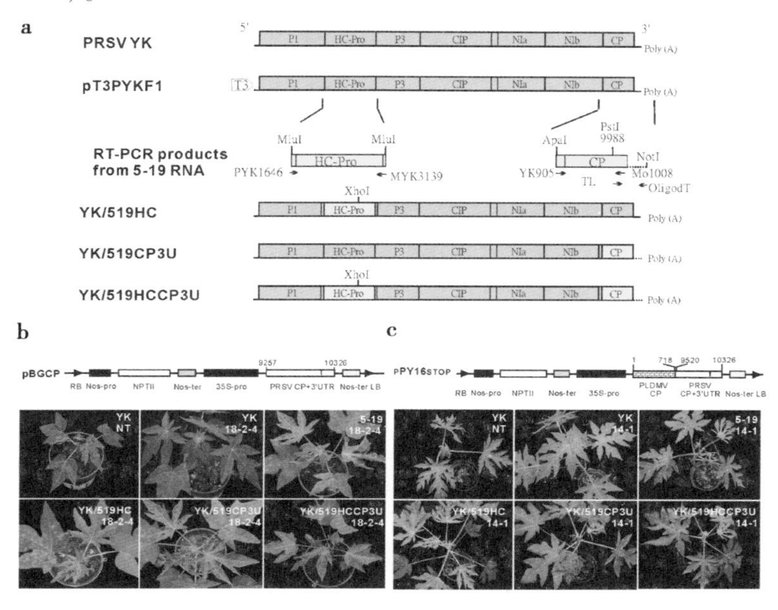

图 12－1　重组分析研究来自 PRSV 的 HC-Pro 和 CP 突破抗性株系 5－19 感染单抗或双抗转 CP 番木瓜株系

共计 30 株植物，每株都是单抗株系 16－0－1，17－0－1，18－2－4 and 18－0－921，通过机械接种 YK5－19 或者是重组的病毒。接种后的两个月 18－2－4 and 和17－0－1 能够完全的抗 YK 的侵染，然而两周后 3% 的 16－0－1 感染，13% 的 18－0－9 感染。重组的病毒 YK/519HC 和 YK/519CP3U 的植物症状严重畸形。接种两个月后 YK/519HC 和 YK/519CP3U 在四个单抗株系上的侵染率就达到了 51% 和 53%（图 12－1b；表 12－1）。同样也发现 YK/ 519HCCP3U 症状严重（56%）。这说明通过将超强病毒株 5－19 的 HC-Pro 和 CP 基因置换到 YK 的病毒骨架中也能克服转基因 YK CP 的转基因番木瓜（图 12－1b；表 12－1）。

表 12－1　转基因番木瓜 YK－3’ UTR 对不同病毒株系的抗性

Virus	YK CP－3′UTR transgenic line				Mean	Notn-transgenic Tainung No. 2
	18－2－4	17－0－1	16－0－1	18－0－9		
YK	0	0	3	13	4[a]	100
5－19	63	53	68	71	64[b]	100
YK/519HC	54	47	57	46	51[b]	100
YK/519CP3U	50	35	62	63	53[b]	100
YK/519HCCP3U	75	47	63	39	56[b]	100

三种不同的重组病毒也都能够感染双抗（PRSV CP ＋PLDMV CP）的番木瓜

(Kung et al, 2009)(图 12－1c),其感染率在接种 8 周后达到 95%～100%(表 12－2)。结果表明 5－19 HC-Pro 能够使得重组病毒 YK/519HC 抵御单抗或者双抗的病毒。而且这种抵御是取决于一种不依赖于序列同源性的方式。由于 YK/519HCCP3U 并没有显著的增强打破抗病性的能力,说明 5－19 HC-Pro 在这种不依赖于序列同源性的抗病能力中扮演重要的角色。

表 12－2　转基因番木瓜 PY16 对不同病毒株系的抗性

Virus	PY16 transgenic line								Non-transgenic Tainung No. 2	
	9－5		10－4		12－4		14－1			
	3[a]	8	3	8	3	8	3	8	3	8
YK	0[b]	0	0	0	0	0	0	0	100	100
5－19	100	100	90	100	100	100	67	100	100	100
YK/519HC	100	100	89	100	100	100	67	100	100	100
YK/519CP3U	100	100	95	100	100	100	100	100	100	100
YK/519HCCP3U9	100	100	84	100	100	100	78	95	100	100

有趣的是,YK/519CP3U 也能够显著提高侵染率,说明 CP－3' UTR 也起到了一定的作用。由于 5－19CP/3' UTR 与 YK 核苷酸相似性远远高于其他外来株系(Kung et al, 2009; Tripathi et al, 2004),YK/519CP3U 侵染能力的加强也可能采用的是非序列同源性的抵御机制。

尽管如此,不能排除 YK/ 519CP3U 采取依赖于同源性抗性的可能性,因为两者之间的核酸序列一致性稍微低一些(95.9% CP 区,97.9% 在 3' UTR 区)。

攻陷转 CP 番木瓜的抗性是依赖于抑制了植物的防御反应。研究了 YK,5－19 和三个重组病毒对双抗番木瓜(PLDMV CP-PRSV YK CP－3' UTR,株系 10－4 and 14－1)的的抑制效果(Kung et al, 2009)。在 Northern 杂交实验中,PLDMV 和 PRSV CP 的探针和受到外源病毒侵染的非转基因番木瓜由于较低的序列同源性(60%)不能有效杂交(图 12－2a)。因此选择 PLDMV CP 的探针来检测外源基因来防止任何可能的污染。PTGS-介导的抗性用 YK 接种转 YK 的株系有明显的抗性(图 12－2b)。但是在用5－19 接种后却发现有很高水平的转录本(图 12－2b)。

研究结果发现 5－19 和重组病毒能够入侵并且在转基因植物里面复制。这种通过抑制 PTGS 或者通过破坏转基因转录本的能力在 5－19 和 YK 等病毒株来说是不同抑制能力。一旦 PTGS 被关闭,转基因转录本和病毒 RNA 受到来自宿主的基因沉默机制的限制。由于 PLDMV CP 探针不能和 PRSV 感染的非转基因番木瓜的 siRNA 进行杂交,那么能够杂交上的 siRNA 必定是转基因转录本(图 12－2a)。在这些被侵染的转基因植物里面的对应 21～22nt siRNAs 积累水平要比在抗 YK 的转基因株系里面的多(图 12－2c)。

病毒通过 HC-Pro 抑制基因沉默的机理包括几个方面:(i)同 Dice 将 dsRNA 降解掉的方式减少 siRNA 的水平(Mallory et al, 2001; Dunoyer et al, 2004);(ii)通过干扰

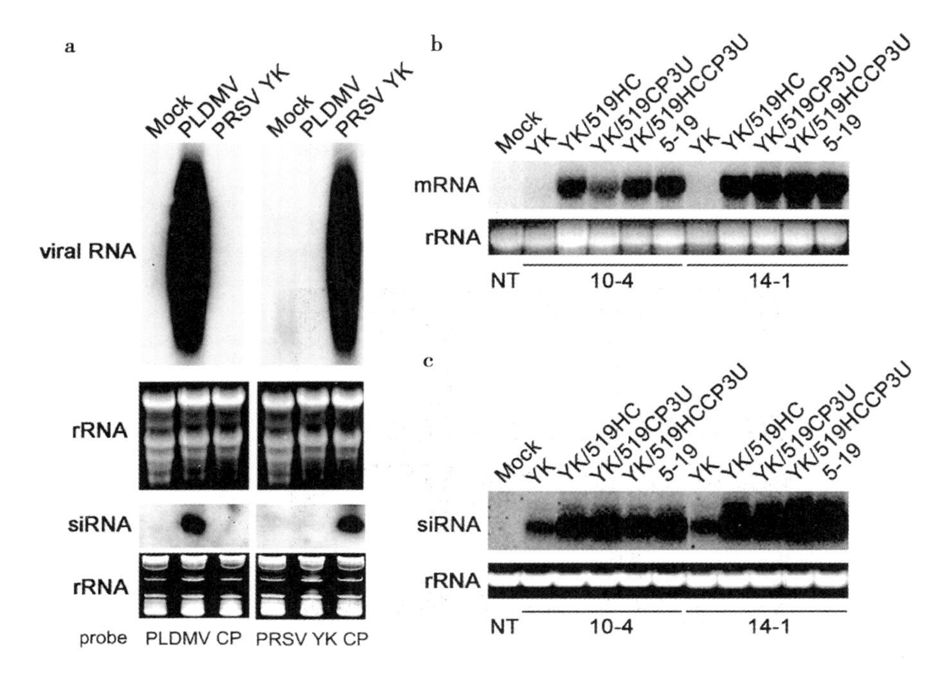

图 12－2　Northern blot 检测接种鉴定抗性后的双抗转基因番木瓜株系中的 CP 转录和 siRNA 表达水平

RNA 诱导沉默复合体来防止 mRNA 降解（Dunoyer et al，2004；Chapman et al，2007），也可能是通过 siRNA 3 末端甲基化的修饰来防止降解（Ebhardt et al，2005；Yu et al，2006）；（iii）结合捕捉 siRNAs 信号（Lakatos et al，2006；Torres-Barcelo et al，2010）。虽然依赖于 RNA 的 DNA 复制酶系统中 HC－Pro 的结合捕捉 siRNAs 能够在复制过程进行抑制，并在整体上降低 siRNA 的水平（Lakatos et al，2006），但是 siRNA 可能进一步积累（Lakatos et al，2006），这一结果在本实验中已经得到证实（图 12－2b，图 12－2c）同时也见于其他报道（Varrelmann et al，2007）。

PRSV5－19 的 HC－Pro 的基因沉默抑制作用显著高于其他菌株。通过农杆菌介导植物瞬时表达研究证明了这一点（图 12－3a）。由于 HC-Pro 是病毒防止来自植物的防御 RNA 的主要武器，如果一个病毒突变体能够抵制 RNA 沉默，对病毒的侵染力必然会增加，并快速的将这种抑制沉默的效果扩大开来。这也就预示着一个小小的改变将会直接影响到整个植物和病毒之间的战场。通过该实验，至少提高 25% 浸染力（图 12－1）。同样，Western 和 Northern 杂交实验也证明了这一点（图 12－3c）。实验中 GFP 的增强表达可能源自强的抑制能力或者是 5－19 的较高的稳定性（图 12－3b）。重复两次实验都得到类似的结果。同时还在侵染区发现了 GFP 的 siRNAs（图 12－3c）这就预示着 HC-Pro 对 siRNA 的螯合作用是 PTGS 抑制的主要机理。

简单的修饰可能改变 Hc-Pro 的沉默抑制效果。PRSV 5－19 和 YK 的 HC-Pro 的核苷酸序列相似性为 96.8%，氨基酸序列相似性为 98.7%（表 12－1），共有 44 个核苷酸和 6 个氨基酸的差异（YKR5－19）：一个在 N 末端区域（V25RA），5 个在中间区域

(R103RK, V118RI, G124RE, G152RE, 和 I161RV) (图 12 - 1a、12 - 1b), 这些位于中间区域的突变与病毒的复制有关, 同时也与 PTGS 的抑制相关 (Kasschau et al, 2001) (图 12 - 1c)。不同 PRSV 菌株的 HC-Pro 的序列相似性同转基因 YK CP 菌株有 95% ~97% (表 12 - 1)。病毒的 HC-Pro 是一个多功能蛋白, 它有多个结构域行使了不同的功能 (Plisson et al, 2003)。这些结构区域的变化将会导致对基因沉默抑制的不同影响。结果表明: 碱基序列差异和攻克转基因 CP 的抗性直接相关。

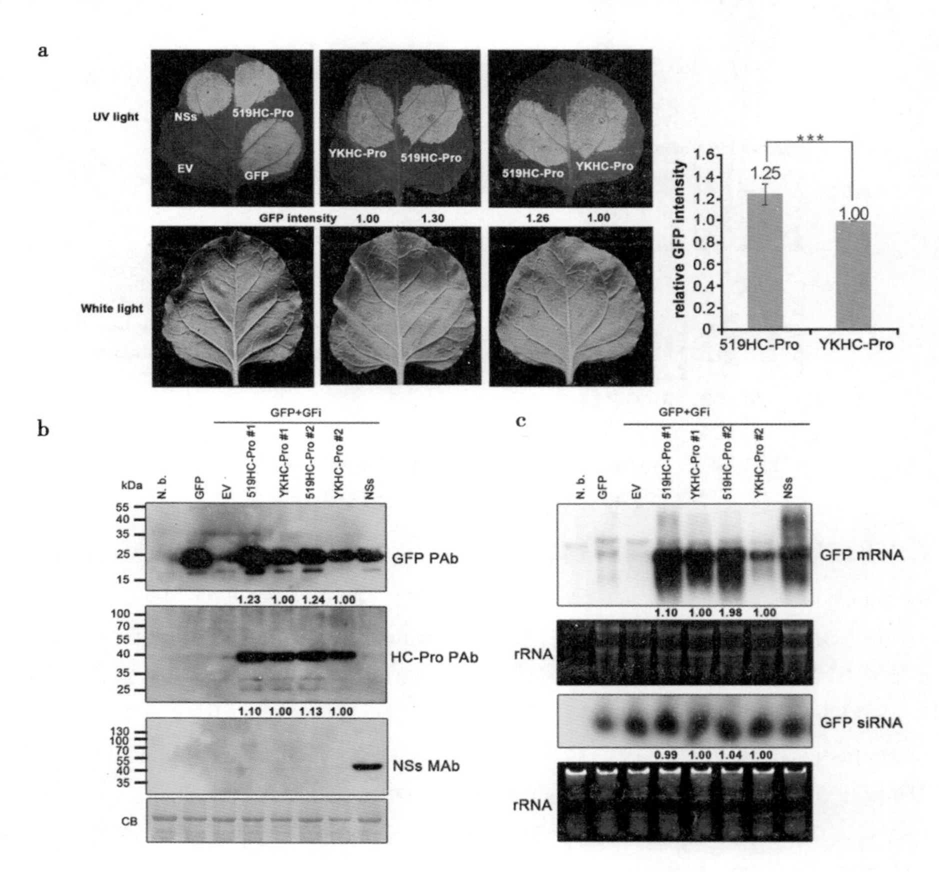

图 12 - 3　转基因抗性突破株系 5 - 19 中 HC-Pro 和 PRSV 中非抗性突破株系 YK 的基因沉默抑制能力能力比较

为了有效解决基于非依赖于 CP 序列同源性的转基因抗病性的攻克, 本文尝试一种方法: 三个转化载体 pBI-519HCF, pBI-519HCN and pBI-519HCC, 分别携带 5 - 19 HC - Pro 的不能翻译的全长 (nt 1 - 1371), N 末端 (nt 1 - 750) C 末端 (nt 622 - 1371)。每一个载体都加入了两个终止密码子, 同时插入一个 T 进行阅读框的位移突变。这些插入组分有 CaMV 35S 启动子和 NOS 中止子衔接 (图 12 - 4a)。由 Sunrise 根部诱导的胚性愈伤用来进行转化 (Kung et al, 2010), 共获得 60 转化体系 (表 12 - 2)。

通过对 5 - 19 HC-Pro 转基因株系的微扩繁进行抗性验证。非转基因的番木瓜

（NT）和转 YK-CP－3’UTR 番木瓜 18－2－421 作为对照。接种病毒两周后 NT 发生严重的病毒症状（图 12－4B－a）；18－2－4 也发现类似症状（图 12－4B－b）。31 个转 5－19 HC-Pro 株系不抗 5－19（图 12－4B－c），30 个转化株系也不抗 YK（表 12－2）。在 29 个对 5－19 有抗性的转化株系中 10 个有轻微的抗性（WR）（表 12－2），19 个表现出高抗性（HR）（表 12－2；图 12－4B－d）。接种 PRSV YK 后 NT 出现严重的病毒症状（图 12－4B－e）。18－2－4 能够抗 YK（图 12－4B－f）。敏感性的转化株系都接种 5－19 或者 YK 的高抗株系时候都表现出典型的番木瓜环斑病毒的症状（图 12－4B－c & g），而 19 个 HR 株系对 YK 有很高的抗性（表 12－2；图 12－4B－h）。

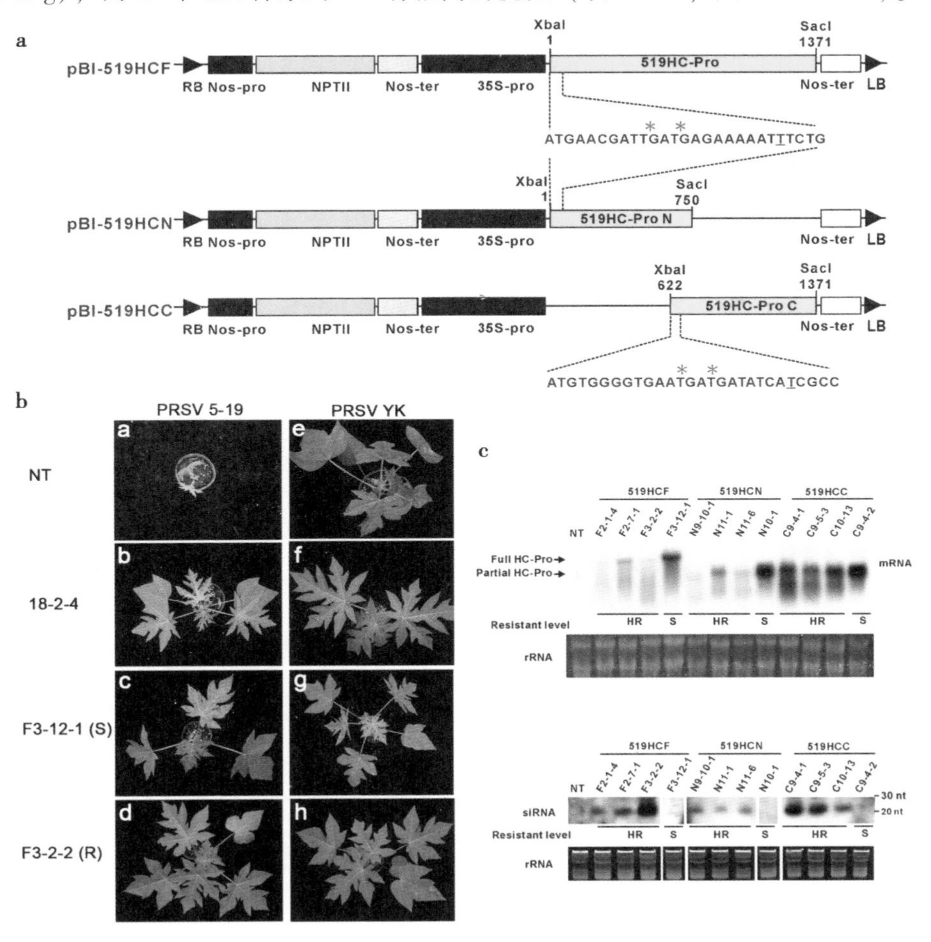

图 12－4　通过基因沉默病毒的 HC-Pro 编码区抗 PRSV 突破转 CP 基因抗性株系 5－19 的转基因番木瓜的产生

在 HC-Pro 全长转化植株中的高抗比例显著高于其他两个转化事件（表 12－2）。Southern 杂交分析发现 16 个 HR 转化株系含有 1－6 HC-Pro 转基因插入位点（图 12－2）。获得了 12 个 5－19 CP 转基因番木瓜株系，但是他们对 PRSV 5－19 和 YK 都没有明显抗性。4 个 HR 株系（F2－1－4，F2－7－1，F3－2－2，and N11－1）都含有单个拷贝的非翻译5－19 HC-Pro。进一步验证其对于不同来源的病毒的抗性，F2－7－1对来自夏威夷，泰国，墨西哥的PRSV敏感；F2－1－4和N11－1在接种夏威夷和泰国的菌株后有延迟发病，但是对墨西哥的PRSV敏感（表12－3）；F3－2－2表现出对所有的外来PRSV都有完全的抗性。

Northern杂交实验表明9个HR株系和3个S株系（全长，N末端和C末端个有3个HR和1个S株系）中的5个HR（F2－7－1，N11－1，C9－4－1，C9－5－3，C10－13）比S株系积累的转基因目的基因的转录本显著低。但是其他的4个HR转化株系中没有出现转录本（图12－4c）。另外siRNAs在所有HR株系都存在，但是在S株系中没发现（图12－4c）。在F3－2－2中发现高水平的siRNA这也证实了其广谱性（表12－3）。结果展示了通过HC-Pro的基因沉默抑制来获得抗病毒转基因株系，而且HC-Pro不仅仅是通过序列同源性同时也作为抑制子来行使抗病作用。

讨论

病毒可以通过基因沉默抑制子的突变来提高其致病力（Torres-Barcelo et al，2010）。研究展示了这种病毒的突变能够克服来自PTGS介导的转基因抗病性，而是采用一种不依赖于序列同源性的抗病机理。虽然夏威夷生长的转基因番木瓜不能够抗来自其他地理来源的PRSV，也没有在夏威夷发现能够攻克夏威夷转基因番木瓜的突变株（Fuchs et al，2007）。由于夏威夷的地理位置的天然隔离，使得夏威夷转基因番木瓜能够十年来一直保持抗性（Yeh et al，2010）。然而在病毒多样性比较高的地区通过自然选择的压力获得新的更具抗性的病毒株系。受到欧洲对转基因态度的影响，台湾地区还没批准任何转基因作物。在具有严格隔离措施的田间实验还是受到政府的支持。10年来共发展了单抗（Bau et al，2003），双抗（Bau et al，2008；Kung et al，2009）和超抗（本研究）。PRSV5－19的超强致病性能够侵染转YK CP的番木瓜。本文解释了5－19能够攻克转CP抗性是通过抑制基因沉默来完成的。这种超级病毒株的出现对转基因和非转基因，甚至那些能被PRSV侵染的葫芦科植物都是一种巨大的威胁。实验证明5－19能够攻克转CP基因番木瓜是采取一种不依赖于序列同源性的一种方式。这样无论如何通过研究某一区域的CP多样性来制定转CP基因抗病毒番木瓜都要面对一些超强病毒株的威胁。这就要求及时监测和发现超强病毒。本实验展示了一种不翻译蛋白产物的转基因策略通过构建HC-pro基因沉默抑制子来攻克病毒保护。

方法

病毒分离

本实验用到的病毒有PRSV病毒分离物YK，5－19，HA41，TH和MX21，PLDMV病毒分离物P-TW-WF22。PRSV YK是从台湾南部地区分离一种典型的PRSV，其基因组已经完成（Wang et al，1997）。PRSV 5－19，和PLDMV P-TW-WF，都能够侵染转PRSV YK CP的番木瓜（Bau et al，2004）。PRSV HA来自夏威夷（Gonsalves et al，1980），TH来自泰国，MX来自墨西哥（Bau et al，2003）。所有病毒都保存在番木瓜上

(*Caricapapaya* L. cv. Tainung No. 2)。

构建 PRSV YK 和 5 –19 的重组病毒

侵染性 PRSV YK cDNA 克隆到 pT3PYKF1 上（Chen et al，2008）. PRSV 5 – 19 的 HC – Pro 的 cDNA 通过 RT-PCR 合成（Ultraspect M RNA isolation system，Biotecx laboratories，Houston，TX）. 第一条链合成采用引物 Myk3139（5’ – GGCTTGTAAATGACGCGTATTAATTGATGC – 3’）和 M-MLV 反转录酶（Promega，Madison，WI，USA）。特异性引物 Pyk1646（5’ – TTCATCACGCGTGGGCGTTACGCA – 3’）和 Myk3139 用于扩增 HC – Pro 片段。重组的侵染克隆 pT3YK/519HC，其中 PRSV YK HC-Pro 被 PRSV 5 – 19 HC – Pro 取代了（图 12 – 1a）。

由于 CP 基因的 N 末端待用 poly（A）tract，PRSV 5 – 19 CP 的 cDNA 扩增两部分其中 N 末端用的引物 primers YK905（5’ – GCAGGGCCCCATATGTGTCT – 3’）Mo1008（5’ – GTGCATGTCTCTGTTGACAT – 3’）其产物克隆到 PCR-TOPO 载体上（Invitrogen，San Diego，CA，USA）构建成 p519（905 – 1008）/TA。C 末端部分利用 TL（5’ – CTAGATATGCTTTCG – 3’）和 oligo-dT（18）NS（5’-AATTGAGCTCGCGGCCGCTTTTTTTTTTTTTTTTTT – 3’）也克隆到 PCR-TOPO 构建成 p519（TL-oligodT）/TA. 通过限制性内切酶 ApaI-PstI 从 p519（905 – 1008）/TA 和限制性内切酶 PstI-NotI p519（TL-oligodT）/TA 切下两个目标片段并链接后克隆到 pBluescriptII SK1 构建成 p519CP/SK1 包含有完成 CP 基因和后续的 3’ – UTR（CP – 3’ – UTR）。侵染性克隆 pT3YK/519CP3U 的 PRSV YK CP – 3’ – UTR 被 PRSV 5 – 19CP 取代（图 12 – 1a）。另外的浸染性克隆 pT3YK/519HCCP3U 的 PRSV YK HC-Pro 和 CP – 3’ UTR 都被 PRSV 5 – 19 取代（图 12 – 1a）。

重组病毒的验证

利用 NotI-限行化的载体经过体能表达，其产物机械接种到番木瓜上（cv. Tainung No. 2）（Chiang et al，1997），接种的植物在温度可控的温室里进行。通过 RT-PCR 进行检测目标片段用于验证目的重组病毒。

重组病毒的侵染性实验

侵染性实验用的转基因株系有（i）单抗 YK CP – 3’ UTR 的株系 18 – 2 – 4，18 – 0 – 9，17 – 0 – 1 and 16 – 0 – 1。（ii）双抗 PY16 株系 9 – 5，10 – 4，12 – 4 和 14 – 1（Kung et al，2009），所有的转基因株系都接种重组病毒 YK/519HC，YK/519CP3U 和 YK/519HCCP3U（图 12 – 1a），另外 YK 和 519 作为对照。侵染实验分四次独立开展，每个转化株系 30 株植物用于统计学分析。

ELISA 免疫分析

间接 ELISA 实验采用以前的方法（Yeh et al，1984）。植物粗提物用 50 mM 碳酸钠稀释后（1∶100）加入 0. 01% 碘化钠用于包被酶联免疫板。PRSVCP 抗血清（Yeh et al，1984）稀释2 000倍加入酶联免疫板，37℃培养1h，冲洗三次后，用200 mL羊抗兔血清（KPL，Inc.，Gaithersburg，MD，USA），进行免疫结合。经过几次稀释后加入100 mL 的底物 1 mg/mL p-Nitrophenyl phosphate（Sigma-Aldrich Corporation，St. Louis，MO，USA）。在405 nm 处测得吸光值。转基因植物表现处两倍或者更高倍数的认为是ELISA 阳性。

准备 5－19 HC-Pro 抗血清

PRSV 5－19 从侵染的 *Cucumis metuliferus*（Naud.）Mey.（Acc. 2459）植物上通过密度梯度离心的方式分离纯化（de Mejia et al，1985）。HC-Pro 蛋白进一步通过电泳来分离（Yeh et al，1984；Chen et al，2006）。纯化富集 HC-Pro 蛋白通过注射到 BALB/c 小鼠中获得抗血清。

HC-Pros of 5－19 and YK 基因沉默抑制能力验证

烟草（*Nicotiana benthamiana*. Domin）在 10 cm 左右用于农杆菌侵染实验，HC-Pro 特异引物 HC-Pro-F（5’-CACCATGAACGATATTGCTGAAAAATTC－3’）and HC-Pro-R（5’-GCTCACTAGTTTTAACCGACAATGTA－3’）其产物连接到 pBA-DC-HA（Niu et al，2006）构建成 pBA-519HC 和 pBA-YKHC。

根癌农杆菌 ABI 含有 pBA-GFP 和 pBA-GFi 分别和 pBA-519HC，pBA-YKHC 和 pBA-NSs（阳性对照）以 2：1：2 比例混合。空载体作为阴性对照。接种 5 d 后检测 GFP 荧光信号。重组蛋白的表达也在接种 5 d 后进行，采用 Western 杂交的方法。用到的抗血清有 5－19 HC-Pro 抗血清，GFP 抗血清（Lin et al，2007），或 WSMoV NSs MAb（Chen et al，2006）作为一抗，辣根过氧化物酶连接的羊抗兔或者羊抗鼠作为二抗。

Northern 杂交用于 RNA/siRNA 检测

利用 ULTRASPECTM RNAisolation system（Biotecx Laboratories Inc.，Houston，TX，USA）提取植物全 RNA。15 mg 的全 RNA 在 1.2 甲醛变性琼脂凝胶电泳分离，并转膜到 Gene Screen Plus 尼龙膜（Dupont Co.，Boston，MA），探针为32P-dATP-标记的 PLDMV CP，PRSVYK CP，GFP 或者 PRSV 5－19 HC-Pro。探针制备使用 Primer-It II random primer labelling kit（Stratagene，La Jolla，CA）杂交方法参考（Kung et al，2009）。

对于 siRNA 的检测，30 mg 的 RNA 用于 15% 聚丙烯酰胺凝胶分离并转膜到 Hybond-N1 membrane（Amersham Phamacia Biotech，Bucks，UK）。杂交使用 ULTRAHyb-Oligo solution（Ambion Inc.，Austin，TX），利用放射自显影进行信号检测。The DynamarkerH PrestainMarker（BioDynamics Laboratory Inc.，Tokyo，Japan）作为小分子量标准。mRNA/siRNA 信号通过 Kodak 1D image analysis software（Eastman Kodak，Rochester，NY）进行数据处理。

PRSV TH 和 MX 的 HC-Pro 基因的克隆测序

病毒 RNA 从接种 PRSV TH 和 MX 3 周后的植物叶片中提取，引物 MYK3234（5’-

GTTAAAAGTACGCTTGGTGACATC－3’），用于第一条链合成（RT）．引物 PPYK1607（5’-GCTGACAGAATAGGTCGATA－3’）和 MYK3234 用于扩增全长基因并克隆到 pCR-TOPO（Invitrogen，San Diego，CA，USA）并进行基因测序。核苷酸和氨基酸序列分析使用 PC/GENE 6.85 软件（Intelli Genetics，Inc.，Mountain View，CA，USA）。多重序列比对使用 GCG 软件包中 PILEUP 程序 version 9.0（Genetics Computer Group，Madison，WI，USA）。

构建不能翻译的 PRSV 5－19 HC－Pro

为了构建不能翻译的 PRSV 5－19 HC-Pro，正向引物 519HCStopA（5’-CGCAT-GAACATGCTCTAGATGAACGATTGATGAGAAAAATTTCTG－3’），包含两个中止密码子，一个 XbaI 位点，一个额外的胞嘧啶用于移码突变；反向引物 519HCSacIB（5’-GTG-GTTGGATCAAAGAGCTCACCGACAATGTAGTGTTTCATTTC－3’）用于扩增全长的 PRSV 5－19 HC-Pro（1 371 bp）扩增片段用 XbaI/SacI 酶切后连接到 XbaI/SacI 酶切的 pBI121 构建 pBI-519HCF. 另外 519HCStopA 和 519HCSacA（5’-TTTGTGGAGAATATGAGCT-CACCAATGGCAACCTTTCGAATG－3’，用于扩增 N 末端（750 bp）．扩增片段用 XbaI/SacI 酶切后连接到 XbaI/SacI 酶切的 pBI121 构建 pBI-519HCN。引物 519HCStopB（5’-GACAGAAATGGGCTCTAGATGTGGGGTGAATGATGATATCATCGCCAAAAG － 3’），和 519HCSacB 用来扩增 C 末端（750 bp）。扩增片段用 XbaI/SacI 酶切后连接到 XbaI/SacI 酶切的 pBI121 构建 pBI-519HCC。所有载体都通过电转的方式转入农杆菌（BioRad，Hercules，CA，USA）（Mattanovich et al，1989）。

转化 HC-Pro 的番木瓜株系

番木瓜的转化方法采用以前的方法（Kung et al，2010），并做了必要的修改。胚性愈伤来自 PRVS 敏感性番木瓜 Sunrise 的根，通过液相金刚砂愈伤方法进行农杆菌侵染。在有选择性卡那霉素（100 mg/L）选择培养基上筛选 3 个月，之后在无卡那霉素的选择压力培养基上生长 1 个月，转入 MSNB 培养基［MS 培养基：0.02 mg/L a-萘乙酸（NAA）和 0.2 mg/L BAP］含有 100 mg/L 卡那霉素。再生苗的驯化和微扩繁采用以前的方法（Cheng et al，1996）。微扩繁 R_0 代转化植物用 PCR 的方法尽心检测 519HCStopA/519HCSacB，519HCStopA/519HCSacA 或者 519HCStopB/519HCSacB. nptII-特异引物 NA 和 NB23 也用来检测转化事件。

转 HC-Pro 番木瓜对 5－19 和 YK 抗性实验

采用机械接种的方法进行接种病毒 PRSV 5－19（Tripathi et al，2004）或者 PRSV YK（Wang et al，1997），每处理 60 个 R_0 植物。大约长到 15 cm，前两个全部展开的叶子用 600 目的金刚砂进行摩擦并接种 200 mL 接种物（PRSV5－19 或者 PRSV YK（1：20 w/v 在 0.01 M 磷酸钾缓冲液，pH 值 7.0）。

非转基因番木瓜（cv. Sunrise）和转 YK-CP3’-UTR 番木瓜 18－2－421 用作对照。连续观察 7 周。

Southern 杂交

植物 DNA 提取试剂盒 DNeasy Plant Mini kit（Qiagen Inc.，Valencia，CA，USA）用来提取植物基因组。30 mg 的基因组 DNA 用 AseI 进行酶切，并用 0.8% 琼脂糖凝胶电泳进行分离后转膜到 Gene Screen Plus 尼龙膜（Dupont Co.，Boston，MA，USA）. Primer-It II random primer labelling kit（Stratagene，La Jolla，CA，USA）用于同位素标记（Kung，Y. J. et al，2009）。

转 HC-Pro 番木瓜对不同地理来源的 PRSV 的抗性

4 株通过 Sothern 杂交验证的单一拷贝的高抗番木瓜转化株系用来验证来自不同地区的 PRSV，以确定其抗性。测试病毒来自夏威夷（HA）（Yeh et al，1992），泰国（TH）（Bau et al，2003），和墨西哥（MX）（Bau et al，2003）。接种方式同前。

分析转化株系在 R_1 子代的分离情况

转化株系 R0 代 F2-1-4 and F3-2-2 通过自交获得 R_1 代。首先采用 100 mg/L 卡那霉素处理 R_1 的成熟种子，能够在卡那霉素生长的植物，进一步进行接种实验并确认其抗性。

参考文献

Abel PP，RS Nelson，B De，et al. 1986. Delay of disease development in transgenic plants that express the tobacco mosaic virus coat protein gene [J]. Science，232 (4751)：738-743.

Beachy RN. 1999. Coat-protein-mediated resistance to tobacco mosaic virus：discovery mechanisms and exploitation [J]. Philosophical Transactions of the Royal Society of London，354 (1383)：659-664.

Fuchs M，Gonsalves D. 2007. Safety of virus-resistant transgenic plants two decades after their introduction：lessons from realistic field risk assessment studies [J]. Phytopathol，45 (45)：173-202.

Register JC，3rd Beachy RN. 1988. Resistance to TMV in transgenic plants results from interference with an early event in infection [J]. Virology，166 (166)：524-532.

Lindbo JA，Silva-Rosales L，ProebstingWM，et al. 1993. Induction of a Highly Specific Antiviral State in Transgenic Plants：Implications for Regulation of Gene Expression and Virus Resistance [J]. The Plant cell，5 (12)：1749-1759.

Bouche N，Lauressergues D，Gasciolli V，et al. 2006. An antagonistic function for *Arabidopsis* DCL2 in development and a new function for DCL4 in generating viral siRNAs [J]. Embo J，25 (14)：3347-3356.

Ruiz MT，Voinnet O，Baulcombe DC. 1998. Initiation and maintenance of virusinduced gene silencing [J]. The Plant cell, 10 (6): 937 -946.

Simon-Mateo C, Garcia JA. 2011. Antiviral strategies in plants based on RNA silencing [J]. Biochimica et biophysica acta, 1809 (11 -12): 722 -731.

Wang XB, et al. 2011. The 21 - nucleotide, but not 22 - nucleotide, viral secondary small interfering RNAs direct potent antiviral defense by two cooperative argonautes in Arabidopsis thaliana [J]. The Plant cell, 23 (4): 1625 -1638.

Garcia-Ruiz H, et al. 2010. Arabidopsis RNA-dependent RNA polymerases and dicerlike proteins in antiviral defense and small interfering RNA biogenesis during Turnip Mosaic Virus infection [J]. The Plant cell, 22 (2): 481 -496.

Nakahara KS, et al. 2012. Tobacco calmodulin-like protein provides secondary defense by binding to and directing degradation of virus RNA silencing suppressors [J]. Proc Natl Acad Sci USA, 109 (25): 10113 -10118.

Morel JB, et al. 2002. Fertile hypomorphicARGONAUTE (ago1) mutants impaired in posttranscriptional gene silencing and virus resistance [J]. The Plant cell, 14 (3): 629 -639.

Mueller E, Gilbert J, DavenportG, et al. 1995. Homologydependent resistance: transgenic virus resistance in plants related to homologydependent gene silencing [J]. Plant J, 7 (6): 1001 -1013.

Anandalakshmi R, et al. 1998. A viral suppressor of gene silencing in plants [J]. Proceedings of the National Academy of Sciences of the United States of America, 95 (22): 13079 -13084.

Brigneti G, et al. 1998. Viral pathogenicity determinants are suppressors of transgene silencing in *Nicotiana benthamiana* [J]. Embo J, 17 (22): 6739 -6746.

Burgyan J, Havelda Z. 2011. Viral suppressors ofRNA silencing [J]. Current Opinion in Biotechnology, 12 (2): 150 -4.

Gonsalves D. 2002. Coat protein transgenic papaya: "acquired" immunity for controlling Papaya ringspot virus [J]. Curr Top Microbiol Immunol, 266: 73 -83.

Yeh SD, Kung YJ, BauHJ, et al. 2010. Generation of a papaya hybrid variety with broad-spectrum transgenic resistance to Papaya ringspot virus and Papaya leaf-distortion mosaic virus [J]. Transgenic Plant J, 4: 37 -44.

Baulcombe DC. 1996. RNA as a target and an initiator of post-transcriptional gene silencing in transgenic plants [J]. Plant Mol Biol, 32 (1): 79 -88.

Cheng YH, Yang JS, YehSD. 1996. Efficient transformation of papaya by coat protein gene of Papaya ringspot virus mediated by *Agrobacterium* following liquid-phase wounding of embryogenic tissues with carborundum [J]. Plant Cell Rep, 16 (3): 127 -132.

Bau HJ, Cheng YH, Yu TA, et al. 2003. Broad-spectrum resistance to different geographic strains of Papaya ringspot virus in coat protein gene transgenic papaya [J].

Phytopathology, 93 (1): 112 - 120.

Bau HJ, et al. 2008. Potential threat of a new pathotype of Papaya leaf distortion mosaic virus infecting transgenic papaya resistant to Papaya ringspot virus [J]. Phytopathology, 98 (7): 848 - 858.

Kung YJ, et al. 2009. Generation of transgenic papaya with double resistance to Papaya ringspot virus and Papaya leaf-distortion mosaic virus [J]. Phytopathology, 99 (11): 1312 - 1320.

Tripathi S, Bau HJ, Chen LF, et al. 2004. The ability of Papaya ringspot virus strains overcoming the transgenic resistance of papaya conferred by the coat protein gene is not correlated with higher degrees of sequence divergence from the transgene [J]. European Journal of Plant Pathology, 110 (9): 871 - 882.

Ma¨ki-Valkama T, Valkonen JPT, Kreuze JF, et al. 2000. Transgenic resistance to PVYO associated with post-transcriptional silencing of P1 transgene is overcome by PVYN strains that carry highly homologous P1 sequences and recover transgene expression at infection [J]. Mol Plant-Microbe Interact, 13 (4): 366 - 373.

Li WX, Ding SW. 2001. Viral suppressors of RNA silencing [J]. Curr Opin Biotechnol, 12 (2): 150 - 154.

Chen KC, et al. 2008. A single amino acid of niapro of papaya ringspot virus determines host specificity for infection of papaya [J]. Mol Plant-Microbe Interact, 21 (8): 1046 - 1057.

Mallory AC, et al. 2001. HC-Pro suppression of transgene silencing eliminates the small RNAs but not transgene methylation or the mobile signal [J]. The Plant cell, 13 (3): 571 - 583.

Dunoyer P, Lecellier CH, Parizotto EA, et al. 2004. Probing the microRNA and small interfering RNA pathways with virus-encoded suppressors of RNA silencing [J]. The Plant cell, 16 (5): 1235 - 1250.

Chapman EJ, Carrington JC. 2007. Specialization and evolution of endogenous small RNA pathways [J]. Nat Rev Genet, 8 (11): 884 - 896.

Ebhardt HA, Thi EP, Wang MBet al. 2005. Extensive 3'modification of plant small RNAs is modulated by helper component-proteinase expression [J]. Proc Natl Acad Sci USA, 102 (38): 13398 - 13403.

Yu B, Chapman EJ, Yang Z, et al. 2006. Transgenically expressed viral RNA silencing suppressors interfere with microRNA methylation in *Arabidopsis* [J]. FEBS Lett, 580 (13): 3117 - 3120.

Lakatos L, et al. 2006. Small RNA binding is a common strategy to suppress RNA silencing by several viral suppressors [J]. Embo J, 25 (12): 2768 - 2780.

Torres-Barcelo C, Daros JA, Elena SF. 2010. HC-Pro hypo- and hypersuppressor mutants: differences in viral siRNA accumulation in vivo and siRNA binding activity in vitro [J]. Arch Virol, 155 (2): 251 -254.

Varrelmann M, Maiss E, Pilot R, et al. 2007. Use of pentapeptide-insertion scanning mutagenesis for functional mapping of the plum pox virus helper component proteinase suppressor of gene silencing [J]. J Gen Virol, 88 (3): 1005 -1015.

Johansen LK, Carrington JC. 2001. Silencing on the spot. Induction and suppression of RNA silencing in the Agrobacterium-mediated transient expression system [J]. Plant Physiol, 126 (3): 930 -938.

Kasschau KD, Carrington JC. 2001. Long-distance movement and replication maintenance functions correlate with silencing suppression activity of potyviral HC-Pro [J]. Virology, 285 (1): 71 -81.

Plisson C, et al. 2003. Structural characterization of HC-Pro, a plant virus multifunctional protein [J]. J Biol Chem, 278 (26): 23753 -23761.

Kung YJ, et al. 2010. Generation of hermaphrodite transgenic papaya lines with virus resistance via transformation of somatic embryos derived from adventitious roots of in vitro shoots [J]. Transgenic Res, 19 (19): 621 -635.

Wang CH, Yeh SD. 1997. Divergence and conservation of the genomic RNAs of Taiwan and Hawaii strains of papaya ringspot potyvirus [J]. Arch Virol, 142 (2): 271 -285.

Gonsalves D, Ishii M. 1980. Purification and serology of Papaya ringspot virus [J]. Phytopathology, 70 (11): 1028 -1032.

Bau HJ, Cheng YH, Yu TA, et al. 2004. Field evaluation of transgenic papaya lines carrying the coat protein gene of Papaya ringspot virus in Taiwan [J]. Plant Dis, 88 (6): 594 -599.

Yeh, SD, et al. 1992. Complete nucleotide sequence and genetic organization of Papaya ringspot virus RNA [J]. J Gen Virol, 73 (4): 2531 -2541.

Chiang CH, Yeh SD. 1997. Infectivity assays of in vitro and in vivo transcripts of Papaya ringspot potyvirus [J]. Botanical Bulletin- Academia Sinica Taipei, 38 (3): 153 -163.

Yeh SD, Gonsalves D, Provvidenti R. 1984. Comparative studies on host range and serology of Papaya ringspot virus and Water melon mosaic virus1 [J]. Phytopathology, 74 (9): 1081 -1085.

Yeh SD, Gonsalves D. 1984. Evaluation of induced mutants of Papaya ringspot virus for control by cross protection [J]. Phytopathology, 74 (9): 1081 -1085.

de Mejia MV, Hiebert E, Purcifull DE. 1985. Isolation and partial characterization of the amorphous cytoplasmic inclusions associated with infections caused by two potyviruses [J]. Virology, 142 (1): 24 -33.

Chen TC, et al. 2006. Identification of common epitopes on a conserved region of NSs proteins among Tospoviruses of Watermelon silver mottle virus serogroup [J]. Phytopathology, 96 (12): 1296 - 1304.

Niu QW, et al. 2006. Expression of artificial microRNAs in transgenic *Arabidopsis thaliana* confers virus resistance [J]. Nat Biotechnol, 24 (11): 1420 - 1428.

Lin SS, Wu HW, Jan FJ, et al. 2007. Modifications of the helper component-protease of Zucchini yellow mosaic virus for generation of attenuated mutants for cross protection against severe infection [J]. Phytopathology, 97 (3): 287 - 296.

Mattanovich D, et al. 1989. Efficient transformation of *Agrobacterium* spp. by electroporation [J]. Nucleic Acids Res, 17 (20): 6747.

第十三章　佛罗里达番木瓜新品种的选育①

摘　要： 转基因番木瓜（*Carica papaya* L.）品种选育主要目的是抵番木瓜环斑病毒。初选出的抗 PRSV（番木瓜环斑病毒）转基因株系（R_0）均为雌株，分别同 6 种不同基因型番木瓜杂交产生 R_1 代。2001—2002 年，对田间的 R_1 代进行评价；2002—2003 年，对自交产生的 R_2 代进行评估。R_2 代中，从 1 196棵番木瓜树中选出的 150 棵雌雄同株树上共收获了 1 263个果实。这些品系中，Solo Sunrise 作为父本时子代长出果实的平均果重是 1.2kg，而 Red Lady 作父本的平均果重是 2.4 kg，Puerto Rico 6－65、Experimental No. 15、Tainung No. 5 作父本的平均果重则介于这两值之间。可溶性糖平均浓度最高的也是出现在 Solo Sunrise 作为父本长出的果实上。一月和二月随着天气转凉，可溶性糖的浓度也下降。从评价的 1 196棵番木瓜植株中选出代表 4 个转基因母本株系和 6 个非转基因父本株系的 24 株子代用于下一世代繁殖。

引言

番木瓜环斑病毒（PRSV）是影响番木瓜最严重的经济性病害，也是佛罗里达州番木瓜生产的主要限制因素（Conover，1964）。Conover 等（1986）在佛罗里达州攻克 PRSV 所做的努力促进了耐 PRSV 品种 Cariflora 的发展。Cariflora 已经成为全球范围内不同番木瓜育种项目中抗 PRSV 的来源，例如目前流行的耐 PRSV 品种 Red Lady。然而，Criflora 对 PRSV 的耐病性难以通过传统育种的方法转移，耐病性水平也往往不够理想。目前，最有效控制 PRSV 的方法是通过转基因获得抗病性（Gonsalves，1998）。通过转基因获得抗 PRSV 的 Rainbow 和 Sun-Up 目前已成为在夏威夷商业化种植的品种（Tennant et al，2001）。

由于受在夏威夷以外的地区种植夏威夷抗 PRSV 转基因品种许可的限制和夏威夷转基因可能无法提供足够的保护来抗佛罗里达州病毒株的可能性，我们已经着手计划在佛罗里达发展转基因抗 PRSV 番木瓜品种。佛罗里达州分离的 PRSV 外壳蛋白的基因被转到番木瓜品系 F65 中（Davis 和 Ying，未出版）。所有的转基因株系都是雌株，分别与6个不同基因型番木瓜杂交，后代中选出 21 个抗 PRSV 株系用于番木瓜品种选育。2001 年 3 月，将来自 54 个杂交组合产生的第一代（R_1）种到地里。从第一代中选出 18 个自花授粉的雌雄同体株作为第二代，2002 年 3 月种到地里。在种植过程中，同一区域

---

① 参考：Davis，et al. 2003. Papaya verities developed in Florida [J]. Hort. Soc. 116：4－6.

中转基因株系的 PRSV 自然感染率明显低于非转基因植株，这说明通过转基因获得的对 PRSV 抗性可以用来控制病害。

本章将对佛罗里达州立大学热带研究与教育中心在霍姆斯特德试验基地进行的转基因抗 PRSV 番木瓜新品种培育项目中从 R2 代选育出的转基因株系的园艺性状进行描述。

材料与方法

2002 年 2 月 20 日至 25 日，将自花授粉雌雄同株自交系的种子播下。催芽处理，种子在 $1\ g \cdot L^{-1}$ 的 Miracle-Gro 化肥（Scotts Miracle-Gro Products, Inc., Port Washington, N. Y.）溶液中浸泡 3 h，然后种植在 98 穴育苗秧盘上，基质为在每一立方米的 Pro Mix BX 混合土（Premier Horticulture, Ltd., Dorval, Que.）中加入 5.7 kg 的 14 - 14 - 14 Osmocote 改良剂（Scotts-Sierra Horticultural Products Co., Maryville, Ohio）。种子发芽和幼苗生长在 28 ~ 34℃ 的温室中进行。幼苗长至 3 ~ 4 周时，喷洒浓度为 $2\ mg \cdot mL^{-1}$ 的卡那霉素硫酸盐（Agri-Bio, Mi-ami, Fla.）溶液和 0.02% 表面活性剂 SilWet L77（Setre Chemical Co., Memphis, Tenn.）检测 NPTⅡ基因（一种抗卡那霉素、用来鉴定转基因植物的选择标记）。在苗期，从离植物 10 ~ 20 cm 处使用 80 psi 高压喷枪喷洒。然后每盘苗立即放进黑色塑料袋中，避光 12 ~ 14h，过夜可以使植物吸收卡那霉素溶液。然后将这些盘子从袋子里取出，放在温室的长凳上。无 NPTⅡ基因的幼苗叶片大约 7d 后出现黄化。将黄化苗丢弃，没有黄化的幼苗移植到 24 穴秧盘中。

2002 年 3 月 28 日，将幼苗移栽到大田，栽植密度为株距 8 英尺（译者注，1 英尺 =30.48 cm），行距 3 米。采用随机区组设计。每个小区有 30 株可以代表包含 6 个原始雌株亲本之一与转基因系杂交产生的 R_2 代，每个小区至少在两个区组中各重复一次。共有代表 18 个杂交组合的 1 196株幼苗（有一个小区缺失 4 株）移载到地里。在种植前，已进行地膜覆盖和溴甲烷熏蒸处理。植株灌溉采用滴灌。成熟时分别收获各选育品系的果实，称重，用折光仪测量总可溶性固形物含量。

结果与讨论

因为该番木瓜材料是转基因的，除了繁殖目的外，所有种子必须销毁，以防止不受控制的材料被释放。因此，评价完成后，在销毁种子的过程中尽可能拔除树木，以限制必须处理果实的数量。播种 5 个月后，329 株雌株被鉴定出并拔除。十一月中旬，723 棵两性株和 9 棵的雌株被拔除。

选择主要是基于同该育种品系中其他植株生活力相比较的结果。因此，122 棵两性株和 13 棵雌株被保留以作进一步选择。D6，单拷贝转基因株系 X17 - 2 和代表选择的大多数品系见表 13 - 1。其他转基因株系原本有 2 个转基因拷贝，可能或不可能会被作为多拷贝保存在随后几代中。

表 13－1 田间初步筛选后的 R2 代中不同番木瓜育种品系的植株数量

Transgenic line	No. plants with male ancestor						Grand total
	Experimetal No. 15	Puerto Rico 6－65	Red Lady	Solo 40	Solo Sunrise	Tainung No. 5	
D6		9	10	14	12	9	54
D75						2	2
D95	3	1			3	5	12
X17－2	19	7		5	9	1	41
X26	3		4			6	13
Grand Total	25	17	14	19	24	23	122

从初选出的 150 棵两性株中共收获了 1 263个果实。用收获果实数和 2003 年 2 月 5 日留在树上的果实数计算单株结实率。用收获的成熟果实总数和平均果重评价产量(图 13－1)。然而，用这两个结果的值来计算总产量可能会产生误导，因为它不考虑果实是否适于销售。例如，一些树上的果实长得密集，挤在一起造成畸形而影响销路，还有的一些树上果实太大也不适合销售。果实重量变化和不同与提供花粉的父本相关(图 13－2)，而与转基因母本的关系不大。

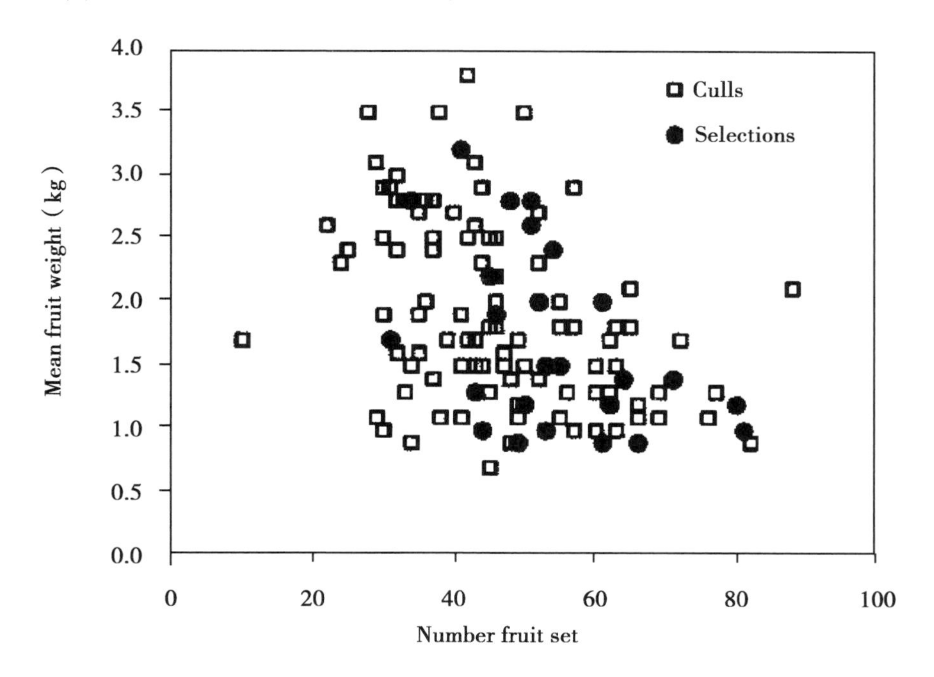

图 13－1 R2 代中包括最终选定的 24 个植株在内的初选的 150 个植株中，播种 11 个月后每株的结果数和每株收获的成熟果实的平均重量

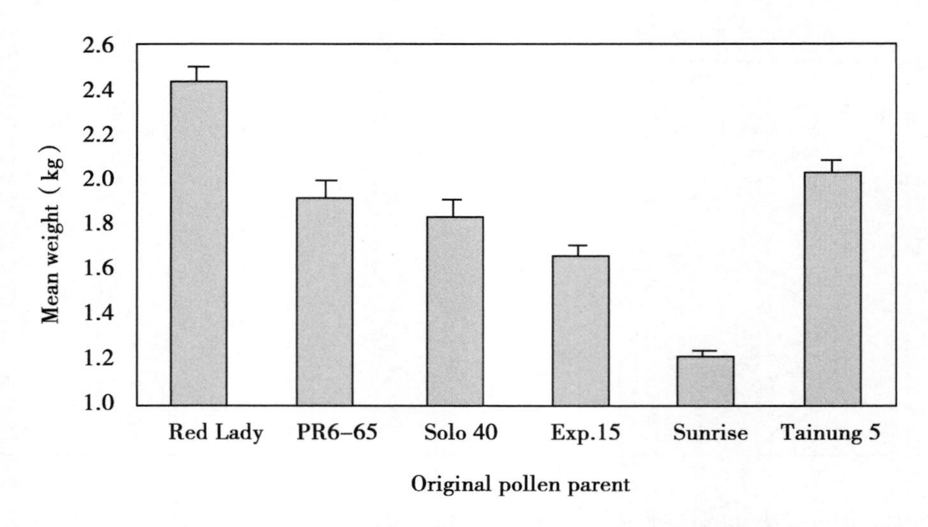

图 13－2　不同非转基因父本分别和番木瓜转基因系 F65 初次杂交获得的 R2 代平均果实重量

R2 代单果净重均值的显著差异性主要源于杂交亲本（父本）的不同（数据未展示）。Solo Sunrise 作为父本的品系平均果重最小，为 1. 2 kg，Tainung No. 5 或 Red Lady 作为父本的平均果重则超过了 2 kg。

果实中可溶性糖的白利度也因选育系不同而不同（图 13－3）。Solo Sunrise 作为父

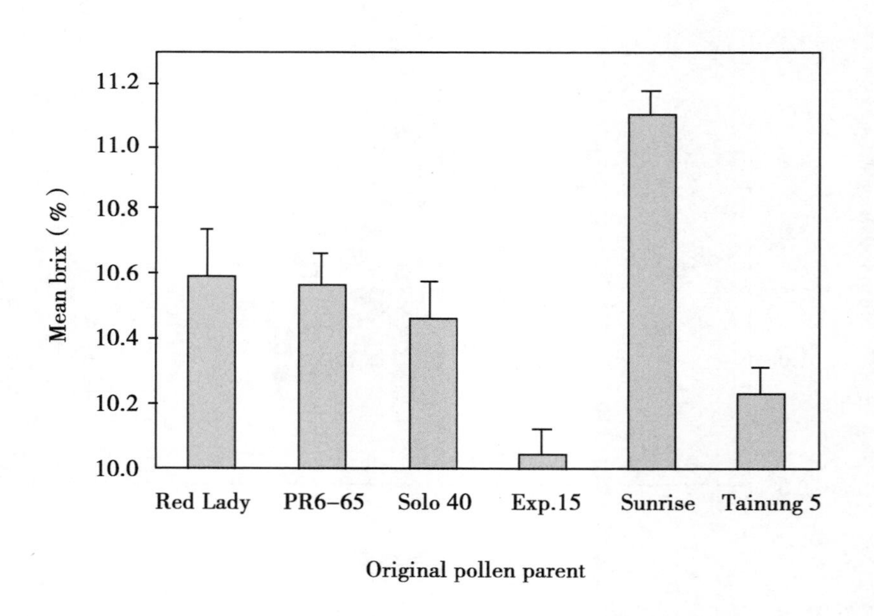

图 13－3　不同非转基因父本分别和番木瓜转基因系 F65 初次杂交获得的 R2 代成熟果实压榨果汁中的平均糖度

本的品系的总可溶性固形物最高，平均为 11.1%，Experimental No. 15 作为父本的品系的总可溶性固形物最低，平均为 10.0%。有趣的是，Experimental No. 15 为本地“绿色”番木瓜市场种植的品种，这个市场并不把水果的甜味当作最重要因素。总的来说，所有品种的糖度随着一月和二月天气转凉而开始下降（图 13－4）。

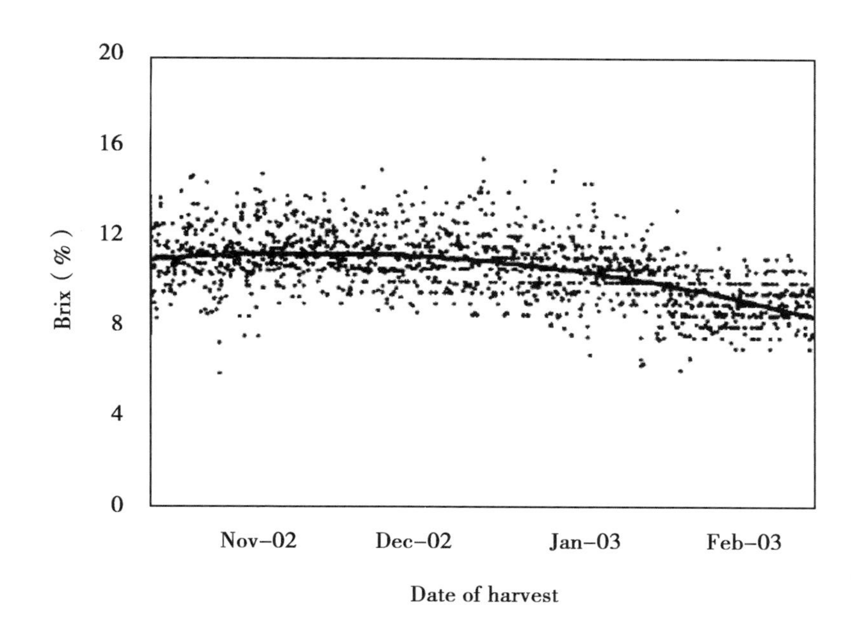

图 13－4　R2 代番木瓜树不同日期收获的成熟果实压榨果汁中的糖度值

虽然在 R1 代中抗 PRSV 是一个重要的选择因素，因为田间种植过程中有 24% 的育种品系因被 PRSV 自然感染而淘汰，在这些品系中 1 196个植株中只有 2 个出现了 PRSV 的症状。在这两代，一些植株因蚜虫肆虐而遭受到持续大量的损害，进一步考虑后被淘汰。其他因素，例如在一年中座果时间不一致、果实形状、植株的一般生活力也是在选择过程中所要考虑的因素。最后，共有 24 棵番木瓜单株被选定用于进一步的品种开发工作。这些选出的代表单株包含了来自 17 个原始的转基因株系中的 4 个株系，这些选出的代表单株中还包含 6 个原始父本株系。代表了四个转化事件中的 17 个转基因株系以及 6 个不同基因型的非转基因番木瓜父本材料。

参考文献

Conover RA. 1964. Distortion Ringspot, a severe disease of papaya in Florida [J]. Pro Florida State Hort Soc, 77: 440－444.

Conover RA, RE Litz, SE Malo. 1986. “Cariflora” -a papaya ringspot virus-tolerant papaya for South Florida and the Caribbean [J]. HortScience, 21 (4): 1072.

Gonsalves D. 1980. Control of papaya ringspot virus in papaya: A case study [J]. Ann

Rev Phytopath, 36 (36): 425 – 437.

Tennant PF, G Fermin, M Fitch R, et al. 2001. Papaya ringspot virus resitance of transgenic Rainbow and SunUp is affected by gene dosage, plant development, and coat protein homology [J]. Euro J Plant Path, 107 (6): 645 – 653.

第十四章　控制番木瓜环斑病毒病的基因技术[①]

番木瓜（*Carica papaya*）严重受到番木瓜环斑病毒（PRSV）危害。本文着重于通过基因技术发展抗 PRSV 转基因番木瓜。PRSV 的遗传多样性取决于地理分布和在分离 PRSV 序列上控制 PRSV 的影响。病原体引发抗性的概念已用于转基因番木瓜的发展，用外壳蛋白介导、RNA 定向沉默机制和复制酶基因介导的转化有效控制 PRSV。对番木瓜环斑病毒（PRSV）进行转录后基因沉默是一种控制 PRSV 很有前景的技术。抗 PRSV 转基因番木瓜对环境是安全的，对人体健康没有有害影响。最近的研究表明，转基因番木瓜成功批准后，它将是一个商业上可行的产品，但这取决于申请程序，因为涉及生物安全监管问题，贸易法规和对技术更广泛的社会认可。本章论述了 PRSV 的基因多样性和遗传多样性，宿主范围决定因素，分子诊断，疾病控制策略，转基因番木瓜的发展，环境问题，批准转基因番木瓜后的问题和未来的研究方向。

前言

番木瓜（*Carica papaya* L）属于番木瓜科，是许多热带和亚热带国家重要的经济水果作物之一。番木瓜是双子叶植物，雄雌混株，二倍体。番木瓜起源墨西哥南部和哥斯达黎加（DeCandolle，1984）。番木瓜已在美国、印度、巴西、墨西哥、尼日利亚、牙买加、印度尼西亚、中国、中国台湾、秘鲁、泰国和菲律宾等多个国家种植（Jayavalli et al，2011）。番木瓜具有很高的营养及药用价值。它含有丰富的维生素 A、B、C 和番木瓜凝乳蛋白酶。同时是 β-胡萝卜素的来源，能够有效预防防癌症、糖尿病和心脏病（Aravind et al，2013）。成熟番木瓜通常是鲜吃，或者制作成果酱、果冻、柠檬果酱、糖果。“绿色”或未成熟果实可以用作蔬菜。番木瓜也利用于医药和化妆品行业（Retuta et al，2012）。

番木瓜作物病害问题目前比较严重，特别是番木瓜环斑病毒（PRSV）。番木瓜环斑病毒病的症状表现为叶片上有格子状的条纹，叶柄出现湿油性条纹，嫩叶变黄。番木瓜环斑病毒是世界番木瓜生产上最严重的威胁。PRSV 被确认是一种导致水果产量下降的破坏性疾病，已经出现在许多热带和亚热带地区，包括美国、南美、非洲（Purcifull et al，1984）、印度（Khurana，1974）、泰国、台湾、中国、菲律宾（Gonsalves，et al，1994）、墨西哥（Alvizo and Rojkind，1987）、澳大利亚（Thomas and Dodman，1993）、日本（Maoka et al，1995）、法属波利尼西亚和库克群岛（Davis et al，2005）。PRSV 在

---

① 参考：Azad MA，Amin L，Sidik NM. 2014. Gene technology for papaya ringspot virus disease management [J]. Scientific World Journal，2014（1）：768038 - 768038.

某些地区对作物造成100%的损失（Tennant et al，2007）。PRSV 是由几种蚜虫以非持久方式进行传播，包括通过外壳蛋白（CP）和辅助成份 - 蛋白酶（HC-Pro）（Maia et al，1996；Peng et al，1998；Pirone and Blanc，1996）。

番木瓜和蚜虫传播病毒遍布世界（Tennant et al，2007）。PRSV 通过不同的方法控制，如对感染植株留优去劣筛选，使用防护作物，交叉保护，以及转基因抗性（Fermin et al，2010）。PRSV 通过适量控制非常困难，同时在全球开展交叉保护控制环斑病毒病也是无效的。番木瓜中还没有发现 PRSV 抗性（Teixeira da Silva et al，2007）。另一方面，一些野生的番木瓜品种，如兰花番木瓜（*C. cauliflora*）、绒毛辣椒（*C. pubescens*）、槲叶番木瓜（*C. quercifolia*）有 PRSV 抗性，但这些野生种与番木瓜杂交不亲和（Horovitz and Jimenez，1967）。植物病毒最有效的控制方法是提高种群抗性（Fuchs and Gonsalves，2008）。遗传转化可以引入目的基因到植物体内，用于控制植物病虫害。病原体引发抗性的概念已经促进了研究，番木瓜通过基因技术获得对病毒抵抗力。病原体引发抗性或者通过由转基因编码蛋白质（蛋白质 - 介导），或者通过转基因的转录产物（RNA 介导的）。最近研究表明，来源于病原体的抗性是 RNA 介导的转录后基因沉默机制。蛋白介导提供了对广泛的相关病毒适度的抗性，而 RNA 介导提供了对密切相关的病毒株高水平抗性（Baulcombe，1996）。RNAi 技术已用于诱导 PRSV 免疫反应。该技术已在环保型分子工具发展的新时代前列，它可以抑制负责调控疾病的特定基因。

目前，夏威夷种植的转基因番木瓜超过其总种植面积的70%。在光照充足和雨水丰沛的条件下，转基因番木瓜已被广泛种植在美国，而且对人体健康无任何不良影响（Gonsalves et al，2010）。在诸如澳大利亚、牙买加、委内瑞拉、越南、泰国、台湾、菲律宾等国家，已将本地理区域的 CP 基因用于开发地区特定转基因番木瓜以控制 PRSV（Fermin et al，2010）。已经通过基因技术开发一些抗 PRSV 的番木瓜品种。但是，没有控制 PRSV 的综述文章可用。Tecson Mendoza 等人（2008）总结了不同国家转基因番木瓜技术和研究活动的发展，但不包括控制 PRSV 的所有方面。因此，这种综述文章的目的是回顾最近 PRSV 的发展，基因组学，PRSV 多样性，分子鉴定，宿主范围决定因素和传播媒介，生物安全，主要挑战以及未来的研究方向。

番木瓜环斑病毒的基因组

PRSV 是马铃薯 Y 病毒科马铃薯 Y 病毒属。PRSV 基因组是 800 ~ 900 nm 长、无膜包被、曲折丝状颗粒、约 10 324个核苷酸的单链 RNA 基因组。该病毒包含 94.5% 的蛋白质和 5.5% 的核酸。PRSV 基因组编码单个大蛋白（3 344个氨基酸），随后切割为具有各种功能的小蛋白。PRSV 多蛋白的注释图如图 14 - 1 所示。

切割位点提议位置预测有 8 到 9 个蛋白，包括 P1（63K）、辅助成分（HC-PRO，52K）、P3（46K），圆柱包涵体蛋白（C1，72K），核包涵体蛋白质 a（NIa，48K），核包涵体蛋白 b（NIb，59K）和外壳蛋白（CP，35K）。P1 蛋白由马铃薯 Y 病毒基因组编码，并自动催化切割。P1 蛋白是最不稳定蛋白，并且可以在整个感染植物体内移动（Urcuqui-Inchima et al，2001）。辅助成分（HC-PRO）是一种多功能蛋白，介导蚜虫传播，症状表现，长距离运动，基因组扩增，以及抑制转录后基因沉默（PTGS）。HC-Pro

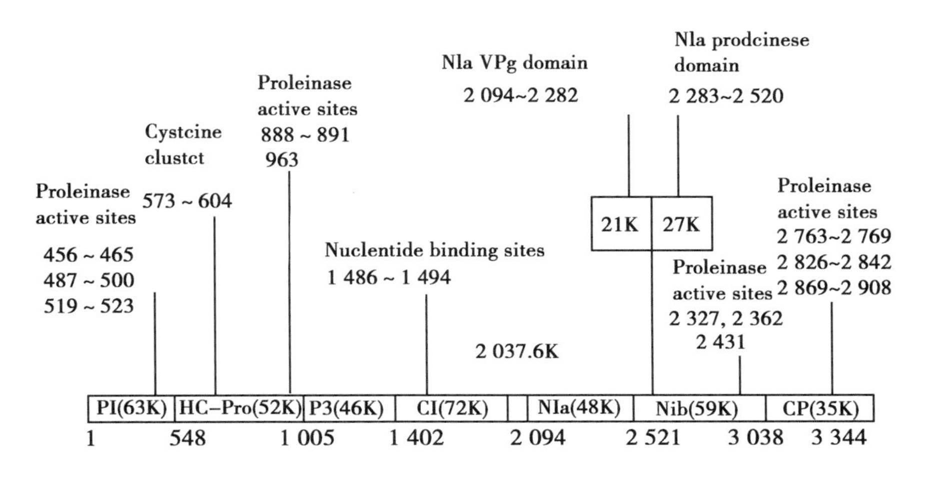

图 14－1 PRSV 多蛋白的图谱。特定基序所指出的，固体横道在多蛋白裂解位点，而虚线表示的 NIa 蛋白质的电位内部切割位点

高效抑制 RNA 沉默（Anandalakshmi et al，1998）。它可以影响植物 microRNA 介导的发育途径，并有助于异种病毒的建立。HC-Pro 的长距离运动和基因组复制依赖于抑制 PTGS（Kasschau，2001）。HC-Pro 是负责聚病毒和无关病毒之间的协同作用，这可在感染叶片引起严重的症状和病毒积累（Pruss et al，1997）。PRSV 的 C1 蛋白有 NTP 结合、NTPase、RNA 结合和 RNA 解旋酶活性（Fernandez et al，1995；Lain et al，1990）。所述的 NIa 具有被定义为 N 末端的基因组联接蛋白（VPg）和 C-末端结构域．VPg 用来引发 RNA 合成。Nib 是已经被证明与具有复制酶活性的 RNA 聚合酶相互依赖。CP 是参与蚜虫传播的系统性扩散和病毒 RNA 的衣壳化（Urcuqui-Inchima et al，2001）。基于宿主范围，PRSV 分为两大类型或菌株。PRSV-W 型侵袭葫芦但不侵袭番木瓜，而 PRSV-P 型侵袭番木瓜和葫芦。

番木瓜环斑病毒的遗传多样性

番木瓜环斑病毒遗传多样性的知识对注重证据的疾病有效控制是很重要的。在世界不同地区观察番木瓜环斑病毒的遗传多样性（Tennant et al，1994）。分离的 PRSV 和 PRSV CP 基因序列已在表 14－1 中列出。该病毒分离序列多样性及其分布对于确定病毒的起源、发展、扩散和致病很重要，有助于有效控制病毒病。分离自美国和澳大利亚的 PRSV 的 CP 基因有小的序列变异（Bateson et al，1994；Quemada et al，1990）。另一方面，分离的 PRSV 的 CP 基因有更高序列变异的来自印度（Jain et al，2004）和墨西哥（Silva-Rosales et al，2000）。PRSV 分离株中氨基酸和核酸的多样性最高的在亚洲种群（Jain et al，2004）。印度分离出的 PRSV 与从其他国家分离的不同。Bateson（Bateson et al，2002）报道，番木瓜环斑病毒的起源是南亚，印度分离的 PRSV 多样性最大。PRSV 的差异主要体现在 CP 基因长度的不同（Jain et al，2004）。番木瓜环斑病毒的核苷酸序列多样性最高是从印度收集的 CP 和 HC-Pro 基因中发现的（Olarte Castillo et al，2011）。番木瓜环斑病毒可能是在 18 世纪初到 20 世纪从印度传播到美国的（Olarte Castillo et al，2011）。PRSV 中 CP 基因序列的变化在世界不同地区具有发现（Bateson et al，1994）。番木瓜环斑病毒的遗传多样性取决于地理位置。例如，转美国分离 CP 基因（HA5－1）的番木瓜对美国隔离分离的 PRSV（HA）感染有抗性，但对澳大利亚和泰国分离的 PRSV 感染的没有抵抗力（Tennant et al，1994）。

寄主范围决定因素和传播媒介

植物病毒从一个细胞扩散到另一个细胞需要病毒与宿主因子的相互作用。植物病毒进入宿主细胞，是通过伤口部位、机械或载体机制。病毒感染植物有进一步的途径：短距离（细胞间运动）和长距离。病毒在植物体中的移动依赖于宿主特异性反应。PRSV 的宿主有限，只有番木瓜科，藜科，葫芦科。番木瓜环斑病毒的传播宿主是番木瓜（*C. papaya*），西葫芦（*Cucurbita pepo*）和刺角瓜（*Cucumis metuliferus*）。检测病变的 PRSV 宿主是藜（*Chenopodium quinoa*）和苋色藜（*Chenopodium amaranticolor*）（Tripathi et al，2008）。Chen 等人发现依据宿主范围可以将 PRSV 分为两种类型。该 PRSV-P 型可以侵染番木瓜，而 PRSV-W 型只能感染葫芦。这两种毒株密切相关（Chen et al，2001）。报告说，CP 基因不是感染番木瓜的决定因素。PRSV 的 Nia 基因和一部分 Nib 基因负责侵染番木瓜。P1 基因和 HC-Pro 基因的突变导致的番木瓜上 PRSV 症状减轻，藜（*Chenopodium quinoa*）只有局部病变（Chiang et al，2007），因为 HC-Pro 是藜病变形成的主要决定因素。宿主和 PRSV 之间的相互作用是生物活性和发展疾病控制策略的基础。但是，交叉保护在分子水平上没有清楚地解释，在栽培番木瓜时，转录后基因沉默（PTGS）对 PRSV 控制是有效的。PRSV 是由几种蚜虫以非持久方式进行传播，包括通过外壳蛋白（CP）和辅助成份－蛋白酶（HC-Pro）。蚜虫吸食被感染的番木瓜植株，再去吸食健康的番木瓜植株，便把病毒也传染过去了。

番木瓜环斑病毒的分子诊断

病毒的鉴定是有效控制 PRSV 中最重要的一步。因为 PRSV 有不同的毒株存在，所有对 PRSV 的诊断就显得非常重要的（Wang et al，1994）。该病毒颗粒很不稳定，而且往往与植物残体聚集。PRSV 主要是通过症状评估来诊断；视觉诊断快速但不可靠的。类似于 PRSV 症状可能是由于土壤中缺乏微量营养素元素及各种天气状况的影响。PRSV 可能由分子诊断如 ELISA，免疫捕获-RT-PCR，RT-PCR 和 DIBA 来确认。ELISA 法被广泛地用于快速检测世界上不同地区的 PRSV，在检测上是一个快速和可靠的技术（Tennant et al，1994；Yeh et al，1998）。免疫捕的 RT-PCR 是一种非常可靠、快速测定病毒的技术，它可以检测到低浓度的 RRSV；它比 ELISA、RT-PCR 和 DIBA 更敏感（Sreenivasulu，2010）。Ruiz-Castro 和 Silva-Rosales（1997）关于报道逆转录聚合酶链反应（RT-PCR）表明：对于番木瓜样品中检测到 PRSV 的结果是可信的。免疫斑点结合测定（DIBA）对于病毒检测是有用的，因为它是一个大规模检测病毒的简单廉价方法（Smith and Bantari，1987）。

番木瓜环斑病毒病控制策略

番木瓜环斑病毒是对番木瓜最具破坏性的病毒病。控制 PRSV 的包括抹砍掉患病株和用杀蚜剂喷洒番木瓜植株。但一旦确定患病，砍掉患病株不能阻止疾病蔓延。同样地，蚜虫被杀死之前已经传播了病毒，喷洒杀蚜剂便常常是无效的（Pernezny and Litz，1999）。

PRSV 分离物和 PRSV CP 基因序列见表 14－1。

表 14－1　PRSV 分离物和 PRSV CP 基因序列

Name	Biotype	Origin	Gene Bank accession no	Reference
USP－HW	P	USA	X67673	（Bateson et al，2002）
USW－FL	W	USA	D00594	（Quemada et al，1990）
USP－FL	P	USA	AF196839	（Davis and Ying，1999）
AU－P	P	Australia	U14738	（Bateson et al，1994）
BD	P	Australia	U14736	（Bateson et al，1994）
BUN	P	Australia	U14737	（Bateson et al，1994）
WP	P	Australia	U14740	（Lima et al，2002）
TWP－2	P	Taiwan	AB044341	（Bateson et al，2002）
TWP－YK	P	Taiwan	X78557	（Yeh et al，1998）
THP－11	P	Thailand	U14743	（Bateson et al，2002）
THW－03	W	Thailand	AF506895	（Bateson et al，2002）
THW－04	W	Thailand	AF506894	（Bateson et al，2002）
THP－14	P	Thailand	AF506898	（Bateson et al，2002）
THP－13	P	Thailand	AF506899	（Bateson et al，2002）
THP－12	P	Thailand	AF506900	（Bateson et al，2002）
INP－BR	P	India	AF305545	（Silva-Rosales et al，2000）
INW	P	India	AF063221	（Bateson et al，2002）
INP	P	India	AF063220	（Bateson et al，2002）
VNP－02－29	P	Vietnam	AF506862－89	（Bateson et al，2002）
VNW－30－32	W	Vietnam	AF506846－48	（Bateson et al，2002）
SRP	P	Sri Lanka	U14741	（Bateson et al，1994）
BZP－2	P	Brazil	AF344640	（Bateson et al，2002）

（续表）

Name	Biotype	Origin	Gene Bank accossion no	Reference
BZP－9	P	Brazil	AF344647	（Bateson et al，2002）
CHP	P	China	AF243496	（Lima et al，2002）
IAP	P	Iapan	AF044339	（Bateson et al，2002）
PHP－01	P	Philipplines	AF506902	（Bateson et al，2002）
Chr－11	P	Mealco	AJ012650	（Silva-Rosales et al，2000）
VTB－6	P	Mealco	AJ012649	（Silva-Rosales et al，2000）

PRSV 控制过程中一直专注发展适应或抗病的番木瓜品种，但这些品种由于水果质量差和活力低，所以种植很少（Dillon et al，2006）。PRSV 抗性基因存在于一些可用的番木瓜野生品种。但是通过常规育种方法发展抗 PRSV 品种很复杂，因为野生品种和栽培番木瓜杂交不亲和（Gonsalves et al，2006；Manshardt，1992）。商业化番木瓜杂交后代的耐受性也限制了该方法用于 PRSV 控制。交叉保护作用是用来控制 PRSV，用弱病毒株引起植株患病，以避免被更强病毒侵染造成更严重的经济损失（Yeh and Gonsalves，1984；Gonsalves and Garnsey，1989）。在台湾，番木瓜接种交叉保护策略用一个温和的措施使植株获得对强性 PRSV 的抵抗力（Yeh et al，1988）。交叉保护取决于针对靶病毒有效而温和菌株的可用性。交叉保护需要额外的农业措施和护理。但是，菌株特异性、扩繁温和型菌株纯合系技术上的困难、这种温和型菌株的不可用性均限制了这种方法发挥作用（Yeh and Cheng，1989）。田间评估发现，交叉保护在田间控制 PRSV 勉强有效（Tripathi et al，2008）。康奈尔大学和夏威夷大学的研究人员发起了通过基因技术发展抗环斑病毒番木瓜。病原体衍生性的概念是 Sanford 和 Johnston 提出，用于开发对病原体的抗性（Sanford and Johnston，1985）。本研究小组利用病原衍生性的概念，通过基因技术刺激研究获得病毒抗性。病原体产生耐药性可以通过蛋白质介导或 RNA 介导的方法控制。已经开发使用 RNA 介导基因沉默使转基因植物表达病毒基因的另一种策略（Chiang et al，2001）。尽管这种方法是成功的，但 PRSV 的抗性水平与环境因子和植物发育阶段不同。针对不同分离 PRSV 毒株的广谱抗性取决于靶病毒的同源基因和不同 PRSV 毒株的遗传差异，这与它们的地域分布密切相关（Bau et al，2003）。转基因番木瓜品种，针对不同病毒株，必须为不同种植区分别单独开发抗病毒番木瓜品种。PRSV 抗性品系的发展通常被认为是高效控制番木瓜环斑病毒病，长期保护番木瓜的最佳策略（Fermin，et al，2010）。

基因技术用于发展抗 PRSV 转基因番木瓜

一般作物对病毒病的抗性可以通过提供病原体衍生抗性（PDR）的病毒序列的基因和天然抗性基因获得，各种其他来源基因可以干扰靶病毒。病原体衍生抗性（PDR）的概念是控制 PRSV 的新方法。病原体衍生基因以不同的方式干扰病毒在宿主植物的复制过程。到目前为止，抗 PRSV 转基因番木瓜已通过外壳蛋白（CP）、RNA 沉默和复制酶基因技术得到发展。

外壳蛋白（CP）介导的抗性

发展转基因番木瓜，以防止感染番木瓜环斑病毒的转基因烟草的研制成功后已被采用，表达烟草花叶病毒，这表明抗病基因 CP。Fitch（1992）等人开发使用未成熟合子胚的基因转移系统与含有新霉素磷酸二—质粒构建含有蛋白基因耐 PRSV 转基因番木瓜（NPTII）基因。这是第一个结果证明 CP 介导的抗性可用于控制 PRSV。Cheng（1996）等使用台湾 PRSV 毒株的 CP 基因构建二元 Ti 质粒 pBGCP，农杆菌介导法转化，开发抗 PRSV 转基因番木瓜。许多科学家已开始开发抗 PRSV 转基因番木瓜，使用不同的含带有新霉素磷酸转移酶 II（NPTII）基因的质粒的外植体（Chen et al，2001；Lines et al，2002；Tennant et al，2002；Azad et al，2013）。CP 介导抗 PRSV 已应用在世界各地（Davis and Ying，1999）。研究人员首选 CP 基因用于开发抗 PRSV 番木瓜（Fitch，2005）。然而，CP 介导的 PRSV 抗性的效果取决于分离的 PRSV 来源。不同的国家包含可用基因的 PRSV-CP 的可翻译和不可翻译结构如表 14－2 中所示。

Gonsalves（2006）用不可翻译 CP 基因开发抗 PRSV 番木瓜品种时，使用基因枪技术进行转化。这显示出分离自夏威夷、澳大利亚、台湾、墨西哥、牙买加、巴哈马、巴西的同源 PRSV 的抗性。抗 PRSV（夏威夷）转基因番木瓜 SunUp 品种是用夏威夷 PRSV 毒株的 CP 基因，通过体细胞胚转化得到的。Tennant 等人（1994）表达分离自夏威夷的温和 PRSV 毒株（PRV HA 5－1）的 CP 基因的转基因番木瓜。这种转基因番木瓜表现出对 PRSV 强毒株（PRV-HA）的高抗。Bau 等人（2003）开发表达 CP 基因的转基因番木瓜株系对 PRSV 在台湾不同地区的不同毒株 PRSV 有广谱抗性。Magdalita 等（2004）用菲律宾 PRSV 的 CP 基因开发转基因番木瓜，再生转基因植株 R0 代中感，而 R1 代植株完全抵抗。

RNA 的干扰介导的抗性

RNA 干扰（RNAi）介导的病毒抗性是先由 Waterhouse（1998）在抗马铃薯 Y 病毒的转基因烟草植株中发现的。RNA 介导的基因调控机制为基因功能研究和作物改良开发分子工具提供了新的平台（Eamens et al，2008）。RNA 沉默途径在植物对抗病原体和防御昆虫等生物和非生物胁迫方面发挥了重要的作用，这将有助于人类面对农业生产的挑战和气候变化引起的越来越不利的环境条件。这种技术可以通过抑制特定基因或基因以产生抗病性（Ramesh et al，2007）。PRSV 是单一开放读码框架的 RNA 病毒，先翻译成一个大型蛋白质，然后制造的最终所需要的蛋白质产物（Yeh et al，1992）。只有当转入基因与侵袭病毒高度相似时，RNA 介导的保护才有效。地理上不同的毒株之间的差异给生产出抗 PRSV 转基因植物带来了困难。PRSV 抗性失效与来自病毒的抑制蛋白导致沉默有关（Ruanjan et al，2007）。这个问题可以通过转基因番木瓜体内的 RNA 沉默机制沉默抑制蛋白 HcPro 来解决。辅助成分蛋白酶（HcPro）已被证明可以有效抑制 RNA 沉默。Mangrauthia et al（2008）认为 HcPro 是在印度次大陆发展抗 PRSV 番木瓜需要考虑的重要组成部分。RNA 介导的病毒抗性的机制也称为同源依赖抗性，反映转录后基因沉默（PTGS）的特殊机制（Fermin and Tennant，2011；Wassenegger and P'elissier，1998）。PTGS 是 21～25 个核苷酸的小干扰 RNA 的积累，靶标 mRNA 的序列特异性降解，以及靶基因序列随后的甲基化。Tennant et al（2002）报道，转基因番木瓜对 PRSV 抗性机理是序列同源性依赖并经由 RNA 通过 PTGS 介导。他们发现，一个不可翻译 CP 基因能够通过 PTGS 赋予 PRSV 分离毒株的同源序列以抗性。另一方面，沉默抑制是抑制转基因 PRSV 抗性的主要因素（Tripathi et al，2004）。Ruanjan 等报道，转基因番木瓜显示出通过抑制转录后基因沉默（PTGS）可以抵抗 PRSV。

复制酶基因介导的抗性

抗性机制是基于蛋白质的，因为抗性表型是受突变影响，突变同时影响转基因编码蛋白质的一级结构。复制酶基因在各种属内的结构不同。复制酶基因的导入第一次证明了烟草（*Nicotiana tabacum*）对烟草花叶病（TMV）的抗性（Golemboski et al，1990）。复制酶基因突变已被证明是能够赋予对病毒的抗性（Nunome et al，2002）。Chen 等人（2001）报道称，复制酶基因（RP）能使转基因番木瓜获得 PRSV 抗性。Wei 等人报告说，复制酶基因（RP）突变能使转基因番木瓜对 PRSV 高抗。

应用转基因番木瓜需要考虑的因素

尽管转基因番木瓜有潜力和效益，但转基因番木瓜的应用率极低。应用转基因番木瓜主要面临的挑战包括开发应用转基因番木瓜的生物技术协议、作为商业化产品可行性、生物安全监管问题以及贸易规则。没有发现转基因番木瓜有对周围生态环境，如相邻的非转基因番木瓜树、微生物菌群、有益昆虫或土壤等有影响（Sakuanrungsirikul et al，2005）。Hsieh 和 Pan 报道，抗 PRSV 转基因番木瓜对土壤中的微生物生命只有有限的影响。研究人员的安全性评估表明，依据营养和毒理学参数，转基因番木瓜可能没有不利影响（Roberts et al，2008）。成功应用转基因番木瓜取决于生物安全监管问题和社会对技术的接受程度。抗 PRSV 转基因番木瓜已在美国和中国推出和应用（Stone，2008）。Gonsalves 等人（2007）报道，抗 PRSV 番木瓜的应用率在夏威夷农户中较高。Fermin 等人（2004）研究发现转基因番木瓜的采用率在夏威夷，牙买加和委内瑞拉是一个变量，受番木瓜需求、生物安全法规和社会对技术的认可影响。转基因番木瓜应用率仍然增长缓慢，因为缺乏农民参与，农民常常被反基因工程的非政府组织（NGO）劝说抵抗技术。有些国家也面临着反对转基因番木瓜的国际绿色和平组织（NGO）。一些发展中国家缺乏生物安全法、基础设施和进行足够培训以满足商业化前的监管检测。有许多国家的市场依赖于政治和进口国消费者的需求。此外，文化素养、社会、政治和经济因素都可能会影响转基因番木瓜的应用。

环境问题和食品安全

转基因作物要遵守生物安全规则，因为其对环境中的植物、人类和动物的健康可能产生负面影响。环境风险可能会在对益虫、哺乳动物、微生物、与非转基因物种杂交可能性、以及在环境中的持久性产生负面影响。转基因植物表达的 CP 基因可能通过杂衣壳体化的过程入侵到另一个感染植物的病毒中去。CP 基因可携带致病因子以及可能改变转基因植物中病毒的性质。因此，在转基因植物中的非传染性病毒载体将通过杂衣壳化转化产生新的传染性病毒。但在表达病毒 CP 基因的转基因番木瓜杂衣壳实践中的意义有限，对环境的影响可以忽略不计。重组是指在病毒复制过程中两个 RNA 分子之间的遗传物质的交换。重组病毒可能对环境产生负面影响，如增加致病性，扩大宿主范围、改变载体。到目前为止，在抗 PRSV 转基因番木瓜这个领域中没有发现重组现象（Fuchs and Gonsalves，2008）。转基因番木瓜对微生物的影响进行了试验研究。Phironrit 等报道，在转基因和非转基因番木瓜种植地块上的微生物群落没有明显差异。另一方面，Hsieh 和 Pan 报道，抗 PRSV 转基因植物对土壤中的微生物群落的影响有限。转基因漂移是众多种植者、出口商和消费者主要关心的问题。Fuchs 和 Gonsalves （2008） 报道，番木瓜中基因漂移相当低，因为夏威夷的番木瓜大多数是雌雄同体。Manshardt 表明，在非转基因雌雄同体中有 7% 的转基因种子。食品安全问题包括毒素和过敏原。转基因植物有潜在致敏性，由于病毒序列编码的蛋白质（Fuchs and Gonsalves，2008）。Yeh 和 Gonsalves （1984） 报道抗 PRSV 转基因番木瓜在食用后没有不良影响。Fermin et al（2004） 观察到转基因衍生 PRSV CP 没有造成食物过敏的任何风险。转基因番木瓜果实被公认为可以在食品安全方面替代传统的番木瓜（Lin et al，2013）。异硫氰酸苄酯（BITC） 是一个抗营养素，已经在十字花科、番木瓜科和辣木科的提取物中确认（Ettlinger and Kjaer，1968）。BITC 可能危及孕妇胎儿和提高患前列腺癌的风险（S. S. Hecht，et al，2002）。转基因番木瓜和非转基因番木瓜的 BITC 值是相似的，因此不增加任何对人类健康的威胁。因此，抗 PRSV 番木瓜环保安全，适合人类食用。

当前挑战和前景展望

转基因番木瓜是现有植物病害控制最有效的技术（Fermin and Tennant，2011）。转基因番木瓜已给夏威夷番木瓜产业带来了巨大的社会和经济影响（Gonsalves et al，2007）。然而，转基因番木瓜的成功依赖于转基因抗性的持续稳定性和番木瓜的理想园艺特征。抗 PRSV 番木瓜的主要问题是 PRSV 抗性消失。Tennant （1994） 报道，转基因番木瓜 55－1 株系 R1 代在温室接种后表现出较低的抗性。转基因番木瓜植株 R1 代抗分离自夏威夷的 PRSV，但对其他国家的 PRSV 仍敏感。此外，转基因番木瓜的抗性取决于生长发育阶段、转基因剂量、转基因同源性（Tennant et al，1994）。对 PRSV 的抗性，与侵染病毒的 CP 基因和转入基因之间的同源性呈正相关（Tripathi et al，2008）。例如，转入的 CP 基因与分离自夏威夷的病毒有 97% ～100% 的序列同源性，与其他地区只有 89% ～93% 的序列同源性（Tripathi et al，2008）。Tripathi 等（2008） 报道转基因番木瓜植物中，纯合子 SunUp 的 CP 表达量比杂合子合子 Rainbow 低。在夏威夷 Rainbow 和 SunUp 转基因抗性稳定性已经近 10 年，但抗性在新病毒株存在的地区可能会被破坏。世界不同地区的 PRSV 毒株有丰富的遗传多样性。抗 PRSV 转基因番木瓜面临的主要困难，目前不能同时对地理上不同的毒株产生抗性。很重要的是，研究人员监控 PRSV 种群及其多样性，确保对控制番木瓜疾病的成功。另一方面，转录后基因沉默

（PTGS）技术是可能为抗 PRSV 转基因番木瓜的发展提供更强大更有效的方法。因此，抗 PRSV 的转基因番木瓜国家特殊品种应通过 PTGS 技术用不同地理区域分离的 PRSV 来开发。

结论

PRSV 是番木瓜生产的主要威胁。通过基因技术的转基因番木瓜已用于 PRSV 疾病控制。在这次回顾中，我们发现，抗 PRSV 番木瓜品种的发展用 CP 基因或 RNA 干扰来进行。PRSV 有世界范围的遗传多样性。转基因番木瓜栽培面临的主要挑战是 PRSV 抗性消失。但是抗 PRSV 转基因番木瓜的基因漂移较低，应该进行最大限度地减少这一问题的研究。抗 PRSV 转基因番木瓜的应用仍然缓慢的，这取决于对番木瓜需求，生物安全法规和社会对技术的接受程度。最近的研究表明，抗 PRSV 转基因番木瓜对环境是安全的，并对人体健康无不良影响。在将来，转录后基因沉默（PTGS）技术可以用于抗 PRSV 转基因番木瓜的发展。这次回顾表明，番木瓜生产国应利用自己的 PRSV 分离株通过转录后基因沉默技术发展抗 PRSV 转基因番木瓜。

参考文献

DeCandolle A. 1984. Origin of Cultivated Plants ［M］. NY，USA：JohnWiley & Sons.

Jayavalli RTN，Balamohan N，Manivannan，et al. 2011. Breaking the intergeneric hybridization barrier in *Carica papaya* and *Vasconcellea cauliflora* ［J］. Scientia Horticulturae，130（4）：787－794.

Azad MAK，MG Rabbani，L Amin. 2012. Plant regeneration and somatic embryogenesis from immature embryos derived through interspecific hybridization among different *Carica* species ［J］. International Journal of Molecular Science，13（12）：17065－17076.

Aravind G，D Bhowmik，S Duraivel，et al. 2013. Traditional and medicinal uses of *Carica papaya* ［J］. Journal of Medicinal Plants Studies，1（1），7－15.

Retuta AMO，PM Magdalita，ET Aspuria，et al. 2012. Evaluation of selected transgenic papaya（*Carica papaya* L.）lines for inheritance of resistance to papaya ringspot virus and horticultural traits ［J］. Plant Biotechnology，29（4）：339－349.

Yeh SD，D Gonsalves. 1984. Evaluation of induced mutants of papaya ringspot virus for control by cross protection ［J］. Phytopathology，74（9）：1086－1091.

Gonsalves D. 1998. Control of papaya ringspot virus in papaya：a case study ［J］. Annual Review of Phytopathology，36（36）：415－ 437.

Tripathi S，JYSuzuki，SA Ferreira，et al. 2008. Papaya ringspot virus-P：characteristics，pathogenicity，sequence variability and control Molecular ［J］. Plant Pathology，9（3）：269－280.

Purcifull DE，JR Edwardson，E Hiebert，et al. 1984. Papaya ringspot virus in CMI/AAB

Description of Plant Viruses [M]. The Netherlands: Wageningen University, Wageningen. 292 (2): 8.

Khurana SMP. 1974. Studies on three virus diseases of papaya in Gorakhpur [R]. Warszawa, Poland. India in Proceedings 19th International Horticulture Congress.

Gonsalves D. 1994. Papaya ringspot virus in compendium of tropical fruit diseases [M]. St Paul Minn USA: APS Press. 67 -68.

Alvizo HF. C Rojkind. 1987. Resistencia al virus mancha anular del papayo en *Carica cauliflora* in Revista Mexicana [J]. De Fitopatologia, 5: 61 -62.

Thomas JE, RL Dodman. 1993. The first record of papaya ringspot virus-p in Australia [J]. Australian Plant Pathology, 22 (1): 2 -7.

Maoka T, S Kawano, T Usugi, 1995. Occurrence of the P strain of papaya ringspot virus in Japan [J]. Annals of the Phytopathological Society, 61 (1): 34 -37.

Davis R I, LMu, NMaireroa, et al. 2005. First records of thepapaya strain of Papaya ringspot virus. PRSV-P. in French Polynesia and the Cook Islands [J]. Australasian Plant Pathology, 34 (1): 125 -126.

Tennant PF, GA Fermin, RE Roye. 2007. Viruses infecting papaya (*Carica papaya* L): etiology, pathogenesis, and molecular biology [J]. Plant Viruses, 1: 178 -188.

Maia IG, AL Haenni, F Bernardi. 1996. Potyviral HC-Pro: a multifunctional protein [J]. Journal of General Virology, 77 (7): 1335 -1341.

Peng YH, D Kadoury, A Gal-On, et al. 1998. Mutations in the HC-Pro gene of zucchini yellow mosaic potyvirus: effects on aphid transmission and binding to purified virions [J]. Journal of General Virology, 79 (4): 897 -904.

Pirone TP, S Blanc. 1996. Helper-dependent vector transmission of plant viruses [J]. Annual Review of Phytopathology, 34 (34): 227 -247.

Fermin GA, LTCastro, PF Tennant. 2010. CP-transgenic and non-transgenic approaches for the control of papaya ringspot: current situation and challenges [J]. Transgenic Plant Journal, 4 (1): 1 -15.

Teixeira da Silva JA, Z Rashid, DT Nut, et al, 2007. Papaya (*Carica papaya* L.) biology and biotechnology [J]. Tree and Forestry Science and Biotechnology, 1 (2007): 47 -73.

Horovitz S, H Jimenez. 1967. Cruzamientos interspecificos y intergenericos in Carica ceas y sus implicaciones fitotecnicas [J]. Agronomia Tropical Maracay, 17: 323 -343.

Fuchs MD, Gonsalves. 2008. Safety of virus-resistant transgenic plants two decades after their introduction: lessons from realistic field risk assessment studies [J]. Annual Review of Phytopathology, 45 (45): 173 -202.

Baulcombe DC. 1996. RNA as a target and an initiator of posttranscriptional gene silencing in trangenic plants [J]. Plant Molecular Biology, 32 (1 -2): 79 -88.

Gonsalves D, S Tripathi, JB Carr, et al. 2010. Papaya ringspot virus [R]. The Plant

Health Instructor.

TecsonMendoza EM, AC Laurena, JR, Botella. 2008. Recent advances in the development of transgenic papaya technology [J]. Biotechnology Annual Review, 14 (8): 423 -462.

Yeh SD, D Gonsalves. 1985. Translation of papaya ringspot virus RNA in vitro: detection of a possible polyprotein that is processed for capsid protein, cylindrical-inclusion protein, and amorphous-inclusion protein [J]. Virology, 143 (1): 260 - 271.

Urcuqui-Inchima S, AL Haenni, F Bernardi. 2001. Potyvirus proteins: a wealth of functions [J]. Virus Research, 74 (1 -2): 157 -175.

Anandalakshmi R, GJ Pruss, X Ge, et al. 1998. A viral suppressor of gene silencing in plants [J]. Proceedings of the National Academy of Sciences of the United States of America, 95 (22): 13079 -13084.

Kasschau KD, JC, Carrington. 2001. Long-distancemovement and replication maintenance functions correlate with silencing suppression activity of potyviral HC-Pro [J]. Virology, 285 (1): 71 -81.

Pruss G, X Ge, XM Shi, et al. 1997. Plant viral synergism: the potyviral genome encodes a broadrange pathogenicity enhancer that transactivates replication of heterologous viruses [J]. Plant Cell, 9 (6): 859 -868.

Fernandez A, S Lain, JAGarcia. 1995. RNA helicase activity of the plumpox potyvirus CI protein expressed in Escherichia coli. Mapping of an RNA binding domain [J]. Nucleic Acids Research, 23 (8): 1327 -1332.

Lain S, JL Riechmann, JAGarcia. 1990. RNAhelicase: a novel activity associated with a protein encoded by a positive strand RNA virus [J]. Nucleic Acids Research, 18 (23): 7003 - 7006.

Tennant PF, C Gonsalves, KS Ling, et al. 1994. Differential protection against papaya ringspot virus isolates in coat protein gene transgenic papaya and classically cross-protected Papaya [J]. Phytopathology, 84 (11): 1359 -1366.

Bateson MF, JHenderson, WChaleeprom, et al. 1994. Papaya ringspot potyvirus: isolate variability and the origin of PRSV type P. Australia [J]. Journal of General Virology, 75 (12): 3547 -3553.

Quemada H, BL'Hostis, D Gonsalves, et al. 1990. The nucleotide sequences of the 3'-terminal regions of papaya ringspot virus strains W and P [J]. Journal of General Virology, 71 (1): 203 -210.

Jain RK, J Sharma, AS Sivakumar, et al. 2004. Variability in the coat protein gene of Papaya ringspot virus isolates frommultiple locations in India [J]. Archives of Virology, 149 (12): 2435 -2442.

Silva-Rosales L, N Becerra-Leor, S Ruiz-Castro, et al. 2000. Coat protein sequence comparisons of three Mexican isolates of papaya ringspot virus with other geographical isolates reveal a close relationship to American and Australian isolates [J]. Archives of Virology, 145 (4): 835 -843.

Bateson MF, RE Lines, P Revill, et al., 2002. On the evolution and molecular epidemiology of the potyvirus Papaya ringspot virus [J]. Journal of General Virology, 83 (10): 2575 -2585.

Olarte Castillo XA, G Fermin J, Tabima, et al. 2011. Phylogeography and molecular epidemiology of Papaya ringspot virus [J]. Virus Research, 159 (2): 132 -140.

Gonsalves D, M Ishii. 1980. Purification and serology of papaya ringspot virus [J]. Phytopathology, 70 (11): 1028 -1032.

Chen G, CM Ye, JCHuang, et al. 2001. Cloning of the papaya ringspot virus. PRSV. replicase gene and generation of PRSV-resistant papayas through the introduction of the PRSV replicase gene [J]. Plant Cell Reports, 20 (3): 272 - 277.

Chiang CH, CY Lee, CH Wang, et al. 2007. Genetic analysis of an attenuated Papaya ringspot virus strain applied for crossprotection [J]. European Journal of Plant Pathology, 118 (4): 333 -348.

Wang CH, HJ Bau, SD Yeh. 1994. Comparison of the nuclear inclusion b protein and coat protein genes of five papaya ringspot virus strains distinct in geographic origin and pathogenicity [J]. Phytopathology, 84 (10): 1205 -1210.

Yeh SD, HJ Bau, YH Cheng, et al. 1998. Greenhouse and field evaluations of coat-protein transgenic papaya resistant to papaya ringspot virus [J]. Acta Horticulturae, 461 (461): 321 -328.

Sreenivasulu M, DVR SaiGopal. 2010. Developmentof recombinant coat protein antibody based IC-RT-PCR and comparison of its sensitivity with other immunoassays for the detection of papaya ringspot virus isolates from India [J]. Plant Pathology Journal, 26 (1): 25 -31.

Ruiz-Castro S, L Silva-Rosales. 1997. Use of RT-PCR for papaya ringspot virus detection in papaya (*Carica papaya*) plants from Veracruz [J]. Tabasco and Chiapas Revista Mexicana de Fitopatologia, 15 (1): 83 -87.

Smith FD, EEBantari. 1987. Dot ELISA on nitrocellulose membrane for detection of potato leaf roll virus [J]. Plant Disease, 71 (9): 795 -799.

Pernezny K, RE Litz. 2009. Some common diseases of papaya in Florida [R]. Florida Cooperative Extension Service Plant Pathology Fact Sheet, 35.

Dillon S, C Ramage, S Ashmore, et al. 2006. Development of a codominant CAPS marker linked to PRSV-P resistance in highland papaya [J]. Theoretical and Applied Genetics, 113 (6): 1159 -1169.

Gonsalves D, A Vegas, V Prasartsee, et al. 2006. Developing papaya to control Papaya ringspot virus by transgenic resistance, intergeneric hybridization, and tolerance breeding [M]. NJ USA: JohnWiley & Sons. 26: 35 -73.

Manshardt RM. 1992. Papaya in biotechnology of perennial fruit crops [M]. Oxford UK: Cambridge University Press. 489 – 511.

Gonsalves D, SM Garnsey. 1989. Cross protection techniques for control of plant virus diseases in the tropics [J]. Plant Disease, 73 (7): 592 – 597.

Yeh SD, D Gonsalves, HL Wang, et al. 1988. Control of papaya ringspot virus by cross protection [J]. Plant Disease, 72 (5): 375 – 380.

Yeh SD, YH Cheng. 1989. Use of resistant *Cucumismetuliferus* for selection of nitrous-acid induced attenuated strains of papaya ringspot virus [J]. Phytopathology, 79 (11): 1257 – 1261.

Sanford JC, A Johnston. 1985. The concept of parasitederived resistance: deriving resistance genes from the parasite's own genome [J]. Journal of Theoretical Biology, 113 (2): 395 – 405.

ChiangCH, JJWang, FJ Jan, et al. 2001. Comparative reactions of recombinant papaya ringspot viruses with chimeric coat protein (CP) genes and wild-type viruses on CP-transgenic papaya [J]. Journal of General Virology, 82 (11): 2827 – 2836.

Bau HJ, YH Cheng, TA Yu, et al. 2003. Broad-spectrum resistance to different geographic strains of Papaya ringspot virus in coat protein gene transgenic papaya [J]. Phytopathology, 93 (1): 112 – 120.

Fitch MMM, RM Manshardt, D Gonsalves, et al. 1992. Virus resistant papaya plants derived from tissues bombarded with the coat protein gene of papaya ringspot virus [J]. Nature Biotechnology, 10 (11): 1466 – 1472.

Cheng YH, JS Yang, SD Yeh. 1996. Efficient transformation of papaya by coat protein gene of papaya ringspot virus mediated by *Agrobacterium* following liquid-phase wounding of embryogenic tissues with caborundum [J]. Plant Cell Reports, 16 (3 – 4): 127 – 132.

Lines RE, D Persley, JL Dale, et al. 2002. Genetically engineered immunity to Papaya ringspot virus in Australian papaya cultivars [J]. Molecular Breeding, 10 (3): 119 – 129.

Tennant P, MH Ahmad, D Gonsalves. 2002. Transformation of *Carica papaya* L. with virus coat protein genes for studies on resistance to Papaya ringspot virus from Jamaica [J]. Tropical Agriculture, 79 (2): 105 – 113.

Azad MAK, MG Rabbani, L Amin, et al. 2013. Development of transgenic papaya through *Agrobacterium* mediated transformation [J]. International Journal of Genomics, 2013 (2): 235487 – 235487.

Davis MJ, Z Ying. 1999. Genetic diversity of the Papaya ringspot virus in Florida [J]. Proceedings of Florida State Horticulture Society, 112: 194 – 196.

Fitch MMM. 2005. *Carica papaya*papaya in biotechnology of fruit and nut crops [M]. CABI publishing. 174 – 207.

Gonsalves CW, Cai PF, Tennant, et al. 1998. Effective development of papaya ringspot virus resistant papaya with untranslatable coat protein gene using a modified microprojectile transformationmethod [J]. Acta Horticulturae, 461 (461): 311 -319.

Bau HJ, YH Cheng, TA Yu, et al. 2004. Field evaluation of transgenic papaya lines carrying the coat protein gene of Papaya ringspot virus in Taiwan [J]. Plant Disease, 88 (6): 594 - 599.

Magdalita PM, LD Valencia, DOcampo, et al. 2004. Towards development of PRSV resistant papaya by genetic engineering [M]. Cirql Pty Ltd.

Waterhouse PM, MW Graham, MB Wang. 1998. Virus resistance and gene silencing in plants can be induced by simultaneous expression of sense and antisense RNA [J]. Proceedings of the National Academy of Sciences of the United States of America, 95 (23): 13959 -13964.

Eamens A, MBWang, NA Smith, et al. 2008. RNAsilencing in plants: yesterday, today, and tomorrow [J]. Plant Physiology, 147 (2): 456 -468.

Ramesh SV, AK Mishra, S Praveen. 2007. Hairpin RNAmediated strategies for silencing of tomato leaf curl virus AC1 and AC4 genes for effective resistance in plants [J]. Oligonucleotides, 17 (2): 251 -257.

Yeh SD, FJ Jan, CH Chiang, et al. 1992. Complete nucleotide sequence and genetic organization of papaya ringspot virus RNA [J]. Journal of General Virology, 73 (10): 2531 -2541.

Ruanjan P, S Kertbundit, M Juˇr'ıˇcek. 2007. Post-transcriptional gene silencing is involved in resistance of transgenic papayas to papaya ringspot virus [J]. Biologia Plantarum, 51 (3): 517 -520.

Mangrauthia SK, RK Jain, S Praveen. 2008. Sequence motifs comparisons establish a functional portrait of amultifunctional protein HC-Pro from papaya ringspot potyvirus [J]. Journal of Plant Biochemistry and Biotechnology, 17 (2): 201 -204.

Meins JF. 2000. RNA degradation and models for posttranscriptional gene silencing [J]. Plant Molecular Biology, 43 (2 -3): 261 -273.

Wassenegger M, T P'elissier. 1998. A model for RNA-mediated gene silencing in higher plants [J]. Plant Molecular Biology, 37 (2): 349 -362.

Tennant P, G Fermin, MMM Fitch, et al. 2001. Papaya ringspot virus resistance of transgenic rainbow and SunUp is affected by gene dosage, plant development, and coat protein homology [J]. European Journal of Plant Pathology, 107 (6): 645 -653.

Tripathi S, HJ Bau, LF Chen, et al. 2004. The ability of Papaya ringspot virus strains overcoming the transgenic resistance of papaya conferred by the coat protein gene is not correlated with higher degrees of sequence divergence fromthe transgene [J]. European Journal of Plant Pathology, 110 (9): 871 -882.

Golemboski DB, GP Lomonossoff, M Zaitlin. 1990. Plants transformed with a tobacco mosaic virus nonstructural gene sequence are resistant to the virus [J]. Proceedings of the National Academy of Sciences of the United States of America, 87 (16): 6311 -6315.

Nunome T, F Fukumoto, F Terami, et al. 2002. Development of breedingmaterials of transgenic tomato plants with a truncated replicase gene of cucumber mosaic virus for resistance to the virus Breeding [J]. Science, 52 (3): 219 - 223.

Wei X, C Lan, Z Lu, et al. 2007. Analysis on virus resistance and fruit quality for T4 generation of transgenic papaya [J]. Frontiers of Biology in China, 2 (3): 284 -290.

Sakuanrungsirikul S, N Sarindu, V Prasartsee, et al. 2005. Update on the development of virus-resistant papaya: virus-resistant transgenic papaya for people in rural communities of Thailand [J]. Food and Nutrition Bulletin, 26 (4): 422 -426.

Hsieh YT, TM Pan. 2006. Influence of planting papaya ringspot virus resistant transgenic papaya on soil microbial biodiversity [J]. Journal of Agricultural and Food Chemistry, 54 (1): 130 -137.

Roberts M, DA Minott, PF Tennant, et al. 2008. Assessment of compositional changes during ripening of transgenic papaya modified for protection against papaya ringspot virus [J]. Journal of the Science of Food and Agriculture, 88 (11): 1911 -1920.

Stone R. 2008. China plans 0. 5 billion GM crops initiative [J]. Science, 321 (5894): 1279.

Gonsalves C, DR Lee, D Gonsalves. 2008. The adoption of genetically modified papaya in Hawaii and its implications for developing countries [J]. Journal of Development Studies, 43 (1): 177 -191.

Fermin G, V Inglessis, C Garboza, et al. 2004. Engineered resistance against Papaya ringspot virus in Venezuelan transgenic papayas [J]. Plant Disease, 88 (5): 516 -522.

Phironrit N, B Phuangrat, P Burns, et al. 2007. Determination of possible impact on the cultivation of PRSV resistant transgenic papaya to rhizosphere bacteria using the community-level physiological profiles. CLPP [R]. Thailand: the 6th Asian Crop Science Association Conference Bangkok.

Manshardt R. 2001. Is organic papaya production in Hawaii threatened by crosspollination with genetically engineered varieties [R]. University of Hawaii, 3.

Yeh SD, D Gonsalves. 1994. Practices and perspective of control of papaya ringspot virus by cross protection [M]. NYUSA: Springer. 10: 237 -257.

Ferm'ın G, RC Keith, JY Suzuki, et al. 2011. Allergenicity assessment of the papaya ringspot virus coat protein expressed in transgenic rainbow papaya [J]. Journal of Agricultural and Food Chemistry, 59 (18): 10006 -10013.

Lin HT, GC Yen, TTHuang, et al. 2013. Toxicity assessment of transgenic papaya ringspot virus of 823 -2210 line papaya fruits [J]. Journal of Agricultural and Food Chemistry, 61 (7): 1585 -1596.

Ettlinger MG, A Kjaer. 1968. Sulfur compounds in plants [J]. Recent Advances in Phytochemistry, 1: 49 -144.

Hecht SS, PMJ Kenney, M Wang, et al. 2002. Benzyl isothiocyanate: an effective inhibitor of polycyclic aromatic hydrocarbon tumorigenesis in A/J mouse lung [J]. Cancer Letters, 187 (1 -2): 87 -94.

Fermin G, P Tennnt. 2011. Opportunities and constraints to biotechnological applications in the Caribbean: transgenic papayas in Jamaica and Venezuela [J]. Plant Cell Reports, 30 (5): 681 -687.

Lima AC, R Souza Jr, TMonoel, et al. 2002. Sequence of the coat protein gene from Brazilian isolates of papaya ringspot virus [J]. Fitopatologia Brasileira, 27 (2): 263 -267.

Souza MT, O Nickel, D Gonsalves. 2005. Development of virus resistant transgenic papayas expressing the coat protein gene from a Brazilian isolate of papaya ringspot virus [J]. Fitopatologia Brasileira, 30 (2005): 357 -365.

Davis MJ, Z Ying. 2004. Development of papaya breeding lines with transgenic resistance to Papaya ringspot virus [J]. Plant Disease, 88 (4): 352 -358.

Tennant P, MH Ahmad, D Gonsalves. 2005. Field resistance of coat protein transgenic papaya to Papaya ringspot virus in Jamaica [J]. Plant Disease, 89 (8): 841 -847.

Ferreira SA, KY Pitz, R Manshardt, et al. 2002. Virus coat protein transgenic papaya provides practical control of Papaya ringspot virus in Hawaii [J]. Plant Disease, 86 (2): 101 -105.

Fermin G. 2002. Use, application and technology transfer of native and synthetic genes to engineering single and multiple transgenic viral resistance [M]. Ithaca, NY, USA: Cornell University.

Kertbundit S, N Pongtanom, P Ruanjan, et al. 2007. Resistance of transgenic papaya plants to Papaya ringspot virus [J]. Biologia Plantarum, 51 (2): 333 -339.

第十五章　番木瓜根腐病生物技术育种①

摘　要：*Phytophthora* spp. 作为植物病害的重要致病菌已经造成了全球范围内的重大经济损失。植物防御素基因常常被用来转入植物体中提高作物对致病菌的抗病性。然而在植物中，防御素对 *Phytophthora* spp 的作用影响的效果和机理尚未无明确定论。本研究中，在番木瓜（*Carica papaya* L.）中表达了 *Dahlia merckii* 防御素 DmAMP1，番木瓜的根、茎和果实对 *Phytophthora palmivora* 引起的腐烂病高度易感。体外试验中，转化植株的叶片总蛋白提取物抑制 *Phytophthora* 的生长；活体试验中，切自转化植株叶片抑制 *Phytophthora* 的生长。温室接种实验结果表明，番木瓜中 DmAMP1 基因的表达增强了对 *P. palmivora* 的抗性，这种抗性的增加与在感染部位减少了 *P. palmivora* 菌丝的生长有关。番木瓜中 DmAMP1 表达的抑制作用表明，该方法在通过转基因使番木瓜抗 *Phytophthora* 方面有良好潜力。

关键词：番木瓜；遗传转化；根腐病；植物－微生物互作

缩写

NPT II　新霉素磷酸转移酶
ELISA　酶联免疫吸附试验
PCR　聚合酶链反应
DmAMP1　大丽花防御素
MS　Murashige 和 Skoog 植物培养基
CaMV35S　花椰菜花叶病毒启动子
NOS　胭脂碱合成酶启动子
SDS-PAGE　十二烷基硫酸钠－聚丙烯酰胺凝胶电泳
NBT　硝基蓝四氮唑
GLM　广义线性模型
LSD　最小显著差异

前言

Phytophthora spp. 包括至少 58 种 Oomycete，感染超过 1 000种植物，每年造成全球

① 参考：Zhu Y J，Ricelle A，Moore P H. 2007. Ectopic expression of Dahlia merckii defensin DmAMP1 improves papaya resistance to Phytophthora palmivora by reducing pathogen vigor［J］. Planta，226（1）：87－97.

数千亿美元的经济损失（Erwin and Ribeiro，1996）。番木瓜（*Carica papaya* L.）是一种重要的热带水果，对 *Phytophthora palmivora* 高度易感（Nishijima，1994）。与 *P. palmivora* 有关的果腐病和根腐病可以引起番木瓜树枯萎或死亡，特别是在排水不良的地区和凉爽多雨的冬季，对产量造成重大损失（Nishijima，1994）。控制这种病菌必须减少对杀真菌剂的依赖，以增加作物产量，提高收获前和收获后水果的品质。

防御素是一种富含半胱氨酸的小分子多肽，由 45～54 个氨基酸组成，普遍存在于植物界中（Broekaert et al，1997；Lay and Anderson，2005；Thomma et al，2002）。虽然植物防御素有共同的化学元素和三维结构，但整个植物防御素家族的氨基酸组成和生物活性存在着多样性（Lay and Anderson，2005；Thomma et al，2002）。一些防御素没有显示任何抗菌活性，而其他的则发现有体外抗真菌和抗细菌活性（Broekaert et al，1995，1997；Osborn et al，1995；Roy-Barman et al，2006；Segura et al，1998，1999）。有的防御素在抗真菌作用中引起丝状真菌超支化，其他的在病原菌形态学方面则没有产生变化（Broekaert et al，1997，1995；Osborn et al，1995；Segura et al，1998，1999）。来自 Dahlia merckii 中的植物防御素 DmAMP1 和来自 *Raphinussativus* 中的植物防御素 RsAFP2 已被证明可以诱导一系列相对快速的反应，在酵母（*Saccharomyces cerevisiae*）和黑霉（*Neurosporacrassa*）中，增加 K^+ 外流和 Ca^{2+} 吸收，引起膜电位和细胞膜通透性的变化（Thevissen et al，1996，1999）。此外，植物防御素被证明直接作用于质膜组分，如酿酒酵母突变体中的鞘脂（Thevissen et al，2003）和酵母中的 glucosylceramindes（Thevissen et al，2004）。这些结果表明，不同真核生物物种产生的结构同源的抗真菌肽与真菌质膜的相同靶目标相互作用。这些特定的防御素的抗真菌活性，直接与病原菌的膜系统有害变化有关。

已有报道称植物防御素基因的表达增加营养组织被病原菌攻击时的保护。萝卜防御素的组成型表达明显提高烟草对叶片真菌病菌 *Alternarialongipes* 的抗性（Terras et al，1995）、番茄对 *Alternariasolani* 的抗性（Parashina et al，2000）。组成型表达了豌豆防御素的转基因油菜（*Brassica napus*）对黑胫病（*Leptosp-haeriamaculans*）的抗性略有增强（Wang et al，1999）。表达了苜蓿防御素的转基因马铃薯在田间实验中对黄萎病具有较强抗性（Gao et al，2000）。最近，表达了脂质转移蛋白 Ace-AMP1 的转基因小麦增强了对 *Neovossiaindica* 的抗性（Roy-Barman et al，2006）。这些研究表明，利用一系列植物防御素的作物抗病工程在对抗各种病菌，为作物提供保护方面有巨大潜力。

大丽花防御素 DmAMP1 体外广泛抑制真菌生长只需在微摩尔浓度水平（Osborn et al，1995；Thevissen et al，1996）。据此我们推测，番木瓜对 *Phytophthora* spp. 抗性可能会增加是通过 DmAMP1 基因的转化。在本文中，我们构建大丽花防御素基因组成型启动子，并获得番木瓜转化植株对 *Phytophthora* 有抑制作用。对 *Phytophthora* 生长的抑制作用与降低感染部位的菌丝细胞壁厚度有关。这些结果表明该方法具有提高植物抗病性的良好潜力。

材料与方法

植物材料与转化方法

此前发表的方法（Fitch et al，1990）用于生产和繁殖来自番木瓜（cv. Kapoho）幼苗下胚轴的体细胞胚性愈伤。胚性愈伤生长在有 MS 固体琼脂培养基的培养皿中。由番木瓜得到 20 个胚性愈伤组织构建质粒进行转化。构建的质粒 DmAMP1（图 15－1）含有来自大丽花的抗真菌植物防御素基因 DmAMP1（Osborn et al，1995），控制的组成型启动子是花椰菜花叶病毒启动子（CaMV35S）。转化质粒有选择标记结构，含卡那霉素或庆大霉素抗性基因新霉素磷酸转移酶（NPT II），两侧为胭脂碱合成酶启动子（NOS）和 NOS 终止子。作为一个负调控因子，转化到愈伤组织的载体只含有 NPT II 选择标记基因。基因插入是在对番木瓜胚性愈伤组织进行优化的条件下使用基因枪法（Fitch et al，1990）。对愈伤组织进行了为期 10d 的诱导培养，无需抗生素选择。恢复期后，将生长中的愈伤组织转移到含有 100 mg · L^{-1}遗传霉素的筛选培养基。在 3 ~4 周后换至新鲜培养基上生长。3 个月后，选择出生长的抗遗传霉素愈伤组织，放在再生培养基中进行再生（Fitch，1993）。

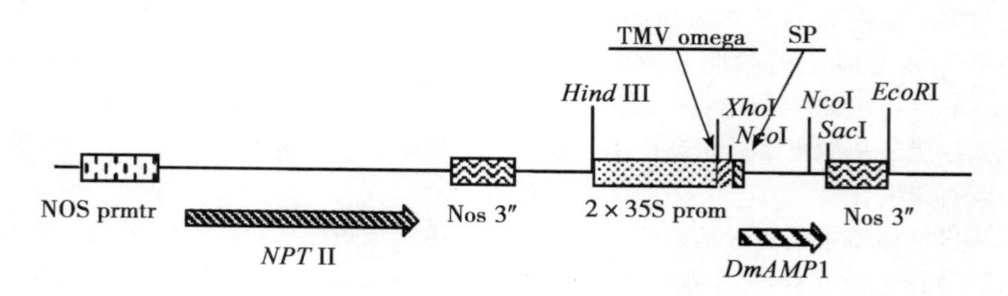

图 15－1　用于番木瓜转化的 DmAMP1 结构的核心特征和限制性酶切位点

转基因植株的扩繁与生长条件

公认的转化植株扩繁是使用 Fitch（1993）的组培快繁方法。当植株长出根系时，移植到温室含有植物生长培养基的花盆中生长。转基因克隆株系生长在 25℃温室的盆中，相对湿度范围 30% ~60%，自然日光下约 3 个月后采集叶片用于分子和病理评价分析。

蛋白质提取及酶联免疫吸附试验

愈伤组织和植物叶片蛋白质的提取按照以前描述的方法进行（Zhu et al，1997）。样品组织（0.1g）在液氮和 50 mM 含有蛋白酶抑制剂混合物（1 mM phenylmethylsulfonylfluoride，1 mM N-ethylmaleimide，5 mM EDTA，和 0.02 mMpepstatin A）的 MES（pH 6）中研磨成匀浆。粗提物 15 000 g、4℃、10 min 离心分离。用 Bradford 蛋白测定法测定上清液总蛋白含量（Bradford，1976），牛血清白蛋白（BSA）作为标准样。

用酶联免疫吸附试验（ELISA）按照以前所描述的方法（Francois et al，2002；Penninckx et al，1996）进行竞争试验分析。用溶解在包被液（15 mM Na_2CO_3 和 35 mM $NaHCO_3$，pH 值 9.6）中的 50 ng · mL^{-1} 纯化 DmAMP1 蛋白（Cammue 博士提供）在 ELISA 孔板涂上一层。主要的抗血清用 3%（w/v）明胶（Sigma，St. Louis，MO，USA）稀释 1 000倍液，加到含 0.05%（v/v）吐温 20 的磷酸盐缓冲液（140 mMNaCl，3 mM KCl，2 mM KH_2PO_4 和 8 mM Na_2HPO_4，pH 值 7.4）中。植物提取物中 DmAMP1 蛋白当量用总可溶性蛋白百分比（TSP）表示。

Western 免疫印迹分析

粗蛋白提取，在愈伤组织（每个株系 0.1g）的匀浆中加入 2.5% SDS、10% 蔗糖和 50mM 的氯化钙，60℃加热 5 min。用 Bradford 法测定蛋白浓度（Bradford，1976）。在十二烷基硫酸钠 – 聚丙烯酰胺凝胶电泳（SDS-PAGE）（12%）中，每个孔道加 20 μg 总蛋白样品，按照制造商的说明使用 Bio-Rad 的微型电泳系统电泳。阳性对照上样为 100 ng 纯化的 DmAMP1 蛋白。电泳后，使用电转膜装置（Bio-Rad）将分离的蛋白质转移到硝酸纤维素膜（Bio-Rad，Hercules，CA，USA）上。蛋白质的相对分子质量由 3.5 ~31 kD 蛋白 Marker（Bio-Rad）的 SDS-PAGE 凝胶电泳进行估算。

对转基因产生 DmAMP1 的免疫检测是通过用多克隆抗体对硝酸纤维素膜进行清洗以制备纯化 DmAMP1 肽（Cammue 博士提供）。纯化的抗体是用于 1∶5 000的稀释。用 5% BSA 将硝酸纤维素膜封在 TBS（20 mM Tris-HCl，pH 值 7.5，150 mM NaCl）中 1 h。硝酸纤维膜在在含 5% BSA 和抗第一抗体的 TBS 孵育 1 h，随后在含碱性磷酸酶标记的羊抗兔 IgG 抗体中孵育 1 h。膜的显色反应用硝基四氮唑蓝（NBT）和 5 – 溴 –4 – 氯 – 3 – 吲哚磷酸盐缓冲液（0.1 M $NaHCO_3$，1.0 mM MgCl2，pH 值 9.8）。

棕榈疫霉游动孢子提取和病原体在体外粗蛋白提取物存在下的生长

游动孢子悬浮液的制备，用两个或三个生长在 8% V8 琼脂培养基培养皿中在 25℃下培养 7 ~8 d 的 *P. palmivora* 培养物。无菌水（5 ~10 mL）倒在要采集培养物的表面，用铲子轻轻刮擦琼脂表面以去除孢子囊。将从所有培养皿收集的悬浮液混合到一起。等份的悬浮试样置于微量离心管中，用旋涡混合器摇匀，以得到游动孢子。用血球计数器计算非移动孢子数量。悬浮液浓度调整为每毫升 1×10^4 ~ 1×10^6 个孢子，立即进行接种。

植物蛋白的抗菌活性评价按照以前所描述的（Broekaert et al，1997；Cammue et al，1992）稍作修改。试验用的 20 μg 总粗蛋白（0.22 μM 灭菌过滤）溶于 20 μ 溶液中，每一微量滴定板再添加 80 μL 8% V8 培养基培养的游动孢子悬浮液（每毫升 2×10^4 孢子）。对照用 20 μg 从非转化植株中提取的粗蛋白。将溶液置于摇床（100 rpm）中，25℃孵育 24 ~48 h。在倒置显微镜下观察 *P. palmivora* 培养物的生长情况。病原菌密度的定量测定，微量滴定板每孔加 50 μL 台盼蓝染液（10 g 苯酚，10 mL 甘油，10 mL 乳酸，10 mL 蒸馏水和 0.02 g 台盼蓝），染色 48h，用酶标仪（MRX，Dynatech Laboratories，Alexandria，VA，USA）在 595 nm 处读取吸收值。病原体与对照相比呈现出相对生长，对照在 595 nm 处的平均吸收值归为 100%。数据设置三次独立实验，每次六个重复。

叶接种试验

叶盘接种试验按照之前发表的方法（Zhu et al，2004）进行。7 个转基因番木瓜品系（四个具有 DmAMP1 基因的株系和 3 个只有 NPT II 选择标记的转化对照株系）的新鲜完整成熟叶片，再加上非转化对照植株的叶片，收获，洗净，置于纸塔架中干燥。叶盘（直径 20 mm）用软木钎孔刀切割，注意避开主叶脉。切下的叶盘立即正面向上放在含有水琼脂的培养皿中。移取 20 μL 孢子悬浮液（每毫升 1×10^6 个孢子）到各叶盘中心，然后将培养皿放置在生长室中，保持在 24℃，100% rh 光照 12 h。24 h 后，可观察到叶片上的水浸泡点。一天之后，随着时间的推移，出现坏死性病变，越来越多的组织被病原体破坏。接种 3d 后，测量叶盘上的病变直径。对于每一个转基因株系，分别取自 3 个单株最幼嫩完全展开叶的 6 个叶盘，也就是每个试验每个品系共有 18 个叶盘。数据采用产生不同数据的三次独立实验。

温室栽培试验

对在不同时间淋根接种 *P. palmivora* 孢子的不同株系转化番木瓜进行温室评价。最初的实验是用转基因株系 DMA6 每个处理的 10 个克隆植株进行。第二次实验用转基因株系 DMA24 和 DMA32，每个处理 4 个植株。这两个实验均为完全随机区组设计。用 10 mL *P. palmivora* 游动孢子悬浮液（每毫升 1×10^4 个孢子）在 3 月龄的植株接种。接种后 14 d，称量根重。根据以下症状描述，给每个植物目测打分 0～4：0 = 植株健康无病征，1 = 表现出轻微的叶枯或应激，2 = 严重枯叶，3 = 落叶和茎枯，4 = 植株死亡。

转基因和非转基因植株根系要小心收集，清洗去除栽培基质，用纸巾吸干水分，称重。在第二次试验中，对非转基因对照组、DMA24 和 DMA32 进行接种处理，分别于接种后 0 h，48 h，96 h 和 240 h 采集根组织，用于酶联免疫吸附试验测定病原体数量，根据说明书使用针对 *Phytophthora* 的 DAS ELISA 试剂盒（Agdia，Elkhart，IN，USA）。用不接种的健康根组织提取物 0. 1 g 左右作为对照检查。每个样品用酶标仪（MRX，Dynatech Laboratories）在 405 nm 处测定吸光度。四次生物学重复和三次技术重复。吸光度的平均值的控制在 96 h（平均控制在 96 h 计为 100%）。

显微观察分析

菌丝生长的微观分析如上所述的叶盘接种测试，叶盘接种 *P. palmivora* 72 h 后进行。侵染菌丝图像放大 200 倍，用配备了柯达 CCD 相机的 Zeiss 倒置显微镜拍摄。菌丝相对厚度的获得使用 Image-Pro Plus 图像分析程序（Media Cybernetics，Silver Springs，MD，USA）测量生长在叶盘上的菌丝相对厚度。在转化植株上菌丝的直径与非转化对照植株叶盘上生长的菌丝相对表示。分别从三个单独植株中的最小完全扩展叶片取 6 个叶盘，则 4 个转基因株系和 1 个非转化对照的每个试验株系有 18 个叶盘。所得到的数据是在不同的日期进行的三个独立实验的平均值。

数据分析

菌丝生长、病灶大小、疾病等级和根鲜重的数据均采用SAS程序（Statistical Analysis System Inc.，Cary，NC，USA）的一般线性模型（GLM）分析。采用最小显著差数法（LSD）（$P=0.05$），$P<0.05$时，处理效果显著。

结果

转基因番木瓜中防御素DmAMP1的过表达

21个单独的抗遗传霉素的转基因愈伤组织，选自20个轰击的培养皿培养物。ELISA检测NPTⅡ选择标记的存在证实转化事件，使用特异性引物通过聚合酶链式反应（PCR）确定DmAMP1基因。酶联免疫吸附试验确定，所有21个转基因愈伤组织是对NPT II选择标记蛋白是阳性的（数据没有展示）。转化频率为每克轰击愈伤组织的有2个独立的转化事件。这个频率是与先前报道的采用基因枪法转化系统的番木瓜一致（Fitch et al，1990）。

Southern印迹（Southern，1975）结果显示所有4个转基因株系都有1.2 kb的DNA带（数据未显示），这证实了整合的DmAMP1基因编码区转到番木瓜基因组中。这与在质粒（阳性对照）中看到片段大小相同，但没有在非转化植物（阴性对照）看到。

一组随机7个PCR阳性转基因株系的Western blot分析表明，非转化阴性对照中没有的5kDa蛋白存在（图15-2）。这种蛋白质来自所有7个转基因株系纯化的DmAMP1

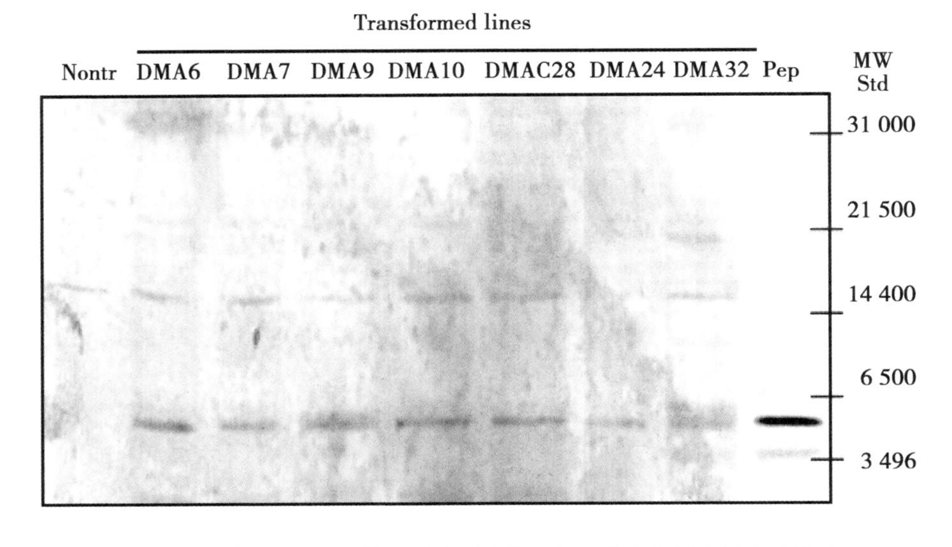

图15-2　转DmAMP1基因番木瓜愈伤组织系中提取蛋白质免疫印迹

共迁移。转基因蛋白的量明显小于在凝胶中纯化的DmAMP1蛋白100 ng的量。基于植物提取物5 kDa条带的相对强度和DmAMP1标准物，植物提取物，DmAMP1蛋白量估计为10～40 ng每20 μg总蛋白。Western blot显示与DmAMP1抗体交叉反应的第二条带大小是16 kDa。因为这个条带也在非转化对照中出现了，我们认为16 kDa带作为未知蛋白，表现出与DmAMP1多克隆抗体非特异性杂交的特性。

对ELISA检测的基础上，来自不同转化事件植株的DmAMP1蛋白水平范围在愈伤组织中是0.07%～0.14%TSP，在幼嫩组织中是0.05%～0.08%TSP（图15－3）。在这些浓度范围中，凝胶中显现出的来自7个转化愈伤株系的DmAMP1蛋白总量为12～28 ng，与标记PEP中纯化的DmAMP1相比，数据比较一致。非转化的愈伤组织的DmAMP1的ELISA值较低（低于0.01%TSP），可能是由于在Western blot看到的非特异性条带。

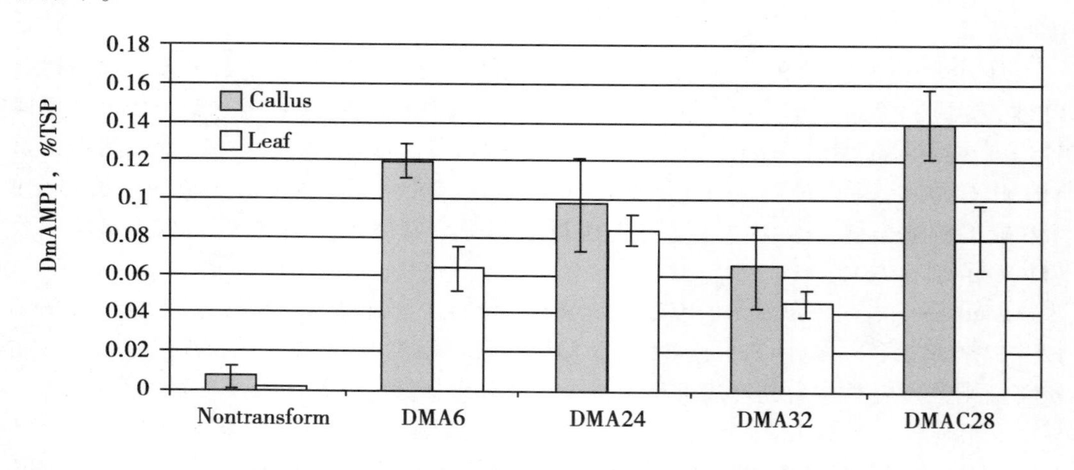

图15－3 番木瓜愈伤组织和叶片中DmAMP1防御素水平

在体外和体内通过转基因表达DmAMP1对P. palmivora的抑制

转DmAMP1植株或*P. palmivora*中生长的对照植株叶片的粗蛋白提取物（20 μg总蛋白）的抑制作用，通过对培养生长在酶标板上的菌丝进行台盼蓝染色可以很容易看到（图15－4a）。在蛋白质提取物的存在下菌丝生长的定量分析表明，转DmAMP1基因株系比非转或空载体转化株系DMSCH14的蛋白质提取物的存在下减少了35%～50%（图15－4b）。

对非转化或空转化载体株系的接种，接种了*P. palmivora*孢子的叶盘在接种后24h内显示出水渍状坏死斑点（数据未显示）。在3d内，随着时间的推移，在非转化植物的整个叶盘上水渍面积增加了（图15－5a）。所有4个DmAMP1转化株系病灶直径在接种后3d比非转化和空载体对照株系明显减小（$P<0.05$ =（图15－5a、b）。平均而言，比起对照叶片，转基因植株叶片上的病变直径小25%～30%，感染区域的少40%～50%。台盼蓝染色，染色后徒手切片，观察叶盘微观病变，显示每个病变*P. palmivora*菌丝的存在。转化株系DMA6，DMA24和DMA32的每个植株在用*P. palmivora*孢子进行浸淋时，比非转化对照植株更健康（图15－6a，DMA6株系

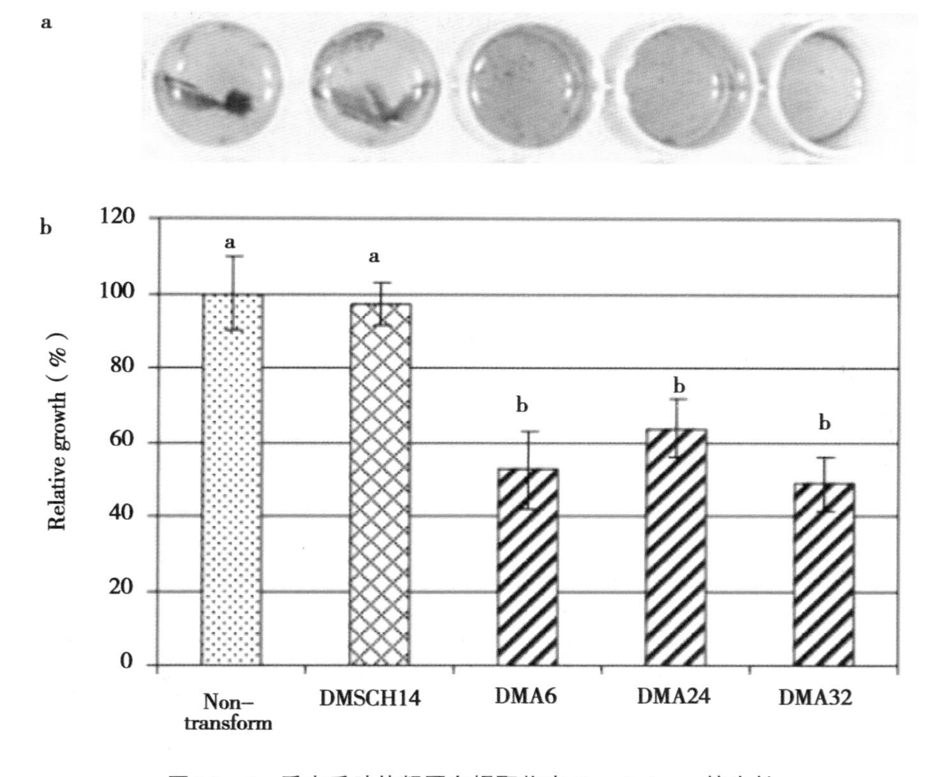

图 15－4 番木瓜叶片粗蛋白提取物中 *P. palmivora* 的生长

没有在图片中）。转化株系发病率是非转化株系发病率的一半，DMA32 是 1.0，DMA6 是0.9，DMA24 是 1.6，非转化株系分别是 2.85 和 3.4（表 15－1）。转化事件 DMA6 抗性评价表明，10／20 的对照植物发生了根系腐并且在 14d 内死亡，而同期没有转 DMA6 基因的植物死亡（表 15－1）。在另一个极端例子中，11/20 的转基因植物保持了健康的外观没有任何明显的根腐症状，而只有 2/20 的对照植物保持健康。在 0～4 的疾病评级中，转 DMA6 基因株系平均为0.9，非转化对照植株是 2.85。在所有疾病评级中，DMA6 株系疾病水平约是对照植株的 1/3。在第二次试验中观察到了类似的结果，所有两组重复的对照植株表明，4／8 发生了导致植物死亡的严重根腐，而转化株系没有发生这种严重的症状。只有 1/8 的 DMA24 株系和 0/8 的 DMA32 株系表现出了茎枯病症状，一半的植株、1/8 的 DMA24 株系和 3/8 的 DMA32 株系没有表现出任何症状。DMA24 株系和 DMA32 株系的平均疾病等级分别是 1.6 和 1.0，而非转化对照则是 3.4。

a

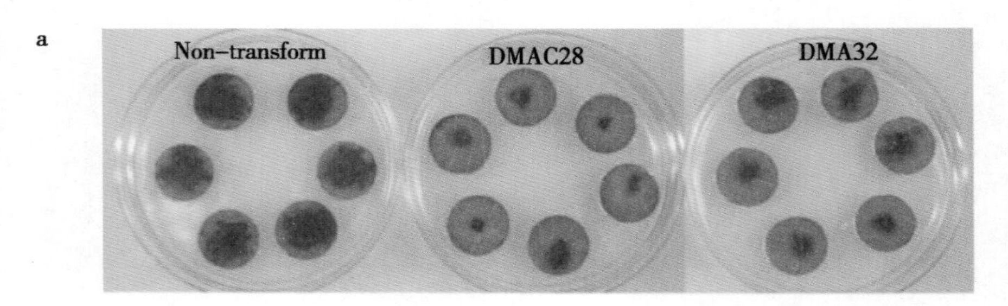

b

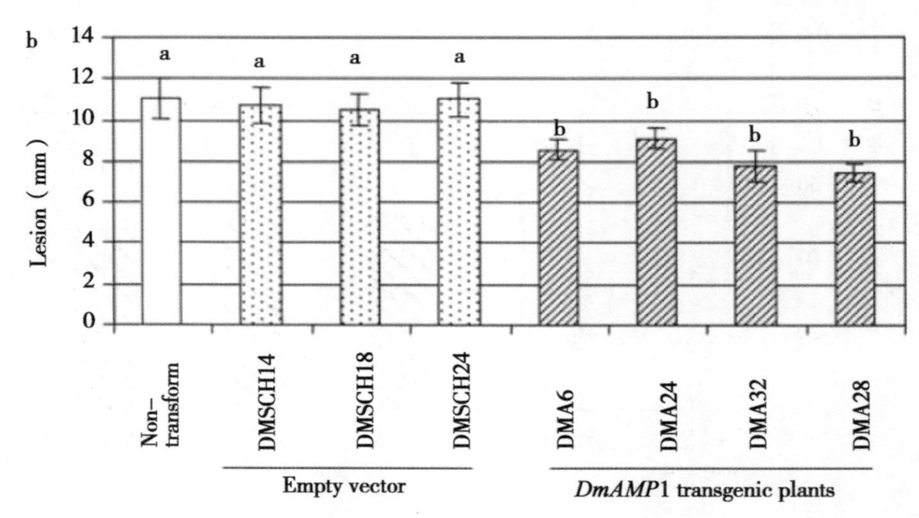

图 15－5　番木瓜叶片抗 *P. palmivora* 反应

表 15－1　转基因株系和非转基因对照番木瓜接种 *P. palmivora* 后抗性评级

Experiment	Treatment	Trial number	Number of plants in each disease rating					Trial disease rating[a]	Treatment average[b]
			4 dead	3 stem wilt	2 leaf wilt	1 slight wilt	0healthy		
1	Non-transformed	1（10）	6	2	2	0	0	3.4	2.85
		2（10）	4	1	1	2	2	2.3	
	DMA6	1（10）	0	2	2	1	5	1.1	0.9
		2（10）	0	1	1	2	6	0.7	
2	Non-transformed	1（4）	2	2	0	0	0	3.5	3.4
		2（4）	2	1	1	0	0	3.3	
	DMA24	1（4）	0	1	1	2	0	1.8	1.6
		2（4）	0	0	2	1	1	1.3	
	DMA32	1（4）	0	0	0	2	2	1.0	1.0
		2（4）	0	0	1	2	1	1.0	

作为疾病严重程度定量测量的根鲜重结果证实了转基因株系 DMA32 和 DMA24 比非转化对照更抗 *P. palmivora*（图 15－6b）。对照植株的鲜重平均是 0.7 克/株，显著低于 DMA24 株系（1.5g）和 DMA32 株系（1.8g）的平均值。

a

b

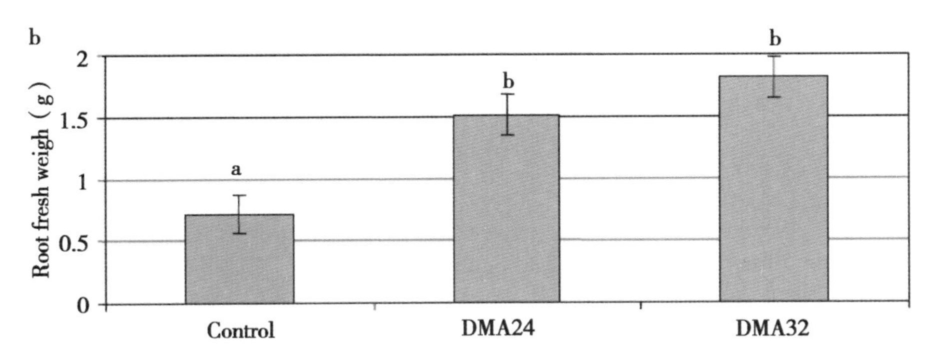

图 15－6　番木瓜对 *P. palmivora* 淋根的反应

酶联免疫吸附试验还可以表明转基因植物的抗性水平（图 15－7）。*Phytophthora* 淋根接种后（0h 为 3 个品系的时间点）立即检测，结果几乎没有，但它在非转化植株中迅速增长到 48 h 内最大量的 25%，而在转基因株系 DMA32 和 DMA24 中保持低于最大量的 10%。96 h 时，*Phytophthora* 在所有 3 个株系中达到高峰，但 DMA24 和 DMA32 株系的平均水平分别只有非转化对照株系的 45% 和 37%。有趣的是，对照株系在接种后 240 h（10 d）时的 *Phytophthora* 水平略低 96 h 时的水平。这种下降可能是由于易感病根中营养元素水平缺乏，不足以支持强大 *Phytophthora* 的生长。DMA24 株系和 DMA32 株系的 *Phytophthora* 水平在 240 h 时和 96 h 时保持一样。总的来说，从根鲜重和疾病等级看来，DMA32 植株似乎比 DMA24 植物更具抗性，但这种差异没有统计学意义。

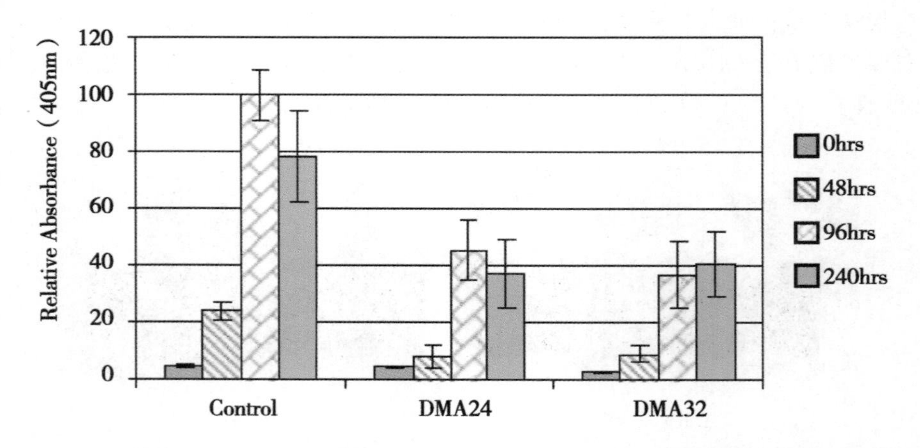

图 15－7　用微孔板 ELISA 法在淋根接种 0、48、96 和 240 h 后检测番木瓜 *Phytophthora*

棕榈疫霉在感染部位的适应性

叶片感染部位的显微观察显示在转基因植物感染部位有较少的 *Phytophthora* 菌丝。菌丝比生长在非转化植株上的更细和更不健壮（比较图 4－2－8a 和 b）。生长在转基因植株上的菌丝直径只有非转化株系的 40%～50%。在接种的转基因植株上显示出更小的坏死损伤，可能是因为菌丝生长过程中有转基因 DmAMP1 防御素蛋白的存在。

讨论

以前的工作（Zhu et al，2004）表明，表达葡萄二苯乙烯合成酶基因的转化番木瓜表现出对 *P. palmivora* 抗性的增加。该报告证实，抗真菌蛋白的转基因产物表现出提高番木瓜对真菌病的抗性。本研究中，大丽花 DmAMP1 增加了番木瓜叶片对 *P. palmivora* 的抗性。总之，这些研究表明，转基因的方法可能会增强番木瓜的抗病性。

在番木瓜叶片感染部位的 *P. palmivora* 菌丝见图 15－8。

有关体外抑制实验的文献报道表明，DmAMP1 防御素可广泛抑制病原真菌的生长（Osborn et al，1995；Thomma et al，2002）。然而，不知道它在番木瓜中的表达水平是否可以充分抑制 *P. palmivora*。研究表明，通过叶片蛋白提取物的体外生长抑制和体内整株接种试验，CaMV35S 启动子下的 DmAMP1 基因的组成型表达水平可以足够抑制 P. palmivora 生长。ELISA 法测得 DmAMP1 肽的转基因表达量，愈伤组织中是 0.07%～0.14% TSP，叶片中是 0.05%～0.08% TSP。这些水平与其他报道中使用 CaMV35S 启动子的转基因蛋白产量一致。在最后测试量为 100 μL 的体外生长抑制试验中用的 20 μg 总蛋白相当于 1.0～1.2 $\mu g \cdot mL^{-1}$ 的 DmAMP1 肽浓度。这种抑制 *P. palmivora* 生长的水平大约是 50%。与纯化 DmAMP1 对病原真菌 *Fusarium culmorum* 的抑制 50% 的生长（IC_{50}）符合范围在 2.8 ± 0.5 $\mu g \cdot mL^{-1}$（Francois et al，2002；Osborn et al，1995）。然而，没有获得 DmAMP1 蛋白对 *P. palmivora* 的精确 IC_{50} 值，因为没有足够量的纯化

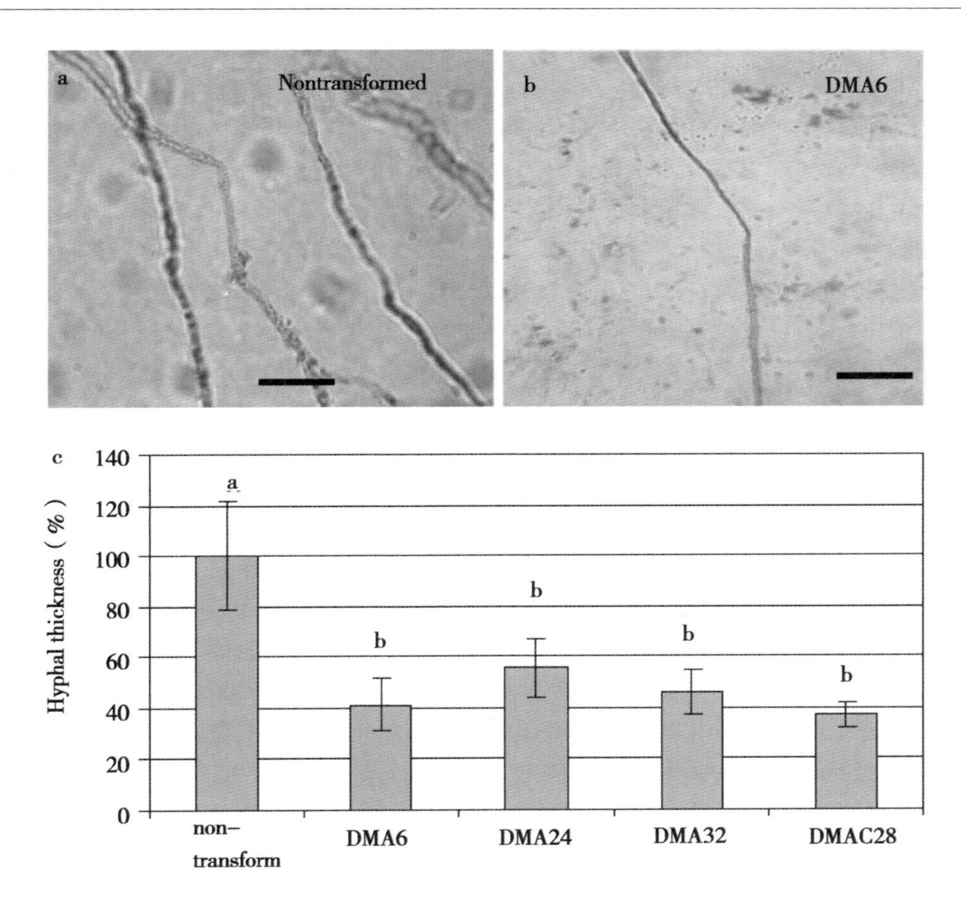

图 15－8　在番木瓜叶片感染部位的 *P. palmivora* 菌丝

DmAMP1 蛋白进行体外生长抑制试验。此外，也不能推断转基因植物粗蛋白提取物的 IC_{50}，因为蛋白质混合物对 *P. palmivora* 有多重效应。

尽管根腐病和茎腐病是自然界中比较常见的疾病表现形式，用叶盘接种测定结果表明，*P. palmivora* 能够在番木瓜叶片中变得足够适应生存下去并引起植物发病。本试验发现的敏感性范围还表明，虽然转基因产物不足以防止感染，但它足以抑制病原体的生长，并减少毒性反应的诱发作用。这与在体外病原体的抑制试验中病原体在转基因植物中并没有死亡，但其致病性受到限制的结论是一致的。

在 20 世纪 90 年代早期，大多数植物防御素的分离来源于种子（Terras et al，1995）。单粒种子释放出防御素的量足以抑制真菌生长。因此有人提出，植物防御素可通过使种子或幼苗免受土壤传播的病原体的侵害来提高幼苗的存活率（Terras et al，1995）。公认的是，植物防御素在外周细胞层（Penninckx et al，1996；Thomma et al，1998）、表皮细胞层和植物分生组织（Moreno et al，1994）中也有表达，这是对病原体的防御具有重要作用的第一道防线（Gu et al，1992；Terras et al，1995）。防御素还在气孔细胞和甜菜叶片的细胞壁内层气孔下腔中有发现（Kragh et al，1995），有趣的是，气孔是众所周知的特定病原体的入口。因此，细胞壁的内层气孔下腔仍可能是病原体穿透气孔的第一道防线。

本研究使用了 CaMV35S 启动子，因此 DmAMP1 肽可通过植物产生。组成型表达可以有效控制侵害番木瓜植株的根、茎、果实等多个部位的病原体（如 *P. palmivora*）。在目前研究中，转基因番木瓜表型正常，但产量数据需要确定防御素蛋白的产生对产量的是否有影响。

对所有含遗传霉素的培养基筛选后存活的 21 个株系的 DmAMP1 基因进行 PCR 扩增，遗传霉素培养基筛选因为不允许选择任何非转化株系而被认为是最有效的选择方式。转基因的保真度和拷贝数不确定，序列重组和多拷贝是意料之中的，因为基因枪法被普遍认为可能会产生非连续转基因、基因组片段（Svitashev et al，2002）和插入多拷贝的外源基因。缺陷质粒插入类型可能与一些转基因沉默水平有关（Kohli et al，1998），但如果是这种情况的话，沉默的程度不足以妨碍选择或否定对 *Phytophthora* 抗性的增加。

已有报道 DmAMP1 影响易感真菌细胞膜的通透性（Thevissen et al，1999）。真菌抑制现象在显微镜下被观察到，植物防御素被认为可以引起明显的形态学变化（Osborn et al，1995）。DmAMP1 能抑制真菌芽管伸长率，但不出现其他抗真菌肽（例如 Rs-AFP2）引起的膨胀和萌芽。研究结果表明，DmAMP1 引起 *Phytophthora* 菌丝厚度减少和导致细胞质破裂的质膜塌陷。目前扩大系统范围的研究，DmAMP1 已被证明可有效抑制菌丝的生长和发展，能够在生物测定和温室试验水平确定抗病性。现在面临的挑战是在田间水平上将这些成果转化为强大的抗病能力。

参考文献

Bradford MM. 1976. A rapid and sensitive method for the quantitation of microgram quantities of protein utilizing the principle of protein-dye binding [J]. Anal Biochem，72 (1 - 2)：248 - 254.

Broekaert W，Cammue BP，De Bolle MF，et al. 1997. Antimicrobial peptides from plants [J]. Crit Rev Plant Sci，8 (3)：297 - 323.

Broekaert WF，Terras FR，Cammue BP，et al. 1995. Plant defensins：novel antimicrobial peptides as components of the host defense system [J]. Plant Physiol，108 (4)：1353 - 1358.

Cammue BP，De Bolle MF，Terras FR，et al. 1992. Isolation and characterization of a novel class of plant antimicrobial peptides form *Mirabilis jalapa* L. seeds [J]. J Biol Chem，267 (4)：2228 - 2233.

Erwin DC，Ribeiro OK. 1996. Phytophthora：diseases worldwide [M]. Plant Pathology，47 (2)：224 - 225.

Fitch M. 1993. High frequency somatic embryogenesis and plant regeneration from papaya hypocotyl callus [J]. Plant Cell Tissue Organ Cult，32 (2)：205 - 212.

Fitch M，Manshardt R，Gonsalves D，et al. 1990. Stable transformation of papaya via microprojectile bombardment [J]. Plant Cell Rep, 9 (4): 189 - 194.

Francois IE, De Bolle MF, Dwyer G, et al. 2002. Transgenic expression in arabidopsis of a polyprotein construct leading to production of two different antimicrobial proteins [J]. Plant Physiol, 128 (4): 1346 - 1358.

Gao AG, Hakimi SM, Mittanck CA, et al. 2000. Fungal pathogen protection in potato by expression of a plant defensin peptide [J]. Nat Biotechnol, 18 (12): 1307 - 1310.

Gu Q, Kawata EE, Morse MJ, et al. 1992. A power-speciffc cDNA encoding a novel thionin in tobacco [J]. Mol Gen Genet, 234 (1): 89 - 96.

Kohli A, Leech M, Vain P, et al. 1998. Transgene organization in rice engineered through direct DNA transfer supports a two-phase integration mechanism mediated by the establishment of integration hot spots [J]. Proc Natl Acad Sci, USA, 95 (12): 7203 - 7208.

Kragh KM, Nielsen JE, Nielsen KK, et al. 1995. Characterization and localization of new antifungal cysteine-rich proteins from beta vulgaris [J]. Mol Plant Microbe Interact, 8 (3): 424 - 434.

Lay FT, Anderson MA. 2005. Defensins—components of the innate immune system in plants [J]. Curr Protein Pept Sci, 6: 85 - 101.

Moreno M, Segura A, Garcia-Olmedo F. 1994. Pseudothionin- St1, a potato peptide active against potato pathogens [J]. Eur J Biochem, 223 (1): 135 - 139.

Nishijima W. 1994. Papaya [M]. In: Ploetz RC. ed. Compendium of tropical fruit disease, APS, St. paul, Minnesota, 56 - 70.

Osborn RW, De Samblanx GW, Thevissen K, et al. 1995. Isolation and characterisation of plant defensins from seeds of *Asteraceae*, *Fabaceae*, *Hippocastanaceae* and *Saxifragaceae* [J]. FEBS Lett, 368 (2): 257 - 262.

Parashina EV, Serdobinskii LA, Kalle EG, et al. 2000. Genetic engineering of oilseed rape and tomato plants expressing a radish defensin gene [J]. Russ J Plant Physiol, 47 (3): 417 - 423.

Penninckx IA, Eggermont K, Terras FR, et al. 1996. Pathogen-induced systemic activation of a plant defensin gene in arabidopsis follows a salicylic acid-independent pathway [J]. Plant Cell, 8 (12): 2309 - 2323.

Roy-Barman S, Sautter C, Chattoo BB. 2006. Expression of the lipid transfer protein Ace-AMP1 in transgenic wheat enhances antifungal activity and defense responses [J]. Transgenic Res, 15 (4): 435 - 446.

Segura A, Moreno M, Madueno F, et al. 1999. Snakin-1, a peptide from potato that is active against plant pathogens [J]. Mol Plant Microbe Interact, 12 (1): 16 - 23.

Segura A, Moreno M, Molina A, et al. 1998. Novel defensin subfamily from spinach. Spinacia oleracea [J]. FEBS Lett, 435 (2 - 3): 159 - 162.

Southern EM. 1975. Detection of specific sequences among DNA fragments separated by gel electrophoresis. [J]. J Mol Biol, 98 (3): 503 - 517.

Svitashev SK, Pawlowski WP, Makarevitch I, et al. 2002. Complex transgene locus structures implicate multiple mechanisms for plant transgene rearrangement [J]. Plant J, 32 (4): 433 - 445.

Terras FR, Eggermont K, Kovaleva V, et al. 1995. Small cysteine-rich antifungal proteins from radish: their role in host defense [J]. Plant Cell, 7 (5): 573 - 588.

Thevissen K, Francois IE, Takemoto JY, et al. 2003. DmAMP1, an antifungal plant defensin from dahlia (*Dahlia merckii*), interacts with sphingolipids from *Saccharomyces cerevisiae* [J]. FEMS Microbiol Lett, 226 (1): 169 - 173.

Thevissen K, Ghazi A, De Samblanx GW, et al. 1996. Fungal membrane responses induced by plant defensins and thionins [J]. J Biol Chem, 271 (25): 15018 - 15025.

Thevissen K, Terras FR, Broekaert WF. 1999. Permeabilization of fungal membranes by plant defensins inhibits fungal growth [J]. Appl Environ Microbiol, 65 (12): 5451 - 5458.

Thevissen K, Warnecke DC, Francois IE, et al. 2004. Defensins from insects and plants interact with fungal glucosylceramides [J]. J Biol Chem, 279 (6): 3900 - 3905.

Thomma B, Eggermont K, Penninckx I, et al. 1998. Separate jasmonatedependent and salicylate-dependent defense-response pathways in arabidopsis are essential for resistance to distinct microbial pathogens [J]. Proc Natl Acad Sci, USA 95 (25): 15107 - 15111.

Thomma BP, Cammue BP, Thevissen K. 2002. Plant defensins [J]. Planta, 216 (2): 193 - 202.

Wang YP, Nowak G, Gulley D, et al. 1999. Contitutive expression of pea defense gene DRR206 confers resistance to blackleg. Leptosphaeria maculans. disease in transgenic canola (*Brassica napus*) [J]. Mol Plant Microbe Interact, 12 (5): 410 - 418.

Zhu YJ, Agbayani R, Jackson MC, et al. 2004. Expression of the grapevine stilbene synthase gene VST1 in papaya provides increased resistance against diseases caused by *Phytophthora palmivora* [J]. Planta, 220 (2): 241 - 250.

Zhu YJ, Komor E, Moore PH. 1997. Sucrose accumulation in the sugarcane stem is regulated by the diVerence between the activities of soluble acid invertase and sucrose phosphate synthase [J]. Plant Physiol, 115 (2): 609 - 616.

第四篇

转基因番木瓜生物安全评价案例分析

第十六章　夏威夷控制番木瓜环斑病毒的希望变成现实①

前言

Hawaii 岛上的 Puna 地区种植了全夏威夷州 90% 的番木瓜，然而在 1992 年，在这个地区发现了番木瓜环斑病毒（Gonsalves，1998）。在 1995 年番木瓜环斑病毒开始在 Puna 地区扩散并导致整个番木瓜产业陷入危机（图 16 – 1a、图 16 – 1b）。幸运的是 Dennis Gonsalves 的团队培育了转基因番木瓜可以有效的抵抗番木瓜环斑病毒。实际上在 Puna 地区发现这个病毒时，他的团队已经开始在 Oahu 岛上开始进行番木瓜的田间实验了（Fitch et al 1992，Lius et al，1997）。在 1998 年 APSnet 杂志报道了有关 Puna 地区番木瓜的受灾情况和转基因番木瓜获得商业化生产的时间历程（Gonsalves et al，1998）。SunUp 和 Rainbow 是经过田间实验培育的品种，它具有很好的抗性和优良的农艺性状。在 Puna 地区首次报道番木瓜环斑病毒 6 年之后，这两个品种开始正式商业化生产。APSnet Feature 对此的定位是："转基因番木瓜：夏威夷州控制番木瓜环斑病毒的新希望"。番木瓜产业开始重新燃起希望，然后将这个希望变为现实还是有一段路程要走。而这一段历程经历 6 年。这篇文章将描述转基因番木瓜在夏威夷的成功表现，和该技术的影响力以及面对夏威夷番木瓜产业的挑战。

a

b

图 16 – 1　（a）1992 年 Puna 地区健康的番木瓜地；（b）1994 年感染番木瓜环斑病毒放弃的番木瓜地

① 参考：Gonsalves D，Gonsalves C，Ferreira S，et al. Transgenic Virus – Resistant Papaya：From Hope to Reality in Controlling Papaya Ringspot Virus in Hawaii. ［J］. 2004. Apsnet Feature.

夏威夷番木瓜和番木瓜环斑病毒

从20世纪50年代开始在夏威夷发现番木瓜环斑病毒以来，该病毒并不是一个主要的危害（Gonsalves，1998）。因为当地农民通过重新选择耕种土地，来减少由于病害造成的影响。截至80年代，Puna地区生产了整个夏威夷州90%的番木瓜。然而真正的危险开始来临了，这个过程中番木瓜环斑病毒将Hawaii岛的Hilo地区变成了病毒最大的毒源，这个Hilo距离Puna地区只有19英里。在这种情况下，研究团队开始在1978年投入力量进行番木瓜环斑病毒的控制：分离纯化病毒，描述和鉴定病毒，并发展了一个弱病毒株用于交叉保护。转基因番木瓜开始于1985年。APSnet Feature和其他杂志报道了整个研究过程。

转基因抗病毒策略是根据"致病菌衍生的抗病性"原理，采用弱病毒株的外壳蛋白，通过基因枪将其转入红色果肉的Sunset品种（Fitch et al，1992）。另外一个夏威夷更为广泛种植的黄色果肉的Kapoho没有转化成功。转基因株系55－1首先通过自交获得单一拷贝的纯合体，品种名叫SunUp。在此基础上培育出了黄色果肉的Rainbow，而Rainbow就是转基因番木瓜SunUp和非转基因番木瓜Kapoho杂交的F1代（Manshardt，1998）。1995年一个更大规模的田间实验在Puna的Kapohu地区开展，这个地区的病毒病已经发展的很严重（Ferreira et al，2002）。整个田间实验包括Rainbow，SunUp，非转基因Sunset，和另一个转基因Sunset株系63－1组成的小区。连接这些小区的是较大的用Rainbow进行隔离，周围则是病毒敏感品种Sunrise。番木瓜环斑病毒接种物来自附近感染的非转基因Sunrise。整个实验的结果是非常显著的，所有的非转基因植物在接种后11月内全部发病（图16－2和图16－3）。而转基因品种则坚持到1998年整个实验结束。转基因番木瓜Rainbow的产量大约为125 000磅/英亩/年，而非转基因番木瓜则为5 000磅/英亩/年。

图16－2　田间实验实况，照片拍摄于接种后19个月

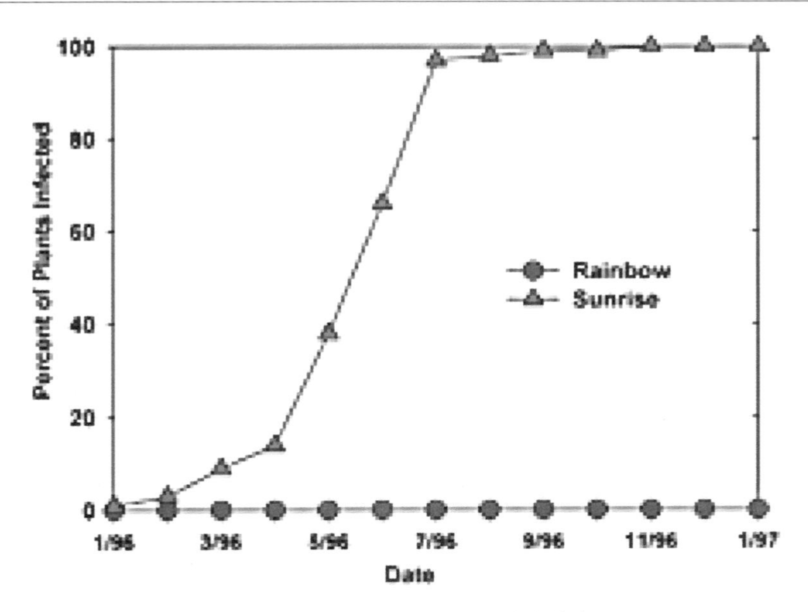

图 16－3　不同番木瓜品种的感染率

转基因株系 55－1 在所有申请文件提交两年后获得审批

主要的管理部门有美国动植物检疫（Animal Plant Health Inspection Service（APHIS），美国环保局（Environmental Protection Agency，EPA）和食品药品管理局（Food and Drug Administration，FDA），APHIS 主要关注这个转基因事件对农业环境的影响。

EPA 则主要关注这个转化事件作为类似农药案例和 FDA 一起考察其作为食物的安全性。用于转基因商品化许可证于 1998 年 4 月获得。1998 年 5 月 1 日，转基因种子开始向农户公开销售（图 16－4）。至此，整个抗病毒番木瓜的梦想终于成为现实。

图 16－4　1998 年 5 月 1 日转基因种子向农户的宣传册

Puna 地区的番木瓜再次种植

转基因番木瓜的种子在 1996 开始生产，两年后才被商业化。在 1995 试验中，产量高，品质优良的商业特点，与农民和消费者偏好的黄肉番木瓜相符。在 1998 年，Puna 地区受到番木瓜环斑病毒的危害后的耕地被放弃了。如果在这些地上种上转基因抗病毒番木瓜，那么他们承受的压力就更大。虽然前期的田间实验转基因株系表现很高的抗病能力，还是担心转基因番木瓜大面积种植的表现情况。但是 Rainbow 在田间还是表现非常高的抗性。

由于转基因番木瓜良好的抗病性，农民甚至不用移除过去遗留下来的感染病毒的番木瓜就可以进行新种苗的栽培。直接将其砍倒，并在旁边种植新的种（图 16－5），或者简单的在废弃的土地上进行种植（图 16－6）。在所有的实际操作中，转基因番木瓜都没有发病。种植转基因番木瓜一年之后，农民可以看到到处都是健康的 Rainbow 番木瓜（图 16－7），这景象一直持续到现在。

图 16－5　感染的番木瓜树砍倒在旁边种植转基因种苗

图 16－6　在废弃的土地上直接种植抗病毒番木瓜

图 16－7　1999 年 Puna 地区到处都是健康的番木瓜

转基因番木瓜的影响

控制番木瓜环斑病毒

在 Puna 转基因番木瓜抗病性被证明是持久的。虽然之前有人在温室里的结果发现这个抗病性对来自夏威夷岛外的病毒株的抗病性不同（Tennant et al，1994）。例如，从关岛、台湾和泰国分离的菌株能使 Rainbow 发病。但是 SunUp 则能够表现出抗病性。实际上我们采用的是致病菌衍生的抗病性或者叫做 RNAi 干扰的原理，那么它对干扰 RNA 的量有一定的要求，比如 SunUp 是纯合子，而 Rainbow 则是杂合子，这就解释了他的抗病性为什么不如 SunUp（Tennant et al，2001）。随着 Rainbow 的大量的推广，除了抗病性的因素外，农民喜欢种植 Rainbow 也是一重要因素。如果只是考虑抗病性，SunUp 也许会更好，但是市场上 Rainbow 的受欢迎程度明显高于 SunUp。

番木瓜增产效果

转基因番木瓜的商业化释放使得夏威夷的番木瓜产量有了大幅度的提高。截至 2002 年 Puna 地区的番木瓜产量（见表 16－1）。在 1992，Puna 地区生产了 53 百万磅番木瓜（全夏威夷州 55 百万磅）。这个产量甚至在病毒爆发的前两年里还是一直保持的，但是当时采取的措施是通过更换耕地位置。到 1995 年 Puna 地区的番木瓜降低到 39 百万磅，而到 1998 年这一数字降低到 26 百万磅。而在同一年转基因番木瓜获批释放。Puna 的番木瓜产量开始回升，到 2001 年是达到了 40 百万磅，2002 年产量为 35 百万磅。

表 16－1　Puna 地区 1992—2002 年鲜番木瓜产量

Year	夏威夷州番番木瓜鲜果的消费量		
	Total（×1，000lbs）	Puna（×1，000lbs）	%
000lbs）（virusinPuna）1992		55 800	95
	53 010		95
1993	58 200	55 290	99
1994	56 200	55 525	94
1995	41 900	39 215	90
1996	37 800	34 195	78
1997	35 700	27 810	75
（transgenicseedsreleased）1998	35 600	26 750	65
1999	39 400	25 610	77
2000	50 250	33 950	84

注：数据来自 USDA（www. nass. usda. gov/hi）。

转基因番木瓜的影响也可以通过 Puna 地区种植非转基因番木瓜 Kapoho 反映（表 16－2）。在 1998 年，Puna 地区种植面积 1 640英亩 Kapoho，产量为 26 百万磅，这时 Rainbow 刚刚被批准进行商业化种植，因此还没有成熟的鲜果。到了 2000 年，Puna 地区的番木瓜种植面积为 1 190英亩，产量增加到 34 百万磅，其中 Kapoho 只有 32% 而 Rainbow 的种植面积为 50%。到 2001 年，该地区种植面积 1 675英亩，产量 40 百万磅，其中 Kapoho 为 39%，Rainbow 为 41%。2002 年夏威夷番木瓜种植面积下降了，Kapoho 的占的比例上升只 49%，而此时的 Rainbow 还是 37%。可是产量却从 40 百万磅降到了 36 百万磅。这些数据表明 Raibow 的鲜果产量至少占了 Puna 地区番木瓜产量的一半以上，而且更为重要的是 Rainbow 的产量远比非转基因 Kapoho 高。

表 16－2　Puna 地区番木瓜种植面积

Year	Bearingacres	% Kapoho	% Rainbow	Production
1998	1 640	100	0	26 250
2000	1 190	32	50	33 950
2001	1 675	39	41	40 290
2002	1 385	49	37	35 880

注：数据来源 USDA（www. nass. usda. gov/hi）。

对 Puna 地区非转基因番木瓜 Kapoho 的帮助

有人可能问一个逻辑上的问题，为什么夏威夷不全部种转基因番木瓜。实际上夏威夷继续生产非转基因番木瓜出口大日本市场。这个看起来有些争议，转基因番木瓜的市场化带来的贡献之一确实让非转基因番木瓜提高了经济效益（Gonsalves et al，2003）。我们从以下几个方面来解释这个问题：首先，大面积种植转基因番木瓜，使得番木瓜环斑病毒受到了限制从而使其病毒来源受到限制。由于病毒来源减少，农民可以通过一些管理措施和种植措施来种植非转基因番木瓜。实际上夏威夷农业部（Hawaii Department of Agriculture，HDOA）在1999年就制定了一个保证非转基因番木瓜的计划，就是在Kahuwai岛种植，因为这个岛四周环海（Gonsalves and Ferreira，2003）。同时，许多种植户开始注意并实时跟踪病毒感染情况并及时将感染植株移走。这个项目成功的帮助不少农民最大程度上减少由于病害造成的损失并获得一定的经济效益。

虽然还没有更为精细的实验进行论证，转基因番木瓜似乎能够为非转基因番木瓜提供一个病毒缓冲区。因为如果携带病毒的蚜虫在转基因番木瓜上取食，就会将大量的病毒留在转基因植物上，从而使得转基因番木瓜成为一个缓冲区。这样的一个策略也能使得种植户在种植转基因番木瓜和非转基因番木瓜寻求一个平衡，使得效益最大化。

夏威夷正在培育更多的番木瓜品种

抗病毒番木瓜使得种植户在Oahu岛上种植番木瓜成为可能。在转基因番木瓜释放之前，只有少数的农民在Oahu上种植番木瓜。逐渐的Oahu岛上的种植户喜欢种植少量的Rainbow来满足岛内自身的需要。转基因番木瓜可以用来培育一些新品种满足Oahu岛上消费者的需要。例如新品种Laie Gold，就是Rainbow和非转基因Kamiya的F2代。因为Rainbow的F2代不是纯合子，因此需要通过微扦插技术进行扩繁。微扦插技术同时给番木瓜种植也带来更多的好处，诸如只生产两性株，早结果，结果位置低等优点。自从转基因番木瓜在夏威夷开始生产，种植户可以选择的番木瓜品种逐年增多。诸如本文前面介绍的那样，在1992年Kapoho品种的番木瓜市场占有率为95%。到了2004年Rainbow和Kapoho同样为重要的品种，而SunUp和Laie Gold以及非转基因的Sunrise的比重也在逐年上升。其他的新品种Kamiya就是通过南亚和东南的菜用性番木瓜和Laie Gold杂交获得Red Kamiya也有一定的市场占有率，其次非转基因的Kamiya也有一定的市场占有率。

夏威夷番木瓜产业面临的挑战

虽然夏威夷产业的重要限制因素随着抗病毒番木瓜的推广而得到缓解，夏威夷番木瓜产业仍然需要面对多方面的挑战，这其中包括夏威夷番木瓜产品在加拿大和日本的市场推广；非转基因番木瓜和转基因番木瓜的持久抗性。

加拿大和日本市场

加拿大和日本番木瓜市场对夏威夷的产量非常重要。目前夏威夷的20%番木瓜出口日本，11%番木瓜出口加拿大。2003年1月加拿大批准可以进口夏威夷的转基因番木瓜。但是日本市场比较苛刻，还没有批准转基因进口。同时对于出口非转基因番木瓜的审查也是非常严格。针对日本进口者的要求，夏威夷农业部（HDOA）签署一个协议，双方同意出口日本的番木瓜需要符合双方协议签订的证书才能进行运输。但这个只是暂时的自愿行为。带有签订证书的番木瓜可以免去在日本诸多检查所花的时间直接进入本地的物流。没有证书的只有完成所有的检查方能进入日本市场。而整个检测需要几天甚至1个星期，这对鲜果的品质有很大影响。夏威夷和日本签署的协议主要有：所有番木瓜种植园都需要夏威夷农业部审定。有关审定标准包括每一棵番木瓜树都需要检测转基因事件的报告基因（1，3-B半乳糖苷酶），鉴定结果为阴性。非转基因的番木瓜必须有15英尺隔离带与其分开。准备申请的种植地必须没有种植转基因番木瓜的历史。而整个基因转化事件的鉴定必须有HDOA完成。在批准的最后一步，HDOA还需要在每一个番木瓜树选取1个鲜果进行检测。如果通过鉴定，这棵树的果才可以采摘。所有的记录必须完整报告并附在运输清单上。在运输之前，HDOA可以抽查任意包装进行再次检查，如果整个过程所有的番木瓜检查为阴性。HDOA就会签发证书，随同番木瓜运出。这个协议是建立在双方信任的基础上。这虽然不是最完美的结果，但是能够保证运输到日本的番木瓜可以在最短的时间运输到商家手里。

由此可以看出最终的解决方案是日本颁布转基因番木瓜的生物安全证书。在日本转基因生物安全证书需要日本农业渔业林业部Ministry of Agriculture Fisheries and Forestry（MAFF）和日本卫生劳力福利部（Ministry of Health Labor Welfare（MHLW）的批准。MAFF在2003年批准。到本文的发稿日MHLW需要提交更多的文件，整个文件还在进行中。

获得持久抗性

番木瓜抗病的持久性也是一个不能忽略的问题。有研究表明转基因番木瓜SunUp要比Rainbow有更为广谱的抗性。但实际上Rainbow是夏威夷州普遍种植的品种。到目前为止还没关于Rainbow在Puna或者Oahu受到病毒感染的报道。Puna岛上的番木瓜环斑病毒利用转基因植物本身的表达病毒外壳蛋白进行异源壳体化的可能性非常小。更为现实的危险是从夏威夷岛外引入新的病毒株系。前期研究发现Rainbow或者纯合体55－1对于来自岛外如关岛，台湾，泰国的许多病毒株系都表现为敏感性。物流或者在夏威夷岛的中转都会增加这种新病毒株系引入岛内的风险。从技术层面上讲，SunUp能够抗更多类型的病毒株系。但是红色果肉的SunUp并不是夏威夷岛上受欢迎的品种。

一种可能的解决方案是培育一个具有广谱抗性的转基因Kapohu。这样的株系可以直接作为抗病新品种，或者作为抗病育种亲本。实际已经培育出类似的具有更为广谱的抗病新品种，但是该品种获得安全证书的时间要比当初申请55－1的时候多得多。在这种条件下需要更为谨慎的检查以防止新病毒引入夏威夷。此外还可以通过回交的方式，通过Rainbow与Kapoho回交4次，获得纯合BC4，它的果实性状和品质几乎和Kapoho一致。

防范在非转基因番木瓜种植区爆发病毒

为了防范病毒在非转基因番木瓜上爆发做出了很多努力，但是还是有报道在Puna地区越来越多的非转基因番木瓜开始感染病毒（图16－8）。一旦病毒源的数量达到一定程度，种植有经济效益的非转基因番木瓜就变得很难。这就要求种植非转基因番木瓜的需要更为严格的隔离措施。

图 16－8　Puna 地区番木瓜仍有病毒

转基因番木瓜成为成功典范

众所周知番木瓜环斑病毒是全球范围的问题，其他国家也纷纷开始对转基因技术感兴趣。技术转让工作开始于 1992 年，包括巴西、牙买加、委内瑞拉、泰国、巴格达、坦桑尼亚、乌干达、肯尼亚等国家。技术转让工作包括，参加国派学生和科学家来康奈尔大学学习转基因技术。由于抗病毒转基因番木瓜的广谱性较低，各参加国可以根据自己国内病毒的情况设计特异的病毒外壳基因序列。经过转化的品种在 1996 年转移到牙买加、巴西和泰国。在巴西开始了小型的田间实验，等待政府的进一步许可。在牙买加，开展田间实验，但是转基因作物安全证书的申请终止了。

在泰国，两个品种经过田间实验最终获得良好的抗性，并正在申请政府的安全证书。在委内瑞拉，小范围的田间实验刚刚开展就被激进分子破坏。转基因番木瓜技术的转让其实是一件具有很强实效性技术转移，但是其中商品化的过程却是很漫长的。整个项目的更多阻力来自于当地国家政府对待转基因的政策。

另外一种推广的途径是以巴格达为代表的水果产品的引进。巴格达地区人民通常因为缺乏维生素 A 而导致健康问题。我们通过向其提供转基因番木瓜的种子，让偏远地区农民在他们房前屋后进行种植，使得他们能够摆脱病毒的侵扰，有个良好的收成。与其他国家不同，在进行安全证书申请的过程中只需要美国提供转基因的番木瓜鲜果给巴格达国家的科研人员检测就可以了。

总结

1998 年，APSnet Feature 发表了“转基因番木瓜：夏威夷的新希望”。文中高度评价了转基因番木瓜对夏威夷产业带来巨大影响。目前对夏威夷番木瓜产业首当其冲的问题是将夏威夷番木瓜买到日本去。由于转基因番木瓜的巨大成功，成为其他作物进行抗病育种的模式代表。实际上这个技术受到很多国家的科学家的认可并开始引入该项技术，例如牙买加，泰国。尽管如此，在获得转基因安全证书的过程显然要比夏威夷确定安全证书要花的时间多得多。但归根到底不是技术本身的难度，而是人们对转基因番木瓜的态度，而且更多是政治家们的综合考量。

参考文献

Ferreira SA, Pitz KY, Manshardt R, et al. 2002. Virus coat protein transgenic papaya provides practical control of papaya ringspot virus in Hawaii [J]. Plant Dis, 86 (2): 101 - 105.

Fitch MMM, Manshardt RM, Gonsalves D, et al. 1992. Virus resistant papaya derived from tissues bombarded with the coat protein gene of papaya ringspot virus [J]. Bio-Technol, 10 (11): 1466 -1472.

Gonsalves D. 1998. Control of papaya ringspot virus in papaya: A case study [J]. Ann Rev Phytopathol, 36 (36): 415 -437.

Gonsalves D, S Ferreira. 2003. Transgenic papaya: A case for managing risks of papaya ringspot virus in Hawaii [R]. Plant Health Progress.

Gonsalves D, Ferreira S, Manshardt R, et al. 1998. Transgenic virus resistant papaya: New hope for control of papaya ringspot virus in Hawaii [J/OL]. APSnet Feature, A-merican Pythopathological Society.

Lius S, Manshardt RM, Fitch MMM, et al. 1997. Pathogen-derived resistance provides papaya with effective protection against papaya ringspot virus [J]. Mol Breeding, 3 (3): 161 -168.

Manshardt RM. 1998. 'UH Rainbow' papaya [R]. University of Hawaii College of Tropical Agriculture and Human Resources New Plants for Hawaii-1: 2.

Tennant P, G Fermin, MMM Fitch, et al. 2001. Papaya ringspot virus resistance of transgenic Rainbow and SunUp is affected by gene dosage, plant development, and coat protein homology [J]. Euro J Plant Pathol, 107 (6): 645 -653.

Tennant PF, C Gonsalves, KS Ling, et al. 1994. Differential protection against papaya ringspot virus isolates in coat protein gene transgenic papaya and classically cross-protected papaya [J]. Phytopathology, 84 (11): 1359 -1366.

第十七章　转基因番木瓜的营养成分①

摘　要： Rainbow 番木瓜是一种转基因抗番木瓜环斑病毒（PRSV）品种。目前该品种约占夏威夷番木瓜面积的70%。本研究分析了 Rainbow 番木瓜的营养成分，并对其非转基因对照进行了对比，分析了营养成分，内源性过敏原和有毒蛋白质表达等可能性的食品安全问题。对 Rainbow 果实进行了三个成熟阶段分析，同时与非转基因番木瓜进行了比较。结果转基因番木瓜和非转基因番木瓜之间的 36 种营养成分，在任何测试阶段无差异。然而转基因番木瓜中维生素 A 和钙水平有差异。转基因番木瓜果在成熟早期表现出更高的蛋白和番木瓜蛋白酶的水平，但成熟后期差异不大。Rainbow 和非转基因对照果实在成熟阶段异硫氰酸苄酯（BITC）水平是非常低的。我们的数据表明 Rainbow 的养分，BITC 和蛋白酶和非转基因番木瓜类似。

引言

番木瓜的商业化生产在世界的热带和亚热带地区，并出口和消费许多国家。在近十年（1998—2008 年）全球番木瓜生产增加了约40%，估计2008 有910 万产生。最大的番木瓜生产国是印度，巴西、尼日利亚、印度尼西亚和墨西哥（粮农组织，2010）。番木瓜是一种众所周知的营养丰富和有药用价值水果。事实上，在华盛顿的公共利益中心排名：在基于营养评分每日推荐量（RDA）的维生素 A，维生素 C、钾、叶酸、烟酸、硫胺素、核黄素、铁、和钙和纤维（CSPI，1998）的水果中，前 5 的水果有番木瓜，番石榴、西瓜、柚子、猕猴桃。

世界范围内限制番木瓜生产的因素是番木瓜环斑病毒（PRSV），这是蚜虫传播的病毒（Tripathi et al，2008）。在夏威夷，番木瓜产业受到严重的 PRSV 侵染产量下降 2 530万 kg。早在 20 世纪 90 年代初的十年由于病毒感染到 1 610万斤（Gonsalves，1998；Fuchs and Gonsalves，2007）。1998 年两个抗番木瓜环斑病毒（Rainbow 和 SunUp）转基因品种商业释放。通过对红肉品种 Sunset 粒子轰击（Ss），其载体 pGA482GG / cpprv4 含番木瓜环斑病毒外壳蛋白（CP）基因。转化（R0）最初品种命名为 55 - 1（Ling et al，1991；Fitch et al，1992）。SunUp（SU）是一种红色果肉的品种，是一个转基因株系的 Ss，通过选择后代 55 - 1 的纯合子。Rainbow（RB）是一种从转基因杂交

① 参考：Savarni Tripathi，Jon Y. Suzuki，James B. Carr，et al. 2011. Nutritional composition of Rainbow papaya，the first commercializedtransgenic fruit crop［J］. Journal of Food Composition and Analysis，24（2）：140 - 147.

F1 代杂交所产生的 SunUp 和黄肉非转基因品种 Kapoho（KP）杂交的品种（Manshardt et al，1998；Manshardt et al，1999）。转基因番木瓜挽救了夏威夷番木瓜产业（Tripathi et al，2008）。此后，转基因番木瓜品种在夏威夷占主导地位而被广泛种植，超过 70% 的番木瓜面积是转基因番木瓜（NASS，2008）。

夏威夷的转基因番木瓜克服了 PRSV 对番木瓜产业的影响，但是也生产了的一些挑战包括转基因番木瓜出口到美国以外的市场。日本和加拿大是夏威夷的番木瓜最大出口市场。加拿大批准在 2003 年 SU 和 RB 进口（加拿大卫生部，2003）。在另一方面，日本应正在放松转基因番木瓜的管制（http：//www. fsc. go. jp/sonota/kikansi / 21gou / 21gou_ 1_ 8 PDF）。日本当局关注的一个领域是转基因番木瓜对致敏蛋白影响和营养成分变化。番木瓜蛋白酶和异硫氰酸苄酯（BITC）是主要潜在的过敏源和毒性物质。本研究比较转基因番木瓜成分的变化主要包括在果实成熟的不同阶段番木瓜蛋白酶和 BITC 与那些密切相关营养成分。

材料与方法

番木瓜果实来源

Rainbow 是从转基因 Su 和非转基因的 KP 杂交 F1 代。

水果抽样

市场上的番木瓜通常在 1 / 8 成熟度的时候收获（HPIA，2010）。本实验对三个成熟阶段番木瓜营养成分进行了比较：1 级，破黄的鲜果（成熟的绿色果实），2 级，破黄的鲜果采摘后放熟；3 级，在树上成熟的鲜果（图 1）。成熟阶段对应的颜色指数和果实硬度：1 级果其特征是深黄绿色的果皮颜色为 48. 35 ± 1. 16for lightness（L *），32. 65 ±0. 83for chroma（C *），and121. 45 ±0. 88 for hue angle（H8）。鲜果硬度水果为 90. 8 N ±2. 9。2 级鲜果（树上成熟的水果）皮的颜色是明亮的黄色（L * =68. 52 ±0. 40，C * =62. 95 ±0. 56，and H8 =88. 08 ±0. 55），果皮硬度平均 17. 5 ±0. 71 N。3 级鲜果有明亮的黄色皮（L * = 70. 03 ± 0. 38，C * = 65. 66 ± 0. 62，and H8 = 84. 48 ± 0. 44），果皮硬度（13. 61 ±0. 61 N）。

样品制备

转基因番木瓜和非转基因番木瓜每个成熟阶段各收集 32 个鲜果。测量其重量和大小（图 17 –1）。

为制备复合样品，水果被纵向切割和剥离种子和胎盘组织（5 mm，从水果的表面测量）。相同质量的番木瓜果肉（如 100 g）4 份进行绞碎，约 200 克匀浆进行 80℃保存，分别用于营养分析，于酶分析和 BITC 分析。

番木瓜素分析

番木瓜果实在不同成熟的番木瓜素用 ELISA 方法进行测定。0. 25 g 样品重悬于 7. 5

mL 的 0.1 M 碳酸纳缓冲液（pH 值 9.6）。200 mL 的匀浆提取物包被 ELISA 吸附板 48℃过夜。番木瓜素分析是通过通用 ELISA 方法进行，使用的是番木瓜素多克隆抗体。这个公式计算水果样品中番木瓜蛋白酶的水平：

$$番木瓜蛋白酶 = \text{Amount of papain in mg/g } FW \text{ of papaya} = \frac{[-b\ln(a/E-1)+x_0]}{[150/1\,000]};$$

其中，$b=0.3091$；　$=0.9488$；$E=$ ELISA 405 nm 值；$x_0=1.6716$；$FW=$ 鲜重。

异硫氰酸苄酯（BITC）分析

根据 Tang（1971）的一种番木瓜果实 BITC 水平测量。

营养分析

所有的营养分析使用的标准方法。

水分

用重量法测定水果含水量：70℃下真空炉中直到获得恒重。

蛋白

用凯氏定氮法测定总氮含量（AOAC，1995）采用全自动生化分析仪（alpken rfa－300，TX）进行分析。

脂肪分析

对于脂肪的分析使用标准方法（AOAC，1995）。

纤维

纤维分析采用（AOAC，1995）。

灰分

测定灰分含量，用重量法测定在 500℃在马弗炉点火后残留的样品。

碳水化合物

碳水化合物是除去蛋白质，脂肪，水分和灰分的剩余部分。

维生素 A（β-胡萝卜素和 β-胡萝卜素）

番木瓜样品进行提取和分析，为 β-胡萝卜和 α-胡萝卜素浓度使用 Bushway（1985）和 Quakenbush 和 Smallidge（1986）的方法。

维生素 D

维生素 C 的总使用荧光测定方法（AOAC，2000；Egberg et al，1975）。

维生素 E

参考 McMurray 等（1980）的方法。

矿物

参考（AOAC，2000）方法测定矿物质。

统计分析

番木瓜果的物理量测定，养分分析，番木瓜蛋白酶分析，BITC 分析进行分析采用方差分析（ANOVA）（JMP，2007）。

结果与讨论

水果抽样

Rb 和 Hyb 品种的样品果在果实成熟的不同阶段重量介于 493 ~ 583 g，长度 13.6 ~ 14.3 cm，周长 29 ~ 30 cm（表 17 －1）。虽然考虑到所有的水果物理测量是可变的，Rb 和混合样品的可比阶段中观察到更均匀熟性。分阶段的番木瓜果实重量、长度和周长的 RB 与非转基因对照无统计学差异（图 17 －1）。

表 17 －1　转基因株系彩虹和非转基因杂交系（HYB）的番木瓜果实用于各种营养分析的物理量结果

	Papaya cultivars and fruit maturity stages tested					
	Mature green fruit（stage 1）		Fruit ripened off the tree（stage 2）		Fruit ripened on the tree（stage 3）	
	Transgenic（Rb）	Non-transgenic（Hyb）	Transgenic（Rb）	Non-transgenic（Hyb）	Transgenic（Rb）	Non-transgenic（Hyb）
Fresh weight（g）	493.2 ± 66.3[c]	544.6 ± 80.9[abc]	516.8 ± 72.6[bc]	533.8 ± 111.0[abc]	578.2 ± 67.4[ab]	583.3 ± 126.2[a]
Length（cm）	13.6 ±0.9[ab]	14.0 ±0.9[ab]	14.3 ±0.7[b]	14.3 ±1.4[ab]	13.6 ±0.7[a]	13.9 ±1.1[a]
Cirth（cm）	28.6 ±1.6[b]	29.9 ±1.6[ab]	30.2 ±1.7[ab]	30.2 ±2.3[ab]	29.2 ±1.5[a]	29.6 ±2.0[a]

营养成分分析

转基因 Rb 果在营养素的浓度与非转基因杂交对照成熟的 2 个阶段比较结果显示在表 17 －3。和预计一样，熟果水分含量降低，碳水化合物含量显著增加。Rb 果失去了 2.7% 的水分，完全成熟的阶段增加了 2% 碳水化合物。成熟的果实 Rb 和 Hyb 之间的大量营养素差异均很小（0.05）。Roberts（2008）等也报道番木瓜果实成熟减少而增加碳

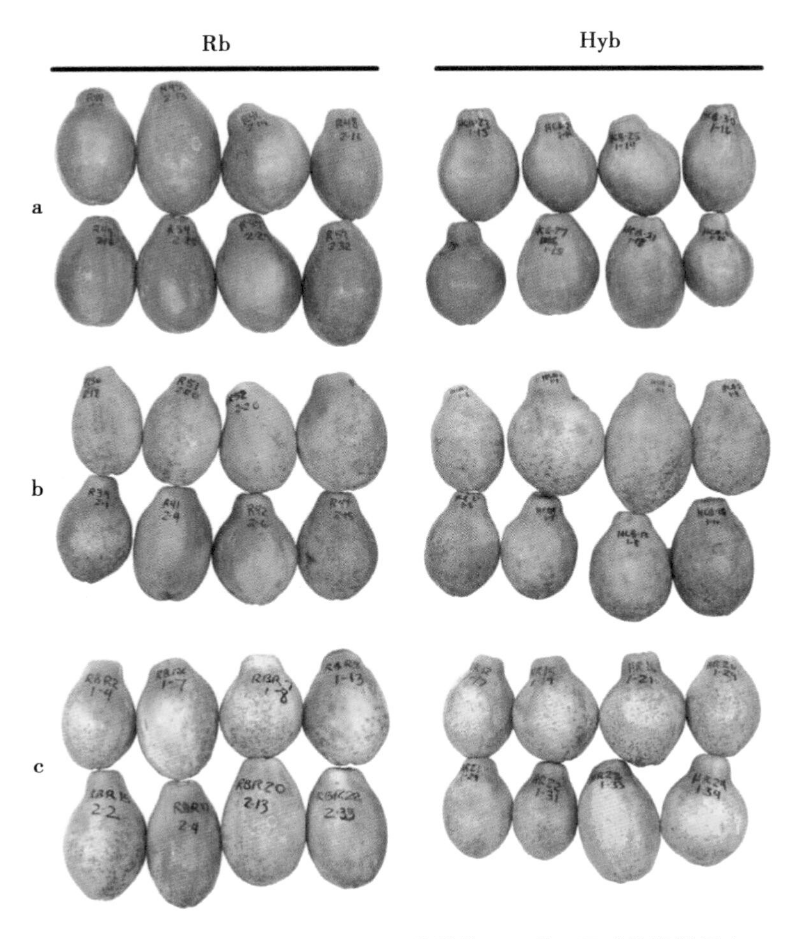

图 17－1　转基因品种 Rainbow 和非转基因品种不同成熟期的果实

水化合物水平。

在 Rb 蛋白含量相比升高非转基因杂交番木瓜不同果实成熟阶段（表 17－2）。相反，观察 Rb 时相比在颜色混合突破阶段低蛋白含量，这种差异在完全成熟的阶段变为微不足道。在不同的水果成熟阶段 Rb 和 Hyb 所有其他营养元素之间没有显著不同（$P>0.05$）。总的来说，Rb 番木瓜营养水平（水分、蛋白质，脂肪，碳水化合物，纤维，灰分）在非转基因对照的范围内，与早期发表的报告一致（Roberts et al，2008，USDA，2008，Qiang，2006）。

表 17-2 转基因株系 Rainbow 和非转基因杂交系（HYB）番木瓜果实在不同的成熟期的大量营养元素、维生素 A 和维生素 C

	Papaya cultivars and fruit maturity stages tested					
	Mature green fruit (stage 1)		Fruit ripened off the tree (stage 2)		Fruit ripened on the tree (stage 3)	
	Transgenic (Rb)	Non-transgenic (Hyb)	Transgenic (Rb)	Non-transgenic (Hyb)	Transgenic (Rb)	Non-transgenic (Hyb)
Moisture (g/100g)	87.1 ± 0.3[ab]	87.7 ± 0.7[a]	86.1 ± 0.1[ab]	86.6 ± 0.2[bc]	85.0 ± 0.1[c]	85.5 ± 0.2[de]
Protein (g/100g)	0.743 ± 0.05[b]	0.831 ± 0.03[a]	0.843 ± 0.01[a]	0.829 ± 0.04[a]	0.779 ± 0.06[ab]	0.702 ± 0.01[b]
Fat (g/100g)	<0.100	0.157 ± 0.05	0.171 ± 0.02	0.169 ± 0.003	0.158 ± 0.07	0.141 ± 0.00
Fiber (g/100g)	0.632 ± 0.06[a]	0.631 ± 0.06[a]	0.560 ± 0.05[ab]	0.576 ± 0.04[ab]	0.490 ± 0.09[b]	0.535 ± 0.04[ab]
Ash (g/100g)	0.437 ± 0.02[ab]	0.460 ± 0.03[a]	0.388 ± 0.04[ab]	0.364 ± 0.06[b]	0.445 ± 0.03[a]	0.410 ± 0.01[ab]
Energy (kJ/100g)	209.3 ± 4.6[de]	200.5 ± 11.7[e]	229.0 ± 5.0[bc]	219.8 ± 4.6[cd]	245.3 ± 2.5[a]	236.6 ± 4.6[ab]
Vitamin A (IUA/100g)	105 ± 9.6[cd]	50.3 ± 5.6[e]	156 ± 6.8[b]	87.6 ± 29.6[de]	26.2 ± 18.2[a]	13.8 ± 18.6[bc]
Vitamin C (mg/100g)	57.4 ± 1.6[cd]	46.3 ± 7.9[d]	68.3 ± 13.0[bc]	65.8 ± 2.6[bc]	84.9 ± 2.7[a]	75.9 ± 3.5[ab]

维生素

转基因番木瓜 Rb 果实中与非转基因杂交所有测试的维生素含量列于表 17-2。维生素 E（α-生育酚醋酸酯）含量低于检测（0.4 mg/100 g）的所有样品。维生素和维生素果实成熟的显著增加，随着果实的成熟含量达到最高。Rb 往往比 KP 或苏品种具有更高的维生素 A 含量；我们的结果证实了这一观察。Roberts et al 等人（2008）的转基因和非转基因对照水果之间也有报道类似的趋势。水果从树上（成熟的树上）收获时，果实维生素 D 浓度增加接近成熟的最高内容记录。个别水果维生素 D 水平受阳光照射量和强度的影响。例如夏季月份更长的白昼长度和更高的光照强度，可以增加浓度的抗坏血酸水果中的酸和葡萄糖（Mozafar，1994）。

矿物

Rb 和 Hyb 番木瓜矿物分析：钙，磷，钠，铜略有变化（表 17-3）。其他矿物没有显示接近果实色变化的模式。与美国农业部营养数据库（2008）相比，Ca、Mg、Cu、Zn 水平略大，K 低于 RB 番木瓜。但都在番木瓜报道值范围内，只有钙明显不同（Wenkam，1990）。寄主植物根系的条件会影响矿物的含量（Baldwin，1975）。转基因和非转基因杂交 Rb 在同一生长果园在相同肥力下的结果表明矿质含量无统计学差异不同的。

表 17－3　转基因株系 Rainbow 和非转基因杂交系（HYB）番木瓜果实在不同的成熟期的矿物质含量

Minerals（mg/100g fresh weight）	Papaya cultivars and fruit maturity stages tested					
	Mature green fruit（stage 1）		Fruit ripened off the tree（stage 2）		Fruit ripened on the tree（stage 3）	
	Transgenic（Rb）	Non-transgenic（Hyb）	Transgenic（Rb）	Non-transgenic（Hyb）	Transgenic（Rb）	Non-transgenic（Hyb）
Macroelements						
Calcium	14.7 ± 1.84[bc]	23.9 ± 1.59[a]	11.9 ± 1.92[c]	21.3 ± 4.53[a]	9.51 ± 0.86[c]	19.6 ± 2.41[ab]
Magnesium	20.8 ± 1.49[a]	18.7 ± 0.92[ab]	19.1 ± 2.85[ab]	19.8 ± 2.85[ab]	15.9 ± 1.74[b]	17.4 ± 2.03[ab]
Phosphorus	6.58 ± 0.48[ab]	6.88 ± 0.83[a]	5.07 ± 0.20[c]	5.57 ± 0.17[bc]	6.20 ± 0.46[ab]	6.30 ± 0.49[ab]
Potassium	166 ± 14.7[a]	133 ± 22.2[ab]	138 ± 6.61[ab]	122 ± 4.1[b]	162 ± 18.8[ab]	135 ± 25.4[ab]
Sodium	2.86 ± 0.19[ab]	3.17 ± 0.31[a]	2.34 ± 0.29[b]	2.81 ± 0.24[ab]	2.51 ± 0.43[ab]	2.69 ± 0.47[ab]
Microelements						
Copper	0.06 ± 0.004[a]	0.05 ± 0.02[ab]	0.02 ± 0.003[c]	0.03 ± 0.02[bc]	0.04 ± 0.004[abc]	0.04 ± 0.005[abc]
Iron	0.07 ± 0.03[a]	0.08 ± 0.07[a]	0.05 ± 0.04[a]	0.07 ± 0.03[a]	0.07 ± 0.004[a]	0.08 ± 0.02[a]
Manganese	0.02 ± 0.002[a]	0.01 ± 0.004[ab]	0.01 ± 0.002[bc]	0.01 ± 0.002[c]	0.01 ± 0.002[ab]	0.01 ± 0.002[bc]
Zinc	0.04 ± 0.006[a]	0.06 ± 0.02[a]	0.03 ± 0.01[a]	0.04 ± 0.008[a]	0.05 ± 0.005[a]	0.07 ± 0.03[a]

番木瓜素

番木瓜素是在植物乳胶中发现的一种半胱氨酸，在番木瓜里含有 80% 多的胶乳（El Moussaoui et al，2001）。番木瓜素是人类过敏性反应的可能原因（Chambers et al，1998）。Rb 和 Hyb 番木瓜素平均值 5.81～8.60 mg/ 100g FW，5.43～6.41 mg/100 g FW（表 17－4）。在成熟的绿色水果 Rb 番木瓜蛋白酶含量最高（8.60 mg/100 g FW）随着果实的成熟逐渐下降到 32%。Hyb 果实成熟时也呈下降趋势（Azarkanet al，2003；Mezhlumyan et al，2003）。据悉，番木瓜素在果实发育的最初阶段最低，果实接近成熟逐渐增多（Madrigal et al，1980；Skelton，1969）（表 17－4）。有报道番木瓜蛋白酶的水平是高度可变的（Balamohan et al，2008；Harjadi et al，1995；Kunkalikar et al，2007）。虽然番木瓜蛋白酶的含量与成熟的绿色水果相比，Rb 高于非转基因对照，它仍然是一个安全水平，似乎对人类消费不构成威胁。

表 17－4　转基因株系 Rainbow 和非转基因杂交系（HYB）番木瓜中木瓜蛋白酶和异硫氰酸苄酯含量（BITC）

Contents (mg/100g of fresh weight)	Papaya cultivars and fruit maturity stages tested					
	Mature green fruit (stage 1)		Fruit ripened off the tree (stage 2)		Fruit ripened on the tree (stage 3)	
	Transgenic (Rb)	Non-transgenic (Hyb)	Transgenic (Rb)	Non-transgenic (Hyb)	Transgenic (Rb)	Non-transgenic (Hyb)
Papain	8.60 ± 1.06[a]	6.41 ± 0.24[b]	5.86 ± 0.18[b]	5.55 ± 0.34[b]	5.81 ± 0.09[b]	5.43 ± 0.22[b]
BITC	0.040 ± 0.03[a]	0.056 ± 0.04[a]	0.041 ± 0.02[a]	0.042 ± 0.02[a]	0.061 ± 0.02[a]	0.057 ± 0.06[a]

异硫氰酸苄酯（BITC）

异硫氰酸苄酯是一种挥发性化合物，天然存在于许多水果和蔬菜。相比于番木瓜浆更高的 BITC 是在番木瓜种子（Ettlinger and Hodgkins，1956；Tang，1971）。未成熟的绿色阶段一般较成熟的果实含有较高水平（表 17－4）。但检测表明无显著差异（$P > 0.05$）。Rb 的番木瓜的 BITC 水平在其他番木瓜品种的范围内，并非由基因改变，从而对人类健康没有构成特别危害。

结论

作为食品安全要求的一部分，日本放松了管制措施，系统的实验结果显示转基因 Rb 与非转基因品种养分含量、酶和两品种 BITC 是同样的，除了钙和维生素 A 变化。然而，转基因 Rb 和非转基因对照之间的钙和维生素 D 的差异是很小的（Roberts et al，2008；USDA，2008；Wall，2006）。成分分析是一个国际标准转基因食品的风险评估的重要方面之一，即实质等同，实质等同指比较商品或产品发现两者之间无显着差异（Codex Alimentarius Commission，2003；FAO/WHO，1996，2000，2002；OECD，1993）。

除了这项研究，分子生物学特性在 Rb 或 Su 番木瓜基因组分析转基因插入全 Su 番木瓜基因组序列表明，转基因没有破坏任何番木瓜基因的功能（Ming et al，2008；Suzuki et al，2008）。总的来说，这些数据使 Rb 番木瓜成为最广泛的转基因热带水果作物。到目前为止，Rb 番木瓜被广泛食用没有任何不良健康影响的报道。

参考文献

Association of Official Analytical Chemists. 1995. Official Methods of Analysis［M］，16th

ed. AOAC International, Arlington, VA.
Association of Official Analytical Chemists. 2000. Official Methods of Analysis [M], 17th ed. AOAC International, Gaithersburg, MD.
Azarkan M, Moussaoui AE, van-Wuytswinkel D, et al. 2003. Fractionation and purification of the enzymes stored in the latex of *Carica papaya* [J]. Journal of Chromatography B Analytical Technologies in the Biomedical & Life Sciences, 790 (1 - 2): 229 - 238.
Balamohan TN, Soorianathasundaram K, Jeyakumar P, et al. 2008. Papaya-production technology. Technical Bulletin [R]. Department of Fruit Crops, Horticulture College and Research Institute, Tamil Nadu Agricultural University, Coimbatore, India.
Baldwin JP. 1975. A quantitative analysis of the factors affecting plant nutrients uptake from some soils [J]. Journal of Soil Science, 26 (3): 195 - 206.
Bari L, Hassa P, Absar N, et al. 2006. Nutritional analysis of two local varieties of papaya (*Carica papaya* L.) at different maturation stages [J]. Pakistan Journal of Biological Sciences, 9 (1): 137 - 140.
Bushway RJ. 1985. Separation of carotenoids in fruits and vegetables by high performance liquid chromatography [J]. Journal of Liquid Chromatography, 8 (8): 1527 - 1547.
Camp III SG. 2003. Identity preservation protocol for non-GMO Papayas [M]. In: Gonsalves, D. Ed., Virus Resistant Transgenic Papaya in Hawaii: A Case for Technology Transfer to Lesser Developed Countries. OECD/ USAID/ARS Conference, October 22 - 24, 2003. Petroglyph Press, Ltd., Hilo, HI. 95 - 100.
Cano MP, Ancos BD, Lobo MG, et al. 1996. Carotenoid pigments and colour of hermaphrodite and female papaya fruits (*Carica papaya* L.) cv sunrise during post-harvest ripening [J]. Journal of the Science of Food and Agriculture, 71 (3): 351 - 358.
Chambers L, Brown A, Pritchard DI, et al. 1998. Enzymatically active papain preferentially induces an allergic response in mice [J]. Biochemical and Biophysical Research Communications, 253 (3): 837 - 840.
Chandrika UG, Jansz ER, Wickramasinghe SMDN, et al. 2003. Carotenoids in yellow- and red-fleshed papaya (*Carica papaya* L) [J]. Journal of the Science of Food and Agriculture, 83 (12): 1279 - 1282.
Codex Alimentarius Commission. 2003. Codex principles and guidelines on foods derived from biotechnology. Codex Alimentarius Commission, Joint FAO/WHO Food Standard programme [R]. Rome, Italy: Food and Agriculture Organization of United Nations.
CSPI. 1998. Fresh Food Comparison: Fantastic Fruit. Nutrition Action Healthletter, Center for Science in the Public Interest [J/OL]. Retrieved from: http: //cspinet. org/nah/fantfruit. htm.
Egberg DC, Potter RH, Heroff JH. 1975. Semiautomated method for the fluorometric de-

termination of total vitamin C in food products [J]. Journal of the Association of Official Analytical Chemists, 60 (1): 126 - 131.

El Moussaoui A, Nijs M, Paul C, et al. 2001. Revisiting the enzymes stored in the laticifers of Carica papaya in the context of their possible participation in the plant defense mechanism [J]. Cellular and Molecular Life Sciences, 58 (4): 556 - 570.

Ettlinger MG, Hodgkins JE. 1956. The mustard oil of papaya seed [J]. The Journal of Organic Chemistry, 21 (2): 204 - 205.

FAO. 2010. FAO Statistics Database 2010. FAOSTAT. Food and Agriculture Organization [J/OL]. Retrieved from the FAOSTAT home page: http: //faostat. fao. org/ FAO/WHO, 1996. Biotechnology and Food Safety. Report of Joint FAO/WHO Consultation.

FAO Food and Nutrition paper 61. Food and Agriculture Organization of United Nations, Rome, Italy. FAO/WHO. 2000. Safety aspects of genetically modified foods of plant origin [J/OJ]. Rome, Italy: Food and Agriculture Organization of United Nations.

FAO/WHO. 2002. Allergencity of genetically modified foods. Report of the Third Session of the Codex Ad Hoc Intergovernmental task Force on Food Derived from Biotechnology [J/OJ]. Rome, Italy: Food and Agriculture Organization of United Nations.

Fitch MMM, Manshardt RM, Gonsalves D, et al. 1992. Virus resistant papaya plants derived from tissues bombarded with the coat protein gene of papaya ringspot virus [J]. Nature Biotechnology, 10 (11): 1466 - 1472.

Franke AA, Custer LJ, Arakaki C, et al. 2004. Vitamin C and flavonoid levels of fruits and vegetables consumed in Hawaii [J]. Journal of Food Composition and Analysis, 17 (1): 1 - 35.

Fuchs M, Gonsalves G. 2007. Safety of virus-resistant transgenic plants two decades after their introduction: lesson from realistic field risk assessment studies [J]. Phytopathology, 45 (45): 173 - 202.

Gonsalves D. 1998. Control of papaya ringspot virus in papaya: a case study [J]. Annual Review of Phytopathology, 36 (36): 415 - 437.

Gouado I, Ejoh RA, Issa TS, et al. 2007. Carotenoids content of some locally consumed fruits and yams in Cameroon [J]. Pakistan Journal of Nutrition, 6 (5): 497 - 501.

Harjadi SS, Pribadi FI, Koswara S. 1995. The effect of K levels on the yield and quality of fruit and crude papain from 3 papaya cultivars [J]. Acta Horticulturae, 1995 (379): 83 - 88.

Health-Canada. 2003. Virus resistant transgenic papaya line 55 - 1 [J/OJ]. Health Canada. http: //www. hc-sc. gc. ca/fn-an/gmf-agm/appro/index-eng. php.

HPIA. 2010. Hawaii Papaya Industry Association, PAPAYA INFO [J/OL]. JSAS Institute Inc. Cary, NC. http: //www. hawaiipapaya. com/info. htm.

Josefsson E. 1967. Distribution of thioglucosides in different parts of *Brassica* plants [J]. Phytochemistry, 6 (12): 1617 - 1627.

Kimura M, Rodriguez-Amaya DB, Yokoyama SM. 1991. Cultivar differences and geographic effects on the carotenoid composition and vitamin A value of papaya [J]. Lebensmittel - Wissenschaft + Technologie = Foo..., 19 (69): 67-91.

Kunkalikar S, Bayadgi AS, Kulkarni VR, et al. 2007. Study on papain in papaya ringspot affected papaya [J]. Annals of Biology, 23: 49-51.

Lee SK, Kader AA. 2000. Preharvest and postharvest factors influencing vitamin C content of horticultural crops [J]. Postharvest Biology and Technology, 20 (3): 207-220.

Ling K, Namba S, Gonsalves C, et al. 1991. Protection against detrimental effects of potyvirus infection in transgenic tobacco plants expressing the papaya ringspot virus coat protein [J]. Biotechnology, 9 (8): 752-758.

Madrigal SL, Ortiz NA, Cooke RD, et al. 1980. The dependence of crude papain yields on different collection (tapping) procedures for papaya latex [J]. Journal of the Science of Food and Agriculture, 31 (3): 279-285.

Manshardt RM. 1998. Production requirements of the transgenic papayas 'UH Rainbow' and 'UH SunUp'. University of Hawaii, College of Tropical Agriculture and Human Resources [J]. New Plants for Hawaii-2, 4.

Manshardt RM. 1999. 'UH Rainbow' papaya [R]. Hawaii: University of Hawaii, College of Tropical Agriculture and Human Resources New Plants for Hawaii-1.

McMurray CH, Blanchflower WJ, Rice DA. 1980. Influence of extraction techniques on determination of a-tocopherol in animal feedstuffs [J]. Journal of Association of Official Analytical Chemists, 63 (6): 1258-1261.

Mezhlumyan LG, Kasymova TD, Yuldashev PK. 2003. Proteinases from *Caricapapaya* latex [J]. Chemistry of Natural Compounds, 39 (3): 223-228.

Ming R, Hou S, Feng Y, et al. 2008. The draft genome of the transgenic tropical fruit tree papaya (*Carica papaya* Linnaeus) [J]. Nature, 452 (7190): 991-996.

Mozafar A. 1994. Plant Vitamins: Agronomic, Physiological and Nutritional Aspects [M]. CRC Press.

Boca Raton, FLMutsuga, M Ohta, et al. 2001. Comparison of carotenoid components between GM and non-GM papaya [J]. Shokuhin Eiseigaku Zasshi, 42 (6): 367-373.

第十八章　夏威夷转基因番木瓜生物安全评估①

摘　要：随着抗病毒转基因植物的发展和释放，其潜在的安全问题已经受到关注。本文主要关注安全评估，特别强调已经商品化或广泛试验的作物，如：南瓜、番木瓜、李子、葡萄、甜菜等。我们讨论的话题通常是关注环境和人类健康—异源壳体化、重组、协同作用、基因流、对非靶标生物的影响，致敏性食品安全。丰富的田间观测和试验数据对最相关的问题进行关键评估并得出推论。我们对抗病毒转基因植物的安全性和好处也表达了意见，并建议现实的风险评估方法协助他们适时的放松管制和释放。

关键词：病原体衍生的抗性；病毒转基因；RNA 沉默；公认的安全问题；现实的风险；好处

前言

抗病毒转基因植物在 20 世纪 80 年代中期（Powell-Abel et al，1986）的成功发展预示着一个控制植物病毒的新时代。这种抗病毒植物开发的新方法被证明是特别相关的案例：寄主抗性基因没有通过杂交和基因渗入成功转入敏感品种。另外，可以通过将病毒基因转移到目标植物基因组来获得病毒抗性。然而在 1991 年，DeZoeten 杂志发表了一篇及时和挑衅的社论，题为《风险评估：我们让历史重演吗?》（DeZoeten，1991）。社论挑战了科学家评估抗病毒转基因植物相关的环境风险。1992 年，美国农业部（USDA）发起了一项竞争性的研究资助计划，对转基因植物进行风险评估（Anonymous，2006）。资助计划的主要目标是获得研究信息，将有助于监管机构对转基因作物安全释放，包括对抗病毒转基因作物做出科学决策。这个项目，仍然在进行中，支持了大量的抗病毒转基因植物的风险评估研究（Anonymous，2006）。

这篇评论的目的是分析以科学为基础的抗病毒转基因植物的安全评价研究。描述应用病原体产生耐药性控制植物病毒，分析抗病毒转基因植物的好处，通过丰富的田间观察和试验评估来区分真实的感知风险。抗病毒转基因植物潜在的安全问题包括异源壳体化、重组、协同作用、基因流、对非靶标生物的影响，以及致敏性食品安全。尽管许多研究已经解决了过去 15 年里的潜在风险，这篇评论的重点，只有那些已经在田间实施和已优先商业化或在该领域广泛测试的农作物。为什么？我们相信这一领域的研究为评

① 参考：Marc Fuchs，Dennis Gonsalves. 2007. Safety of Virus - ResistantTransgenic Plants TwoDecades After TheirIntroduction：Lessons fromRealistic Field RiskAssessment Studies［J］. Phytopathol，45：173 - 202.

估抗病毒转基因植物的环境影响提供了条件。我们的目标是严格审查田间安全评估研究的证据和确定潜在风险的重要性来决定抗病毒转基因作物是否会在田间释放二十年后的农业领域占据一席之地。有足够的数据对任何上述安全考虑的影响得出的科学结论吗？如果没有，我们还需要解决什么问题来协助监管人员？一些抗病毒转基因植物的要求，如监管花费更少而批准更及时，可以在国家之间协调吗？并且，基于广泛的安全评估数据和抗病毒转基因作物安全的商业使用历史，是时候更直接关注影响其放松管制和释放的其他因素了吗？

病原体衍生抗性和植物病毒

PDR（Sanford and Johnston，1985）是一个现象，即包含基因或序列的转基因植物寄生虫免受有害的同源或相关病原体的影响。比奇团队首次证明了 PDR 在植物病毒中的应用，烟草（Powell-Abel et al，1986）和番茄（Nelson et al，1988）植物 TMV（烟草花叶病毒）外壳蛋白（CP）基因的表达对接种 TMV 表现出抗性或延迟感染。众多独立的研究已明确了防治植物病毒的实际效果（Baulcombe，2004；Lindbo，Dougherty，2005；MacDiarmid，2005；Tepfer，2002；Voinnet，2001）。事实上，通过运用 PDR，对许多科农作物中的植物病毒都产生了抗性。

最初，都认为是通过表达 CP 蛋白来产生抗性。大量研究表明含有 CP 蛋白的转基因植物确实对具有相同或相似 CPs 的病毒具有特异的抗性。然而，在过去的十年中，已证明，大多数植物病毒 PDR 的例子通过转录后基因沉默（PTGS）被 RNA 介导和发生，也就是现在通常所说的 RNA 沉默抗病毒途径（Lindbo and Dougherty，2005；Boinnet，2001；2005；Waterhouse et al，2001）。基本上，利用病毒转基因导致的 RNA 沉默引起特异降解基因组，其来自入侵同源病毒和那些含有高同源序列的病毒转基因，从而产生抗性表型。全长和截断的病毒结构基因，即 CP，RNA 依赖的 RNA 聚合酶（RdRp），蛋白酶，运动蛋白，卫星核糖核酸，缺损干扰 RNA 和非编码区，被用来赋予抗性。已表明，有些病毒基因可以抑制 RNA 沉默，通过 PDR 从而减少植物转基因抗性的效果（Qu and Morris，2005，Voinnet，2005，Waterhouse and Fusaro，2006）。尽管 PDR 原理有巨大的进步，识别抗性表型的方法仍然靠经验。基本上，转化后，通过接种筛选出对目标病毒具有抗性的植物转化株。选择优势的具有更多表征的转基因株系，因为它们具有商业化潜力，包括一个周密的环境和食品安全潜在风险评估。

抗病毒转基因植物的好处

抗性是控制植物病毒最有效的方法。除了赋予抗性表型，PDR 方法的几个属性还是有吸引力的。首先，病毒抗性可以被插入植物而不改变其内在表型特征，这在传统育种几乎是不可能实现的。第二，抗性基因可以被插入到不同的植物属和种，其受到给定的病毒的影响并能够转化和再生。第三，抗性可以被插入无性繁殖的植物，有些不能通过传统育种来改善，由于遗传不兼容或结合了冗余的特征。在下一节中，我们分析了已解除管制和在美国商业化生产的抗病毒转基因作物，包括西葫芦和番木瓜。

图 18－1 （a）表达 ZYMV、WMV 和 CMV 的 CP 基因的南瓜高度抗这三种病毒的混合机械接种（右上），而三种病毒很容易接种到并感染对照植物并表现出严重的症状（左，和右下角）。（b）健康的抗病毒转基因南瓜（后）和病毒感染的非转基因南瓜（前）比较产量。（c）在无杀虫剂的条件下，转基因南瓜（中心和右行）对蚜虫传播的病毒的抗性。

抗黄瓜花叶病毒，西葫芦黄花叶病毒、西瓜花叶病毒转基因南瓜

抗病毒转基因夏季南瓜（*Cucurbita pepo* spp. *ovifera* var. *ovifera*）株系 ZW－20 和 CZW－3 已成功开发（Fuchs and Gonsalves，2002；Fuchs et al，1998；Shankula，2006；Tricoli et al，1995），并在 1994（Medley，1994）和 1996 年的监管中获得免税地位（Acord，1996）。植物株系 ZW－20 表达 ZYMV（西葫芦黄花叶病毒）和 WMV（西瓜花叶病毒）的 CP 基因，并对这两种病毒产生抗性（Arce-Ochoa et al，1995；Chough and Hamm，1995；Fuchs and Gonsalves，1995；Klas et al，2006；Tricoli et al，1995）。植物株系 CZW－3 表达 CMV（黄瓜花叶病毒）、ZYMV（西葫芦黄花叶病毒）和 WMV（西瓜花叶病毒）的 CP 基因，并对这三种病毒产生抗性（Fuchs et al，1998；Schultheis，Walters，1998；Tricoli et al，1995）（图 18－1a）。转基因株系 ZW－20 和 CZW－3 通过常规育种成功开发了很多抗病毒的夏季南瓜品种（Anonymous，2006）。由两个或三个病毒构建的复合 CP 基因已成为开发抗多种病毒的南瓜品种的有效方法。而常规育种还不能获得达到对几种病毒抗性程度相似的夏季南瓜精品。

来源于株系 ZW－20 和 CZW－3 的南瓜品种的商业化释放证明工程抗性的稳定性和持久性已超过十年。此外，抗病毒转基因南瓜让种植户在 2005 年没有病毒的情况下恢复初始产量净赚 2 200万美元（Shankula，2006）。与非转基因对照（蚜传病毒产生的病

毒压力）相比，由转基因株系 CZW - 3 获得的南瓜品种销售收益增加了 50 倍（Fuchs et al，1998）（图 18 - 1b）。即使没有显示出对所有病毒的抗性，抗病毒转基因品种还是经济可行的。例如，只对 ZYMV 的抗性产生了在 ZYMV、CMV 和 WMV 病毒并存条件下的可畅销的产品。种植者很好的采用率反映了抗病毒转基因南瓜品种成功的商业化。2005 年，转基因南瓜占美国总种植面积的 12%，最高的采用率在新泽西（25%）、佛罗里达州（22%）、乔治亚州（20%）、南卡罗来纳州（20%）和田纳西州（20%）（Shankula，2006）。

南瓜蚜传病毒的防治经常通过耕作管理来实现，包括延迟迁移蚜虫载体飞行，使用地膜覆盖击退蚜虫的载体，应用针油与杀虫剂合用以减少蚜虫载体（Perring et al，1999）。在乔治亚州，据估计应用十个针油和杀虫剂来常规控制蚜虫，从而限制病毒传播（Gianessi et al，2002）。限制节肢动物载体依赖的化学物质是抗病毒转基因南瓜商业化释放的一个很重要的好处（图 18 - 1c）。

抗 ZYMV（西葫芦黄花叶病毒）和 WMV（西瓜花叶病毒）转基因南瓜不作为二次传播的病毒源（Klas et al，2006）。通过限制病毒感染组织，严重限制了感染率，减少它们的毒力，抑制其复制和/或细胞间或系统的运动（Fuchs and Gonsalves，1995；Fuchs et al，1998；Klas et al，2006；Tricoli et al，1995）。降低病毒滴度可以减少田间通过载体和后续传输的病毒变异的频率，因此，病毒蔓延基本上是有限的（Klas et al，2006）。

抗番木瓜环斑病毒转基因番木瓜

抗 PRSV 转基因番木瓜在夏威夷释放的时间是有记录的（Gonsalves，1998），1998 年商业化后出现了很多的评论（Gonsalves，2006；Gonsalves et al，1998；Gonsalves et al，2004；2006）。以下部分简要总结了抗病毒转基因番木瓜从获得到现在的表现。

20 世纪 40 年代到 1998 年夏威夷的番木瓜产品

番木瓜环斑病毒的术语是 Jensen 在 1998 年创造的，他在夏威夷的瓦胡岛上发现这个病毒（Gensen，1949）。番木瓜环斑病毒是一种可以传播的病毒，通过蚜虫以非持续性方式传播。番木瓜环斑病毒抗性基因尚未在番木瓜中确定，但却以一种定量的方式对其产生耐受性（Gonsalves et al，2006）。在 20 世纪 50 年代，瓦胡岛是夏威夷主要的番木瓜生长地，但番木瓜环斑病毒迫使这一产业迁移到夏威夷岛 Puna 地区，这里不存在病毒，土地充足，雨量充沛，阳光充足，尽管全年平均降雨量达 2 540 mm，但火山岩石基质可以很好的排水。此外，新收获的 Kapoho 大番木瓜品种很大程度上适应了 Puna 地区。到 20 世纪 70 年代，夏威夷 95% 的番木瓜都生长在 Puna 地区。然而，由于仅 30 km 外的 Hilo 存在 PRSV 病毒，病毒潜在的威胁仍然存在。

抗 PRSV 病毒转基因番木瓜的发展开始于 1985 年番木瓜环斑病毒株 HA 5 - 1 CP 基因的克隆和序列分析，紧接着是 1989 年基因枪转化番木瓜胚胎，1991 年在温室条件下鉴定转基因番木瓜 55 - 1 的抗 PRSV 病毒菌株 HA（Fitch et al，1992）。株系 55 - 1 是 Sunset 的一个转化株，是红肉 Sunrise 番木瓜品种的同源品种。1992 年 4 月，转基因株系 55 – 1 的 R0 植株在瓦胡岛建立了一个很小的田间试验。到 1992 年 12 月，试验数据令人信服地表明株系 55 – 1 在田间条件下完全抗番木瓜环斑病毒（Lius et al，1997）。这个田间试验被证明很关键，因为当前的商业化品种 SunUp 和 Rainbow 就是在这个小区中研发出的。SunUp 是红肉的转基因株系 55 – 1，PRSV CP 基因纯合子，而 Rainbow 是黄色果肉，是 SunUp 和非转基因 Kapoho 的杂交 F1 代。

巧合的是，在 1992 年 5 月，在夏威夷 Puna 商业化种植的番木瓜植株中发现了番木瓜环斑病毒。到 1994 年，尽管做出努力来抑制番木瓜环斑病毒的传播，还是有一半以上的 Puna 严重感染了番木瓜环斑病毒，夏威夷农业部（HDOA）放弃根除程序（图 18 – 2a）。到 1998 年，Puna 大部分地区感染番木瓜环斑病毒，番木瓜的产量减少到 1992 年的一半（表 18 – 1），大部分番木瓜都是从被感染的田间收获的。夏威夷的番木瓜产业遭受危机。1992 年，Puna 有 5 家食品厂，到 1998 年，只剩下 2 家，还不是全天工作。

表 18 – 1　夏威夷和普纳地区 1992—2004 年的番木瓜鲜果产量（x1 000 kg）

年份	夏威夷产量	普纳产量	%
1992	25 340	24 073	95
1993	26 430	25 108	95
1994	25 522	25 215	99
1995	19 028	17 808	94
1996	17 166	15 529	90
1997	16 212	12 629	78
1998	16 167	12 148	75
1999	17 892	11 630	65
2000	22 820	15 417	68
2001	23 614	18 297	77
2002	19 391	16 294	84
2003	18 528	16 228	88
2004	15 533	13 737	88

1995 年 10 月，SunUp、Rainbow 和非转基因番木瓜在 Puna 的田间试验确认了在严重病毒压力下工程抗性控制番木瓜环斑病毒的效果，并评估了转基因品种的园艺品质。这个田间试验很成功（Ferreira et al，2002），并说服研究人员、公共官员和种植者这两个转基因品种，尤其是 Rainbow，是适宜在夏威夷商业化生产的（图 18 – 2b，c）。事实上，亲本转基因株系 55 – 1 在 1996 年和 1997 年分别由美国农业部动植物检疫局（A-PHIS）和环保局解除管制，在 1997 年与美国食品和药物管理局协商完成。

图 18－2　（a）PRSV 在 1994 给普纳的商业番木瓜果园造成毁灭性破坏。（b）1995 年感染 PRSV 的非转基因番木瓜（左）和健康的转基因番木瓜 Rainbow（右）在普纳的田间试验。（c）1995 年普纳的田间试验鸟瞰图，健康的转基因番木瓜 Rainbow 周围全部是已被 PRSV 感染的非转基因番木瓜。（d）种植过转基因木瓜（前）的土地。可见暗绿色的健康 Rainbow 番木瓜（后）在因被 PRSV 感染而遗弃的番木瓜果园中种植。（e）1999 年健康的商业化种植的转基因 Rainbow，距离夏威夷番木瓜产业释放转基因种子只有一年的时间。（f）转基因 Rainbow 的番木瓜果实在超市出售（g）转基因 Rainbow 番木瓜（右）生长在采取了保护措施的非转基因 Kapoho（左）的旁边。（h）健康的转基因 Rainbow 番木瓜（后）种植在感染 PRSV 而在收获前被砍掉的非转基因 Kapoho（前）旁边。

1998 年以来夏威夷番木瓜的生产状况

大多数的农户种植抗 PRSV 病毒番木瓜，并且发展很快。在夏威夷，番木瓜种植规模很小的地方，往往是转基因番木瓜放心释放的区域。而研究人员和番木瓜种植户之间的密切联系有利于评价释放前和发布后不久种植的转基因番木瓜。

1998 年，夏威夷大约有 256 户番木瓜种植户，其中 171 户在 Puna。在 Puna54% 的种植户（171 户中的 91 户）调查显示，（a）90% ~91% 的为菲律宾人；（b）46% 为非农业就业；（c）38% 的农户一半以上的收入依赖于番木瓜种植。这些数据表明夏威夷番木瓜产业主要是小农户为主。其中 92 个农户可以接受种植转基因番木瓜，占总数的 90%，19% 的农户在一年内收获了果实。大多数的农户接到种子以后很快就种植了：在 71 户接受调查的种植户中，38% 的农户接受种子后一个月内就种植了，42% 的农户是接受种子后 1 ~3 个月种植，20% 的农户是在 4 ~9 个月间种植的。种植转基因番木瓜的原因是这种番木瓜抗病毒侵染。总之，种植户急需转基因番木瓜种子，得到后很快就种植了。

转基因种子发布以后，农户们清理感染的土地，然后在废弃的感染土地的旁边种植 Rainbow 番木瓜（图 18 –2d）。它的商业性能巨大，没有观察到不抗性。到 1999 年，许多健康的商业化种植的转基因番木瓜田地已经很常见了，与一年前形成了鲜明的对比。在 Puna，番木瓜产业大幅增加，达到了夏威夷番木瓜鲜果的 88%。对 PRSV 的抗性一直保持了很长一段时间，转基因番木瓜果实在夏威夷超市里很常见（图 18 –2f）。

尽管如此，夏威夷的番木瓜产量还是没有达到 1992 年的水平（表 18 –1）。这种情况可能有以下几个原因：（a）转基因种子发布后不久，许多农民种植 Rainbow 番木瓜，基本上充斥市场，导致价格下降，鼓励农民种植更多的番木瓜。（b）PRSV 发病率高的 1992—1998 年间，美国大陆通过进口来自墨西哥的番木瓜而使番木瓜市场扩大了，而夏威夷的产量却下降了。（c）一系列天气有关的原因，如干旱或过涝，带来新的真菌病（黑点）和害虫（桑白蚧），这些原因一起阻碍了番木瓜的产量。不过产量下降最厉害的是 Puna，由于 PRSV 的发生，Puna 的番木瓜产量直线下降（表 18 –1），由于 PRSV 而造成的生产损失迫切需要转基因番木瓜的发布。如果没有转基因番木瓜，Puna 极有可能不会有这么多的产量。

转基因番木瓜有助于非转基因番木瓜的产量

夏威夷依然需要生产非转基因番木瓜用来供应利润丰厚的日本市场。为什么？因为日本还没有放松对抗 PRSV 转基因番木瓜的管制。因此，夏威夷为了保持其在日本的市场份额，就需要生产非转基因番木瓜。而且，一直在日本占主导市场的夏威夷番木瓜非转基因品种 Kapoho 在 Puna 之外不适应。这也许就是为什么没有 PRSV 病毒的 Kauai 和 Molokai 岛，与全州相比却没有明显增加番木瓜的产量的原因吧。

具有讽刺意味的是，转基因番木瓜实际上导致了非转基因番木瓜在 Puna 生产的可能性。这是具有主要优势的抗 PRSV 转基因番木瓜往往被忽视的。如上所述，在 1998 年，Puna 大多数种植非转基因番木瓜的地区没有被 PRSV 严重感染，这几乎是不可能的。Puna 许多地方用抗病的转基因番木瓜更换易感的非转基因番木瓜果园，这就大大降低了 PRSV 的发生。这样当地的非转基因番木瓜生产是在较低的 PRSV 患病率条件下种植的；严格去杂的做法可以帮助提高经济效益，虽然种植非转基因番木瓜有风险（图 18 –2）。在大量种植转基因番木瓜当中种植非转基因番木瓜是可行的，因为转基因番木瓜可以作为非转基因番木瓜喂食毒蚜虫 PRSV 之前的障碍带。

转基因番木瓜促进番木瓜生产用地减少

在 Puna，转基因番木瓜有助于减少清理出新的林地边缘的土地用来种植番木瓜。实际上，抗 PRSV 转基因番木瓜可以种植在现有的有病毒的土地上，而种植非转基因番木瓜隔离病毒源是必要的。因此，种植者通常清除新的土地来种植番木瓜，而不是改良番木瓜。这个 PRSV 转基因番木瓜所带来的、常常被忽视的环境效益很重要，因为在 Puna 以及夏威夷其他州，土地是有限的，生物多样性是非常珍贵的。

转基因番木瓜有助于增加品种多样性

转基因番木瓜增加了夏威夷番木瓜品种多样性，并且扩大番木瓜市场到了 Oahu 岛。1998 年，夏威夷的番木瓜产业 95% 的品种为 Kapoho，不到 5% 的品种为 Sunrise 和 Kamiya。今天，夏威夷的种植者有抗 PRSV 的 SunUp、Rainbow 和培育品种 Laie Gold。Rainbow 和 Laie Gold 在 Oahu 岛没有大规模的商业化种植，在很大程度上是由于 PRSV。1960 年，Oahu 岛种植了 2.5 hm^2 番木瓜，而现在种植了 57 hm^2 抗病毒番木瓜（Gonsalves，2006）。要不是抗 PRSV 转基因番木瓜的释放和采用，这是不可能的事。

科学家们可以使转基因作物商业化。现在，除了抗 PRSV 转基因番木瓜外，其他所有的商业化转基因作物已被大中型企业种植。事实上，转基因番木瓜的生产和商业化，学者们已经提供了一个明确的例子，大学和各研究机构可以帮助发展国家的转基因作物，以解决农业问题。既然对病毒具有抗性的小商品作物，如番木瓜，不如主要商品作物的经济价值那么大，那么大公司将不会追求这个转基因领域，这并不让人惊讶。抗病毒转基因小作物的商业化发展，给小企业和公共机构的科学家提供了一个有吸引力的机会。

与抗病毒转基因植物相关的潜在安全问题

在过去的 15 年中，对抗病毒转基因作物的释放有关的潜在的环境风险问题给与了相当大的关注。本综述的重点是安全评价，特别强调过去十年中在美国已经商业化的作物，或已经在广泛领域进行田间测试的作物，如南瓜、番木瓜、李子、葡萄、甜菜等作物。然而，安全问题不是表达病毒基因的转基因植物特有的。易受病毒感染的传统植物也有安全问题。它是一种工程性状（如病毒抗性）和转基因（来源于病毒基因的结构），这才是潜在关注的源头，而不是用于开发病毒抗性植物的方法。因此，确定转基因植物影响的比较基础是至关重要的。

考虑潜在的安全问题与一个事实直接相关，即在植物中的抗病毒是通过表达组成型病毒序列（DeZoeten，1991；Robinson，1996；Lommel and Xiong，1991；Rissler and Mellon，1996；Tepfer，2002；Hammmond et al，1999）引发 RNA 沉默的抗病毒途径来实现的。表达的病毒序列在一般常规的植物不会出现，除了少数感染了 pararetroviruses（Hansen et al，2005；Harper et al，2002）或 PVY（马铃薯 Y 病毒）（Hanne and Sela，2005）外，感染这些病毒后，部分或完整的病毒基因组插入感染后的植物基因组。潜在的风险有异源外壳包装、重组、协同作用、基因漂移、对非靶标生物的影响、以及在致敏性方面的食品安全问题（DeZoeten，1991；Hammond et al，1999；Martelli，2001；Rissler and Mellon，1996；Robinson，1996；Tepfer，2002）。当然不会有那么多问题出现，但它们的后果需要考虑和解决。

抗病毒转基因植物的安全评价

异源外壳包装（heteroencapsidation）

异源外壳包装指一种病毒的基因组被另一种病毒的外壳蛋白包装，有时会发生被一个以上的病毒感染的植物上。异源外壳包装也可能由转基因植物转入的病毒外壳蛋白（CP）基因引起，而不是第二个病毒基因组引起的（图18－3）。因为CP基因具有的致病性和载体特异性，在转基因植物中可能引起新的病毒。例如，通过在转基因植物中异源外壳包装，一个非传播病毒可能成为传播病毒。同时，异源外壳包装和随后的载体介导的传输的结果是导致病毒可以感染其他非寄主植物。因此，异源外壳包装可能导致新的病毒，这在理论上是可能的。

异源外壳包装在转基因草本植物中已有记载（Candelier-Harvey and Hull，1993，Farinelli et al，1992，Hammond and Dienelt，1997，Holt and Beachy，1991，Lecoq et al，1993，Osburn et al，1990）。这些研究表明，CP亚基在转基因植物中的表达能够包装病毒的RNA基因组。异源外壳包装也协助另一个非蚜虫传播的ZYMV病毒感染。不过，过去几年在不同的地点进行的广泛测试表明，在表达病毒CP基因的转基因蔬菜中还没有发现这种异源外壳包装。表达蚜虫传播的CMV病毒的CP基因的转基因南瓜和甜瓜，特意用来测试异源外壳包装触发非蚜虫传播的CMV的感染能力（Fuchs et al，1998）。人工接种724株转基因植物到1 130健康易感的非转基因植物上，并未检测到非蚜虫传播的感染产生。蚜虫介导传播的CMV发生了，但是分离物的CP基因的分子特征和传播蚜虫检测清楚地表明，CMV分离物并不是由异源外壳包装导致的，而是由试验区外的、当地感染的植物感染了这片地产生的。同时，表达CP基因或马铃薯卷叶病毒RdRp基因的转基因马铃薯的病毒特征在血清学特性、传输特性、寄主范围和症状等检测水平上并没有改变，这就表明没有发生异源外壳包装（Thomas et al，1998）。此外，转基因番木瓜和南瓜商业化种植后的8～10年里，没有报道出现新的、非预期特征的病毒种类。

唯一的研究表明可能发生异源外壳包装的是在表达WMV的CP基因的转基因南瓜的田间出现了几率很低的非蚜虫传播的ZYMV感染（2%，77，3700）（Fuchs et al，1999）。然而，ZYMV菌株的感染仅仅限于个别植株，分布随机，植株间没有空间性。因此，对蚜虫非传播株ZYMV病毒没有达到流行病的程度。

总之，在载体特异性和宿主范围的变化仅在一代，而不是永久性的事件，因为病毒基因组没有影响（图18－3），病毒基因组的后代将不会延续改变。因此，表达病毒CP基因的转基因植物的异源外壳包装没有什么意义，对环境的不利影响可以忽略不计。

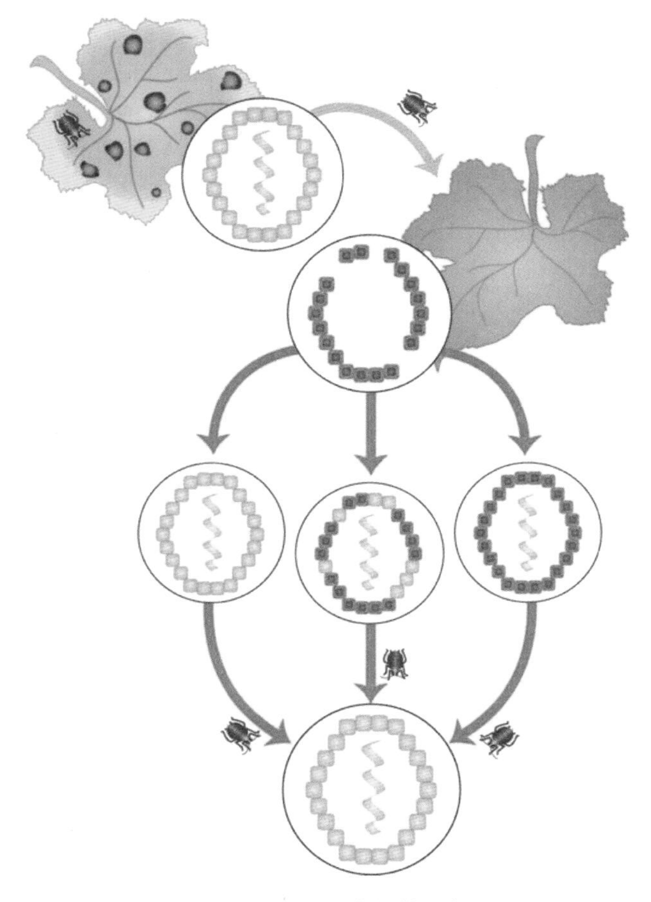

图 18－3 异源外壳包装示意图

在自然界中，昆虫媒介可以从受感染的植物中获得一种病毒（接种病毒），并将其传送到一个表达病毒 CP 基因的转基因植物中。随着粒子分解、复制和翻译，接种病毒的基因组可包被自己的 CP 亚基外壳包装，或由转基因编码的 CP 亚基部分或完全外壳包装（第一代病毒后代）。新形成的病毒颗粒可通过昆虫媒介获得并进一步传播。请注意，二次病毒的后代（第二代病毒的后代）与接种病毒是一样的。

重组

重组是指两个不同的 RNA 分子在病毒复制过程中遗传物质的互相交换。在转基因植物细胞（图 18－4）中，一个病毒的转基因和一个挑战病毒的基因组在复制过程中复制子也可以发生重组。得到的重组病毒的嵌合 DNA 分子是由来自接种病毒基因转录的片段和病毒转基因基因组组成的（图 18－4）。因为重组改变了接种病毒的基因组，嵌合病毒的新特性将稳定地复制和遗传给子代病毒（图 18－4）。重组病毒可能有父母本的血统，或出现新的生物学特性，可能对环境产生负面影响，如特殊载体的变化、寄主范围扩大、致病性增加。许多研究记录了在表达病毒基因的转基因草本植物中发生了重组（Adair and Kearney，2002；Allison et al，1996；Borja et al，1999；Frischmuth and

Stanley, 1998; Gal et al, 1992; Greeene and Allison, 1994; Greene and Allison, 1996; Jakab et al, 1997; Lommel and Xiong, 1991; Schoelz and Wintermantel, 1993; Teycheney et al, 2000; Warrelmann et al, 2000; Wintermantel et al, 1996)。严格的选择性作用于挑战病毒是重组病毒复苏的关键因素。高选择性压力条件下增强了重组病毒的检测(Borja et al, 1999; Frischmuth and Stanley, 1998; Gal et al, 1992; Lommel and Xiong, 1991; Schoelz and Wintermantel, 1993; Greene and Allison, 1994)。相反的，如果有的话，只有在选择性压力低或无选择性压力情况下才能发现有限的重组病毒(Adair and Kearney, 2000; Allison et al, 1996; Greeen and Allison, 1996; Wintermantel and Schoelz, 1996)。同时，一些有利于重组的转基因结构中有一个完整的病毒3′非编码区(Allison et al, 1996; Greeen and Allison, 1996; Warrelmann et al, 2000)。这是由于病毒3′非编码区有可以被RdRp聚合酶识别的序列，用来起始RNA合成；于是模板开关增加了。

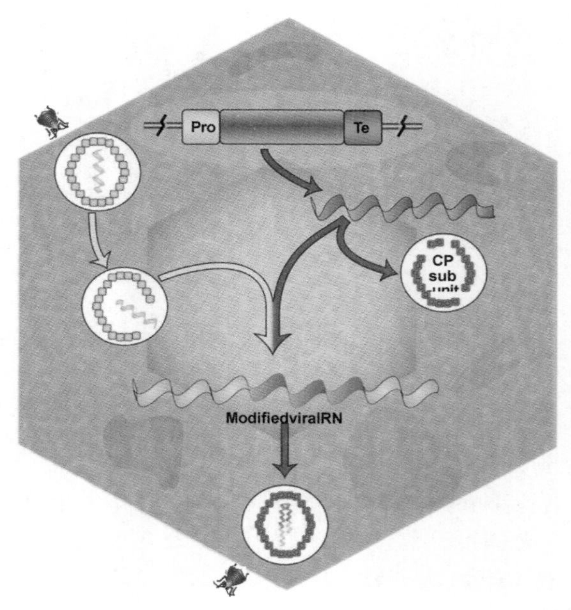

图18-4　重组示意图

在自然界中，昆虫媒介可以传播病毒到表达病毒CP基因的转基因植物上；这种表达是由启动子（Pro）和终止子（Ter）驱动的。粒子分解后，病毒基因组可以复制。如果该转基因植物的转录和病毒RNA在复制过程中发生模板交换，就可以形成嵌合的RNA分子（改变的病毒RNA），壳体包装后就得到病毒载体并传播。

到目前为止，还没有在田间转CP基因植物中发现重组事件。特别是，在法国的两个GFLV（葡萄扇叶病毒）感染的葡萄试验园区，表达GFLV的CP基因的转基因葡萄没有检测到异源重组。试验植物包括常规的接穗嫁接到转基因砧木。对347株分离的GFLV菌株分析其CP基因，反转录聚合酶链反应限制性片段长度多态性分析表明没有出现转基因序列的重组。序列分析进一步表明，在传统植物中出现了重组，但在转基因植物中没有出现。同时，核苷酸多样性分综合析分离的GFLV菌株群体进一步表明：大部分单倍型菌群根据宿主（转基因与传统植株）或地区不同而发生遗传分化（Wigne et al，2004）。而且，一项为期三年的试验表明，没有证据表明转基因葡萄会有助于 GFLV 重组或影响 GFLV 种群分子多样性。

同样，在西班牙（Capote et al，2007）和罗马尼亚（Zagrai，未发表）的实验室和果园中进行了为期 8～10 年的试验，在表达 PPV（梅痘病毒）CP 基因的转基因李子中也没有检测到异源重组。从转基因（37 株）和常规（109 株）梅花树中分离的 PPV 核苷酸变异没有显著的差异（Capote et al，2007；Zagrai，未发表）。有几个 PPV 重组菌株被检测到，但他们并不是出现在转基因梅花树，因为重组事件是 RdRp，而不是 CP 基因（Zagrai，未发表）。而且，转基因南瓜的 CMV 分离物中没有检测到重组，在转基因和传统的西葫芦中分离的 CMV CP 基因的变异性并没有相关性（Lin et al，2001）。此外，在过去的 8～10 年的商业释放或广泛的实验测试中，种植者，扩展教育工作者，科学家们在转基因南瓜、番木瓜、梅花都没有检测到出现非预期的病毒。

总之，转基因和病毒之间的重组的意义相对环境的不利影响来说是非常有限的。不同的病毒（CMV、GFLV、PPV、PRSV、ZYMV、WMV）和不同的转基因作物（南瓜、番木瓜、葡萄、李子）在欧洲和美国不同的环境中都得到了类似的结论。

花粉漂移的转基因运动

从栽培作物到野生近缘种的基因漂移是另一个环境问题。在抗病毒转基因作物存在的情况下，野生种通过花粉漂移获得宿主基因和/或转基因，则它们的后代能够表达病毒基因（图 18－5）抵抗相应的病毒，如果转移的基因使得他们具有选择性的优势，则可以使后代增加适应性并最终更有竞争力（Ellstrand et al，1999；Snow and Palma，1997；Rennant et al，2001）。已经出现的问题有（a）发展和演变为杂草种类，可以蹂躏和破坏自然生态系统；（b）潜在威胁野生种群的遗传多样性和野生近缘种的灭绝风险增加。在主要传统作物品种中基因漂移是有据可查的（Ellstr，2003；Ellstr et al，1999；Stewart et al，2003）。因此，了解转基因渗入的影响必须了解转基因运动本身中转基因对野生种群的影响（Ellstrand et al，1999；Stewart et al，2003）。

最近已经在试验田开始进行抗病毒转基因南瓜 czw－3（Fuchs et al，1998，Tricoli et al，1995）向野生近缘种西葫芦属 *C. texana* 的基因漂流试验（Fuchs et al，2004）。杂交率随着转基因花粉传粉多于授粉的比率增加和重叠开花模式而增加。更重要的是，基因漂移发生在低发病率的三代以后，而不是在高发病率的第一代（Fuchs et al，2004）。这种差异可能是在早期发展阶段的高发病率条件下，病毒对植物生长和繁殖潜力有严重影响。正如预期的那样，通过基因漂移获得了 CP 转基因的 *C. texana* 后代表现出抗三种目标病毒，即 CMV、ZYMV、WMV。同时，texana 表达外源基因的后代增加了适应性，不仅抗 CMV、ZYMV 和 WMV，而且生命力旺盛，比 C. texana 和非转基因野生种在高发病率下产生更有营养的水果和更可用的种子（Fuchs et al，2004）。相比之下，在低发病率下，*C. texana* 优于所有其他基因型，不管是否表达转基因（Fuchs et al，2004）。

研究结果表明，在高选择性病毒压力下，C. texana 竞争力和适应性可以受自然生态系统的影响。因此，自然生境中病毒发生率知识对预测 C. texana 生态适应性及其种群

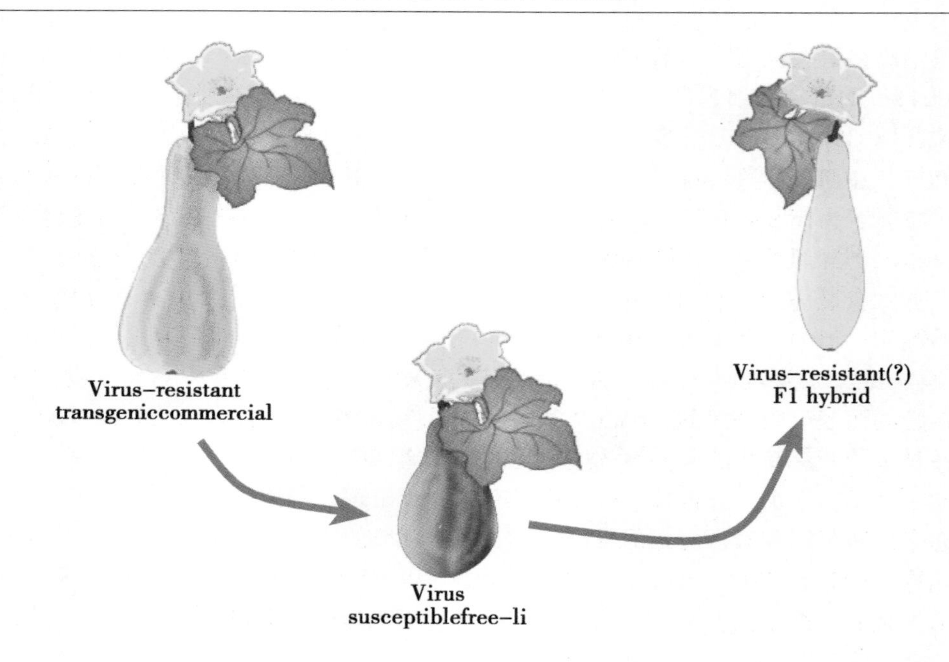

图 18 -5　通过杂交进行的转基因运动示意图

外源基因的转移可以从抗病毒转基因作物发生，例如，通过花粉漂移，商业南瓜的外源基因可以到相应的病毒敏感的野生品种中。如果病毒抗性为它们提供了一个选择性的优势，通过杂交可以获得转基因并具有适应性优势。

结构动态的很重要。已在野生南瓜种群包括 C. texana 的自然栖息地进行病毒发病率调查（Quemala，1998；Quemada et al，2002）。大多数种群研究表明病毒的发病率是非常低的，且发病率随时间和空间而变化。野生南瓜多数无病毒感染；只有极少数表现出症状，有一些被 CMV，ZYMV 和/或 WMV 感染。因此看来，病毒对野生南瓜种群的感染是一个有限的动态变化的（Quemada et al，2002）。

同样，也调查了表达 BNYVV 的 CP 基因的转基因甜菜（甜菜坏死黄脉病毒）向野生甜菜（*Beta vulgaris* 属 *maritima*）的基因飘移。相比传统的杂交耐 BNYVV 甜菜转基因甜菜没有显著增加竞争力（Bartsch et al，1996）。此外，调查表明在意大利东北部野生甜菜种群没有感染 BNYVV（Bartsch et al，1996）。这些结果表明，BNYVV 抗性甜菜并不比在自然栖息地的杂交和基因渗入更有竞争力。

另一种是从转基因作物到常规作物的基因漂移（Ilardi and Barba，2001）。人们不愿意采用抗病毒转基因植物通常称这种基因运动为遗传污染。本项目以下讨论是转基因和非转基因作物共存下的，因为它与环境风险评价本身无关。

转基因植物抗病毒活性风险评估

通过花粉漂移引起的转基因漂移

更重要的是，转基因运动的发生是在三代低疾病压力的条件下，而在高疾病压力条件下不会超出第一代（Fuchs et al，2004）。这种差别是通过在早期发展阶段的高发病压力下病毒对植物生长和生殖潜在的严重影响来解释。正如预期的那样，*C texana* 的后代通过基因漂移获得转基因 CP 显示出对三个目标病毒的抗性，例如，CMV，ZYMV 和 WMV。此外，在高疾病压力条件下，*C texana* 表达转基因的后代与 *C texana* 及相对应的非转基因品种相比，表现出对 CMV，ZYMV 和 WMV 更强的适应性，生长更加旺盛，并产生更肥沃的水果和可育的种子（Fuchs et al，2004）。与此相反，在低疾病压力的条件下，*C. texana* 无论是否表达所述的转基因，性状都优于所有测试的其他基因型（Fuchs et al，2004）。

我们的发现表明如果病毒选择压力高，*C. texana* 的适应性和竞争力，能够在自然生态系统中受到影响。因此，在自然栖息地的病毒发病率知识对于预测 *C. texana* 的生态适应性和其种群结构的动态非常重要。对野生南瓜种群的调查，包括对 *C. texana* 在自然栖息地病毒发病率的分析（Quemada，1998；Quemada et al，2002）。在大多数的种群研究中，虽然病毒发病率会随着时间和空间而变化，但发生率都极低。野生南瓜的大多数都表现无病毒感染，只有有限数量有症状，还有一些被 CMV，ZYMV，和/或 WMV 感染。因此，看起来病毒对野生南瓜种群（Quemada et al，2002）动态的影响有限。

同样，转基因的运动也有从表达 BNYVV（甜菜坏死黄脉病毒）的 CP 基因的转基因甜菜漂移向野生甜菜的记录（*Beta vulgaris* spp. *maritima*）。与经典的 BNYVV 病毒培育出的耐病毒甜菜相比，转基因甜菜没有表现出显著增强的竞争力（Bartsch et al，1996）。此外，在意大利东北部的野生甜菜群体的一项调查表明，都没有感染 BNYVV 病毒（Bartsch et al，1996）。这些结果表明，BNYVV 抗性的转基因甜菜在杂交后和基因渗入的自然栖息地不太可能变得更具竞争力。

基因漂移的另一种方法是从转基因作物漂移到传统作物（Ilardi and Barba，2001）。人们不愿意采用抗病毒的转基因植物通常是指转基因污染或遗传污染。该主题在转基因和非转基因作物共存下面讨论，因为它本身不涉及到环境风险评估。

协同作用

协同作用是指一种病毒蛋白产物与另一种挑战病毒的相互作用，它可导致宿主症状的恶化，并提高了病毒滴度，这种病毒不是任何一种病毒单独引起的。在转基因植物中，病毒基因的表达可以保护免受同源病毒的感染，但也可以增加对协同异源病毒的易感性和影响疾病传播的速率。协同作用可能是由植物的 PTGS 对病毒感染的防御应答的抑制所导致的（Pruss et al，1997；Ryang et al，2004；Savenkow and Valkonen，2001）。但是，它不会修改现有的病毒或创造具有新特点的新病毒；因此，它不被认为会造成任何环境危险。协同作用的重要性是有限的，在这里不再进一步讨论。

对非靶标生物的影响

抗病毒转基因作物可能潜在影响非靶标生物包括昆虫媒介的多样性和动态。此外，赋予转基因作物抗性的病毒基因可提供给土壤中的微生物，比如细菌或真菌，在水平基因转移上的选择优势（Souza et al，2005）。这些感知到的风险已经解决，不良影响非常有限，如果有的话。例如，节肢动物的多样性和动态并没有显著性差异，包括那些在非转基因和转基因李子树中表达 PPV CP 基因的带病毒的蚜虫载体（Capote et al，2007；Cambra，un-published observations）。还有，抗 PRSV 病毒的转基因番木瓜对在不同土壤层次的放线菌的总数和多样性没有任何显著影响（Hsieh and Pan，2006）。总之，也没有发现转基因抗病毒作物对非靶标生物造成风险。

食品安全和致敏性

在致敏性方面对人体健康的影响是指由在转基因植物中表达的病毒序列编码的有潜在过敏性质的蛋白质。病毒衍生的转基因蛋白产物有伸展的氨基酸序列，可具有完全相同的潜在的免疫球蛋白 E-结合过敏原蛋白的线性表位，因此可能产生新的食品，联系，或吸入过敏，或修改内在过敏原的水平和性质。

众多的观察显示，在转基因植物中的病毒蛋白不会对过敏安全造成威胁。最显着的是，病毒感染的农作物转化成食品被消耗，没有明显的不良影响是由于已知病毒成分造成。此外，数以百万计的柑橘树通过接种弱毒株进行交叉保护来控制柑桔衰退病毒在巴西已实行了很多年（Costa and Muller，1980），没有任何对人体健康不利的结果。同样，对于已经从数以千计的被故意用 PRSV 的弱毒株（Yeh and Gonsalves，1994）接种的树木上收获的番木瓜食用水果，没有任何不良影响的报道。此外，据我们所知，没有科学的报告任何植物病毒 CP 作为过敏原。尽管如此，还是应该谨慎的研究转基因抗病毒植物的食品安全方面的问题。

目前，在美国只有三个转基因抗病毒作物已经放开管制，南瓜和番木瓜已经商业化生产。转基因抗 PVY 和 PLRV 病毒的马铃薯已经放开管制，但却从市场中撤出（Kaniweski and Thomas，2004），一个表达 PPV 病毒的 CP 基因的转基因梅子正在考虑由美国农业部动植物检疫局解除管制（Scorza et al，2007）。

如果采用所建议的最小的序列相似度（35%）标准，已知的过敏原连续八相同氨基酸序列相同（Hileman et al，2002），由这些转基因作物中表达的病毒衍生的产品中没有可以被认为是潜在的过敏原。然而，使用六个连续相同的氨基酸做标准时，在转基因番木瓜 SunUp 和 Rainbow 中表达的 PRSV 菌株 HA 5 －1 的 CP 基因，与蛔虫的假定的 ABA －1 氨基酸过敏原决定簇（Kleter and Peijnenburg，2002）相匹配。然而，2002 年的报告显示，ABA －1 蛋白质本身并不是（Paterson et al，2002）的过敏原，表明六个连续相同氨基酸并不是一个判断潜在过敏原的有效方法。蛋白质过敏的其他标准，是其在模拟胃液的稳定性和对热的稳定性。对转基因番木瓜的研究表明 PRSV 菌株的 HA 5 －1 的 CP 基因曝光后在模拟胃液里被消化的时间小于 5s，并且许多蛋白被热分解。总之，致敏性似乎不是转基因抗 PRSV 病毒番木瓜的一个重大的风险。

感知到的风险是真实并且重要的吗？

许多研究旨在解决抗病毒转基因作物的安全性问题，特别是异质包壳和重组。然而只有有限数量的对风险评估有真正的意义，大部分都是处理病毒宿主的相互作用，而不是与安全性问题。破译病毒宿主的相互作用是识别潜在风险的有价值的方法（Adair and Kearney，2000；Borja et al，1999；CandelierHarvey and Hull，1993；Farinelli et al，1992；Frischmuth and Stanley，1998；Gal et al，1992；Greene and Allison，1994；Greene and Allison，1996；Hammond and Dienelt，1997；Holt and Beachy，1991）。例如，审查重组的发生率和影响其发生程度的决定因素是重要的。然而，病毒宿主相互作用与环境安全的相关性有限，因为他们不评价重组发生的结果。如先前所讨论的，虽然发生率不高，但是结果对于评估转基因抗病毒植物的影响是至关重要的，因为风险在转基因和常规作物中并无根本的不同。

在放开管制的过程中，区分与转基因抗病毒作物相关的感知和真实的风险非常重要。田间试验安全评估的研究为环境风险（除去背景事件），如果有的话，提供了有限的有力证据（Capote et al，2007；Fuchs，et al，1999；Fuchs et al，1998；Zagrai，未发表结果）。这些发现表明，与转基因抗病毒植物相关的对环境严重负面的影响实质上没有预期的那么重要（DeZoeten，1991；Hammond et al，1999）。为了全面掌握环境风险的重要性，异质包壳和重组在没有转基因作物时的发生率，需要加以考虑，并作为基准线。到目前为止，还没有令人信服的证据表明，表达病毒基因的转基因植物提高了异质包壳和重组的发生率（除去背景之外的事件）。同样，几乎没有任何证据来推断表达病毒基因的转基因植物改变现有病毒种群的性质或创造新的常规植物中没有出现的病毒（Falk and Bruening，1994）。

随着异质包壳和重组的发生并且变得重要，一个低概率的序列需要成功完成。携带病毒的载体需要着陆或者与易感的转基因宿主植物接触，然后探测或饲养，并传播病毒颗粒。在被感染的细胞中，病毒粒子需要分解，异质包壳或者模板转换的发生，被怀疑的病毒分离株的基因组需要复制和与转基因得到的产物相互作用。异质包壳的 RNA 分子需要装配和重组 RNA 分子需要被包被。随后，杂壳体化和重组病毒颗粒需要在细胞间移动，并通过血管系统引起系统感染。最后，病毒颗粒需要被载体捕获并转移到新的寄主植物。这种级联事件中的每一个步骤为了生成有活力的杂壳体化病毒和有活力的重组病毒都需要有顺序的相对合理的发生的可能性，然后开始疾病的发作。与这些步骤相关的一些限制会降低最终结果的成功率。

另一方面，从转基因抗病毒作物到野生近缘植物的转基因渗入是一个动态的过程，是要根据具体情况逐案进行评估。基于农作物到野生型基因渗入的异型杂交的潜在可能性和实验性证据，其他因素，如空间接近性，开花物候重叠，在自然栖息地的发病率，风险类别都可被界定（Ellstrand et al，1999；Stewart et al，2003）。尽管许多转基因抗病毒的作物应该被安全释放，其他人应谨慎对待，以避免创造出适应性和竞争力增强的杂草。

转基因抗病毒植物的其他问题

虽然没有直接关系到安全问题，当探寻转基因抗病毒作物的商品化时，应该考虑转基因和非转基因作物的抗性丧失和共存问题。我们讨论这些与抗 PRSV 转基因番木瓜有关。

抗性衰弱

抗性衰弱的问题在转基因番木瓜的发育过程中已经被解决。遍布整个夏威夷，大量的 PRSV 病毒分离株被收集，在转基因番木瓜上进行测试。在瓦胡岛和夏威夷群岛的商业果园中都有抗性，没有观察到抗性衰弱。因此，其商业释放八年之后，转基因番木瓜 Rainbow 在夏威夷依然表现良好。

在早期，转基因 Rainbow 的温室接种表现出抗来自墨西哥的 PRSV 病毒菌株的活性，而不是来自泰国，澳大利亚和巴西（Tennant et al，1994）的 PRSV 菌株。后来的研究表明，可以通过增加转基因的用量（Souza et al，2005；Tennant et al，2001）来提高抗性，SunUp 是含有 CP 基因的纯合子品种，对夏威夷（Tennant et al，2001）以外的一些 PRSV 菌株，但不是全部，表现出了一定的抗性。

虽然抗性的衰弱不会造成对环境或食品的安全风险，但是从疾病管理的观点出发，关键是要不断地和主动监控，引进和出现的新病毒菌株。这是非常重要的，因为它需要很长的时间来发育成抗性植物，以及一个要在一段时间最大化基因工程抗性的有效性。此外，开发新的转基因抗性植物要非常谨慎，以便能及时获得解决方案，来应对抗性衰弱。关于番木瓜，能够抵抗夏威夷和夏威夷之外 PRSV 菌株的转基因植物已研制开发（Gonsalves and Ferreira，unpublished observations）。

转基因和非转基因农作物的共存

共存的定义是转基因和非转基因作物在实际的临近时空生长，这样可以提高他们从转基因到非转基因遗传特征的最小转移，反之亦然。

在美国，转基因作物像任何其他非转基因作物一样已经被解除管制，在受限制的位置上生长是不受法律约束的。然而，共存是必须要满足的情况。两种最常见的例子是用于：（a）有机种植的作物，和（b）运送非转基因产品到那种转基因作物尚未解除管制的国家。关于转基因抗病毒的番木瓜，共存是必须的，日本代表夏威夷番木瓜的一个重要的出口市场，而日本尚未解除对转基因番木瓜的管制。因此，转基因和非转基因番木瓜有紧密的空间接近的存在，包括占夏威夷番木瓜生产量 88% 的 Puna。

在日本番木瓜市场的身份保护协议

这部分主要来自其中一个作者的一个最近的评论（Gonsalves et al，2006）。日本和加拿大是夏威夷番木瓜产业的大市场（分别为 20% 和 11%）。加拿大在 2003 年 1 月批准了转基因番木瓜 SunUp 和 Rainbow 的进口。因此，转基因番木瓜被持续的运往加拿大。然而，就像上面讨论的，转基因番木瓜在日本的出售尚未获得批准，因此，运往日本的番木瓜不含有转基因水果是至关重要的。正在实施一些保障措施，以尽量减少转基因番木瓜出口到日本。

应日本进口商的要求，采用 HDOA 身份保护协议（IPP）必须得到种植者和运货商的拥护，以便收到 IPP 认证（Camp，2003；Gonsalves et al，2006）。这是一项自愿计划。有这个证明的番木瓜果实的发货没有延迟，并且在日本比较分散。然而日本官员进行现场测试，会检测到转基因番木瓜果实的偶然存在。相比之下，没有证明的番木瓜的装运，必须要留在入境口岸，直到日本官员完成他们转基因番木瓜果实的现场检查。这些测试可能需要几天或一个星期才能完成，在此期间水果失去了它的质量和市场性。

该 IPP 的一个显著的特点是，非转基因的番木瓜果实必须在 HDOA 批准的果园收获。为了获得批准，在该领域的每一棵树必须进行与病毒抗性特征相连接（Fitch et al，1992）的 β-D-葡萄糖醛酸酶（GUS）报告基因的表达测试，并且结果是阴性的。非转基因的树木必须被至少 4.5 米的空闲番木瓜缓冲区分开，并且要被证明的新的田地种植的番木瓜种子必须是从被证明的非转基因土地的番木瓜树上收获的种子。测试由 HDOA 监控，由必须向 HDOA 上交详细记录的申请人执行。在一块田地获得最终的批准前，HDOA 会随机的测试果园里面 1% 的番木瓜树上的一个水果。如果获得 HDOA 的认可，可以收获这些土地上的水果。此外，申请人必须提交详细的协议，来最小化在非转基因的番木瓜树种植的土地上转基因番木瓜果实的出现。这包括番木瓜被包装运输前的随机测试。如果执行完程序后测试为阴性，由 HDOA 发出的证书将伴随装运的番木瓜果实到日本，说明该货物符合正确进行的 IPP（Camp，2003；Gonsalves et al，2006）。IPP 的方案已被证明可行并且经济实惠。

上述过程代表了 HDOA 和申请人的一个好的诚信，以防止转基因番木瓜果实在非转基因番木瓜果实的装运中到达日本。这也说明了日本和 HDOA 之间富有成效的合作，可以带来非转基因番木瓜果实抵达日本后最小的延误。这些保障措施，伴随着转基因番木瓜的有效性促进非转基因番木瓜的生产，使夏威夷保持对日本显著的出货量，没有转基因水果偶然存在的证据。

转基因漂移和有机种植的番木瓜。

该 IPP 程序运行的效果特别显著可以用来阻止转基因番木瓜果实运往日本。这表明，番木瓜的基因漂移率极低，这可能减少有机种植者的关注。注意夏威夷商业果园里几乎所有的番木瓜植物都是雌雄同株，大部分都是自花授粉。1995 年在 Puna 进行转基因田间试验的初步研究，一个大的固体方块种植转基因番木瓜 Rainbow（图 18 - 2c），周围被六排非转基因番木瓜包围，表明转基因种子中的非转基因雌雄同株的占 7% 和雌株占 43%（Manshardt，2002）。距离转基因植株最近的一排非转基因番木瓜植株有 3m 的距离。转基因种子不从距离 Rainbow 400 米远的一个感染 PRSV 病毒的非转基因番木瓜果园恢复。

另一项正在进行的研究是在 Puna 的商业果园监测由花粉流动带来的转基因漂移的证据。从 Rainbow 果园的边缘或者毗邻 Rainbow 果园的非转基因果园的番木瓜树上采集番木瓜种子（图 18 - 2g）。到目前为止，在抽样的 447 个非转基因树上的样品没有检测到 gus 基因的表达（Gonsalves，未发表结果）。虽然还没有完成，但这项研究表明，在 Puna 商业种植条件下临近转基因番木瓜的非转基因番木瓜果园的转基因漂移率是极低的。综上所述，共存在夏威夷是一件常规并且实践成功的事情。

或许对于在 Puna 生长的非转基因和有机番木瓜更大的挑战是，PRSV 病毒仍然存在。种植易受感染的树木的风险仍然存在（图 18 - 2b）。关于种植有机番木瓜，真菌和昆虫会造成额外的问题。随着每年 2 540 mm 的降雨量，如果不是由杀菌剂控制，疫病菌和其他真菌的问题都很严重，其中有许多是不为有机生产所认证的。事实上，我们不担心在上任何显著的有机番木瓜的种植。另一方面，在莫洛凯岛，没有 PRSV 病毒，降雨量远远低于 Puna，有机番木瓜产业才刚刚起步。目前，有面积约 20hm^2 有机肥种植的番木瓜。夏威夷州种了大概约 800 ~ 1 000 hm^2 的番木瓜。

各种团体都抱怨转基因番木瓜在夏威夷群岛非常普遍。如上所指出的，解除管制的转基因番木瓜就像其他非转基因番木瓜一样可以在任何地方生长。选择种植转基因或者非转基因番木瓜，或两者都种植，都是可行的。如上所述，共存在商业水平上（图 18 - 2g）是例行程序，单个种植者种植转基因和非转基因番木瓜取决于市场偏爱等因素。

质粒序列和标记基因的存在

一种理想的转基因抗病毒植物将仅含有赋予植物抗性的基因（多个），而没有任何质粒序列和标记基因。然而，转基因抗病毒植物通常含有在转化过程中帮助选择和鉴定的标记基因。新霉素磷酸转移酶基因（NPT II）其赋予卡那霉素抗性，在转基因植物中常用，较少使用的是 gus 基因。npt II 和 gus 基因已经过彻底的检测，发现是在转基因作物上可以安全使用（Anonymous，2003；Fuchs et al，1993）。植物大量的通过根癌农杆菌进行转化，不包含 T-DNA 之外质粒序列，但植物通过基因枪转化的方法往往会含有质粒序列。如果有质粒序列的出现，我们对使用 npt II 和 gus 基因是不是有些犹豫？在转基因作物上广泛和安全的使用这些基因和序列元件并没有给出任何理由担忧。PRSV 转基因抗性番木瓜含有 npt II 和 gus 基因，在过去八年时间里，数百万千克转基因番木瓜的消费并没有任何危害安全的证据。看起来在转基因植物上，NPT II 基因的有效性远胜过可能因为它的存在所造成的风险（Fuchs et al，1993）。

总结 20 年来转基因抗病毒植物的安全释放

在过去的二十年里，PDR 的概念已经成功应用到开发抗病毒的转基因作物。许多转基因农作物已经进行了田间试验，并且一些已经商品化（见表 18 - 2）。解密潜在的抗性机制对进一步揭示在转基因作物里将 RNA 剪切作为对抗病毒的有效防御机制的抗病毒通路。毫无疑问，该技术是有效的。然而，只有非常有限的转基因抗病毒作物提供给种植者，为什么？迄今为止有几个因素和障碍导致成功有限。监管要求可能很复杂，费时，不切实际，而且太昂贵。因此，寻求放开一个转基因抗病毒作物的潜在申请人可能会气馁。不管技术效益，缺乏提供产品给最终用户的强有力的承诺，是另外一个关键因素。并且，在许多国家中，非政府组织对转基因抗病毒植物的开发和释放的政治压力是另一个重要因素。

表 18－2　已在田间测试或商业释放的抗病毒转基因作物

种类/常用名	学名	抗性
谷类		
大麦	*Hordeum vulgare*	大麦黄矮病毒
油菜	*Brassica napus*	萝卜花叶病毒
玉米	*Zea mays*	玉米矮花叶病毒
		玉米褪绿矮缩病毒
		玉米枯黄斑点病毒
		甘蔗花叶病毒
燕麦	*Avena sativa*	大麦黄矮病毒
水稻	*Oryza sativa*	水稻条纹病毒
		水稻白叶病毒
小麦	*Triticum aestivum*	大麦黄矮病毒
		小麦线条花叶病毒
花卉		
菊花	*Chrysanthemum indicum*	番茄斑点枯萎病毒
石斛兰	*Encyclia cochleata*	兰花花叶病毒
剑兰	*Gladiolus* sp.	菜豆黄花叶病毒
水果		
葡萄柚	*Citrus paradisi*	柑橘衰退病毒
葡萄	*Vitis* sp.	葡萄扇叶病毒
青柠	*Citrus aurantifolia*	柑橘衰退病毒
甜瓜	*Cucumis melo*	黄瓜花叶病毒
		番木瓜环斑病毒
		南瓜花叶病毒
		西瓜花叶病毒
		小西葫芦黄花叶病毒
番木瓜	*Carica papaya*	番木瓜环斑病毒
菠萝	*Ananas comosus*	菠萝萎凋伴随病毒
李子	*Prunus domestica*	洋李痘疱病毒
覆盆子	*Rubus idaeus*	悬钩子丛矮病毒
		番茄环斑病毒

（续表）

种类/常用名	学名	抗性
草莓	*Fragaria* sp.	草莓轻型黄边病毒
番茄	*Cyphomandra betacea*	番茄花叶病毒
胡桃	*Juglans regia*	樱桃卷叶病毒
西瓜	*Citrullus lanatus*	黄瓜花叶病毒 西瓜花叶病毒 小西葫芦黄花叶病毒 番木瓜环斑病毒
饲料		
苜蓿	*Medicago sativa*	苜蓿花叶病毒
牧草		
甘蔗	*Saccharum* sp.	甘蔗花叶病毒 甘蔗黄叶病毒 高粱花叶病毒
豆类		
豆	*Phaseolus vulgaris*	菜豆金黄花叶病毒
三叶草	*Trifolium repens*	苜蓿花叶病毒
落花生	*Arachis hypogaea*	花生丛簇病毒 与同属的花生丛簇病毒
豌豆	*Pisum sativum*	苜蓿花叶病毒 菜豆卷叶病毒 菜豆黄花叶病毒 豌豆耳突花叶病毒 豌豆种传花叶病毒 豌豆线条病毒
花生	*Arachis hypogaea*	番茄斑点枯萎病毒 花生丛簇辅助病毒 花生条纹病毒
大豆	*Glycine max*	大豆花叶病毒 菜豆荚斑驳病毒 南方菜豆花叶病毒

（续表）

种类/常用名	学名	抗性
蔬菜		
黄瓜	*Cucumis sativus*	黄瓜花叶病毒 番木瓜环斑病毒 南瓜花叶病毒 西瓜花叶病毒 小西葫芦黄花叶病毒
生菜	*Lactuca sativa*	莴苣花叶病毒 莴苣坏死黄化病毒
辣椒	*Capsicum*	黄瓜花叶病毒 烟草蚀纹病毒 马铃薯Y病毒
马铃薯	*Solanum tuberosum*	马铃薯A病毒 马铃薯X病毒 马铃薯Y病毒 马铃薯卷叶病毒 烟草脆裂病毒 烟草叶脉斑点病毒
南瓜	*Cucurbita pepo*	黄瓜花叶病毒 番木瓜环斑病毒 南瓜花叶病毒 西瓜花叶病毒 小西葫芦黄花叶病毒
甜菜	*Beta vulgaris*	甜菜坏死黄脉病毒 甜菜西方黄化病毒
甘薯	*Ipomea batatas*	甘薯羽状斑驳病毒
番茄	*Solanum lycopersicum*	甜菜曲顶病毒 黄瓜花叶病毒 烟草花叶病毒 番茄花叶病毒 番茄斑点枯萎病毒 番茄黄化曲叶病毒

抗病毒转基因植物的安全性在过去的15年里已得到了广泛讨论。阐明环境问题关注的关键领域是一个诱人的研究主题。然而，风险评估研究真实地提供有用的信息，使我们能够区分感知的和真实的风险。举例来说，如果只专注于病毒-宿主相互作用，那么风险评估研究仅仅只是与实时释放的抗病毒转基因植物没有足够相关性的理论研究。我们工作的其中一个主要动力是对抗病毒转基因作物提供一个真实的评价。因此，我们想象了最坏的情形并由此设计相应的试验。例如，在已有研究证明，WMV和ZYMV之间外壳蛋白（CP）和辅助元件（HC）之间的特异性关系可以增强蚜虫媒介的传播，因此我们选择WMV中的蚜虫传播株系和ZYMV种的蚜虫非传播株系之间的相互作用来评估南瓜的异源外壳包装现象。在这一模式系统中异源率为2%，这一概率可能低于非特异性CP和HC，比如在PRSV和ZYMV中。同样地，我们根据在自然条件下病毒感染和通过节肢动物媒介传播的商业大田的设置，主要设计了实验方法。我们工作的另一个主要驱动力是要把更多的重点放在风险的后果而不是某个具体的潜在风险的出现。比方说，我们不仅在试验设置中监测抗病毒转基因南瓜和野生种之间的基因漂移，同时也调查影响其发生频率的因素，更重要的是转基因通过杂交可增强适应性的原因。

在现实的开放环境中，在不同的地点，知识对抗病毒转基因植物的实际影响已经扩大，越来越多的研究已经完成。广泛的研究提供了一个合理的可能性：后果超出自然背景的事件，如果有的话，是有限的。在此后的二十年，并没有研究证明抗病毒转基因植物对环境有害。此外，在美国还记录着抗病毒转基因南瓜和番木瓜的安全商业使用的历史。从田间试验和商业释放的经验证明，抗病毒转基因植物的益处远超于风险并且对环境和消费者是安全的。基于现有的科学证据，个案分析是否仍然作为决定释放抗病毒转基因作物的理由？或者，可以得出更广泛的结论，特别是关于那些表达CP基因，但不影响环境安全和人类健康的植物？

建议

资助风险评估研究的一个主要原因是收集信息，帮助政府官员制定转基因植物的监管框架。这是合理的，该研究将有助于当局确定潜在的安全问题是需要最小化，或忽略不计或是重点强调。有证据表明，转基因产品和外源病毒之间的异源外壳包装和重组并不是真正的风险，并且当放松管制时评估抗病毒转基因植物可以最小化或忽略不计。同样，CPs的致敏性情况也可以最小化。为什么？人们已经长期消费被病毒侵染的水果和蔬菜而并没有因为植物病毒原件，如CP序列和启动子元件而受到不良影响。此外，由于利用CP基因和其他病毒基因的抗病毒机制是基于转录后基因沉默（PTGS），相比感染病毒的植物，抗性植物几乎总是会产生无法检测或低浓度蛋白或基因转录。因此，我们认为异源外壳包装和重组可以最小化，并且在个案分析中可以不予考虑。这可能也适用于CP的致敏性。然而，鉴于利用生物信息学和其他条件可以很容易分析病毒CP基因的潜在致敏性，这个问题可以及早解决。如果基因序列不与已知过敏原具有明显的氨基酸序列的同源性，那么就不需要考虑过敏性。

相反，在个案事件中，基因漂移和所有的后果都需要考虑。事实上，一个病毒CP

基因可以在很多不同植物中确认对病毒的抗性，这些植物有不同的异交潜力，杂草化趋势，和不同的栖息地，这样就为个案事件是否存在严重的潜在环境风险提供了一个强有力的证明。客观个案分析的积累可以为确定必要信息量提供一个坚实的框架，从而做出实际的监管决策。

尽管每个国家最终决定其自己监管框架和对批准转基因作物的要求，但是在各国规定中异源外壳包装和重组的风险似乎可以被消除或最小化。这种简化好处在于减少支出的时间和涉及抗病毒转基因作物管制的资源。此外，如果有证据证明常规消费的植物产品已经感染了目标病毒，并且如果 CP 基因序列与潜在的过敏原没有明显的同源性，根据生物信息学和其他标准，病毒 CPs 的致敏性不需要进行检测。

最后，病毒继续在限制多种作物的生产上扮演着重要的角色。全球范围内许多机构正在研究发展创新和可持续的控制策略，以减轻病毒带来的农业损失。因此，包括种植户和消费者都是对抗病毒转基因植物很感兴趣的。为种植户和消费者带来许多好处的抗病毒转基因作物需要在安全评价过后进行安全部署。然而，风险评估研究需要真实地提供有价值的援助，以便于监管当局安全和及时释放作物。

总结

在过去的二十年中，大量的抗病毒转基因作物已经成功开发，其中一些已经商业释放。

抗病毒转基因作物对农业和社会在为经济、园艺、流行病学、环境和社会的重要性方面带来了好处。

对于抗病毒转基因作物，影响环境和人类健康的潜在安全问题已经提出。

在过去的 15 年中已经进行了广泛的安全评估研究。这些研究对抗病毒转基因植物的实际影响有了新的见解的，并且认为超越自然背景的事件如异源外壳包装、重组、协同作用、对非靶标生物的影响，和致敏性食品安全等问题如果有的话，也是非常有限的。

真实的风险评估用以协助监管部门为安全和及时的释放抗病毒转基因作物做出决策。

未来话题

考虑到异源外壳包装，重组，协同效应的有限的不良影响已有丰富的田间观测和实验数据，对非靶标生物，食品安全的致敏性应当成为达成共识和简化抗病毒转基因作物释放的监管要求的重要一步。

解决源于抗病毒转基因作物及其野生型近亲的基因漂移影响应当保持持续的风险评估且作为主要研究重点资助项目。

国家间的协调监管制度应该在于促进技术转让的力度和抗病毒转基因作物的及时发布。

参考文献

Acord BD. 1996. Availability of determination of nonregulated status for a squash line genetically engineered for virus resistance [J]. Fed Regist, 61: 33484 - 85.

Adair TL, Kearney CM. 2000. Recombination between a 3 - kilobase tobacco mosaic virus transgene and a homologous viral construct in the restoration of viral and nonviral genes [J]. Arch Virol, 145 (9): 1867 - 83.

Allison RF, Schneider WL, Greene AE. 1996. Recombination in plants expressing viral transgenes [J]. Semin Virol, 7 (6): 417 - 22.

Anonymous. 2003. Food Produced from Glyphosate-Tolerant Sugar Beet Line 77 [R]. Aust: Food Standards Aust. NZ.

Anonymous. 2006. Program synopsis. USDABiotechnol [J/OJ]. Risk Assess. Grants. BRAG. Program. http: //www. csrees. usda. gov/funding/brag/brag synopsis. html.

Anonymous. 2006. Summer Squash. Seminis Vegetable Seeds [J/OL].

Arce-Ochoa JP, Dainello F, Pike LM, et al. 1995. Field performance comparison of two transgenic summer squash hybrids to their parental hybrid lineage [J]. Hortscience A Publication of the American Society for Horticultural Science, 30: 492 - 93.

Bartsch D, Schmidt M, Pohl-Orf M, et al. 1996. Competitiveness of transgenic sugar beet resistant to beet necrotic yellow vein virus and potential impact on wild beet populations [J]. Mol Ecol, 5 (2): 199 - 205.

Baulcombe D. 2004. RNA silencing in plants [J]. Nature, 431 (7006): 356 - 63.

Borja M, Rubio T, Scholthof HB, et al. 1999. Restoration of wild-type virus by double recombination of tombusvirus mutants with a host transgene [J]. Mol Plant-Microbe Interact, 12 (2): 153 - 62.

Callaway A, Giesman-Cookmeyer D, Gillock ET, et al. 2001. The multifunctional capsid proteins of plant RNA viruses [J]. Annu Rev Phytopathol, 39 (39): 419 - 60.

Camp SG III. 2003. Identity preservation protocol for non-GMO papayas. Proc. Virus Resistant Transgenic Papaya in Hawaii: A Case for Technology Transfer to Lesser Developed Countries [R]. OECD/USAID/ARS Conf. 95 - 100. Oct. 22 - 24, Hilo, HI.

Candelier-Harvey P, Hull R. 1993. Cucumber mosaic virus genome is encapsidated in alfalfa mosaic virus coat protein expressed in transgenic plants [J]. Trans Res, 2 (5): 277 - 85.

Capote N, P'erez-Panad'es J, Monz'o C, et al. 2007. Risk assessment of the field release of transgenic European plums carrying the coat protein gene of Plum pox virus under Mediterranean conditions [J]. Itea, 103 (3): 156 - 167.

Clough GH, Hamm PB. 1995. Coat protein transgenic resistance to Watermelon mosaic and Zucchini yellow mosaic virus in squash and cantaloupe [J]. Plant Dis, 79 (11):

1107 -9.

Costa AS, Muller GW. 1980. Tristeza control by cross protection: a U. S. -Brazil cooperative success [J]. Plant Dis, 64: 538 -41.

DeZoeten GA. 1991. Risk assessment: Do we let history repeat itself? [J]. Phytopathology, 81: 585 -86.

Ellstrand NC. 2003. Current knowledge of gene flow in plants: implications for transgene flow [J]. Philos Trans R Soc London Ser, B 358 (1434): 1163 -70.

Ellstrand N, Prentice HC, Hancok JF. 1999. Gene flow and introgression from domesticated plants into their wild relatives [J]. Annu Rev Ecol Syst, 30 (4): 539 -63.

Falk BW, Bruening G. 1994. Will transgenic crops generate new viruses and new diseases? [J]. Science, 263 (5152): 1395 -96.

Farinelli L, Maln¨ oe P, Collet GF. 1992. Heterologous encapsidation of potato virus Y strain P (PVYO) with the transgenic coat protein of PVY strain N (PVYN) in *Solanum tuberosum* cv. Bintje [J]. Bio/Technology, 10 (9): 1020 -25.

Ferreira SA, Pitz KY, Manshardt R, et al. 2002. Virus coat protein transgenic papaya provides practical control of papaya ringspot virus in Hawaii. [J]. Plant Dis, 86 (2): 101 -5.

Fitch MMM, Manshardt RM, Gonsalves D, et al. 1992. Virus resistant papaya derived from tissues bombarded with the coat protein gene of papaya ringspot virus [J]. Bio/ Technology, 10 (11): 1466 -72.

Frischmuth T, Stanley J. 1998. Recombination between viral DNA and the transgenic coat protein gene of African cassava mosaic geminivirus [J]. J Gen Virol, 79 (5): 1265 -71.

Fuchs M, Chirco EM, Gonsalves D. 2004. Movement of coat protein genes from a commercial virus-resistant transgenic squash into a wild relative [J]. Environ Biosaf Res, 3 (1): 5 -16.

Fuchs M, Chirco EM, McFerson J, et al. 2004. Comparative fitness of a freeliving squash species and free-living x virus-resistant transgenic squash hybrids [J]. Environ Biosaf Res, 3 (1): 17 -28.

Fuchs M, Gal-On A, Raccah B, et al. 1999. Epidemiology of an aphid nontransmissible potyvirus in fields of nontransgenic and coat protein transgenic squash [J]. Trans Res, 8 (6): 429 -439.

Fuchs M, Gonsalves D. 1995. Resistance of transgenic squash Pavo ZW-20 expressing the coat protein genes of zucchini yellow mosaic virus and watermelon mosaic virus 2 to mixed infections by both potyviruses. [J]. Bio/Technology, 13 (12): 1466 -73.

Fuchs M, Gonsalves D. 2002. Genetic engineering and resistance to viruses [M]. In Transgenic Plants and Crops, ed. G Khatachtourians, A McHughlen, R Scorza, WK Nip, YH Hui. 1: 217 -31. New York: Marcel Dekker. 876.

Fuchs M, Klas FE, McFerson JR, et al. 1998. Transgenic melon and squash expressing coat protein genes of aphid-borne viruses do not assist the spread of an aphid non-transmissible strain of cucumber mosaic virus in the field [J]. Trans Res, 7 (6): 449 -462.

Fuchs M, Tricoli DM, McMaster JR, et al. 1998. Comparative virus resistance and fruit yield of transgenic squash with single and multiple coat protein genes [J]. Plant Dis, 82 (12): 1350 -56.

Fuchs RL, Ream JE, Hammond BG, et al. 1993. Safety assessment of the neomycin phosphotransferase-ii (nptII) protein [J]. Bio/Technology, 11 (13): 1543 - 47.

Gaba V, Zelcer A, Gal-On A. 2004. Cucurbit biotechnology—the importance of virus resistance [J]. In Vitro Cellular & Developmental Biology - Plant, 40 (4): 346 -58.

Gal S, Pisan B, Hohn T, et al. 1992. Agroinfection of transgenic plants leads to viable Cauliflower mosaic virus by intermolecular recombination [J]. Virology, 187 (2): 525 - 33.

Gianessi LP, Silvers CS, Sankula S, et al. 2002. Virus resistant squash [M]. In Plant Biotechnology: Current and Potential Impact for Improving Pest Management in U. S. Agriculture. An Analysis of 40 Case Studies. Washington, DC: Natl. Cent. Food Agric. Policy. 75.

Gonsalves C, Lee D, Gonsalves D. 2004. Transgenic virus resistant papaya: The Hawaiian 'Rainbow' was rapidly adopted by farmers and is of major importance in Hawaii today [J/OL]. http://www.apsnet.org/online/feature/rainbow.

Gonsalves CV. 2001. Transgenic virus-resistant papaya: farmer adoption and impact in the Puna area of Hawaii [M]. Albany: State Univ NY. 170.

Gonsalves D. 1998. Control of papaya ringspot virus in papaya: a case study [J]. Annu. Rev. Phytopathol, 36 (36): 415 -37.

Gonsalves D. 2006. Transgenic papaya: development, release, impact, and challenges [J]. Adv. Virus Res, 67: 317 -54.

Gonsalves D, Ferreira S, Manshardt R, et al. 1998. Transgenic virus resistant papaya: new hope for control of papaya ringspot virus in Hawaii [J]. Plant Health Progress, 2000 (2000).

Gonsalves D, Gonsalves C, Ferreira S, et al. 2004. Transgenic virus resistant papaya: from hope to reality for controlling of papaya ringspot virus in Hawaii [J]. Apsnet Feature.

Gonsalves D, Vegas A, Prasartsee V, et al. 2006. Developing papaya to control papaya ringspot virus by transgenic resistance, intergeneric hybridization, and tolerance breeding [J]. Plant Breed Rev, 26: 35 -78.

Greene AE, Allison RF. 1994. Recombination between viral RNA and transgenic plant transcripts [J]. Science, 263 (5152): 1423 -1425.

Greene AE, Allison RF. 1996. Deletions in the 3'untranslated region of cowpea chlorotic mottle virus transgene reduce recovery of recombinant viruses in transgenic plants [J]. Virology, 225: 231 -34.

Hammond J, Dienelt MM. 1997. Encapsidation of potyviral RNA in various forms of transgene coat protein is not correlated with resistance in transgenic plants [J]. Mol Plant-Microbe Interact, 10 (8): 1023 -27.

Hammond J, Lecoq H, Raccah B. 1999. Epidemiological risks from mixed virus infections and transgenic plants expressing viral genes [J]. Adv Virus Res, 54 (1): 189 -314.

Hansen CN, Harper G, Heslop-Harrison JS. 2005. Characterisation of pararetroviruslike sequences in the genome of potato (*Solanum tuberosum*) [J]. Cytogenet Genome Res, 110 (1 -4): 559 -65.

Harper G, Hull R, Lockhart B, et al. 2002. Viral sequences integrated into plant genomes [J]. Annu Rev Phytopathol, 40 (40): 119 -36.

Hileman RE, Silvanovich A, Goodman RE, et al. 2002. Bioinformatic methods for allergenicity assessment using a comprehensive allergen database [J]. Int Arch Allergy Immunol, 128 (4): 280 -91.

Holt CA, Beachy RN. 1991. In vivo complementation of infectious transcripts from mutant tobacco mosaic virus cDNAs in transgenic plants [J]. Virology, 181 (1): 109 -17.

Hsieh YT, Pan TM. 2006. Influence of planting papaya ringspot virus resistant transgenic papaya on soil microbial biodiversity [J]. J Agric Food Chem, 54 (1): 130 -37.

Ilardi V, Barba M. 2001. Assessment of functional transgene flow in tomato fields. [J]. Mol Breed, 8 (4): 311 -15.

Jakab G, Vaistij FE, Droz E, et al. 1997. Transgenic plants expressing viral sequences create a favourable environment for recombination between viral sequences [M]. Heidelberg: INRA Ed. -Springer. 45 -51.

Jensen DD. 1949. Papaya virus diseases with special reference to papaya ringspot [J]. Phytopathology, 39 (3): 191 -11.

Kaniweski WK, Thomas PE. 2004. The potato story [J]. Agric Biol Forum, 7 (1): 41 -46.

Klas FE, Fuchs M, Gonsalves D. 2006. Comparative spatial spread overtime of Zucchini yellow mosaic virus (ZYMV) and Watermelon mosaic virus (WMV) in fields of transgenic squash expressing the coat protein genes of ZYMV and WMV, and in fields of nontransgenic squash. [J]. Trans Res, 15 (5): 527 -41.

Kleter GA, Peijnenburg AA. 2002. Screening of transgenic proteins expressed in transgenic food crops for the presence of short amino acid sequences identical to potential, IgE-binding linear epitopes of allergens [J]. BMC Struct Biol, 2 (1): 8.

Lecoq H, Pitrat M. 1985. Specificity of the helper-component-mediated aphid transmission of three potyviruses infecting muskmelon [J]. Phytopathology, 75 (8): 890 -93.

Lecoq H, Ravelonandro M, Wipf-Scheibel C, et al. 1993. Aphid transmission of a non-aphid transmissible strain of zucchini yellow mosaic virus from transgenic plants expressing the capsid protein of plum pox potyvirus [J]. Mol Plant- Microbe Interact, 6 (4): 403 -406.

Lin HX, Rubio L, Smythe A, et al. 2001. Genetic diversity and biological variation among California isolates of Cucumber mosaic virus [J]. J Gen Virol, 84 (1): 249 -58.

Lindbo JA, Dougherty WG. 2005. Plant pathology and RNAi: a brief history [J]. Annu Rev Phytopathol, 43 (43): 191 -204.

Lius S, Manshardt RM, Fitch MMM, et al. 1997. Pathogenderived resistance provides papaya with effective protection against papaya ringspot virus [J]. Mol Breed, 3 (3): 161 -68.

Lommel SA, Xiong Z. 1991. Reconstitution of a functional red clover necrotic mosaic virus by recombinational rescue of the cell-to-cell movement gene expressed in a transgenic plant [J]. J Cell Biochem, 15A: 151.

Martelli GP. 2001. Transgenic resistance to plant pathogens: benefits and risks [J]. J Plant Pathol, 83: 37 -46.

MacDiarmid R. 2005. RNA silencing in productive virus infections [J]. Annu Rev Phytopathol, 43 (43): 523 -44.

Manshardt R. 2001. Is organic papaya production in Hawaii threatened by crosspollination with genetically engineered varieties? [J]. University of Hawaii, 3.

Manshardt RM. 1998. 'UH Rainbow' papaya [R]. Univ. Hawaii Coll. Trop. Agric. Hum. Res. Germpl. G-1. 2.

Medley TL. 1994. Availability of determination of nonregulated status for virus resistant squash [J]. Fed Regist, 59: 64187 -89.

Nelson R, McCormick SM, Delannay X, et al. 1988. Virus tolerance, plant growth and field performance of transgenic tomato plants expressing the coat protein from tobacco mosaic virus [J]. Bio/Technology, 6 (4): 403 -9.

Osburn JK, Sarkar S, Wilson TMA. 1990. Complementation of coat protein-defective TMV mutants in transgenic tobacco plants expressing TMV coat protein [J]. Virology, 179 (2): 921 -25.

Paterson JCM, Garside P, Kennedy MW, et al. 2002. Modulation of a heterologous immune response by the products of Ascaris suum [J]. Infect Immun, 70 (11): 6058 -67.

Perring TM, Gruenhagen NM, Farrar CA. 1999. Management of plant viral disease through chemical control of insect vectors [J]. Annu Rev Entomol, 44 (44): 457 -81.

Powell-Abel P, Nelson RS, De B, et al. 1986. Delay of disease development in transgenic plants that express the tobacco mosaic virus coat protein gene [J]. Science, 232 (4751): 738 -43.

Pruss G, GeX, ShiXM, et al. 1997. Plant viral synergism: the potyviral genome encodes a broad-range pathogenicity enhancer that transactivates replication of heterologous viruses [J]. Plant Cell, 9 (6): 859 -68.

Qu F, Morris TJ. 2005. Suppressors of RNA silencing encoded by plant viruses and their role in viral infections [J]. FEBS Lett, 579 (26): 5958 -64.

Quemada H. 1998. The use of coat protein technology to develop virus-resistant cucurbits [M]. Wallingford, UK: CAB Int. 147 -60.

Quemada H, Strehlow L, Decker-Walters D, et al. 2002. Case study: gene flow from commercial transgenic *Cucurbita pepo* to "wild" *C. pepo* populations [R]. Scientific Methods Workshop: Ecological & Agronomic Consequences of Gene Flow from Transgenic Crops to Wild Relatives Meeting.

Rissler J, Mellon M. 1996. The Ecological Risks of Engineered Crops [J]. The Quarterly Review of Biology, 78 (4): 129 -130.

Robinson DJ. 1996. Environmental risk assessment of releases of transgenic plants containing virus-derived inserts [J]. Trans Res, 5 (5): 359 -362.

Ryang BS, Kobori T, Matsumoto T, et al. 2004. Cucumber mosaic virus 2b protein compensates for restricted systemic squash of Potato virus Y in doubly infected tobacco [J]. J Gen Virol, 85 (11): 3405 -14.

Sanford JC, Johnston SA. 1985. The concept of parasite-derived resistance—deriving resistance genes from the parasite's own genome [J]. J Theor Biol, 113 (2): 395 -405.

Savenkov EI, Valkonen JP. 2001. Potyviral helper-component proteinase expressed in transgenic plants enhances titers of Potato leafroll virus but does not alleviate its phloem limitation [J]. Virology, 283 (2): 285 -93.

Schoelz JE, Wintermantel WM. 1993. Expansion of viral host range through complementation and recombination in transgenic plants [J]. Plant Cell, 5 (11): 1669 -79.

Schultheis JR, Walters SA. 1998. Yield and virus resistance of summer squash cultivars and breeding lines in North Carolina [J]. HortScience, 8 (1): 31 -39.

Scorza R, Hily JM, Callahan A, et al. 2007. Deregulation of plum pox resistant transgenic plum 'HoneySweet' [J]. Acta Horticulturae, 738 (738).

Shankula S. 2006. Quantification of the impacts on US agriculture of biotechnologyderived crops planted in 2005 [J/OL]. http: //www. ncfap. org.

Snow AA, Palma PM. 1997. Commercialization of transgenic plants: potential ecological risks [J]. BioScience, 47 (2): 224 -228.

Souza JMT, Tennant PF, Gonsalves D. 2005. Influence of coat protein transgene copy number on resistance in transgenic line 63 – 1 against papaya ringspot virus isolates [J]. HortScience, 40 (2005): 2083 – 87.

Stewart CN, Halfhill MD, Warwick SI. 2003. Transgene introgression from genetically modified crops to their wild relatives [J]. Nat Rev Genet, 4 (4): 806 – 17.

Tanne E, Sela I. 2005. Occurrence of a DNA sequence of a non-retro RNA virus in a host plant genome and its expression: evidence for recombination between viral and host RNAs [J]. Virology, 332 (2): 614 – 622.

Tennant P, Fermin G, Fitch MM, et al. 2001. Papaya ringspot virus resistance of transgenic Rainbow and SunUp is affected by gene dosage, plant development, and coat protein homology [J]. Eur J Plant Pathol, 107 (6): 645 – 53.

Tennant PF, Gonsalves C, Ling KS, et al. 1994. Differential protection against papaya ringspot virus isolates in coat protein gene transgenic papaya and classically cross-protected papaya [J]. Phytopathology, 84 (11): 1359 – 66.

Tepfer M. 2002. Risk assessment of virus-resistant transgenic plants [J]. Annu Rev Phytopathol 40 (40): 467 – 91.

Teycheney PY, Aaziz R, Dinant S, et al. 2000. Synthesis of. -. strand RNA from the 3 untranslated region of plant viral genome expressed in transgenic plants upon infection with related viruses [J]. J Gen Virol, 81 (4): 1121 – 26.

Thomas PE, Hassan S, Kaniewski WK, et al. 1998. A search for evidence of virus/transgene interactions in potatoes transformed with the potato leafroll virus replicase and coat protein genes [J]. Mol Breed, 4 (5): 407 – 17.

TricoliDM, Carney KJ, Russell PF, et al. 1995. Field evaluation of transgenic squash containing single or multiple virus coat protein gene constructs for resistance to Cucumber mosaic virus, Watermelon mosaic virus 2, and Zucchini yellow mosaic virus [J]. Nature Biotechnology, 1995: 1458 – 1465.

Varrelmann M, Palkovics L, Maiss E. 2000. Transgenic or plant expressing vectormediated recombination of Plum pox virus [J]. J Virol, 74 (16): 7462 – 7469.

Vigne E, Bergdoll M, Guyader S, et al. 2004. Population structure and genetic diversity within Grapevine fanleaf virus isolates from a naturally infected vineyard: evidence for mixed infection and recombination [J]. J Gen Virol, 85 (8): 2435 – 45.

Vigne E, Komar V, Fuchs M. 2004. Field safety assessment of recombination in transgenic grapevines expressing the coat protein gene of Grapevine fanleaf virus [J]. Trans Res, 13 (2): 165 – 79.

Voinnet O. 2001. RNA silencing as a plant immune system against viruses [J]. Trends Genet, 17 (8): 449 – 59.

Voinnet O. 2005. Induction and suppression of RNA silencing: insights from viral infections [J]. Nat Rev Genet, 6 (3): 206 – 21.

Waterhouse PM, Wang MB, Lough T. 2001. Gene silencing as an adaptive defence against viruses [J]. Nature, 411 (6839): 834 -42.

Waterhouse PM, Fusaro AF. 2006. Viruses face a double defense by plant small RNAs [J]. Science, 313 (5783): 54 -55.

Wintermantel WM, Schoelz JE. 1996. Isolation of recombinant viruses between Cauliflower mosaic virus and a viral gene in transgenic plants under conditions of moderate selection pressure [J]. Virology, 223 (1): 156 -64.

Yeh SD, Gonsalves D. 1994. Practices and perspectives of control of papaya ringspot virus by cross protection [J]. Advances in Virus Research, 10: 237 -257.

第十九章　转基因番木瓜致敏组学[①]

摘　要：已商业化的抗病毒的转基因番木瓜品种 Rainbow 和 SunUp，1998 年在夏威夷释放种植，已在夏威夷、美国本土其他地区和加拿大上市。

这些番木瓜品种来自于转番木瓜环斑病毒（PRSV）外壳蛋白基因（CP）基因番木瓜 55－1 品系。该环斑病毒 CP 是对潜在过敏性进行评估，这是评估来源于转基因植物食品安全性的重要组成部分。用生物信息学的方法评估与已知过敏源的相似度，发现转基因番木瓜 Rainbow 环斑病毒 CP 序列与已知过敏源没有大于 35% 的氨基酸序列的同源性，或者连续的 8 个氨基酸相似。环斑病毒 CP 蛋白稳定测试是在不同的热处理和模拟胃液、模拟肠液的条件下进行的。结果表明，环斑病毒 CP 降解的条件下，过敏蛋白相对于非过敏原是稳定的。转基因源性 PRSV CP 对潜在人体摄入评估通过测量在 Rainbow 和 SunUp 的 CP 水平以及估计水果消费率和与潜在摄入量估计数的 PRSV CP 从自然感染非转基因番木瓜相比较。依据致敏性评估标准，研究结果表明转基因源性 PRSV CP 没有食物过敏的风险。

引言

转基因番木瓜 Rainbow 和 SunUp 是基于源性病原体抵抗的理念被开发使用，番木瓜环斑病毒（PRSV）外壳蛋白质基因保护免受 PRSV 感染寄主植物。番木瓜环斑病毒是蚜虫为媒介传播的单链 RNA 病毒，属于马铃薯 Y 病毒科家族，它是全世界种植番木瓜的最严重的问题。在夏威夷番木瓜业受到 PRSV 严重破坏，减产 50%，从 1992 年的 2 400万 kg 到 1998 年的 1 200万 kg。1998 年，抗 PRSV 转基因番番木瓜 Rainbow 和 SunUp，在夏威夷被解除管制用于商业栽培，这个措施拯救了夏威夷番木瓜行业。今天，仅彩虹就占美国种植番木瓜总面积的 70% 以上。抗 PRSV 番木瓜 Rainbow 是一个 SunUp 与非转基因品种 Kapoho 杂交的 F1 代，而 SunUp 是通过基因枪转化非转基因品种 Sunset 环斑病毒 CP 基因获得的转基因株系 55－1，然后转基因 55－1 通过自交获得的纯合子。之前的报道表明，Rainbow 品种的番木瓜营养成分类似于非转基因番木瓜，这一发现处理生物安全问题应该有“实质等同”或者说转基因和非转基因对应方之间无显著差异。

一般来说，食物过敏是来自转基因有机体任何食物的生物安全的主要标准之一。多

---

① 参考：Gustavo Fermín，Ronald C. Keith，Jon Y. et al. 2011. Allergenicity assessment of the papaya ringspot virus coat protein expressed in transgenic rainbow papaya. Journal of Agricultural & Food Chemistry［J］，59（18）：10006－10012.

个条件被用于转基因 PRSV 的 CP 的致敏性评估研究。使用最广泛的标准来评估他们的潜在过敏性，包括在控制实验中使用模拟胃液和肠液的氨基酸序列与已知过敏原的转基因蛋白的比较和基因工程蛋白质的消化率的分析来进行的。虽然酸性条件及蛋白水解酶于哺乳动物的胃肠（GI）有效地变性和摄取的蛋白质降解成氨基酸组分和小分子多肽，造成损失的蛋白质结构和生物活性，并作为营养源，根据联合粮农组织的报告 2001 年 1 月世卫组织食品致敏性的专家咨询来自生物技术，还有假定的相关性虽然关系微弱，难消化蛋白的酶存在于消化道和潜在致敏性之间。

除其潜在过敏性的分析外，也进行环斑病毒 CP 热稳定，在处理持久性的测试，及其对人类的潜在风险估计。在本研究中，我们目前的证据表明，食用转 PRSV CP 基因番木瓜 Rainbow 和 SunUp 不会增加潜在过敏性的风险。

材料与方法

环斑病毒 CP 序列的生物信息学分析。环斑病毒 CP 基因序列（基因库序列号 NO. FJ467933）使用以下数据库进行查询：①过敏蛋白的结构数据库（SDAP）美国德克萨斯大学医学分校（http：//fermi. utmb. edu/SDAP/）②食品安全（ADF；http：//allergen. nihs. go. jp/ADFS/index. jsp）；③变应原数据库 AllergenOnline 版本 11 数据库（http：//www. allergenonline. com/）。SDAP 开发了使用过敏原列表从 IUIS（国际联盟的免疫学会）的 Web 站点，http：//www. allergen. org，辅以从文献和来自主要序列（SwissProt，PIR 和 NCBI）和结构（PDB）数据库的信息，并包含 1 425条过敏原序列。ADFS 网站和 Allergen Online 分别包含 1 285条和 1 491条同行评议序列。我们查询序列在所有三个数据库完整 FASTA 搜索（using < 0. 01 E 得分临界值），> 35% 在 80 氨基酸一致性，并已知过敏原的食品法典委员会的建议是八个连续相同的氨基酸相匹配搜索。

纯化本地 PRSV 病毒的颗粒。温室种植非转基因番木瓜 Sunrise 接种斑病毒感染的番木瓜植物组织接种缓冲区中的 1∶10 稀释（磷酸盐缓冲液，0. 01M，pH 值 7. 5，0. 1% 硫酸钠，10mMEDTA）。接种后二十一天，取感染 Sunrise 番木瓜叶片用于双抗体夹心（DAS）－联免疫吸附测定法（ELISA）实验来测试 PRSV CP 的存在。取 PRSV CP 检测阳性叶片（10g），用 Gonsalves and Ishii 发表的方法纯化病毒颗粒。番木瓜感染组织浸软在搅拌机 10 mL0. 01 M 磷酸盐缓冲液，pH 值 7. 5，其次是增加四氯化碳的 5 mL 和氯仿 5 mL。在转速 3 697 g，将混合物是离心 10 min。上清液通过玻璃棉搅拌在 4℃下 1h 随后加入 PEG-8000 到 10%（w/v），在 1 643 g 离心。由此产生的颗粒扬在 2 mL 的无菌蒸馏水，和 NaCl 浓度增加了 0. 3M，其次是用氯仿提取，以消除 PEG。水阶段是恢复和病毒蛋白浓度估计采用考马斯亮蓝法。

环斑病毒 CP 工程菌的表达。含有转 CP 基因的转基因番木瓜 55－1 是组成的核苷酸对应最重要的16 个氨基酸的黄瓜花叶病毒 CP 基因和编码区的 PRSV CP 的嵌合基因。编码区是嵌合的转基因是进行 PCR 扩增（从 Rainbow 番木瓜基因组 DNA 克隆），克隆作为平移融合与蛋白质内含子序列存在于矢量 pTYB1 或 pTYB11（NEB，Inc.，MA），并通过测序后标准分子生物学方法。嵌合基因扩增的情况进行以下的引物对验证：Hilo06 – 02，GGTGGTCATATGGACAAATCTGAAT（与 ATG 密码子的 CP 基因的明显和 NdeI 限制网站强调）和 Hilo07 – 02，GGTGGTTGCTCTTCCGCAGTTGCGCATAC（与强调 SapI 限制站点）设计 CP 基因嵌入质粒 pTYB1（为蛋白质内含子融合 C 末端翻译 CP 蛋白）；Hilo08 – 02、（与 ATG 密码子的 CP 基因的大胆和强调 SapI 限制网站）GGTGGTT-GCTCTTCCAACATGGACAAATCTG 和 Hilo09 – 02，GGTGGTCCCGGGTTAGTTGCGCATAC（与强调 SmaI 限制站点），工程师 CP 基因质粒 pTYB11（为蛋白质内含子融合 N 端翻译 CP 蛋白）。

在大肠杆菌中表达的环斑病毒 CP 的纯化。一个高表达克隆的 CP，内含肽在大肠杆菌中的 C-末端标记菌 ER2566，用于 PRSV CP（IPTG；终浓度 0.5 mm）加入一个 1 L 的培养在肉 LB 添加氨苄青霉素（50 μg/mL）在对数后期阶段，其次是进一步培养在 16℃条件下 24 h 后细菌颗粒通过 5 000 g 和 4℃离心 30 min 沉淀物在 50 mL 的冷裂解［20Mm HEPES，500 mM 氯化钠，1 mM 乙二胺四乙酸（EDTA），0.1% TritonX – 100 和 20 uM 氟化磺酰苯甲烷（PMSF），pH 值 8.0。细菌经过超声波处理后在 4℃条件下 20 000 g 离心 30 min，澄清上清液加到充满甲壳素珠平衡柱缓冲区（HEPES 20 mM，500 mM 氯化钠，1 mM EDTA、pH8.0）。该柱是用 1 M 氯化钠的 12 底座体积洗净，分裂是被孵化柱中的裂解缓冲液诱导的［HEPES 20 mM，500 mM 氯化钠，1 mM EDTA，pH 值 8.0，50 mM 二硫苏糖醇（DTT）40 h。从该柱中的斑病毒 CP 是洗脱和 20 mM HEPES，500 mM NaCl，1 mM EDTA，pH 值 8.0。1 mL 的洗脱液组分的蛋白质浓度使用布拉德福试剂测定根据生产商的说明。部分样品用 SDS-PAGE 电泳，CP 身份证实了免疫印迹分析利用抗体对斑病毒颗粒。样本被渗析使用 20 mM 的 HEPES，pH 值 6.5 至少 2000 体积。所有纯化的步骤都在 4℃进行。

SDS-PAGE 和蛋白印迹分析。样本煮沸 5 min 在冰上冷却使用 10% 或 12% 变性的 SDS 聚丙酰胺凝胶采用 tris-甘氨酸-SDS 缓冲液。样品采用考马斯亮蓝染色和/或转移到聚偏氟乙烯（PVDF）或通过潜入或半电印迹硝酸纤维素按照制造商的说明。细胞膜被平衡采用 1X TBS（Tris 缓冲生理盐水：Tris 20 mM，500 mM 氯化钠，pH 值 7.5）5 min 并用 1X TBS，5% 脱脂牛奶，或 5% 酪蛋白处理至少 1 h 来阻止反应。以下含 0.05% 吐温 – 20，1xTBS 三洗，初级抗体阻断膜孵育至少 2h［血清提取的 PRSV HA 5 – 1 抗体（贡萨尔维斯实验室，康奈尔大学，日内瓦，纽约）或对几丁质结合域（抗体 CBD、NEB）］。三洗后，膜从扩增的碱性磷酸酶中培养二次抗体山羊抗兔免疫印迹检测试剂盒（Bio-Rad），用 1xTTBS 冲洗多次，与碱性磷酸酶孵育链霉亲和素复合物孵育至少 1h。最后的洗涤步骤后，印迹由比色发展而来的（Bio-Rad）或化学发光（罗氏应用科学，印第安纳波利斯）方法根据制造商的说明书。

体外模拟胃液体消化外壳蛋白。CP 测试在模拟胃液消化率（SGF）使用两种不同的条件进行。第一个条件包括 50 ug 纯化的 PRSV CP 样本作为底物添加蛋白酶 2 或 10 ug、胃蛋白酶（胃蛋白酶：PRSV CP（w/w）的蛋白质比 1∶25 和 1∶5，分别）在总量 100 μL 的体积里，0.01 N HCl，pH 值 2.0。样本在 37℃下孵育 2 h。作为对照，前 10 min 加入蛋白酶抑制剂胃蛋白酶抑制剂到底物中至终浓度为 5 uM。第二个条件，2 ug 纯化的 PRSV CP 是混合与胃蛋白酶获得最后 w/w 胃蛋白酶：PRSV CP 13∶1 或 6.5∶1 的比例。SGF 准备作为胃蛋白酶溶液（3.2 mg/mL）30 mM NaCl，pH 值 1.2。对于这两个实验，样品进行终止反应在处理过程后用等体积的 2x Laemmli 的缓冲液，立即水煮 100℃ 5 min，冷却至室温，并等分试样用于 SDS-PAGE 分析。胃蛋白酶（P7000）购自 Sigma—奥德里奇公司，圣路易斯，密苏里。

在体外模拟肠液的外壳蛋白的消化。CP 消化试验在模拟肠液（SIF）使用两种不同的条件进行。对于第一个条件，CP 是孵育不同数量的牛胰蛋白酶、胰酶（5、10 或 50 ug）在 0.01M Tris 的缓冲液，pH 值 8。作为对照，前 10 min 加入蛋白酶抑制剂胃蛋白酶抑制剂到底物中至终浓度为 10 uM。样本在 37℃下孵育 2 h，每个反应被终止反应处理过程后用等体积的 2x Laemmli 的缓冲液并水煮 100℃ 5 min。第二个条件，进行了单管消化在 10 mg/mL 胰酶组成的 SIF 在 0.05M KH2PO4，pH 值 7.5。上述反应停止用上述方法。牛胰蛋白酶（TPCK 抑制），胰酶、抑肽素和亮肽素是从西格玛奥德里奇购买。

热稳定性测定。使用本地 PRSV CP 进行了热稳定性测定在宿主基体上，其中包括斑病毒感染的 SunUp 叶。叶片样本（100 mg）在 600 μL 的蛋白提取缓冲液（50 mM Tris-HCl，pH 值 6.8，4% SDS，2% β-巯基乙醇，10% 甘油，0.001% 溴酚蓝）中碾碎并立即在 100℃加热 2 h 或 4 h。PRSV 感染的日出的番木瓜叶片（100 mg）在 206℃条件下加热烘干，重新到 100 mg，萃取在 600 μL 的蛋白提取缓冲液。提取在不同温度条件下（每个 15 μL）后用于 SDS-PAGE 和蛋白印迹分析。

评估 PRSV 外壳蛋白在转基因番木瓜的水平。完全成熟（100% 黄皮肤的颜色）番木瓜果实的 Rainbow，SunUp 和没有被侵染的 Sunset 以及环斑病毒感染 Kamiya 品种测定水果中的 CP 水平。叶片样品的 Rainbow，SunUp 和没有被感染的 Kapoho 以及 PRSV 感染的 Kapoho 叶被用于确定 CP 水平。外壳蛋白水平进行量化使用使用 ELISA 方法 PRSV CP 的单克隆抗体。一个标准的稀释系列（1.0 x，0.2 x，0.1 x，0.04 x，0.02 x，and 0.01 x）纯化的 PRSV CP 颗粒从 0.025 到 25 ug 不等的 CP 用于生成每个 ELISA 方法的标准曲线，使 CP 的定量番木瓜样品吸光度（A405）值。

结果

分析环斑病毒 CP 的序列预测潜在过敏性。潜在的 CP 过敏分析是通过对比环斑病毒 CP 基因氨基酸序列与已知过敏原在数据库的序列，用所描述的材料和方法进行评估。对转基因 PRSV CP 氨基酸序列相似性搜索是通过一个或多个标准的方法完成的：①全 FASTA 搜索数据库中的同源蛋白，②搜索数据库蛋白与斑病毒 CP 相似性大于 35% 超过 80 个氨基酸窗口。不为人知的过敏原被认为是类似于全 FASTA 搜索斑病毒 CP 或者标准要求相似度大于 35%，超过 80 个氨基酸。此外，我们还检索了短（八个氨基酸）连续相同的氨基酸蛋白在过敏原数据库和 PRSV CP 之间。没有 PRSV CP 和已知过敏原在搜索数据库八个邻近氨基酸的匹配。

环斑病毒 CP 的 SGF 检测。消化 PRSV CP 测试通过模拟胃液和模拟肠液，CP 来自分离的本地病毒或来自基因工程菌 CP 序列的表达。蛋白质纯化细菌被称为 CP-b，而 CP 部分纯化的本地斑病毒粒子被称为 CP-v。

初始 SGF 实验中使用比率为 1∶25 或 1∶5 的蛋白酶、胃蛋白酶来作用于环斑病毒

CP 目标蛋白质导致环斑病毒 CP 蛋白的完全降解此反应是培养 2h（图 19－1）。观察样品中类似于胃肠液孵育 2 h 考虑到 pH 值（pH 值为 2.0）CP-v 水平的很少或没有变化，但缺乏胃蛋白酶 A。同样，在 CP-v 水平很少变化也发现在有蛋白酶抑制剂抑肽素，除了胃蛋白酶 A，这个结果支持这个结论，胃蛋白酶 A 为酶在 SGF 中降解 PRSV CP 提供了便利。除分子量的蛋白条带外对应于该斑病毒 CP 的单体，～36kDa，我们观察到高阶聚合物经常在低离子强度介质中被观察到，以及～25kDa 环斑毒 CP 降解产物中常见在 PRSV CP 纯化病毒粒子和其他病毒组的筹备。部分天然纯化和纯化重组的含胃蛋白酶 A 的 PRSV CP（分别为 CP-v 和 CP-b）的 SGF 消化（分别为 CP-v 和 CP-b）见图 19－2。

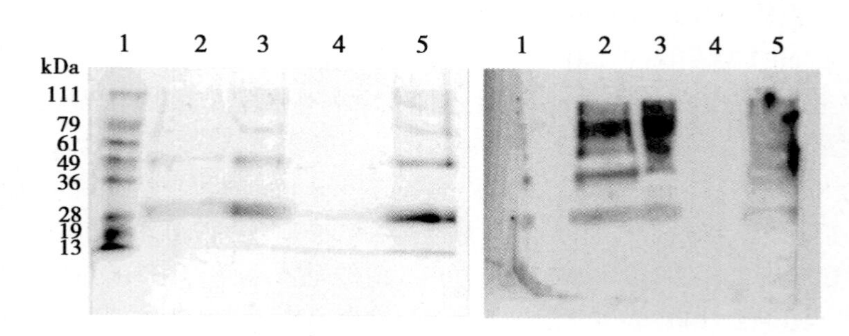

图 19－1　人工胃液中含 CP-v 的胃蛋白酶 A 样品的 SDS-PAGE（左图）和 Western blot 分析（右图）

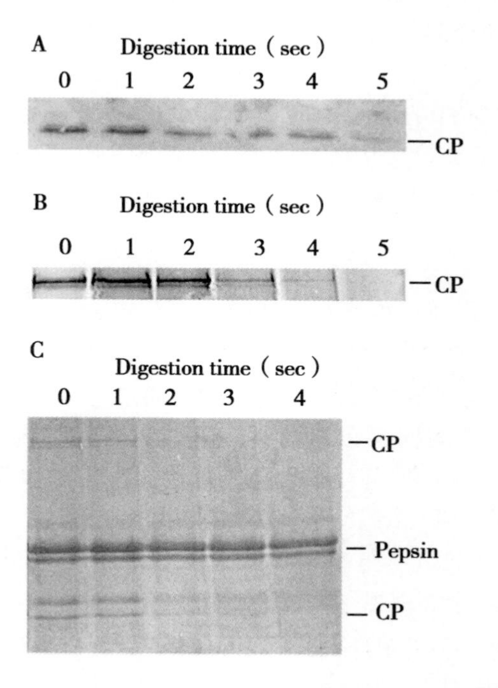

图 19－2　部分天然纯化和纯化重组的含胃蛋白酶 A 的 PRSV CP（分别为 CP-v 和 CP-b）的 SGF 消化（分别为 CP-v 和 CP-b）

在随后的实验中，我们测试靶蛋白的蛋白酶降解速率已成为当前标准的蛋白质和观察更迅速的时间过程对于 PRSV CP 降解。蛋白酶目标蛋白质比为 6.5 : 1（胃蛋白酶：CP），大量的 CP-v 降解在 5s 内，而在 5s 被观察几乎完全降解的比例 13 : 1。同样，CP-b 的降解在 5s 后，已接近完成，从 13 : 1 的比例时（胃蛋白酶：CP-b）采用。类似于 CP 纯化来源于病毒，高阶聚合细菌表达和纯化 PRSV CP 的观察。斑病毒 CP 的应力强度因子测定。

SIF 实验评估环斑病毒外壳蛋白。最初的 SIF 实验针对 CP-v 和胰蛋白酶，在小肠上发现丝氨酸蛋白酶，有或没有的丝氨酸和半胱氨酸蛋白酶抑制剂抑蛋白肽，表示在缓冲液 pH 值为 8.0 中 2 h 内的胰蛋白酶能有效降解 CP 蛋白（图 19－3），而当减少胰酶的使用量时会产生少量的 20 kDa 的产物。

时间过程实验用胰酶、酶模拟胃肠胰腺分泌物混合，不仅包括胰蛋白酶，而且还有脂肪酶、淀粉酶、表明 5 min 降解明显，10 min 消化了大量的 CP 蛋白（图 19－4）。

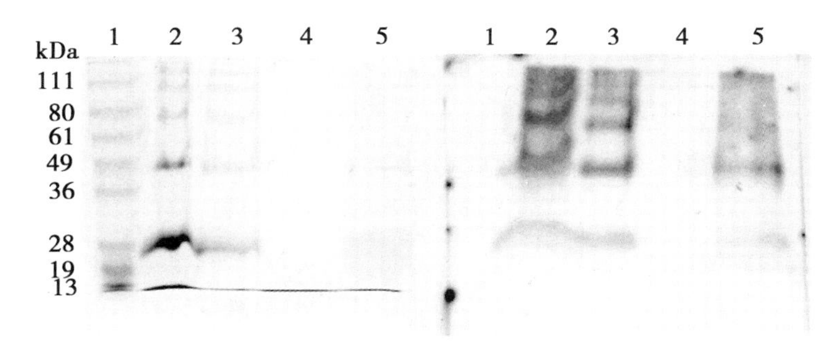

图 19－3　SIF 中含有胰蛋白酶的 CP-v 的 SDS-PAGE（左图）和 Western blot（右图）分析

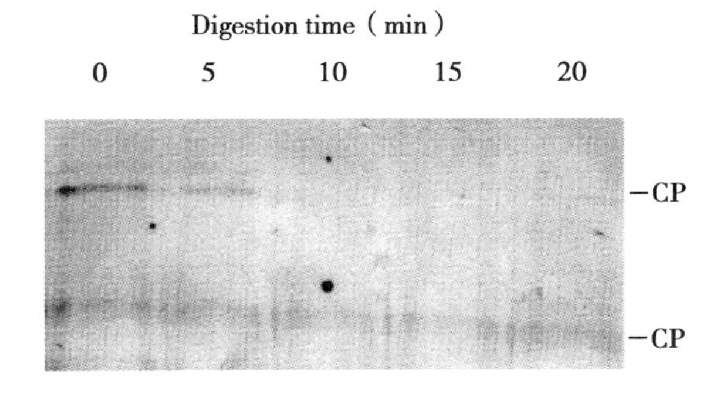

图 19－4　含有胰酶的 SIF 中的 PRSV CP 消化的 Western blot 分析

在寄主植物体内本地环斑病毒外壳蛋白的热稳定性。在实验测试热强度和持续时间对斑病毒 CP 稳定性的影响，我们观察到的重大损失信号在蛋白印迹实验利用 PRSV CP 特异性抗体从受 PRSV 感染的木瓜未经处理的叶片中提取物在 100℃ 条件下处理 2h。观察样品中 CP 残留量在 100℃ 条件下处理 4h，当样品在 206℃ 条件下处理 20 min 然而没有检测到带。使用 PRSV CP 抗体观测到多条条带，其中最高的大小相关 PRSV CP 的全长（~36 kDa），归因于用于降解反应的实验只是选择感染的植物叶片，而没有用没有感染的叶片来做对照。分子质量越高条带相应的全长 CP 降解速度似乎比作为小分子质量带蛋白质快。这一现象还观察到使用其他处理方法（图 19 -5）。

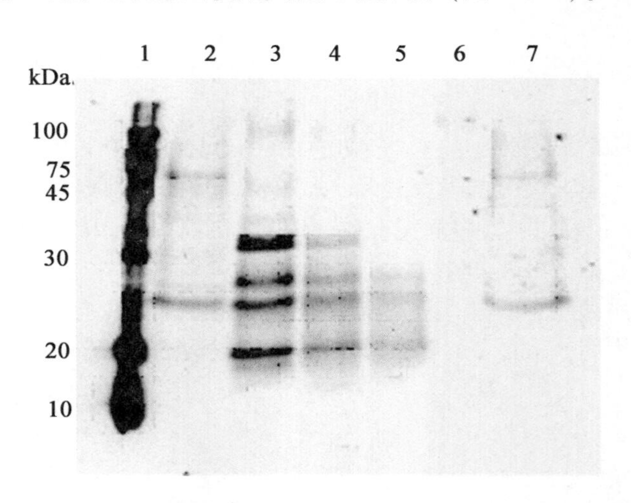

图 19 -5 经热处理的使用多克隆抗 PRSV CP 抗体的 PRSV 感染木瓜叶样品的 Western blot 分析

人类斑病毒 CP 的代谢。体外试验研究表明，发现环斑病毒 CP 正在迅速降解在流体模拟人体胃肠道（消化道）。然而，从一个转基因来源潜在环斑病毒 CP 进入人类消化道的途径以前没有得到彻底解决。在试图获得估计被消耗的 CP 水平，在转基因番木瓜果实 PRSV CP 的金额用 ELISA 定量测定每克鲜质量的基础上，计算了总消费水平考虑平均单果质量以及潜在的水果的消费率。病毒遗传的 CP 环斑病毒感染非转基因番木瓜中的数额也比较计算估计的潜在人类暴露于 CP，给出了一个非转基因，抗环斑病毒被利用情况。数据表明 CP 水平的 Rainbow 番木瓜是转基因的杂合子，7.7 倍低于自然感染非转基因番木瓜果实。纯合基因的 SunUp 番木瓜中的 CP 水平，仍低于 ELISA 检测水平。

应该指出的是，即使是 Rainbow 水果样品，无法检测到转基因源 CP 除非蛋白酶抑制剂（PMSF）进行检测，表明转基因源 CP 计算量可能高估了真正的消耗水平，从某种程度的 CP 降解预计将在正常的食物准备条件下进行的。在果期的水平相比，转基因源 CP 叶片一般累积到更高的水平，至少在转基因番木瓜 55 -1 是这样的，同样也适用于在 SunUp 的叶子 CP 的检测。类似于果实之间观察到的 CP 水平的相对差异，CP 在 SunUp 叶片积累的量要低于 1.9 倍的 Rainbow 的叶片。在 Rainbow 的叶片中积累的 CP 量，则低于环斑病毒感染非转基因番木瓜植物的叶片的 13.9 倍（表 19 -1）。

表 19－1　转基因和非转基因番木瓜果实和叶片组织中番木瓜环斑病毒外壳蛋白水平

type of tissue	papaya cultivar	no. of samples	coat protein level (μg/g of fresh mass)　± SD
fruit	Rainbow	5	6. 3 ± 2. 1
	SunUp	5	ND[b]
	Sunset	5	ND[b]
	Kamiya (infected)	5	48. 5 ± 28. 3
leaf	Rainbow	1	257. 6
	SunUp	1	137. 0
	Kapoho (infected)	1	3 580. 6
	Kapoho	1	ND

在果期 CP 量测量的基础上，在不同水果消费率的基础上计算潜在的 Rainbow 和自然感染非转基因番木瓜果实年度累积 CP 消费水平；在 SunUp 的果实中 CP 未被检测到，CP 消耗上限据估计利用一个理论板数等于最小 CP 通过 ELISA 实验检测的数量（0. 25 μg/g 鲜重）。理论上每天使用量最大的水果之一，累计年 CP 消费水平估计为 Rainbow 和 SunUp 分别大约 1 306和 52 mg（表 19－2）。对自然感染非转基因番木瓜，每年 CP 消费水平预计将至少是 Rainbow 的 8 倍，Rainbow 是夏威夷主导和消费最广泛的品种。换句话说，估计每年转基因源 CP 的暴露水平来自于 Rainbow 或 SunUp 水果（基于假定一个水果每天的消费率）将大致相当于病毒源 CP 的数额由分别自然消费 47 或 2 获得斑病毒感染的番木瓜。

表 19－2　转基因和自然感染 PRSV 的非转基因番木瓜中
PRSV 外壳蛋白的消耗水平的评价（mg/a）

fruit consumption rate	Rainbow	SunUp	virus-infected fruit
one fruit per day	1 306. 1	51. 8	10 055. 0
one fruit per week	186. 1	7. 4	1 432. 5
one fruit per month	42. 9	1. 7	330. 6

讨论

该环斑病毒 CP 中的主要转基因蛋白表达在番木瓜 Rainbow 和 SunUp 中是随着植物转化的标记基因蛋白 NPTII 和 GUS。PRSV CP 胃肠液消化以及生物信息学分析的结果表明，Rainbow 和 SunUp 表达的转基因 CP 蛋白，不会产生食物过敏的风险。此外，CP 转基因番木瓜表达量被认为是比自然感染的非转基因番木瓜发现 CP 的量降低 87% ~ 99%。因此，从转基因番木瓜食用 CP 曝光比来自消费自然感染非转基因番木瓜低得多。以前的研究记录的 nptII 和 GUS 生物安全方面。暴露于转基因标志 GUS 和 NPTII 在

Rainbow 和 SunUp 番木瓜估计 CP 的表达量将低于 Rainbow（未发表的数据；数据提交给日本卫生部、劳动和福利和农业、林业和渔业部）。

新蛋白的致敏性预测是基于生物信息学和实验方法。生物信息学分析表明，环斑病毒 CP 没有表现出明显的相似性与任何已知的过敏蛋白利用总体大幅同源的标准，大于35%的相似度超过 80 个氨基酸的一个窗口和一个连续的八个氨基酸匹配相同，对任何已知的过敏原过敏原数据库通过完整的 FASTA 搜索。

此前，Kleter 和 Peijnenburg 确定六个氨基酸的肽（EKQKEK）共用由 PRSV CP 和一个所谓的过敏原，ABA－1，人类寄生蛔虫或猪寄生蛔虫的蛋白质。然而，许多报告显示，高比例的蛋白质确定的六个氨基酸是误匹配。此外，我们以前报道的，环斑病毒 CP 六个氨基酸符合 ABA－1 关于过敏不相关的几个原因：①六个氨基酸序列不是在外壳蛋白重复序列，因此，它不会触发相关的过敏原 IgE 反应；②ABA－1 本身的提议未找到过敏原肽过敏的上下文之外其他蛔虫蛋白；③虽然 ABA－1 是 ADFS 网站中列出的，它不是在官方承认的过敏原中发现，在国际免疫学会联盟（IUIS）原数据库（http：//www. allergen. org）。

评估潜在过敏性的另一个重要方面是实验测试过敏蛋白的共同属性，如模拟的胃肠液的稳定，包括 SGF 和 SIF。SGF 的开发是为了代表人类胃的条件，基本上由低 ph 介质中的主要胃蛋白酶。一些数据表明，容易消化的蛋白质消化天生地比那些稳定安全，尤其是在致敏性。我们的数据表明，转基因序列衍生物 PRSV CP 是在 SGF 中迅速降解。许多已知的过敏原如鸡蛋卵白蛋白和卵黄高磷蛋白，来自于牛奶的 B-乳球蛋白、B-伴大豆球蛋白，大豆凝集素、来自于芥末的 sin a1 和 bra j，和来自于花生的 Ara h2 可以再胃液中稳定 60 min。这种环斑病毒 CP 在 SGF5 秒内完全并迅速降解。此外，我们的结果表明 CP 在 SIF 中不稳定在 10 min 内完全降解。从 34 到 50 的胃蛋白酶和胰蛋白酶裂解位点 46 根据蛋白肽的生物信息学工具的作用 PRSV 的 CP 位点；因此，外壳蛋白在胃肠液中的降解快，这是不足为奇的。

没有一般规律关于热量对食物过敏的影响，就不能认为是一个很好的致敏性的预测。我们的热处理研究表明，热处理本地的 PRSV CP 在植物体内的 CP 是不稳定的，在 206℃的条件下它被完全降解。高温破坏的三级结构以及内部的各种变化和分子间的相互作用，包括可以发生聚集体的形成。加热会破坏形态，导致损失的结合位点，引发过敏反应的情况一样，热不稳定的过敏原如“Cora”在榛子中发现。在其他情况下，在加热期间会出现过敏的抗原表位的线性化结果。在环斑病毒 CP 的情况下，在煮沸或烘烤处理后 CP 模型被改变，可能是由于分子间的相互作用上面已经描述了。

在夏威夷番木瓜通过引进抗环斑病番木瓜 Rainbow 和 SunUp，避免了病毒病所造成的损害，但在夏威夷该行业仍面临转基因木瓜的国际市场的挑战。日本和加拿大一直并将继续是夏威夷番木瓜的重要出口市场。2003 年，加拿大批准进口转基因番木瓜 Rainbow 和 SunUp（http：//www. hc-sc. gc. ca/fn-an/gmf-agm/appro/papaya-eng. php）。在另一方面，日本申请进口及销售 55－1 衍生的转基因番木瓜，是在最后阶段由卫生部批准，劳动和福利、食品安全委员会，农业、林业和渔业部和环境部（http：//

www. fsc. go. jp/sonota/kikansi/21gou/21gou_ 1_ 8. pdf；http：//www. fsc. go. jp/hyouka/hy/hy-tuuchi-papaya_ 55 - 1. pdf）。日本监管机构的食品安全的主要标准之一是在 GE 番木瓜斑病毒 CP 基因是否被介绍任何食物过敏。

最后，重要的证据支持任何食品的安全是一个安全消费的历史。在夏威夷，从 1998 年被释放转基因番木瓜果实已经被消费十年以上，没有对人类健康的影响任何不良记录。此外，我们详细分析了 Rainbow 番木瓜和它对应的非转基因显示出相同的营养和矿物质元素，包括番木瓜蛋白酶和苄基异硫氰酸酯（BITC）。因此，我们认为 Rainbow 和 SunUp 番木瓜对人类和动物健康不构成任何威胁。

参考文献

Sanford JC，Johnston SA. 1985. The concept of parasite-derived resistance—Deriving resistance genes from the parasite's own genome [J]. J Theor Biol，113（2）：395 - 405.

Gonsalves D，Suzuki J，Tripathi S，et al. 2008. Papaya ringspot virus. Potyviridae [M]. Elsevier：Oxford UK.

Gonsalves D. 1998. Control of papaya ringspot virus in papaya：A case study [J]. Annu. Rev. Phytopathol，36（36）：415 - 437.

NASS. 2009. USDA National Agricultural Statistics Service [EB/OL].（2011 - 5）. http：// www. nass. usda. gov/hi.

Manshardt RM. 1999. 'UH Rainbow' papaya [R]. Honolulu：University of Hawaii College of Tropical Agriculture and Human Resources.

Tripathi S，Suzuki JY，Carr JB，et al. 2011. Nutritional composition of Rainbow papaya，the first commercialized transgenic fruit crop [J]. J Food ComposAnal，24（2）：140 - 147.

Astwood JD，LeachJN，Fuchs RL. 1996. Stability of food allergens to digestion in vitro [J]. Nat Biotechnol，14（10）：1269 - 1273.

Codex. 2003. Codex principles and guidelines on foods derived from biotechnology [R]. Italy：Food and Agriculture Organization of the United Nations：Rome.

FAO/WHO. 2001. Allergenicity of genetically modified foods [R]. Italy：Food and Agriculture Organization of the United Nations：Rome.

Fu TJ，Abbott UR，Hatzos C. 2002. Digestibility of food allergens and nonallergenic proteins in simulated gastric fluid and simulated intestinal fluid—A comparative study [J]. J Agric Food Chem，50（24）：7154 - 7160.

Harrison LA，Bailey MR，Naylor MW，et al. 1996. The expressed protein in glyphosate-tolerant soybean，5 - enolpyruviylshikimate-3 - phosphate synthase from *Agrobacterium* sp strain CP4，is rapidly digested in vitro and is not toxic to acutely gavaged mice [J]. J Nutr，126（3）：738 - 740.

Herman RA, Storer NP, Gao Y. 2006. Digestion assays in allergenicity assessment of transgenic proteins [J]. Environ Health Perspect, 114 (8): 1154-1157.

Roesler KR, Rao AG. 2001. Rapid gastric fluid digestion and biochemical characterization of engineered proteins enriched in essential aminoacids [J]. J Agric Food Chem, 49 (7): 3443-3451.

Taylor SL. 2002. Protein allergenicity assessment of foods produced through agricultural biotechnology [J]. Pharmacology and Toxicology, 42 (42): 99-112.

Metcalfe DD, Astwood JD, Townsend R, et al. 1996. Assessment of the allergenic potential of foods derived from genetically engineered crop plants [J]. Critical Reviews in Food Science and Nutrition, 36: 165-186.

Ivanciuc O, Schein CH, Braun W. 2003. SDAP: Database and computational tools for allergenic proteins [J]. Nucleic Acids Res, 31 (1): 359-362.

Gonsalves D, Ishii M. 1980. Purification and serology of papaya ringspot virus [J]. Phytopathology, 70 (11): 1028-1032.

Bradford MM. 1976. A rapid and sensitive method for the quantitation of microgram quantities of protein utilizing the principle of proteindye binding [J]. Anal Biochem, 72 (1-2): 248-254.

Ling K, Namba S, Gonsalves C, et al. 1991. Protection against detrimental effects of potyvirus infection in transgenic tobacco plants expressing the papaya ringspot virus coat protein gene [J]. Bio/Technology, 9 (8): 752-758.

Sambrook J, Russell DW. 1989. Molecular cloning [M]. Plainview, NY: Cold Spring Harbor Laboratory Press. 49 (1): 895-909.

Hames B, Rickwood D. 1981. Electrophoresis of proteins: apractical approach [M]. Oxford, UK: IRL Press. 13996-14003.

The United States Pharmacopeia 24, 2000. Simulated gastric fluid, TS [R]. In The National Formulary 19; Board of Trustees, Eds.; United States Pharmacopeial Convention, Inc.: Rockville, MD. 2235.

Umezawa H, Aoyagi T, Morishima H, et al. 1970. Pepstatin, a new pepsin inhibitor produced by Actinomycetes [J]. J Antibiot, 23 (5): 259-262.

Laemmli UK. 1970. Cleavage of structural proteins during the assembly of the head of bacteriophage T4 [J]. Nature, 227 (5259): 680-685.

Umezawa H. 1976. Structures and activities of protease inhibitors of microbial origin [J]. Methods in Enzymology, 45 (45): 678-695.

Hiebert E, Tremaine JH, Ronald WP. 1984. The effect of limited proteolysis on the amino acid composition of five potyviruses and on the serological reaction and peptide map of the tobacco etch virus capsid protein [J]. Phytopathology, 74 (4): 411-416.

Fuchs RL, Ream JE, Hammond BG, et al. 1993. Safety assessment of the neomycin phosphotransferase II (NPTII) protein [J]. Bio/Technology, 11 (13): 1543 - 1547.

Gilissen LJW, Metz PLJ, Stiekema WJ, et al. 1998. Biosafety of *E. coli* beta-glucuronidase (GUS) in plants [J]. Transgenic Res, 7 (3) 157 - 163.

RamessarK, Peremarti A, Gomez-Galera S, et al. 2007. Biosafety and risk assessment framework for selectable marker genes in transgenic crop plants: A case of the science not supporting the politics [J]. Transgenic Res, 16 (3): 261 - 280.

Suzuki JY, Tripathi S, Fermín GA, et al. 2008. Characterization of inserton sites in Rainbow papaya, the first commercialized transgenic fruit crop [J]. Trop Plant Biol, 1 (3): 293 - 309.

Kleter GA, Peijnenburg AACM. 2002. Screening of transgenic proteins expressed in transgenic food crops for the presence of short amino acid sequences identical to potential, IgE-binding linear epitopes of allergens [J]. BMC Struct Biol, 2 (1): 1 - 11.

Goodman RE, Vieths S, Sampson HA, et al. 2008. Allergenicity assessment of genetically modified crops—What makes sense? [J]. Nat Biotechnol, 26 (1): 73 - 81.

Silvanovich A, Nemeth MA, SongP, et al. 2006. The value of short amino acid sequence matches for prediction of protein allergenicity [J]. Toxicol Sci, 90 (1): 252 - 258.

Stadler MB, Stadler BM. 2003. Allergenicity prediction by protein sequence [J]. FASEB J, 17 (6): 1141 - 1143.

Ladics GS, Bardina L, Cressman RF, et al. 2006. Lack of cross-reactivity between the Bacillus thuringiensis derived protein Cry1F in maize grain and dust mite Der p7 protein with human sera positive for... [J]. Regul Toxicol Pharmacol, 44 (2): 136 - 143.

Ladics GS, Cressman RF, Herouet-Guicheney C, et al. 2011. Bioinformatics and the allergy assessment of agricultural biotechnology products: Industry practices and recommendations [J]. Regul. Toxicol Pharmacol, 60 (1): 46 - 53.

Hileman RE, Silvanovich A, Goodman RE, et al. 2002. Bioinformatic methods for allergenicity assessment using a comprehensive allergen database [J]. Int Arch Allergy Immunol, 128 (4): 280 - 291.

SuzukiJY, Tripathi S, Gonsalves D. 2007. Virus resistant transgenic papaya: Commercial development and regulatory and environmental issues [M]. Wallingford, UK: CAB International.

Xia Y, Spence H, Moore J, et al. 2000. The ABA-1 allergen of *Ascaris lumbricoides*: Sequence polymorphism, stage and tissue-specific expression, lipid binding function, and protein biophysical properties [J]. Parasitology, 120 (2): 211 - 224.

Gasteiger E, Hoogland C, Gattiker A, et al. 2005. ExPASy PeptideCutter tool: Protein identification and analysis tools on the ExPASy server [M]. Totowa, NJ: Humana Press. 571 - 607.

Hansen KS, Ballmer-Weber BK, Luttkopf D, et al. 2003, Roasted hazelnuts—Allergenic activity evaluated by double-blind, placebo-controlled food challenge [J]. Allergy, 58 (2): 132 - 138.

Mondoulet L, Paty E, Drumare MF, et al. 2005, Influence of thermal processing on the allergenicity of peanut proteins [J]. J Agric Food Chem, 53 (11): 4547 - 4553.

第二十章　台湾转基因番木瓜田间评价①

摘　要：在1996—1998年，对4个表达番木瓜环斑病毒（PRSV）外壳蛋白（CP）的转基因番木瓜品系，在田间条件下进行了抗性试验与果实产量的评价。供试植株均采用自然条件下接种蚜虫，蚜虫来自于相邻试验田块的同一区域内的4个不同的常规种植小区。在种植3～5个月后，转基因品系均未表现PRSV的显著病状，但在相同条件下，非转基因品系均表现显著病状。在试验1与试验2中，有20%～30%的的转基因植株表现轻微病状，包括叶片上的小型色斑与褪绿斑点。表现轻微病状植株的数量的波动与季节和天气条件有关，在冬季或雨季趋向增加，在夏季就相应减少。另外，在第3个试验中，轻微病状的发生率会因为雨季时引起根腐真菌的侵染而显著增加。有趣的是，这些轻微病状并未对果实的产量与质量产生不良作用。在第1个与第2个试验中，转基因品系的产量分别比在相同条件下商业化品种高10.8～11.6倍与54.3～56.7倍。所有转基因植株生产的、可上市的果实均没有环斑与畸形。

引言

番木瓜（*Caricapapaya* L.）是一种热带与亚热带水果，商品化生产周期大约为3年（Clark and Adams 1977）。产量主要受限于马铃薯Y病毒属的1种病毒，番木瓜环斑病毒（PRSV），为蚜虫传播的非持久性病毒（Murphy，1995；Purcifull，1984）。PRSV破坏冠层的光合能力，导致减产、损失营养势，最终逐渐死亡。尽管耐病选育已经开展（Conover，1976；Conover and Litz，1978），但是在番木瓜种内未找到抗PRSV的资源。其他如检疫、铲除等措施只能暂时或部分解决问题（Yeh and Gonsalves，1994）。

亚硝酸诱导的PRSV弱毒株系HA5－1（Yeh and Gonsalves，1984）已经在中国台湾与夏威夷番木瓜生产中被用作保护剂来控制病害，并取得了经济回报（Wang et al，1987；Yeh and Gonsalves，1984，Yeh and Gonsalves，1994；Yeh et al，1998）。尽管如此，由于病毒株的系特异性限制了弱毒株系在全世界其他地区的应用。这种防治手段对番木瓜还存在其他副作用，如在对幼苗进行接种时可能产生额外的费用，以及在病害损伤压力下可能发生的严重突变。

来源于病原物自身的抗性（Sanford and Johnston，1985）是一个有效的策略，近来

① Bau H J，Cheng Y H，Yu T A，et al. 2004. Field evaluation of transgenic papaya lines carrying the coat protein gene of Papaya ringspot virus in Taiwan. [J]. Plant Disease，88（6）：594－599.

被应用于大规模开发抗植物病毒转基因作物中。Fitch 等人（1990）通过基因枪将 PRSV 弱毒株系 HA5 - 1 的外壳蛋白（CP）基因成功地导入到番木瓜中，而获得了对 PRSV HA 同源株系具有抗性的转基因番木瓜植株（Fitch et al，1992）。其中一个品系（55 - 1）在温室与田间，均表现出对 PRSV 侵染的免疫（Fitch et al，1992；Lius et al，1997）。尽管如此，由于转基因品系 55 - 1 的 R1 株系的抗性具有株系特异性，只有夏威夷的株系具有抗性。这些结果说明转基因株系 55 - 1 可以为夏威夷控制 PRSV 提供一个具有前途的方法，但是在其他地区可能不起作用。近来，我们发展了一个将台湾的 PRSV 强毒性株系 YK 的 CP 基因转化到番木瓜的有效方法。这个外源基因是通过土壤农杆菌介导引入，利用金刚砂对胚层组织产生伤口以液态的形式进入植株（2）。在 45 个转基因品系中，2 个对 PRSV YK 免疫，10 个高抗（1）。在温室中，这些 PRSV 抗性品系对夏威夷、台湾以及墨西哥的 PRSV 株系均具有抗性，表现出高度的光谱抗性（1）。在这个研究中，对其中 4 个高抗品系进行了田间评价工作。

材料与方法

转基因株系

利用农杆菌介导法获得转基因番木瓜株系。田间试验的番木瓜基因型包括“台农 2 号”作母本的 PRSV CP 转基因株系 R_0 代的 16 - 0 - 1，17 - 0 - 1 和 17 - 0 - 5，台农 2 号作非转基因对照。以前温室条件下的试验表明，这 4 个株系的 R_0 代植株高抗机械接种的同源 PRSV YK。这 4 个转基因株系用于实验的无性系植株用茎尖离体繁殖获得。

试验田地点与试验设计

在台湾开展的田间试验由农委会批准。试验地点位于台湾农业试验所台中雾峰试验农场选择的 1 个隔离区内。这个区域被高灌木环绕，可以用做绿篱来避免花粉扩散。田间试验是按照农委会的准则开展。两个试验地点相隔 10 m。试验 1 是从 1996 年 9 月开始，3 个转基因品系（16 - 0 - 1、17 - 0 - 1 与 17 - 0 - 5）共 60 株，按照随机区组设计分成 3 个长方形重复小区（每小区 20 株），并且将对照非转基因番木瓜台农 2 号随机混合（3 个小区共 60 株）。供试植株间距为 2.5 m 与 2 m，在非转基因品种台农 2 号周边种植两个保护行。试验 1 在 1996 年 12 月开始，除转基因品系 17 - 0 - 1 被 18 - 2 - 4 替换外，按照相同处理开展。试验 3 在 1998 年 5 月开始，安排在第一项试验开始 18 个月后，在相同地块内调查。试验 4 在 1999 年 3 月开始，在试验 2 开始 16 个月后开始在相同地块开始调查。试验中 3 与试验 4 所有的 3 个品系（16 - 0 - 1、18 - 2 - 4、台农 2 号）80 株植株单独种植，按照随机区组设计。所有 4 个试验田块均暴露于蚜虫为害下；在田间未提供人工接种体患病植株。

病毒抗性与果实产量评估

转基因品系对病毒侵染的评估，每两周进行 1 次监测病状的试验，总共进行 4 次。与此同时，对有病斑和没有病斑的叶片用双倍接种量下 PRSV 抗体的双抗体夹心酶联免疫吸附法（DAS-ELISA）（Clark and Adams，1977）来检测 PRSV 的侵染（Yeh and Gonsalves，1985）。果实产量视试验 1 与试验 2 各自记录每个品系 9 个月与 6 个月的生长期的采摘情况而定。果实重量用 SAS（SAS Institute，Cary，NC）的方差分析结果来评估。采摘的果实均为商品化果实。带有环斑的畸形果实不能上市。

病状的发展

试验 1 中，非转基因对照植株在种植 29 d 后接种，并且所有植株在 5 个月内病状逐渐发展到严重的程度。非转基因植株受到 PRSV 侵染后叶片的典型病状为花叶与畸形，叶柄和茎为水浸状条纹，果实为环斑与畸形，并且阻碍生长。侵染用 DAS-ELISA 法鉴定。所有未呈现病状的叶片用 ELISA 来排除。转基因品系 16－0－1、17－0－1 与 17－0－5 的叶片在种植 18 个月后，均未表现严重病状（图 20－1a 、图 20－1b 和图 20－2c）。

图 20－1 不同品系抗性表现

类似地，试验 2 中，在种植 16 个月后，即使比相邻试验 1 中发病严重的植株，给予巨大的接种压力，转基因品系 16－0－1、17－0－1 与 17－0－5 叶片未表现严重病状（图 20－2B）。试验 2 中所有叶片均被 PRSV 侵染，并在种植 3 个月后呈现出严重的典型病状（图 20－2B）。

试验 3 与试验 1 的地块相同，种植 2 个月后，转基因品系 16－0－1 与 18－2－4 分别有 16% 与 9% 的植株在开花前叶片上出现变色斑与条纹。在这个试验中，转基因品系

a

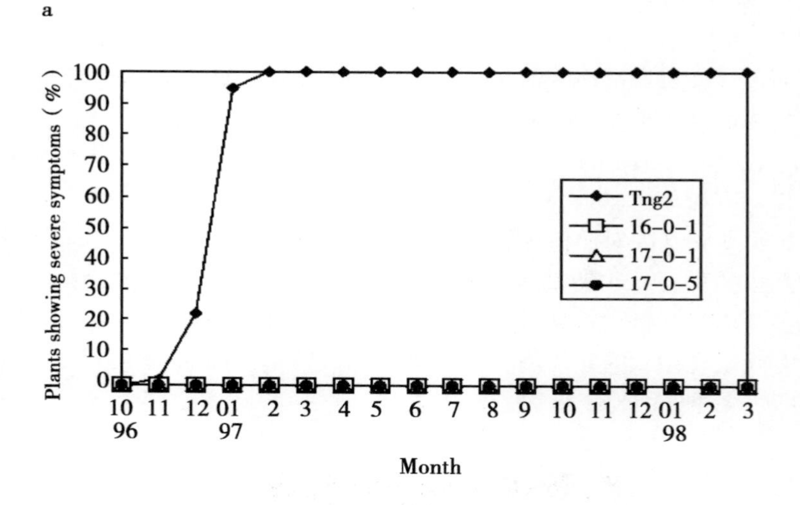

b

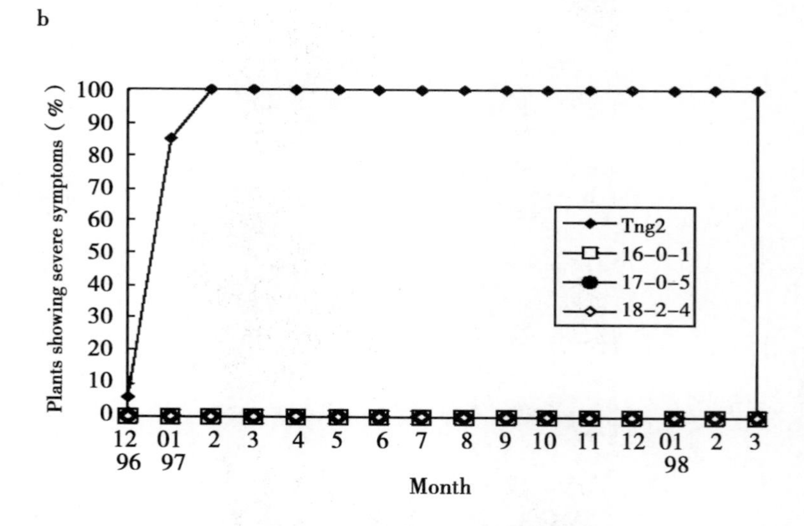

图 20－2　植株表现严重病状比例

16－0－1 与 18－2－4 各自有 38 与 32 株在雨季被根腐真菌侵染后逐渐死亡。虽然进行了补种，但是这些植株生长缓慢而且长势很弱。6 个月后，转基因品系 16－0－1 与 18－2－4 各自有 87%（70/80）与 78%（63/80）的植株被 PRSV 侵染，在树冠表现严重的色斑。大部分植株并未在最优的生长条件下生长，并且受到 1998 年夏天热带风暴的破坏。因此，在 1998 年 12 月停止了试验并且拔除了所有的植株。

试验 4 中（1999 年 4 月开始），植株生长在试验 2 的大面积发生根腐病而休耕了 4 个月的田块。转基因植株表现出对 PRSV 高抗。转基因品系 16－0－1 与 18－2－4 分别只有 4%（3/80）与 3%（2/80）的植株，在种植 17 个月后叶片出现较浅的色斑（数据未呈现）。

转基因品系上的轻微病状

一些转基因植株叶片出现了轻微的黄斑。经 ELISA 检测，这些植株被 PRSV 侵染。尽管如此，病状仅限于一些叶片，并且对生长与产量的影响并不明显。经过第 1 与第 2 个试验的处理，每个转基因品系大约有 20% 到 30% 的植株带有轻微的叶部症状（图 20－3A 和图 20－3B）。有轻微病状的转基因植株的数量随着季节与天气条件的改变具有波动性。在夏季（7—9 月），数量较低。整体上，第 1 个试验中有 51 株，第 2 个试验中有 22 株，病症呈现从浅色斑到褪绿斑，并且有 27 株的褪绿斑在试验期间消失。在冬季（12—2 月）或雨季（4—6 月），转基因植株上浅色斑的数量逐渐增加（图 20－4A 和图 20－4B）。

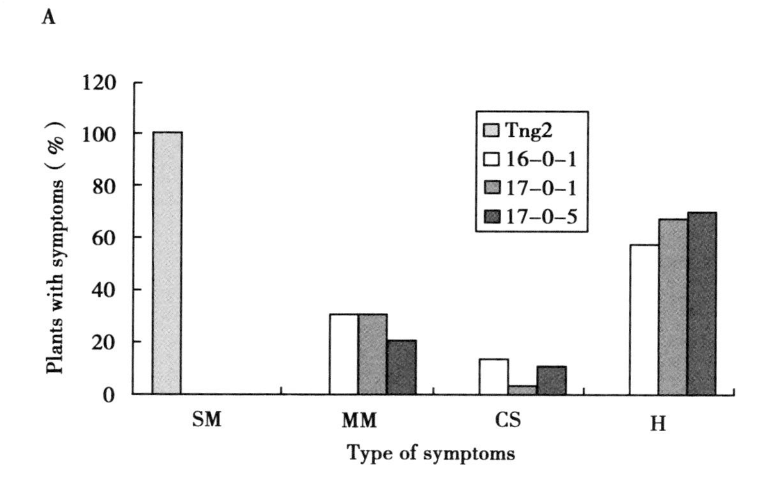

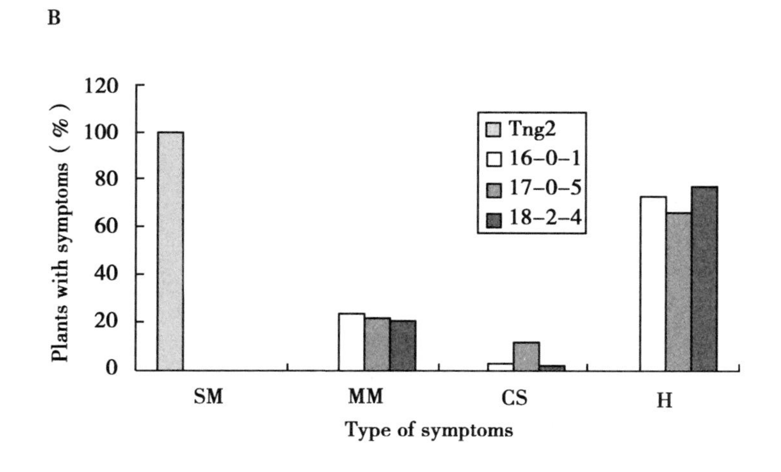

图 20－3　植株病状比例

果实的产量与质量。

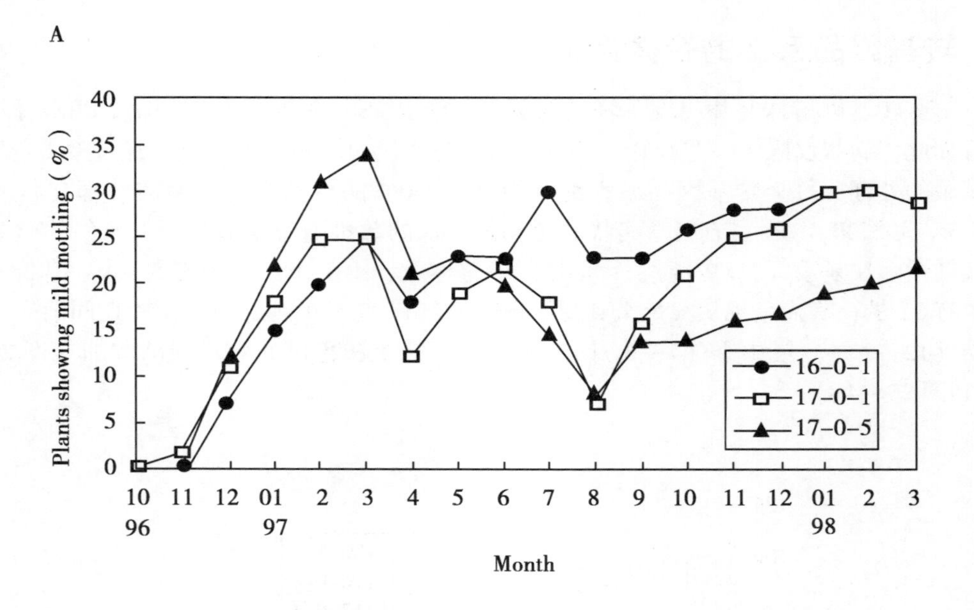

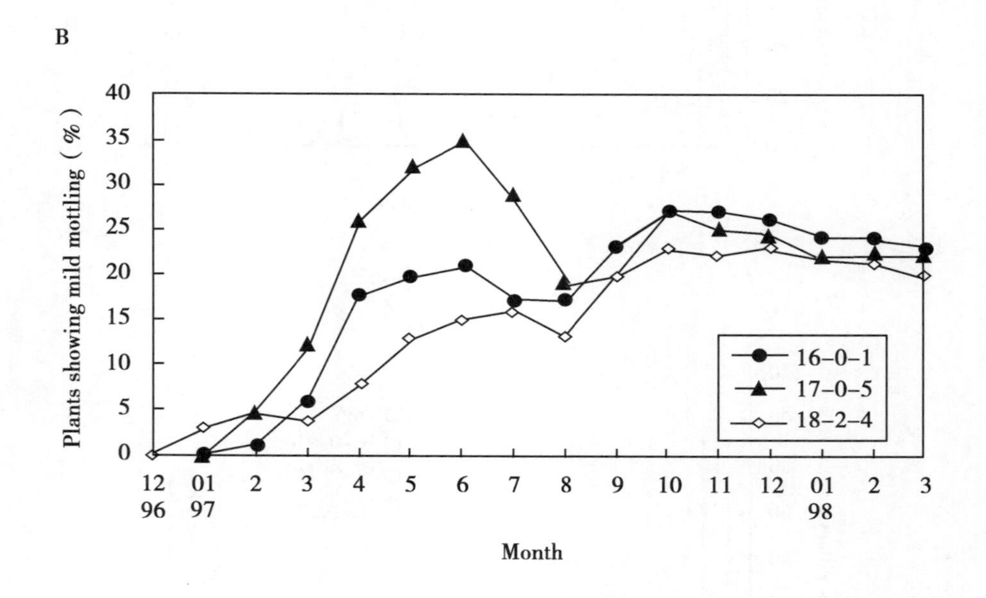

图 20－4　表现轻微病状植株比例

每个品系的产量包括商品化与非商品化果实的总重。1997 年 5 月，种植 9 个月后即试验 1 开展期间，转基因品系 16－0－1、17－0－1 与 17－0－5 的果实总重分别为 1 500、1 555与1 446 kg，然而对照产量仅为561 kg。1997 年8 月，种植6 个月后即试验 2 开展期间，转基因品系 16－0－1、17－0－5 与18－2－4 的总产量分别为 1 127、1 134 和1 086 kg，对照组为 354 kg。经方差分析，试验 1 与试验 2 中的转基因品系比非转基因品系产量分别增长157%到177%、206%到219%，均呈显著差异。相比之下，两个试验中转基因品系的产量差异不显著（表20－1）。在试验4中，在采摘期中连续收集7个月的果实，转基因品系16－0－1与18－2－4的产量分别为1 156与1 200 kg。非转基因对照品系台农2号的产量为345 kg。

所有转基因品系的果实均未出现环斑与畸形，并且所有的果实均可商品化（图20－1C）。因此，试验1中，转基因品系16－0－1、17－0－5与18－2－4可商品化果实的产量分别为1 500、1 555与1 446 kg，对照为134 kg。试验2中，转基因品系16－0－1、17－0－5与18－2－4可商品化果实的产量分别为为1 127、1 134和1 086 kg。对照组大部分的果实均畸形严重、果型小、大量环斑，并且只有20 kg可商品化。在试验1与试验2中，转基因品系可商品化果实产量分别是对照的0.8到11.6倍与54.3到56.7倍多。在试验4中，转基因品系的果实均可商品化，而对照由于在授粉前被PRSV侵染，没有可商品化的果实。

表20－1　转基因番木瓜株系和非转基因对照果实产量的方差分析

Test line	Yield（kg/plot） ±SE[x]	
	1st trlal[y]	2nd trial[z]
16－0－1	500.0±26.4a	375.6±5.8a
17－0－1	518.4±18.1a	…
17－0－5	482.0±4.1a	377.9±43.3a
18－2－4	…	362.0±95.5a
Control	187.0±45.3b	118.0±15.0b

讨论

供试植株在整个田间试验期间，在台湾常规的生产周期内，连续不断地被带毒蚜虫侵害16~18个月。在试验2中，还特别要遭受来自于临近试验1田块中病株极端地感染压力。田间研究表明，转CP基因番木瓜品系对PRSV表现出高度抗性。相比于其他早先报道的其他低效的，诸如交叉保护与耐PRSV种质鉴定等防治策略，这些转基因品系为番木瓜的生产提供了更好的保护。

大约有20%～30%的植株，被ELISA检测确认侵染PRSV，少量叶片生产中表现出轻微病状。但是这些植株均正常生产，并且果实均可商品化。在有些情况下，一些植株上部色斑叶片夏季恢复正常，病斑消失。随后ELISA检测表明在恢复健康的叶片中无PRSV存在。这个结果与先前Lius等人（Lius et al，1997）和Ferreira等人（2002）报道不一致。他们的结果认为，在夏威夷的田间试验中除了2~3个杂交品系植株的小分支有病斑出现，其他纯的与杂交转基因品系均对PRSV免疫。我们猜测可能是诸如降雨、温度等气候因素影响了转基因品系完全表达对PRSV的抗性。雨季，大量转基因植株的叶片出现色斑。田间侵染叶片上采集的 PRSV 分离株，在温室中，除了 5－19，在其他转基因品系植株幼苗上并未克服转基因品系的抗性。其中 1 个分离株分别引起了非转基因品系植株与转基因品系幼苗的枯萎与严重色斑（数据未呈现）。一些不利于番木瓜生长的条件，如冬季的低温、雨季时土壤湿度过大以及被根腐真菌侵染都可能影响转基因番木瓜的生理状态。因此在非生物或生物因素导致的植株虚荣状态下，对 PRSV 的抗性水平较低。大多数植株自愈情况发生在夏季，我们认为高温增强了植株的生长，于是巩固了抗性水平。

植株生长水平可能是另一个影响转基因抗性的因素。Tennant（2001）等人认为生长时间长的纯合转基因植株对 PRSV 的抗性水平高于生长时间短的植株。试验 3 说明转基因品系 16－0－1 与 18－2－4 分别有 16% 与 9% 的植株在开花前被 PRSV 感染。这个现象可能是由于生长时间较短的植株基因沉默。

尽管转基因品系表现出轻微的病状，但是对于植株的生长与果实的商品化均未产生影响。被侵染的转基因植株具有将病毒限制在叶片的能力，并且经 ELISA 检测发现，阻止其向果实入侵（数据未呈现）。方差分析表明，每个转基因品系的果实产量与质量，相比于对照均有较大提升。研究结果明确说明这些转基因番木瓜品系具备可以为台湾的番木瓜种植者提供巨大经济回报的潜力。

Tennant（2002）等人已经报道过，尽管转基因番木瓜品系 55－1 对夏威夷的 PRSV 毒株表现高度且有效的抗性，但是对其他地区的毒株没有抗性。在温室的苗期筛选中，来自南美、牙买加、亚洲与澳大利亚的 PRSV 株系轻而易举地克服 55－1 的抗性。先前的工作说明我们的转基因番木瓜品系不仅对台湾的 PRSV 株系具有高度抗性，而且在温室条件下，对夏威夷、墨西哥与泰国的毒株也同样具有抗性（Bau et al，2003）。

参考文献

Bau HJ，Cheng YH，Yu TA，et al. 2003. Broad-spectrum resistance to different geographic strains of Papaya ringspot virus in coat protein gene transgenic papaya［J］. Phytopathology，93（1）：112－120.

Cheng YH，Yang JS，Yeh SD. 1996. Efficient transformation of papaya by coat protein gene of papaya ringspot virus mediated by *Agrobacterium* following liquid-phase wounding of embryogenic tissues with carborundum［J］. Plant Cell Rep，16（3）：127－132.

Clark MF，Adams AN. 1977. Characteristics of the microplate method of enzymelinked immunosorbent assay（ELISA）for the detection of plant viruses［J］. J Gen Virol，34（3）：475－483.

Conover RA. 2015. A program for development of papayas tolerant to the distortion ringspot virus［J］. Proceedings of the Florida State Horticultural Society，229－231.

Conover RA，Litz RE. 2015. Progress in breeding papayas with tolerance to papaya ringspot virus［J］. Proceedings of the Florida State Horticultural Society.

Ferreira SA, Pitz KY, Manshardt R, et al. 2002. Virus coat protein transgenic papaya provides practical control of Papaya ringspot virus in Hawaii [J]. Plant Dis, 86 (2): 101 - 105.

Fitch MMM, Manshardt RM. 1990. Somatic embryogenesis and plant regeneration from immature zygotic embryos of papaya (*Carica papaya* L.) [J]. Plant Cell Rep, 9 (6): 320 - 324.

Fitch MMM, Manshardt RM, Gonsalves D, et al. 1992. Virus resistant papaya derived from tissues bombarded with the coat protein gene of papaya ringspot virus [J]. Nature Biotechnology, 10 (11): 1466 - 1472.

Gonsalves D. 1998. Control of papaya ringspot virus in papaya: a case study [J]. Annu Rev Phytopathol, 36 (36): 415 - 437.

Lius S, Manshardt RM, Fitch MMM, et al. 1997. Pathogen-derived resistance provides papaya with effective protection against papaya ringspot virus [J]. Mol Breed, 3 (3): 161 - 168.

Manshardt RM. 1992. Papaya [M]. Wallingford, UK: CAB International, 489 - 511.

Murphy FA, Fauquet CM, Bishop DHL, et al. 1995. Virus taxonomy [M]. Vienna: Springer- Verlag, 350 - 354.

Purcifull D, Edwardson J, Hiebert E, et al. 1984. Papaya ringspot virus [M]. CMI/AAB Descr. Plant Viruses. No. 292.

Sanford JC, Johnston SA. 1985. The concept of parasite-derived resistance. Deriving resistance gene from the parasite's own genome [J]. J Theor Biol, 113 (2): 395 - 405.

Tennant P, Fermin G, Fitch MMM, et al. 2001. Papaya ringspot virus resistance of transgenic Rainbow and Sunup is affected by gene dosage, plant development, and coat protein homology [J]. Eur J Plant Pathol, 107 (6): 645 - 653.

Tennant P, Gonsalves C, Ling K, et al. 1994. Transgenic papaya expressing coat protein gene of a Hawaiian isolate of papaya ringspot virus and a classically cross-protected papaya show limited protection against isolates from different geographical regions [J]. Phytopathology, 84 (11): 1359 - 1366.

Wang HL, Yeh SD, Chiu RJ, et al. 1987. Effectiveness of cross protection by mild mutants of papaya ringspot virus for control of ringspot disease of papaya in Taiwan [J]. Plant Dis, 71 (6): 491 - 497.

Yeh SD, Gonsalves D. 1984. Evaluation of induced mutants of papaya ringspot virus for control by cross protection [J]. Phytopathology, 74 (9): 1086 - 1091.

Yeh SD, Gonsalves D. 1985. Translation of papaya ringspot virus RNA in vitro: detection of a possible polyprotein that is processed for capsid protein, cylindrical-inclusion protein, and amorphous-inclusion protein [J]. Virology, 143 (1): 260 - 271.

Yeh SD, Gonsalves D. 1994. Practices and perspectives of control of papaya ringspot virus

by cross protection [J]. Adv Dis Vector Res, 10: 237 -257.
Yeh SD, Gonsalves D, Wang HL, et al. 1998. Control of papaya ringspot virus by cross protection [J]. Plant Dis, 72 (5): 375 -380.
Zee FTP. 1985. Breeding for papaya ringspot virus tolerance in solo papaya. Carica papaya L [M]. Honolulu: University of Hawaii.

第二十一章　台湾转基因番木瓜食品安全性评价[①]

摘　要：通过克隆 PRSV 的外壳蛋白（CP）基因成功地培育出了抗环斑病毒（PRSV）转基因番木瓜植物。然而，转基因食品的安全性仍然是有争议的。本研究利用遗传学和动物毒性试验评估了转基因番木瓜 16－0－1 和 18－2－4 两个株系的食品安全性，并与非转基因番木瓜 Tainung－2（TN－2）比较。新鲜的番木瓜水果果肉冷冻干燥。本研究进行了三项遗传毒性试验：鼠伤寒沙门氏菌测试菌株（TA98，TA100，TA102，TA1535 和 TA1537）的艾姆斯试验；中国仓鼠卵巢细胞（CHO-K1）的染色体畸变（体外）；小鼠微核试验（体内）。实验结果表明非转基因和转基因番木瓜都没有遗传毒性。通过经口灌胃方法对老鼠进行了番木瓜急性口服毒性和 28 d 重复喂养毒性试验。按照老鼠体重每千克给 5 克最大剂量（5 g/kg），所有转基因番木瓜果实没有急性毒性。此外，按照老鼠体重每千克给 1 g 的剂量（1 g/kg），28d 重复对老鼠分别喂食转基因番木瓜和非转基因番木瓜的试验结果显示对体重、饲料消耗、血液学、血液生化参数、器官重量和病理等并没有不良影响。总之，抗 PRSV 转基因番木瓜 16－0－1 和 18－2－4 株系果实和非转基因（TN－2）是相媲美的，在食品安全上也是实质等同的。

关键词：转基因番木瓜；遗传毒性；动物毒性试验；番木瓜环斑病毒

引言

番木瓜（*Carica papaya* L.），具有丰富的营养和维生素，种植在亚热带和热带地区（Wang，1995）。然而，番木瓜容易受环斑病毒（PRSV）的影响，这造成了相当大的作物损害（Wang et al，1978）。一个抗 PRSV 感染的转基因番木瓜最近被研发出来（Chen et al，2003；Bau et al，2003）。Bau et al.（2004）表明转基因番木瓜株系16－0－1 和 18－2－4 具有高果实产量，并且对 PRSV 是高度抵制的。在台湾，携带外壳蛋白（CP）基因的转基因番木瓜株系通过农杆菌介导转化而来。这些抗 PRSV 的转基因番木瓜株系在大规模商业生产上具有很大的潜力（Cheng et al，1996）。

番木瓜是一种可食用的水果，可以用在汤、沙拉和茶中。然而，番木瓜的成分例如番木瓜蛋白酶、苄基硫代（BG）和异硫氰酸苄酯（BITC），通过不同的实验动物模型（Adebiy et al，2004；Anuar et al，2008）已经知道这些成分造成了一些不良影响。事实

① Yen G C，Lin H T，Cheng Y H，et al. 2011. Food Safety Evaluation of Papaya Fruits Resistant to Papaya Ring Spot Virus［J］. Journal of Food & Drug Analysis，19（3）：269－280.

上，在果实发育和成熟期间（Rossetto et al，2008），这些成分的分布和含量变化是多变的。番木瓜蛋白酶可以诱导与华法令阻凝剂（Heck et al，2000；Izzo et al，2005）的相互作用。摄入高纯度番木瓜蛋白酶粉会导致胃溃疡，食管穿孔和血钠过多（Walker-Renard，1993）。值得注意的是，BG 通过降低生育率影响雄性大鼠的生殖系统以及影响雌性怀孕大鼠（Mawson et al，1994）的甲状腺和抗甲状腺活动。Musk et al（1995）证明 BITC 能诱发在体外的中国仓鼠卵巢细胞（CHO）的染色体畸变和姊妹染色单体交换。一个体内研究表明 BITC 能促进膀胱致癌作用（Hirose et al，1998；Masutomi et al，201；Okazaki et al，2002），并且番木瓜籽萃取物可逆地降低雄性大鼠（Chinoy and George，1983；Verma and Chinoy，2002）附睾的小管收缩反应。200 mg/kg 的 BITC 降低了大鼠体重和饲料消耗，增加了血清胆固醇以及降低了血清甘油三酯浓度。大鼠的肾功能也受到了伤害（Lewerenz et al，1992）。

转基因食品安全性一直受到全世界的关注。目前转基因食品安全性评价的概念是“实质等同性”，这一概念一般用于转基因作物安全性评价指南中（Lin and Pan，2011）。许多国家或地区已经制定了转基因食品的批准和标签法律。因此，一个特定的转基因食品的鉴定是至关重要的，以确保合规性和监测未经授权的转基因食品的销售。例如，两种转基因番木瓜株系 16－0－1 和 18－2－4 被研发出用于抵抗 PRSV 的侵染。采用聚合酶链式反应（PCR）对两种选定的转基因番木瓜株系的外源插入 DNA 序列进行了鉴定。在中国台湾，PRSV 的分子特征在以前的研究中检测过（Fan et al，2009）。根据中国台湾卫生部（Department of Health，2010）基于法律指南（Codex，2003）制定的安全评价指南，本研究利用遗传和动物毒性试验进一步确定了抗 PRSV 转基因番木瓜株系 16－0－1、18－2－4 以及非转基因 Tainung－2（TN－2）的食品安全性。

材料与方法

转基因番木瓜果实

两种转基因番木瓜株系 16－0－1、18－2－4 以及非转基因品种 TN－2 的植株种植在国家植物遗传资源中心、台湾农业研究所、五峰、台湾的温室里。收获新鲜番木瓜水果果肉以及冻干。新鲜的和冻干的番木瓜水果的比例大约是 8：1。冻干的番木瓜水果被制成了番木瓜粉，未使用前储存在－20℃下。抗 PRSV 两个转基因番木瓜株系的转基因特异性和事件特异性的分子标记物的鉴定在以前的报告（Codex，2003）中被证实。

化学试剂和药品

阳性对照（PC）诱变剂是 4－硝基喹啉－N－氧化物（4-NQO）、叠氮化钠、9－氨基吖啶（9－AA）、2－氨基蒽（2-AA）、丝裂霉素 C 甲基磺酸乙酯、环磷酰胺、吖啶橙和秋水仙碱。这些试剂购自美国西格玛公司。组氨酸购自德国默克公司。其他化学试剂为分析纯。

艾姆斯试验

艾姆斯试验的操作如前所述（Mortelmans and Zeiger，2000，OECD，2001）。试验选用了 5 个依赖组氨酸的鼠伤寒沙门氏菌菌株（TA98，TA100，TA102，TA1535 和 TA1537）。TA98 和 TA1537 菌株主要用来检测移码突变；TA100 和 TA1535 菌株用来检测碱基对置换；TA102 菌株用来检测转换突变和氧化应激（Mortelmans and Zeiger，2000）。TA98 和 TA100 菌株（组氨酸需要突变）购自生物资源收集与研究中心（BCRC）（新竹、台湾）。TA102、TA1535 和 TA1537 购自发现伙伴国际有限公司（DPI）（CA，USA）。

TN－2、16－0－1 和 18－2－4 番木瓜果实粉末溶解在灭菌蒸馏水（DW）中。在细菌毒性的初步研究中，所有测试的沙门氏菌菌株被培养在含 TN－2，16－0－1 和 18－2－4 高达 2 mg 的平板上，没有发现细菌毒性（无数据表明）。在艾姆斯试验（平板混合试验法）中 TN－2、16－0－1 和 18－2－4 的剂量设 0.125、0.25、0.5、1 和 2 mg 五个梯度平板。试验中有或没有 S9 组分，S9 组分来自多氯联苯 1254 诱导的老鼠肝脏（36.5 mg/mL）（Lot#1452，Moltox TM USA）。用含有 4 uM 烟酰胺腺嘌呤二核苷酸磷酸（钠盐）、5 uM 6-磷酸葡萄糖（单钠盐）、8 uM $MgCl_2$、33 uM KCl 和 100 uM 磷酸钠缓冲液（pH7.4）的稀释缓冲液调节 S9 组分最终浓度为 10%。总之，0.1 mL DW 溶解样品首先被添加到包含 2 mL 琼脂（含 0.5% NaCl）、0.2 mL 的 0.5 mM 组氨酸/生物素和 0.1 mL 测试菌株悬浮液的培养管中。然后将该培养物倒成平板。在体积 0.5 mL 的活化混合物中使用老鼠肝脏 S9 组分进行代谢活化实验。平板 37℃条件下培育 48 h。也进行了对照（DW）和阳性对照（PC）实验。没用 S9 组分处理的阳性对照诱变剂分别是4－硝基喹啉－N－氧化物（2.5 ug/平板）、叠氮化钠（5 ug/平板）、9－氨基吖啶（50 ug/平板）和丝裂霉素 C（0.5 ug/平板）。在 PC 组其他所有用 S9 组分培育过的试验的细菌菌株用诱变剂 2－AA（5 ug/平板）。五个梯度浓度的试验样品一式三份，并且每个细菌菌株进行两个独立实验。

染色体畸变（CA）试验

为了评估 TN－2、16－0－1、18－2－4 番木瓜果实诱导染色体结构和数量畸变的能力，根据以前描述的方法（Musk et al，1995；OECD，1997），一个体外染色体畸变试验被应用到中国仓鼠卵巢细胞克隆 K1（CHO-K1）。CHO-K1 细胞是从 BCRC 获得的。在使用前一天 5 mL 1.5×105 个细胞在一个 25 cm^2 瓶中接种过夜。对于细胞毒性，2 mg/mL 的 TN－2、16－0－1 和 18－2－4 果实粉末溶解在培养基中，培养细胞 24 h。有或没有代谢活化系统的用 2 mg/mL TN－2、16－0－1 和 18－6－4 处理过的培养物用 S9 组分培育 3 h。阳性对照试剂甲基磺酸乙酯（3.14 mM）和环磷酰胺（20 uM）分别用 S9 组分培育和不培育。处理 18～21 h 后，收获细胞，在收获前 3 h 加入秋水仙碱（0.1 ug/mL）。经胰蛋白酶化之后，细胞用低渗溶液（0.5% KCL）在 37℃下预培养 5～7 min，用乙酸和甲醇（1∶3）的溶液固定，滴到载玻片上，空气风干，用 10% 吉姆萨染色。对于染色体畸变的分析，每组（OECD，1997；Galloway et al，1994）至少有 100

个细胞固定在分裂中期。染色体受损的细胞数被计算成畸变率（%） =（染色体受损的细胞数/检测的总细胞数） ×100。

微核试验

6 周龄健康雄性小鼠（ICR strain，体重 25 ~ 35 g）购自 Biolasco Co 有限公司（宜兰、台湾），接收小鼠时，小鼠受到一般的身体检查，并培养适应一星期。小鼠被关在笼子里，每个笼子 5 只，提供的食物是实验室 5001 啮齿动物的饮食（Purina Mills LLC，louis，MO，USA），水自由饮用。不锈钢笼子放在温度为 21 ± 2℃，湿度为 50% ~ 70%，12 h 光照/12 h 黑暗交替循环的条件下。本研究获得了国立中兴大学（IACUC：96 – 34）动物保护和使用委员会（IACUC）的批准。

微核试验的进行如前所述（Krishan and Hayashi，2000；OECD，1997）。通过口服灌胃法给小鼠喂食 TN – 2、16 – 0 – 1、18 – 2 – 4 番木瓜果实粉末，剂量为小鼠体重 2 g/kg。液体样品按照体重 10 mL/kg。阳性对照组（PC）小鼠腹腔内被注入环磷酰胺，剂量按照小鼠体重 0. 05/kg，DW 作为对照。五只老鼠随机分配到每组。小鼠给药后，观察其死亡率和临床症状。使用 2% 异氟烷（美国卤烃实验室）麻醉小鼠，并且在 48h 和 72h 提取 100 μL 外周血。准备相应的玻片用 0. 1% 吖啶橙对其染色。染色后网织红细胞（RETs）被染成橘黄色，RETs 里面的微核（MN）被染成绿黄色，在荧光显微镜（BX50，Olympus，Munster，Germany）下计数。总的来说，每个动物的 1 000个网织红细胞中就会存在微核（MN）。网织红细胞与正常染色体红细胞（NCEs）比率的决定基于1 000个 NCEs. 当计数每个动物 1 000个 RETs 时，计算相应的 MN 与 NCE 的比率以及 MN-RETs/1000RETs（‰）。

急性毒性和 28d 重复口服毒性试验

转基因和非转基因番木瓜果实的毒性试验是根据转基因食品（Fan et al，2009；OECD，1995）安全性指南进行的。在急性和 28 d 重复口服毒性试验中，TN – 2，16 – 0 – 1 和 18 – 2 – 4 番木瓜果实粉末是用蒸馏水（DW）溶解的。5 周龄雄性和雌性 Sprague Dawley 白化大鼠购自 Biolasco 台湾有限公司（宜兰、台湾）。大鼠居住的地方保持在合适的环境条件下，如前面所述。在口服急性毒性试验中，5 只雄性和 5 只雌性大鼠口服 TN – 2、16 – 0 – 1 和 18 – 2 – 4 番木瓜水果粉末，剂量按大鼠体重每千克 5 g（5 g/kg）。对照组大鼠用 DW 灌胃。灌的量按大鼠体重每千克 10 mL（10 mL/kg）。每日观察大鼠中毒和行为变化迹象；每周测定大鼠体重，共 14 d。在第十五天，用 2% 异氟烷麻醉大鼠，从腹主动脉提取血液。进行一个完整的尸体剖检。

在 28d 重复口服毒性试验中，10 只雄性和雌性大鼠通过口服灌胃喂食 TN – 2、16 – 0 – 1 和 18 – 2 – 4 番木瓜水果粉末，剂量按大鼠体重每千克 1 g（1 g/kg）。对照组大鼠用 DW 灌胃。灌的量按大鼠体重每千克 10 mL（10 mL/kg）。记录大鼠每周体重和每日食物消耗。28 d 结束后，所有大鼠都禁食过夜，然后在一个吸气室中用 2% 异氟烷麻醉。用 K3 EDTA 注射器从大鼠腹主动脉吸取血液到特定管中（真空采血管，NJ，USA）。对所有大鼠进行常规血液分析、临床化学分析和尿检查。所有大鼠完全尸体解剖，器官剥离后称重，然后严格检查、移除，用10%福尔马林溶液固定。组织器官包括大脑、心脏、胸腺、肝脏、脾脏、肾脏、肾上腺、睾丸（雄性）和卵巢（雌性）都进行组织病理学检查。半定量分级、病变程度使用Shackford等的标准进行分级。病变严重程度分级如下：1 = 很小（＜10%）；2 = 轻微（11% ~25%）；3 = 中度（26% ~50%）；4 = 中度/重度（51% ~75%）；5 = 重度/高重度（76% ~100%）。

统计分析

数据表示为平均值 ± 标准偏差。统计差异t-test评价。差异被视为显著 $P<0.05$。

结果

艾姆斯试验中转基因番木瓜果实的诱变效应

五个突变的沙门氏TA菌株用于检测番木瓜果实。表21－1和表21－2表明了被检测番木瓜果实的艾姆斯试验结果。在有或没有S9组分的五个测试菌株中，TN－2、16－0－1和18－2－4组（多达2 mg/平板）都没有诱变反应。相反，添加了诱变剂的阳性对照（PC）因回复突变产生的菌落是对照样本的8 ~57倍，这表明TN－2，16－0－1和18－2－4番木瓜水果没有引起诱变效应。

表21－1　缺乏s9组分的TN－2、16－0－1和18－2－4番木瓜果实的沙门氏菌回复突变菌落

Test article	Conc. (mg/plate)	Number of revertants (colony/plate)[c]				
		TA98	TA100	TA102	TA1535	TA1537
		－S9	－S9	－S9	－S9	－S9
Ca		30.3 ± 1.7	170.3 ± 15.3	224.3 ± 5.3	13.3 ± 1.9	6.7 ± 1.7
PCb		265.3 ± 2.4*	1525 ± 130.3*	4881.0 ± 39.3*	746.3 ± 7.9*	180.3 ± 15.1*
TN－2	0.125	26.0 ± 5.7	166.3 ± 17.9	237.7 ± 4.0*	11.7 ± 0.5	10.3 ± 1.7
	0.25	28.0 ± 3.3	157.7 ± 9.6	227.3 ± 4.5	10.3 ± 4.0	9.3 ± 2.6
	0.5	27.7 ± 2.6	173.7 ± 12.0	241.0 ± 4.2	14.7 ± 2.6	11.7 ± 1.2
	1	33.3 ± 4.5	148.0 ± 9.1	240.7 ± 3.3	17.0 ± 3.3	7.7 ± 1.7
	2	29.0 ± 2.8	172.3 ± 18.2	237，3 ± 6.6	17.0 ± 0.0	8.0 ± 3.3
16－0－1	0.125	30.0 ± 2.8	152.0 ± 20.5	220.3 ± 4.0	14.7 ± 2.1	7.7 ± 0.5
	0.25	33.0 ± 1.6	140.3 ± 10.5	232.7 ± 3.8	11.3 ± 3.3	8.3 ± 0.9
	0.5	32.3 ± 0.5	156.0 ± 8.5	234.3 ± 4.2	10.7 ± 1.7	14.0 ± 1.4
	1	25.3 ± 2.5	151.3 ± 8.1	225.3 ± 2.9	11.7 ± 2.6	8.7 ± 0.9
	2	29.0 ± 4.2	158.7 ± 25.1	232.3 ± 2.5	19.7 ± 2.5	11.0 ± 1.6

（续表）

Test article	Conc. (mg/plate)	Number of revertants (colony/plate)[c]				
		TA98	TA100	TA102	TA1535	TA1537
		– S9	– S9	– S9	– S9	– S9
18 – 2 – 4	0. 125	33. 3 ± 1. 9	150. 3 ± 11. 7	214. 7 ± 2. 5	15. 0 ± 0. 0	10. 3 ± 2. 1
	0. 25	45. 7 ± 4. 0	141. 7 ± 23. 7	221. 3 ± 4. 0	14. 7 ± 2. 9	11. 0 ± 2. 9
	0. 5	26. 3 ± 0. 5	144. 7 ± 24. 2	221. 3 ± 6. 1	8. 0 ± 0. 8	11. 3 ± 1. 2
	1	23. 3 ± 3. 3	164. 7 ± 4. 5	226. 0 ± 5. 4	12. 3 ± 2. 5	8. 7 ± 3. 8
	2	26. 3 ± 1. 9	163. 7 ± 14. 6	219. 3 ± 5. 6	13. 7 ± 1. 7	10. 7 ± 3. 3

[a]C：对照是蒸馏水；TN – 2：Tainung 2 号；16 – 0 – 1 和 18 – 2 – 4：转基因番木瓜果实。

[b]不含 S9 组分反应的阳性对照试剂：对于 TA98 是 4 – 硝基喹啉 – N – 氧化物，1 ug/平板；对于 TA100、TA1535 是叠氮化钠，5 ug/平板；对于 TA102 是丝裂霉素 C，0. 5 ug/平板和 50 ug/平板；对于 TA1535 是叠氮化钠，5 ug/平板；对于 TA1537 是 9 – 氨基吖啶，50 ug/平板。

[c]数据表示为平均值 ± 标准差（$n = 3$）。

* 对照组和处理组菌落超过两个褶皱的显著差异 $P < 0.05$。

表 21 – 2　存在 s9 组分的 TN – 2、16 – 0 – 1 和 18 – 2 – 4 番木瓜果实的沙门氏菌回复突变菌落

Test article	Conc. (mg/plate)	Number of revertants (colony/plate)[c]				
		TA98	TA100	TA102	TA1535	TA1537
		+ S9	+ S9	+ S9	+ S9	+ S9
Ca		29. 0 ± 0. 8	167. 7 ± 6. 5	336. 0 ± 9. 9	9. 0 ± 0. 8	8. 7 ± 1. 7
PCb		391. 3 ± 25. 6 *	3 448. 0 ± 240. 4 *	1 035. 4 ± 33. 5 *	179. 3 ± 2. 9 *	113. 0 ± 12. 8 *
TN – 2	0. 125	30. 3 ± 4. 9	146. 7 ± 5. 8	335. 3 ± 8. 7	8. 3 ± 1. 2	9. 0 ± 3. 7
	0. 25	31. 3 ± 8. 3	148. 3 ± 15. 2	335. 0 ± 14. 4	8. 7 ± 1. 7	8. 0 ± 5. 3
	0. 5	23. 3 ± 1. 2	169. 7 ± 10. 0	346. 0 ± 24. 1	8. 0 ± 00. 8	5. 3 ± 0. 5
	1	27. 0 ± 3. 7	174. 3 ± 16. 1	332. 3 ± 12. 8	8. 3 ± 1. 2	9. 7 ± 3. 4
	2	26. 3 ± 0. 9	174. 0 ± 20. 0	353. 7 ± 17. 2	8. 7 ± 0. 9	6. 3 ± 1. 9
16 – 0 – 1	0. 125	32. 0 ± 5. 0	143. 7 ± 13. 9	320. 3 ± 8. 5	10. 0 ± 0. 8	8. 7 ± 2. 9
	0. 25	30. 3 ± 2. 6	159. 0 ± 6. 5	341. 3 ± 26. 7	10. 3 ± 0. 5	9. 0 ± 0. 8
	0. 5	31. 0 ± 1. 4	163. 0 ± 11. 3	352. 7 ± 34. 3	9. 0 ± 0. 8	7. 7 ± 0. 9
	1	34. 7 ± 4. 0	140. 0 ± 8. 7	315. 3 ± 34. 3	10. 3 ± 0. 5	6. 0 ± 1. 4
	2	22. 3 ± 1. 7	174. 3 ± 2. 1	356. 3 ± 14. 1	7. 7 ± 0. 9	7. 3 ± 1. 7

（续表）

Test article	Conc. (mg/plate)	Number of revertants (colony/plate)[c]				
		TA98	TA100	TA102	TA1535	TA1537
		+ S9	+ S9	+ S9	+ S9	+ S9
18 - 2 - 4	0. 125	33. 3 ± 0. 9	151. 3 ± 19. 2	329. 7 ± 11. 6	10. 7 ± 0. 5	10. 0 ± 3. 7
	0. 25	33. 7 ± 5. 2	143. 3 ± 19. 4	335. 7 ± 19. 1	10. 3 ± 0. 5	8. 0 ± 0. 8
	0. 5	26. 3 ± 2. 9	125. 3 ± 16. 5	332. 3 ± 20. 1	11. 7 ± 2. 6	8. 0 ± 1. 6
	1	32. 3 ± 1. 2	158. 7 ± 11. 2	339. 3 ± 7. 9	10. 3 ± 1. 2	6. 0 ± 2. 2
	2	26. 7 ± 3. 9	161. 7 ± 10. 4	322. 0 ± 10. 8	9. 0 ± 0. 0	8. 0 ± 1. 4

[a]C：对照是蒸馏水；TN - 2：Tainung 2 号；16 - 0 - 1 和 18 - 2 - 4：转基因番木瓜果实。

[b]对所有的沙门氏菌株用含 S9 组分的阳性对照试剂是 2 - 氨基蒽，50 ug/平板。

[c]数据表示为平均值 ± 标准差（$n = 3$）。

* 对照组和处理组菌落超过两个褶皱的显著差异 $P < 0.05$。

转基因番木瓜果实对 CHO-K1 细胞的染色体畸变效应

培养在含 2 mg/mL TN - 2、16 - 0 - 1 和 18 - 2 - 4 番木瓜水果粉末以及没有 S9 组分的 CHO - K1 细胞的畸变率是在 3.0% ~ 4.7% 范围内，而添加了诱变剂的阳性对照（PC）增加到 24%（表 21 - 3）。此外，用 S9 组分处理的 TN - 2、16 - 0 - 1 和 18 - 2 - 4 组的 CHO - K1 细胞的染色体畸变率是在正常的 3. 0% ~ 4. 3% 范围内，而用 S9 组分处理过的 PC 畸变率是 23. 7%，这表明 TN - 2、16 - 0 - 1 和 18 - 2 - 4 番木瓜水果对体外的 CHO-K1 细胞没有可检测到的染色体畸变效应。

表 21 - 3　用或没用 S9 组分处理的 TN - 2、16 - 0 - 1 和 18 - 2 - 4 对 CHO - K1 细胞染色体畸变的频率

Group[a]	Concentration	Frequency of chromosomal aberration (%)[b]	
		- S9	+ S9
C	0	4. 7 ± 0. 5	3. 7 ± 0. 5
EMS	3. 14mM	24. 0 ± 4. 3 *	ND
CP	20 uM	ND	23. 7 ± 2. 5 *
TN - 2	2 mg/mL	3. 0 ± 0. 0 *	3. 7 ± 0. 9
16 - 0 - 1	2 mg/mL	3. 7 ± 0. 9	4. 3 ± 1. 2
18 - 2 - 4	2 mg/mL	3. 7 ± 1. 2	3. 0 ± 0. 8

[a]C：对照是蒸馏水，DW；EMS：甲磺酸乙酯；CP：环磷酰胺；TN - 2：Tainung 2 号；16 - 0 - 1 和 18 - 2 - 4：转基因番木瓜果实；ND：未完成。

[b]计算每个处理组中 CHO - K1 细胞 100 个分裂中期染色体的总数。受损染色体的细胞数换算成畸变率（%）= 受损染色体细胞数/100）× 100。

* 对照组和处理组间的显著差异 $P < 0.05$。

转基因番木瓜果实对老鼠微核的影响

在微核实验中，用TN－2、16－0－1和18－2－4番木瓜果实粉末对老鼠进行灌胃，粉末量按照老鼠体重每千克2 g（2 g/kg）。测试的老鼠没有临床或体重变化（无数据表明）。所有测试动物的微核率的频率是在1.2%～2.6%的正常范围内，而分别在48 h和72 h的PC组微核率的频率增加到8.0%和15.6%（表21－4）。实验结果表明，TN－2、16－0－1和18－2－4番木瓜水果没有诱导体内微核率的增加。

表21－4　TN－2、16－0－1和18－2－4番木瓜果实对小鼠外周血红细胞微核试验

Sampling intervals/group[a]	Dose (g/kg)	RETs/1000 NCEs (‰)[b]	MN-RETs/ 1 000RETs (‰)[b]
48h			
C	0	36.2±6.1	1.4±0.9
CP	0.05	19.8±3.3*	15.6±5.7*
TN－2	2	37.6±5.5	1.2±1.3
16－0－1	2	39.0±5.7	1.4±0.5
18－2－4	2	39.0±2.4	1.8±0.8
72h			
C	0	34.8±4.3	1.4±0.5
CP	0.05	20.2±2.3*	8.0±3.1*
TN－2	2	32.8±3.0	1.6±0.9
16－0－1	2	37.4±4.9	2.6±1.5
18－2－4	2	36.6±8.0	1.2±1.3

[a]C：对照是蒸馏水，DW；TN－2：Tainung 2号；16－0－1和18－2－4：转基因番木瓜果实；RETsi：网织红细胞；NCEs：正染红细胞；MN-RETs：网织红细胞微核；CP：环磷酰胺（腹腔注射）。

[b]数据表示为平均值±标准差（$n=5$）。

*对照组和处理组间的显著差异$P<0.05$。

转基因番木瓜水果对老鼠的急性毒性试验

为了评估TN－2、16－0－1和18－2－4转基因番木瓜果实粉末的安全性，首先进行口服急性试验。在为期2周的给药观察期，所有的实验鼠是健康和正常的，没有死亡或不正常的迹象。因此，TN－2、16－0－1和18－2－4番木瓜水果在5 g/kg的剂量水平上对老鼠无急性毒性效应（无数据表明）。

对老鼠 28 d 重复喂食转基因番木瓜果实的毒性试验

临床观察、体重和饲料消耗

按照大鼠体重每千克喂食 1g 样品，让大鼠口服 TN－2 或 16－0－1 或 18－2－4 转基因番木瓜果实粉末 28 d。总体而言，老鼠的体重和体重增加是 TN－2、16－0－1、18－2－4 组和对照组相比（图 21－1）。TN－2、16－0－1 和 18－2－4 组的饲料消耗和对照组类似。尽管 TN－2 和 18－2－4 组表现出比对照组（$P<0.05$）较少的饲料消耗，但在整个研究中不是持续这样。TN－2 和 18－2－4 组雄性大鼠的饲料效率比对照组更高（表 21－5）。TN－2、16－0－1 和 18－2－4 组的饲料消耗和饲料效能无相关治疗效应。

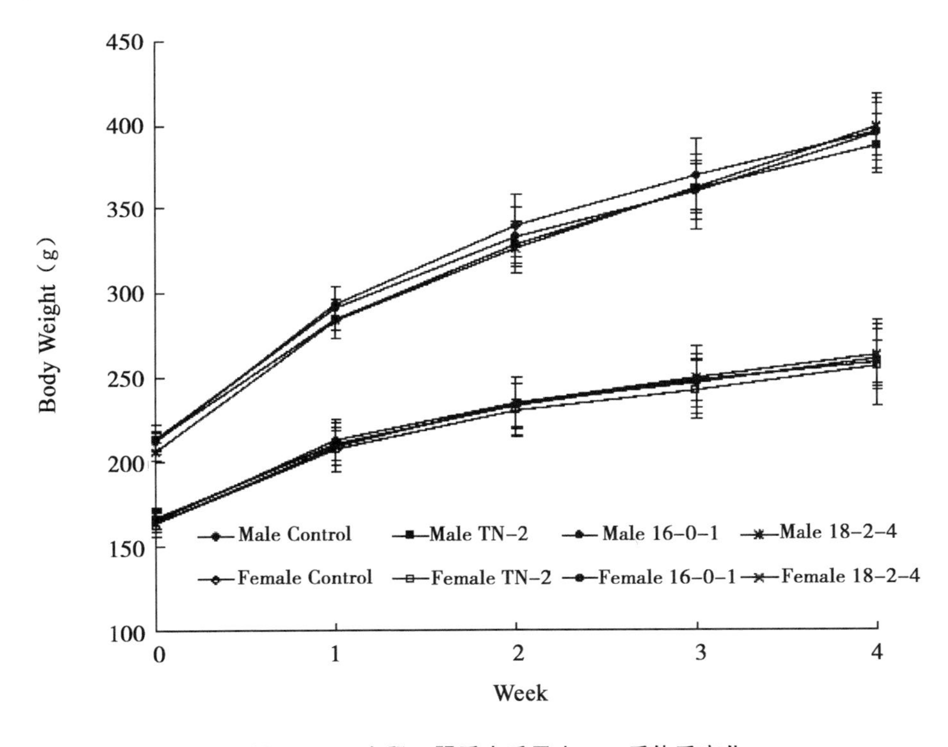

图 21－1　老鼠口服番木瓜果实 28d 后体重变化

每日灌食任一转基因番木瓜果实（植株株系 16－0－1 和 18－2－4）（1 g/kg）后，与非转基因株系 Tainung 2（TN－2）或对照组相比，观察到雄性大鼠和雌性大鼠的体重没有显著差异。

表 21-5　用 TN-2、16-0-1 和 18-2-4 番木瓜果实喂养老鼠 28 d，每周饲料消耗和饲养效率

Group[a]/Week	C	Feed consumption (g/day)[b]		
		TN-2	16-0-1	18-2-4
Male				
1	29.0 ±2.6	25.1 ±1.5*	26.4 ±2.2	25.2 ±2.4
2	31.2 ±3.1	25.6 ±2.4*	28.0 ±4.3	25.2 ±2.5*
3	31.6 ±2.7	26.0 ±2.9*	28.2 ±4.9	26.8 ±3.0*
4	27.8 ±2.9	25.8 ±2.1	27.0 ±3.3	27.9 ±3.2
Feed efficiency (%)	22.1 ±2.8	24.3 ±1.6*	24.0 ±3.1	26.2 ±2.3*
Female				
1	20.5 ±1.3	19.7 ±1.8	20.2 ±1.5	19.8 ±2.0
2	22.4 ±3.2	22.9 ±3.0	22.1 ±4.5	23.1 ±2.7
3	22.1 ±2.9	23.7 ±3.4	22.5 ±2.6	24.1 ±2.7
4	20.8 ±2.4	21.1 ±1.4	20.9 ±4.8	23.6 ±1.6*
Feed efficiency (%)	15.8 ±1.9	15.2 ±1.5	15.2 ±2.5	15.7 ±2.6

[a]C：对照是蒸馏水，DW；TN-2：Tainung 2 号；16-0-1 和 18-2-4：转基因番木瓜果实。

[b]饲料消耗（g/day）=［总进食量（g）/测试期（d）］。

[C]饲养效率（%）=［每天增加的体重（g）/每天饲料摄取量（g）］×100

数据表示为平均值 ± 标准差（$n=10$）。

*对照组和处理组菌落超过两个褶皱的显著差异 $P<0.05$。

血液学、血清生化和尿化学

表 21-6 列出了测量的血液学参数。TN-2、16-0-1 和 18-2-4 组具有显著较低的红细胞计数（RBC），血细胞比容（HCT），血小板计数和更高的血红蛋白（Hb），平均红细胞血红蛋白量（MCH），平均红细胞血红蛋白浓度（MVHC）值低于对照组（$P<0.05$）。然而，这些差异是在背景值的范围内，不被认为是和治疗相关。对于血液凝固的凝血酶原时间（PT），活化部分凝血酶时间，纤维蛋白原水平被观察到在 TN-2、16-0-1、18-2-4 之间无差异。

表 21-6　TN-2、16-0-1 和 18-2-4 番木瓜果实喂食老鼠 28d，其血液和凝血参数

Group[a]/Items	C	TN-2	16-0-1	18-2-4
Male				
RBC (106/ul)	9.2 ±1.2	8.1 ±1.3	7.2 ±0.9*	7.9 ±0.4*
HGB (g/dl)	13.4 ±3.6	12.5 ±4.2	14.1 ±2.1	15.8 ±1.2#
HCT (%)	54.4 ±6.3	49.2 ±7.9	44.1 ±6.08	48.4 ±3.1*

（续表）

Group[a]/Items	C	TN－2	16－0－1	18－2－4
MCV（fL）	59.6±2.2	60.8±2.5	60.9±3.6	61.4±2.4
MCH（pg）	15.0±4.6	15.6±5.5	19.4±1.6[#,*]	20.1±1.2[#,*]
MCHC（d/dl）	25.1±7.5	25.6±8.7	31.9±2.5[#,*]	32.7±2.0[#,*]
PLT（103/ul）	1 054.5±327.3	907.0±456.5	796.9±272.1	623.3±244.4[*]
PT（s）	12.1±0.7	11.4±0.4	13.6±1.6	12.7±1.0
APTT（s）	25.5±1.7	26.2±2.0	25.6±0.8	23.9±1.8
Fbg（mg/dl）	240.8±29.6	217.3±16.8	248.6±22.9	216.1±11.4
Female				
RBC（106/ul）	7.4±3.8	6.4±0.3	7.4±0.6[#]	6.9±0.7
HGB（g/dl）	14.8±1.2	14.0±0.6	14.7±0.9[#]	14.5±1.0
HCT（%）	45.2±23.9	39.4±2.4	41.7±3.6	40.5±3.3
MCV（fL）	61.2±2.7	61.5±1.3	56.6±1.5[#,*]	58.6±2.5[#,*]
MCH（pg）	28.8±26.4	21.9±1.2	20.0±0.8[#]	21.0±1.0
MCHC（d/dl）	47.5±44.6	35.6±2.1	35.4±1.4	35.8±0.9
PLT（103/ul）	898.5±468.0	1 014.2±207.2	915.9±216.4	808.9±244.5
PT（s）	12.8±2.5	10.1±0.1	10.4±0.1	10.3±0.1
APTT（s）	31.7±3.8	25.8±1.5	27.0±1.5	24.7±1.7
Fbg（mg/dl）	174.1±7.0	183.7±5.0	192.3±8.3	201.5±27.6

[a]C：对照是蒸馏水，DW；TN－2Tainung 2 号；16－0－1 和 18－2－4：转基因番木瓜果实；RBC，红细胞；HGB，血红蛋白；HCT，血细胞比容；MCV，红细胞平均体积；MCH，平均红细胞血红蛋白量；MCHC，平均红细胞血红蛋白浓度；PLT，血小板。

数据表示为平均值±标准差（$n=10$）。

[*]对照组和处理组间的显著差异 $P<0.05$。

[#]非转基因（TN－2）和转基因番木瓜处理组间的显著差异 $P<0.05$。

雄性和雌性大鼠的血液生化结果见表 21－7 和表 21－8。18－2－4 的雄性大鼠比对照组有较低的谷丙转氨酶（ALT）、谷草转氨酶（AST）、血液尿素氮（BUN）肌酐激酶（CK）、乳酸脱氢酶（LDH）；此外，雄性大鼠的 K＋和 Na＋水平较高，当和 TN－2 组（$P<0.05$）的雌性大鼠相比时，在 16－0－1 和 18－2－4 组的雌性大鼠具有较低的淀粉酶、乳酸脱氢酶、甘油三酯（TG）和无机磷酸盐（P^{3-}）。大多数参数比相应的对照组略低和较高。在血清生物化学中这些参数微小的降低或增加没有表现出临床细胞损伤，并且这些差异是在背景数据变化里，不认为是治疗效应。此外，TN－2、16－0－1、18－2－4 和对照组的尿化学参数或尿沉淀没有差异（数据未显示）。

表 21-7 用 TN-2、16-0-1 和 18-2-4 番木瓜果实喂养 28 d 的雄性老鼠的血清生化

Groupa/Items	C	TN-2	16-0-1	18-2-4
Albumin (a/dl)	3.4 ±0.9	3.6 ±0.3	3.6 ±0.4	2.9 ±1.1
ALP (U/L)	89.9 ±39.5	133.7 ±34.9*	144.4 ±40.0*	99.7 ±56.5
Amylase (U/L)	770.4 ±238.1	522.2 ±203.2*	342.0 ±64.9*	547.1 ±278.8
ALT (U/L)	24.6 ±10.7	24.0 ±7.6	28.8 ±6.7	15.2 ±10.9#
AST (U/L)	120.6 ±36.2	116.9 ±22.7	132.2 ±31.4	84.3 ±43.0#
BUN (mg/dl)	13.8 ±3.5	18.0 ±2.0*	16.2 ±2.9	13.3 ±4.6#
Creatinine (mg/dl)	0.4 ±0.1	0.5 ±0.1	0.5 ±0.1	0.4 ±0.1
CK (U/L)	391.3 ±151.0	332.9 ±132.3	207.9 ±64.9#	224.9 ±269.4
Glucose (mg/mL)	71.3 ±25.2	98.9 ±29.1*	81.5 ±16.7	110.5 ±44.0*
LDH (U/L)	1791.4 ±754.3	1512.0 ±373.3	1479.9 ±303.7	833.0 ±511#
TC (mg/mL)	74.4 ±23.5	60.7 ±11.6	67.6 ±12.1	62.3 ±32.8
TG (mg/mL)	60.7 ±27.3	49.3 ±20.6	32.0 ±17.6*	43.2 ±24.5
TP (g/dl)	4.5 ±1.3	4.8 ±0.4	5.0 ±0.6	4.1 ±1.5
Ca^{2+} (mg/dl)	7.7 ±2.0	8.3 ±0.6	7.7 ±0.7	6.6 ±2.5
CL^- (mEq/dl)	107.8 ±14.5	105.1 ±10.8	122.0 ±12.5#	134.9 ±25.0#
K^+ (mEq/dl)	5.2 ±0.6	4.6 ±0.6*	5.3 ±0.7#	7.1 ±1.7#,#,*
Mg^{2+} (mEq/dl)	2.3 ±0.6	1.9 ±0.4	2.3 ±0.9	1.8 ±1.1
Na^+ (mEq/dl)	150.4 ±19.0	144.4 ±15.8	169.2 ±18.5#	164.0 ±18.2#
$P3^-$ (mg/dl)	7.5 ±2.3	6.7 ±0.4	6.5 ±1.1	6.4 ±2.2

[a]C：对照是蒸馏水，DW；TN-2：Tainung 2 号；16-0-1 和 18-2-4：转基因番木瓜果实；ALP：碱性磷酸酶；ALT：谷丙转氨酶；AST：谷草转氨酶；BUN：血液尿素氮；CK：肌酸激酶；LDH：乳酸脱氢酶；TC：总胆固醇；TG：甘油三酯；TP：血清总蛋白。数据表示为平均值 ± 标准差（$n=10$）。* 对照组和处理组间的显著差异 $P<0.05$。# 非转基因（TN-2）和转基因番木瓜处理组间的显著差异 $P<0.05$

表 21-8 用 TN-2、16-0-1 和 18-2-4 番木瓜果实喂养 28 d 的雌性老鼠的血液生化

Group[a]/Items	C	TN-2	16-0-1	18-2-4
Albumin (a/dl)	3.6 ±0.7	3.3 ±0.5	3.2 ±0.6	3.9 ±0.3#
ALP (U/L)	72.7 ±23.6	93.6 ±36.7	60.1 ±25.7#	86.2 ±40.8
Amylase (U/L)	529.6 ±100.4	474.9 ±120.2*	359.2 ±102.2#	508.7 ±79.2
ALT (U/L)	22.2 ±7.8	21.2 ±3.7	16.8 ±5.8	27.2 ±9.0
AST (U/L)	133.5 ±36.2	115.6 ±26.1	96.5 ±32.5	146.8 ±48.0

（续表）

Group[a]/Items	C	TN－2	16－0－1	18－2－4
BUN（mg/dl）	13.8±2.9	15.7±3.2	15.5±3.8	19.8±2.7[#]
Creatinine（mg/dl）	0.6±0.1	0.5±0.1	0.5±0.1	0.6±0.1[#]
CK（U/L）	482.2±149.3	266.6±149.3	151.9±71.4	522.9±292.1[#]
Glucose（mg/mL）	66.3±22.0	81.6±22.4	66.3±8.1	71.7±14.8
LDH（U/L）	2 130.0±681.9	1 746.1±468.8	1 267.0±546.0[#,*]	2 050.8±781.4
TC（mg/mL）	85.5±20.1	80.4±22.2	70.8±23.6[#]	67.2±11.2[*]
TG（mg/mL）	52.4±23.8	45.6±14.3	34.4±8.8	29.8±7.0#,[#],[*]
TP（g/dl）	4.7±1.1	4.1±0.7	4.3±1.0	5.4±0.7[#]
Ca^{2+}（mg/dl）	7.7±1.6	6.4±0.8[*]	5.9±1.4[*]	8.2±1.4[#]
CL^{-}（mEq/dl）	132.8±18.5	139.3±11.7	146.0±11.4	136.7±30.3
K^{+}（mEq/dl）	6.6±0.9	6.1±0.6	6.5±0.5	6.7±1.3
Mg^{2+}（mEq/dl）	1.0±0.7	0.7±0.5	0.5±0.5#,[#],[*]	1.2±0.7[#]
Na^{+}（mEq/dl）	172.4±23.7	186.0±6.9	194.4±5.5#,[#],[*]	150.5±29.0[#]
P^{3-}（mg/dl）	8.6±2.5	5.5±1.3[*]	5.6±1.1[*]	8.3±1.9[#]

[a]C：对照是蒸馏水，DW；TN－2：Tainung 2 号；16－0－1 和 18－2－4：转基因番木瓜果实；ALP：碱性磷酸酶；ALT：谷丙转氨酶；AST：谷草转氨酶；BUN：血液尿素氮；CK：肌酸激酶；LDH：乳酸脱氢酶；TC：总胆固醇；TG：甘油三酯；TP：血清总蛋白。

[*]数据表示为平均值±标准差（$n=10$）。

[#]非转基因（TN－2）和转基因番木瓜处理组间的显著差异 $P<0.05$。

器官重量和病理检查

番木瓜果实粉末的大鼠和对照组大鼠之间没有观察到器官重量区别，不同之处在于16－0－1 和 18－2－4 处理的雄性大鼠和 16－0－1 处理的雌性大鼠肝脏在表 21－9 列出了 TN－2、16－0－1、18－2－4 和对照组的器官重量。在饲喂 TN－2、16－0－1 和 1 重量略有下降（$P<0.05$）。当和 TN－2 处理的大鼠相比时，18－2－4 处理的雌性大鼠卵巢重量增加（$P<0.05$）。显微镜下，用 16－0－1 和 18－2－4 处理的肝脏和卵巢受影响的大鼠没有显著的病变。非特异性病变包括最小的小肾囊肿和肾脏的最小肾小管再生或大脑的先天性脑积水随机发生在 TN－2、16－0－1、18－2－4 和对照组（表 21－10）。来自 TN－2、16－0－1 和 18－2－4 处理的大鼠组织实验结果表明没有重复喂养毒性，这表明在大鼠中非转基因和转基因番木瓜果实实质等同。

表 21－9　用 TN－2、16－0－1 和 18－2－4 番木瓜果实喂养 28d 的老鼠的相对器官重量

Group[a]/Items	C	TN－2	16－0－1	18－2－4
Male				
Brain	0.52±0.04	0.53±0.05	0.51±0.09	0.52±0.03
Heart	0.32±0.04	0.31±0.04	0.34±0.08	0.31±0.02
Thymus	0.12±0.02	0.11±0.02	0.12±0.03	0.12±0.03
Liver	2.78±0.18	2.49±0.24*	2.50±0.20*	2.55±0.17*
Kidney	0.65±0.17	0.69±0.08	0.69±0.06	0.69±0.04
Adrenal	0.013±0.002	0.015±0.002	0.015±0.004	0.015±0.003
Spleen	0.17±0.02	0.16±0.03	0.17±0.03	0.17±0.02
Testis	0.81±0.09	0.79±0.09	0.77±0.07	0.80±0.14
Female				
Brain	0.75±0.06	0.74±0.06	0.75±0.05	0.74±0.06
Heart	0.33±0.03	0.33±0.03	0.33±0.04	0.32±0.02
Thymus	0.17±0.04	0.18±0.03	0.15±0.03*	0.16±0.03
Liver	2.79±0.40	2.67±0.21	2.45±0.12#,#,*	2.51±0.20
kidney	0.71±0.06	0.72±0.08	0.69±0.06	0.68±0.05
Adrenal	0.023±0.002	0.023±0.005	0.024±0.003	0.050±0.081
Spleen	0.20±0.03	0.21±0.02	0.18±0.03*	0.22±0.10
Ovary	0.031±0.007	0.028±0.006	0.031±0.004	0.034±0.004#

[a]C：对照是蒸馏水，DW；TN－2：Tainung 2 号；16－0－1 和 18－2－4：转基因番木瓜果实。

相对器官重量（%）＝［器官重量（g）/终体重（g）］×100。

数据表示为平均值±标准差（$n=10$）。

*对照组和处理组间的显著差异 $P<0.05$。

#非转基因（TN－2）和转基因番木瓜处理组间的显著差异 $P<0.05$.

表 21－10　用 TN－2、16－0－1 和 18－2－4 喂养 28 d 后老鼠病变汇总

Sex	Organ	Histopathological findingsb	Dose（1 g/kg）a			
			C	TN－2	16－0－1	18－2－4
Examined			10	10	10	10

（续表）

Sex	Organ	Histopathological findingsb	Dose（1 g/kg）a			
			C	TN－2	16－0－1	18－2－4
Male	Adrenal		—	—	—	—
	Brain		—	—	—	—
	Heart		—	—	—	—
	Kindey					
		Cyst，focal，minimal to slight	—	1/10	1/10	—
		Regeneration，tubule，focal，minimal	1/10	—	1/10	1/10
	Liver		—	—	—	—
	Spleen		—	—	—	—
	Testes		—	—	—	—
	Thymus		—	—	—	—
Female	Adrenal		—	—	—	—
	Brain					
		Congenital hydrocephalus，locally extensive，moderate	—	—	1/10	—
	Heart		—	—	—	—
	Kidney					
		Cyst，focalmimimal	—	—	1/10	—
		Regeneration，tubule，focal，minimal	—	—	—	1/10
	Liver		—	—	—	—
	Ovary		—	—	—	—
	Spleen		—	—	—	—
	Thymus		—	—	—	—

[a]C：对照是蒸馏水，DW；TN－2：Tainung 2 号；16－0－1 和 18－2－4：转基因番木瓜果实。

[b]病变程度根据严重性分为五个等级：最小（＜1%）；轻微（1%～25%）；中度（26%～50%）；中度/严重（51%～75%）；严重/高度严重（76%～100%）。

发病率：病变老鼠/总考察的老鼠。

－：无明显病变。

讨论

在本研究中，通过三个遗传毒性试验评价了转基因 16－0－1 和 18－2－4 番木瓜果实的食品安全性。结果表明两个转基因番木瓜 16 - 0 - 1 和 18 - 2 - 4 株系以及非转基因 TN - 2 没有遗传毒性。目前，为了评估转基因食品的安全性，欧洲食品安全局（EFSA）（European Food Safety Authority，2008）推荐使用合适的硅片或体外试验的方法来提升特异性或用作动物试验的替代品，包括体外遗传毒理学试验和点突变筛查、染色体突变和 DNA 损伤或修复。因此，大量的转基因食品如甜辣椒和西红柿，它们抗黄瓜花叶病毒和水稻苏云金芽孢杆菌（Bt）Cry1C 蛋白，一直受到遗传毒理学试验（Cao et al，2010）。Ames 试验结果表明用非转基因和转基因番木瓜果实处理的平板，无论是有或没有 S9 组分，菌落的数量都是在各自的背景值里，并且表明没有致突变型。

尽管一些物质目前没有致突变作用，但动物实验和流行病调查已经证明它们是致癌物质（Sugar et al，1988）。因此，测试的物质不能使用沙门氏菌回复突变试验作为唯一的判断评价遗传毒性。在一系列遗传毒性试验中，微核诱导评估是体内试验的主要指标，并且也被世界各地的监管机构作为食品安全性评估的一部分（Krishna and Hayashi，2000）。染色体畸变试验可以用来确定染色体的形态异常，预测潜在的基因毒性和致癌性的化学物质（OECD，1997）。染色体畸变试验细胞系应该引起背景值的上升，以及染色体的核型、数目、染色体多样性进和自发突变频率到一个稳定的状态（Krishna and Hayashi，2000）。CHO-K1 细胞的细胞周期是 12 ~ 14 h，这样人们很容易观察到目标染色体；因此，CHO-K1 细胞系典型地用于染色体畸变（CA）试验（Oliveira et al，2006）。值得注意的是，番木瓜含有的一种成分 BITC 能诱导 CHO-K1 细胞染色体畸变，姊妹染色单体交换和 DNA 断裂（Musk et al，1995）。然而，非转基因番木瓜 TN - 2 和转基因番木瓜 16 - 0 - 1、18 - 2 - 4 两个株系的染色体畸变率小于 5%，并且当与对照组相比时，不存在显著的差异。因此，转基因番木瓜没有染色体畸变效应。

微核在血液学里也被称为 Howell-Jolly 小体，是由氧化损伤和血红蛋白的沉淀所致。微核试验主要用于评估测试的试剂诱导染色体结构和/或数量变化的能力。在被测试试剂处理的动物和运输系统被处理的对照动物之间，多染性红血球（PCES）与正染红细胞（NCE）的比率是一个毒性指数。这项研究的实验结果表明，与相应的阴性对照相比，所有试验组包括非转基因和转基因番木瓜果实没有增加小鼠微核率。此外，PC 组的未成熟网织红细胞的数量明显减少，而微核的数量明显增加。

为了进行一个全面转基因食品的安全性评价，几个体内试验例如急性口服和 28 d 重复剂量对啮齿类动物的毒性，被精心设计和开展。在急性口服毒性试验中，当非转基因和转基因番木瓜果实粉末加高达 5 g/kg 的剂量时，没有试验动物死亡或出现不良影响。此外，在 28 d 重复口服试验中也没有任何异常或不良观察被记录。当与对照组相比时，TN - 2 处理的雄性老鼠和 18 - 2 - 4 处理的雄性和雌性老鼠随机减少它们的饲料消耗。然而，18 - 2 - 4 处理的老鼠没有表现出体重变化，这表明转基因番木瓜两个株系对试验动物生长无不良影响。

用非转基因和转基因番木瓜处理的老鼠，尽管统计的某些血液学和临床生化参数明显降低，但是这些参数的降低是在老鼠正常的生理范围内（OECD，1997），并且不被认为是不利的或者是与测试物质的处理相关。虽然用番木瓜果实处理的老鼠总胆固醇（TC）和甘油三酯（TG）水平比相应对照组的要低。这个可能是因为番木瓜具有丰富的抗氧化能力的类胡萝卜素，可以阻碍低密度胆固醇的形成，减轻动脉粥样硬化和心血管疾病（Voutilainen et al，2006）。此外番木瓜富含可溶性纤维和果胶、水溶性膳食纤维，这些物质可以与肝中的胆汁酸（肠肝循环）结合，从而降低血脂水平（Ebihara and Schneeman，1989；Anderson et al，2009），而且，果胶有助于降低低密度脂蛋白水平（Bazzano，2008）。除了 16－0－1 和 18－2－4 处理的雄性大鼠以及 16－0－1 处理的雌性大鼠肝脏重量轻微的降低，TN－2、16－0－1、18－2－4 和对照组间的器官重量没有区别。在肝脏中没有观察到组织病理学变化。临床生化参数如 AST 和 ALT 都没有差异，这表明转基因番木瓜 16－0－1 和 18－2－4 对肝功能没有不良影响，并且被认为是自发的或与处理不相关。

实验结果表明，抗 PRSV 番木瓜两个株系 16－0－1 和 18－2－4 对啮齿类动物无遗传毒性和不良影响，它们和相应的非转基因番木瓜是相当的，在食品安全性方面可以认为是实质等同。

参考文献

Wang DN. 1995. Papaya [M]. Taiwan: Executive Yuan, Taiwan. 109－116.

Wang HL, Wang CC, Chiu RJ, et al. 1978. Preliminary study on papaya ringspot virus in Taiwan [J]. Plant Prot. Bull, 20: 133－140.

Chen ZL, Gu H, Li Y, et al. 2003. Safety assessment for genetically modified sweet pepper and tomato [J]. Toxicology, 188 (2－3): 297－307.

Bau HJ, Cheng YH, Yu TA, et al. 2003. Broad-spectrum resistance to different geographic strains of papaya ringspot virus in coat protein gene transgenic papaya [J]. Phytopathology, 93 (1): 112－120.

Bau HJ, Cheng YH, Yu TA, et al. 2004. Field evaluation of transgenic papaya lines carrying the coat protein gene of papaya ringspot virus in Taiwan [J]. Plant Dis, 88 (6): 594－599.

Cheng YH, Yang JS, Yeh SD. 1996. Efficient transformation of papaya by coat protein gene of papaya ringspot virus mediated by *Agrobacterium* following liquid-phase wounding of embryogenic tissues with carborundum [J]. Plant Cell Rep, 16 (3): 127－132.

Adebiyi A, Adaikan PG, Prasad RN. 2003. Benzyl isothiocyanate induced functional aberration of isolated uterine strips [J]. Toxicological Sciences, 25－25.

Anuar NS, Zahari SS, Taib IA, et al. 2008. Effect of green and ripe *Carica papaya* epicarp extracts on wound healing and during pregnancy [J]. Food Chem Toxicol, 46 (7): 2384－2389.

Rossetto MR, Oliveira do Nascimento JR, Purgatto E, et al. 2008. Benzylglucosinolate, benzylisothiocyanate, and myrosinase activity in papaya fruit during development and ripening [J]. J Agric Food Chem, 56 (20): 9592－9599.

Heck AM, DeWitt BA, Lukes AL. 2000. Potential interactions between alternative therapies and warfarin [J]. Am J Health Syst Pharm, 57 (13): 1221 – 1227.

Izzo AA, Di Carlo G, Borrelli F, et al. 2005. Cardiovascular pharmacotherapy and herbal medicines: the risk of drug interaction [J]. Int J Cardiol, 98 (1): 1 – 14.

Walker-Renard P. 1993. Update on the medicinal management of phytobezoars [J]. Am J Gastroenterol, 88 (10): 1663 – 1666.

Johns T, Kitts WD, Newsome F, et al. 1982. Antireproductive and other medicinal effects of Tropaeolum tuberosum [J]. J Ethnopharmacol, 5 (2): 149 – 161.

Mawson R, Heaney RK, Zdu ńcz yk Z, et al. 1994. Rape seed meal-glucosinolates and their antinutritional effects [J]. Molecular Nutrition & Food Research, 38 (6): 588 – 598.

Musk SR, Astley SB, Edwards SM, et al. 1995. Cytotoxic and clastogenic effects of benzyl isothiocyanate towards cultured mammalian cells [J]. Food ChemToxicol, 33 (1): 31 – 70.

Hirose M, Yamaguchi T, Kimoto N, et al. 1998. Strong promoting activity of phenylethyl isothiocyanate and benzyl isothiocyanate on urinary bladder carcinogenesis in F344 male rats [J]. Int J Cancer, 77 (5): 773 – 777.

Masutomi N, Toyoda K, Shibutani M, et al. 2001. Toxic effects of benzyl and allyl isothiocyanates and benzylisoform specific metabolites in the urinary bladder after a single intravesical application to rats [J]. Toxicol Pathol, 29 (6): 617 – 22.

Okazaki K, Yamagishi M, Son HY, et al. 2002. Simultaneous treatment with benzyl isothiocyanate, a strong bladder promoter, inhibits rat urinary bladder carcinogenesis by N-butyl- N-. 4 – hydroxybutyl. nitrosamine [J]. Nutr Cancer, 42 (2): 211 – 216.

Chinoy NJ, George SM, 1983. Induction of functional sterility in male rats by low dose *Carica papaya* seed extract treatment [J]. Acta Eur Fertil, 14 (6): 425 – 432.

Verma RJ, Chinoy NJ. 2002. Effect of papaya seed extract on contractile response of cauda epididymal tubules [J]. Asian Journal of Andrology, 4 (1): 77 – 8.

Lewerenz HJ, Bleyld DW, Plass R. 1992. Subacute oral toxicity study of benzyl isothiocyanate in rats [J]. Molecular Nutrition & Food Research, 36 (2): 190 – 198.

Lin CH, Pan TM. 2011. Safety assessment of genetically modified. GM. crops: Current protocol, research trend and future challenge [M]. New York, USA: Nova Science Publishers Inc.

Fan MJ, Chen S, Kung YJ, et al. 2009. Transgene-specific and event-specific molecular markers for characterization of transgenic papaya lines resistant to Papaya ringspot virus [J]. Transgenic Res, 18 (6): 971 – 986.

Department of Health. 2010. Guideline for food safety of genetically modified foods [R]. Taipei, Taiwan: ROCDOH.

Codex. 2003. Principles for the risk analysis of foods derived from modern biotechnology

[R]. Yokohama, Japan: Codex Alimentarius Commission.
Mortelmans K, Zeiger E. 2000. The Ames Salmonella/ microsome mutagenicity assay [J]. Mutat. Res, 455 (1-2): 29-60.
Organization for Economic Co-operation and Development. 2001. Bacterial Reverse Mutation Test [M]. In: OECD Guideline for the Testing of Chemicals. Section 4: Health Effects, 474: 14.
Organization for Economic Co-operation and Development. 1997. In vitro mammalian chromosome aberration test [M]. OECD Paris: OECD, 473.
Galloway SM, Aardeme MJ, Ishidate Jr, et al. 1994. Report from working group on in vitro tests for chromosomal aberrations [J]. Mutat Res, 312 (3): 241-261.
Krishna G, Hayashi M. 2000. In vivo rodent micronucleus assay: protocol, conduct and data interpretation [J]. Mutat Res, 455 (1-2): 155-166.
Organization for Economic Co-operation and Development. 1997. Mammalian erythrocyte micronucleus test. In: OECD Guideline for the Testing of Chemicals. Section 4: Health Effects, 474: 10.
Organization for Economic Co-operation and Development. 1995. Repeated dose 28-day oral toxicity study in rodents [M]. In: OECD Guideline for the Testing of Chemicals. Section 4: Health Effects. 407: 8.
Shackelford C, Long G, Wolf J, et al. 2002. Qualitative and quantitative analysis of non-neoplastic lesions in toxicology studies [J]. Toxicol Pathol, 30 (1): 93-96.
Charles River Laboratories. 2008. Clinical labatory parameters for Crl: WI. Han [M]. United States. 1-14.
European Food Safety Authority. 2008. Safety and nutritional assessment of GM plants and derived food and feed: The role of animal feeding trials [J]. Food Chem Toxicol, 46 (3): 173-175.
Cao S, He X, Xu W, et al. 2010. Safety assessment of Cry1C protein from genetically modified rice according to the national standards of PR China for a new food resource [J]. Reg Toxicol Pharmacol, 58 (3): 474-481.
Sugár J, Tóth K, Oláh, E. 1988. Carcinogenicity and genotoxicity of the herbicide 2, 4, 5-trichlorophenoxyethanol (TCPE) contaminated with dioxin [J]. Annals of the New York Academy of Sciences, 534: 706-713.
Oliveira RJ, Ribeiro LR, da Silva AF, et al. 2006. Evaluation of antimutagenic activity and mechanisms of action of beta-glucan from barley, in CHO-K1 and HTC cell lines using the micronucleus test [J]. Toxicol In Vitro, 20 (7): 1225-33.
Voutilainen S, Nurmi T, Mursu J, et al. 2006. Carotenoids and cardiovascular health [J]. Am J Clin Nutr, 83 (6): 1265-1271.
Ebihara K, Schneeman BO. 1989. Interaction of bile acids, phospholipids, cholesterol and triglyceride with dietary fibers in the small intestine of rats [J]. Nutr, 119 (8):

1100－1106.

Anderson JW, Baird P, Davis RH. et al. 2009. Health benefits of dietary fiber [J]. Nutr. Rev, 67 (4): 188－205.

Bazzano LA. 2008. Effects of soluble dietary fiber on low-density lipoprotein cholesterol and coronary heart disease risk [J]. Curr AtheroscIerRep, 10 (6): 473－477.

第二十二章　环境释放许可证申请案例分析（澳大利亚 - 耐储运转基因番木瓜）[1]

申请

昆士兰大学在昆士兰州的郡雷德兰申请进行对转基因番木瓜的环境释放与控制（申请号 DIR026）。有 7 种延迟果实成熟性状的转基因番木瓜品系，然而第 8 种品系包含一个“报告”基因，需要评价基因调控元件在其他转基因番木瓜中的生物安全，第 8 种品系的 300 株转基因番木瓜需要从 2003 年 7 月到 2006 年 12 月在 1 hm^2 的田地里连续种植。

番木瓜果实不耐贮藏，延迟果实成熟可有效防止运输和贮藏过程的果实腐烂。6 个品系的转基因番木瓜希望降低果实成熟过程中的乙烯产生，乙烯被认为是果实成熟过程的“触发子”。第 7 个品系的转基因番木瓜含有修饰的乙烯受体基因，希望降低果实对乙烯的敏感性。该品系的转基因番木瓜希望具有延迟果实成熟的特性。

所有转基因番木瓜都包含抗生素抗性基因，主要用于在实验室早期发展转基因番木瓜的过程中的抗性筛选。申请者可获得插入外源基因的遗传修饰后的关键信息，UQ 规定显示没有田间释放，无法获得环境安全评价的数据，因为番木瓜在成熟结果之前可以长几米高，所以不可能在温室中进行番木瓜的生产。然而转基因番木瓜的环境释放是受严格管理和限制的。转基因番木瓜在环境释放前要种在“防昆虫”隔离网室内，可以防止动物的接近（“防昆虫网室”应用在整个风险评价和风险管理方案中，可以有效防止昆虫对转基因番木瓜的花粉向野生种的传播，可防止动物的食用与破坏及对种子的传播，像蝙蝠和袋鼠）。没有经过环境释放的转基因番木瓜果实及其副产品不能够为人类和动物食用。在环境释放过程中产生的果实和其他组织要在实验室内对插入的外源基因进行生理学、营养学和质量性状的分析。

澳大利亚已经批准了两个转基因番木瓜的许可证，由基因操作委员会的志愿者对转基因番木瓜进行监视。这些许可证被认为是在新的管理系统下获得，2003 年 7 月到期。至今还没有看到环境释放的转基因番木瓜对人类身体健康和环境有危害的报道。

许可证 DIR026/2002 包括三个品系的其中有先前释放的 PR - 128 在里面。正在发布许可证允许这三个品系的 20 株继续进行环境安全评价，也包括另外的五个新的转基

---

[1] Yen G C, Lin H T, Cheng Y H, et al. 2011. Food Safety Evaluation of Papaya Fruits Resistant to Papaya Ring Sport Virus [J]. Journal of Food & Drug Analysis, 19 (3): 269 - 280.

因番木瓜品系。

评价过程

昆士兰大学许可证 DIR026/2002 已经被评估，应用风险评估框架，与法令和法规相应的风险评价和风险管理计划（RARMP）已经准备。这种基本框架是由主管者经与公众关注的焦点、领地范围、联邦政府利益相关者和基因技术工程咨询委员会磋商而制定的，可在 www. ogtr. gov. au/pdf/public/raffinal. pdf. 网站获得。主管者必须监督整个过程的实施，包括申请的咨询、RARMP 制定过程中的注意事项。完整的 RARMP 方案能在 OGTR 或者 OGTR 的网站上获得（www. ogtr. gov. au. ）。

风险评价需考虑包含在申请中的详细信息（法令和法规中规定关于转基因植物管理的细则，亲本生物，对人类健康和环境安全有潜在危害的的处理建议及处理措施），在咨询过程中受到的呈递，当前的科学观点。

通过该过程，进行环境释放的转基因番木瓜有可能对人类健康和环境安全造成潜在的危险就可能被发现，每种危险发生的最大可能性及最有影响的危险都被释放出来。被认为潜在危险包括以下几方面：

对人类和其他生物的毒性或过敏性：具有延迟果实成熟或者有报告基因表达的转基因番木瓜由于具有新基因的产物和不可预期的效应是不是比非转基因番木瓜具有更强的毒性或者过敏性；

杂草化：转基因番木瓜有没有演变为杂草的可能性；

外源基因向其他生物的飘逸：转基因番木瓜的外源基因有没有向非转基因番木瓜或者其他生物飘逸的风险，有没有相反的后果。

风险评估的结论

主管者认为具有延迟果实成熟和报告基因表达性状的转基因番木瓜的释放，对公众的健康和澳大利亚的环境安全没有严重的危害。以上被确定的潜在危害被总结如下：

对人类和其他生物的毒性或过敏性

与非转基因番木瓜一样，转基因番木瓜对人类和其他生物没有毒性，也没有致敏性，因为转基因番木瓜外源基因的表达，有修饰的内源基因的表达，没有任何可知的内在毒性或过敏性，毒性和致敏性的详细研究方案还有待进行。澳大利亚和新西兰食品标准委员会负责对人食用食物的安全评价，转基因番木瓜在食用之前，必须获得澳大利亚和新西兰食品标准委员会的许可证。目前，转基因番木瓜用于人类食品原料的评估实验还没有向澳大利亚和新西兰食品标准委员申请。

杂草化

与常规非转基因番木瓜一样，转基因番木瓜没有演变为野生杂草的可能性。番木瓜不是农业和自然生态系统杂草，具有基因修饰的不会改变番木瓜本身的生物特性，也不用担心杂草化。比起人类对果实运输引起的番木瓜种子扩散，飞狐（番木瓜果园中一种常见的昆虫）对向环境中扩散的种子更有可能性。申请者所推荐的隔虫网可阻止飞狐和其他动物对种子的扩散。

外源基因向其他生物进行飘逸

授粉可能引起外源基因由转基因番木瓜向非转基因番木瓜的飘逸。最可能的方式就是通过鹰而引起的基因飘逸现象，是昆士兰州番木瓜的最重要的授粉者。防虫网能有效降低这类现象的发生。因此在转基因番木瓜和非转基因番木瓜之间的基因飘逸也可以人为控制使发生的可能性降到最低。

另外，外源基因向其他生物飘逸（包括微生物）的风险也很小，即使这类基因漂移存在，也不可能对人类和自然环境造成危害，因为微生物本身就有转基因番木瓜所用的外源基因。

风险管理计划（释放的关键条件）

许可证申请是环境评价过程的一部分内容，风险管理计划被发展为以上被确定的内容（以上风险评估的结论）。这个计划的给出需要附加释放条件。释放的关键点被概括为以下几个方面：

限制访问授权的人员；

转基因番木瓜种植基地需要申请者提供全封闭的防虫隔离网（这一条强加条件可防止基因漂移和杂草化，也可避免毒性物质和过敏原的随机释放）；

环境释放地点要有明显的标示显示转基因番木瓜正在隔离网室内种植，除环境释放分析所需材料的实验室分析之外，不能随便移除转基因植株及其任何材料；

禁止转基因番木瓜的的任何副产品用于人类或动物食物的原料；

建立详细的转基因番木瓜所有果实使用、伤害移除的记录。

杂草化

强加的释放条件：

环境释放地点必须要有自我提供的隔离防护措施（可有效防止飞狐或其他动物对种子的扩散）；

转基因番木瓜移除后要监控12个月，并且移除在释放地的再生番木瓜苗。

外源基因向其他生物进行飘逸

申请者必须具备的环境释放条件

环境释放地点必须要有自我提供的的隔离防护措施（可有效防止重要传播者）；

为防止花粉的扩散，在雄花开放前移除所有的雄花；

防护隔离措施被破坏且不能马上进行修复时，马上销毁所有的花或果实防止花粉的扩散传播；

在隔离区域内安装照昆虫或吸引重要授粉者的灯，以更有效的对昆虫或其他动物进行防护。

释放的一般条件

主管者在颁布任何许可证时都包括与风险管理相关的一般条件，包括以下方面：

确定与许可证释放相关的人；

为管理的需要，要求允许主管者或者主管者指定的人能进入申请者环境释放的地点的进行评估；

申请者必须清楚进行环境释放实验转基因番木瓜有没有对人类健康和环境安全危险的风险，并且必须告知管理者。

OGTR 的监测与强制实施

以及立法的能力，以加强符合牌照条件，监管机构有更多的风险管理选项。监管机构可以直接牌照持有人采取任何步骤，该监管机构认为有必要保护人民或环境的健康和安全。因此 OGTR 独立监管她授权的释放生物。每年至少 20% 的授权生物根据风险分析的监控和合规策略被检查，以确定那些证书持有者遵守了法律法规，那些出现了不可预见的问题。

更深层次的信息

申请评估的更详细的信息包括许可证的条件，申请风险评价和风险管理计划的文献资料可在基因工程技术管理者办公室的网站上获得（www. ogtr. gov. au），或者打电话咨询 1800181030（请指出申请号 DIR 026/2002）。

转基因植物释放之前的背景资料

项目标题：延迟果实成熟的转基因番木瓜的田间试验评估和外源基因表达测试

申请者：昆士兰大学 St. Lucia

亲本的普通名称：番木瓜

亲本的学名：Caricapapaya L.

被修饰的性状：延迟果实成熟，报告基因表达和具有对抗生素的耐受性

确定的修饰性状的基因：来自番木瓜本身的 capacs1 capacs2（与果实成熟过程中乙烯的产生相关）；来自拟南芥的 etr1（乙烯信号识别和果实成熟）；○R－葡萄糖苷酸酶基因（udiA）来自大肠杆菌（报告基因）；NPTII 来自细菌 Tn5 转座子（抗生素耐受性基因）。

推荐的释放地点：雷德兰兹郡（QLD）。

推荐面积：1 hm^2

推荐的释放日期：2003 年 7 月—2006 年 12 月。20 个转基因番木瓜植株自 2002 年以来继续进行评价，300 株新的番木瓜品系在 2003 年 8 月释放。

OGTR 从昆士兰大学接受在昆士兰州对转基因番木瓜向环境释放的申请（许可证号为 DIR026）。批准对 3 个品系的 20 株转基因番木瓜自 2002 年以来的继续评价。根据基因技术法令 2000 的 190 部分的部署，PR－128 释放在 2003 年 7 月到期，由先前的志愿

组织和 PR－128 释放许可证批准对 3 个品系的 20 株转基因番木瓜自 2002 年以来的继续评价。申请同样包括对 5 个新型的转基因番木瓜植株在 2003 年 8 月进行释放。大约 300 株转基因番木瓜将在 1 hm^2 的土地上持续种 3 年。

推荐释放的目的是评价 8 个具有修饰果实成熟性状特性的转基因番木瓜的。然而，因为在生殖成熟之前，果树就要长到几米高，因此在温室中不可能进行果实成熟性状的鉴定。因此申请者需要申请转基因番木瓜在有限和可控的条件下在田间释放的实验，以评估果实成熟的特性。

UQ 批准了 6 个不同类型的通过降低 ACC（1-amino-cyclopropane－1-carboxylic acid）（植物激素乙烯生物合成的中间酶）合成酶的水平来延迟果实成熟的转基因番木瓜品系。另外 UQ 建议种植另一类通过改变乙烯信号的识别途径延迟果实成熟的转基因番木瓜的种植。另一种类型的转基因番木瓜修饰了报道基因的表达，用来评估启动子调控外源基因表达的有效性。

建议有限的，可控制的试验包括 300 株在温室种植的转基因番木瓜在雷德兰兹郡实验基地释放种植，转基因番木瓜应种植在有效的防护隔离网室内。

番木瓜果实不耐贮藏。如果果实延迟成熟几天至一周的时间，就有可能降低由于过熟导致其在转运和贮藏过程中的果实腐烂。申请者建议果实种植在封闭的防虫隔离网室内以易于监控果实成熟的性状。在这方面，大多数的果实要在完熟之前采收，对于少数的一定量的果实要在树上评价成熟的速率。期望获得我们所希望生理学的、营养学的和果实品质的关键性状信息。外源基因 ACC 合成酶和改变乙烯感知信号的基因的表达水平也要进行分析。报告基因以及主要的调控元件的有效性也应该进行分析。

在此进行试验的果实不能用于人类和动物的食用原料。

亲本生物

亲本生物为 Caricapapaya L.，对澳大利亚来说属于外来引种植物，在西澳大利亚到新威尔士的热带和亚热带地区进行商业化和驯养种植。

Caricapapaya L. 不是病原物，通过基因工程技术进行遗传改良并且要进行环境释放的番木瓜不是病原体。关于番木瓜的更为详细的信息可以在 OGTR website（http：//www. ogtr. gov. au）网站上获得。

六种类型的转基因延迟成熟番木瓜包括包含额外拷贝的 ACC 合成酶基因（有来自 *Carica papaya* 的正义链和反义链的 capacs1 或 capacs2）。这些额外拷贝的 ACC 合成酶基因通过两种方法降低了 ACC 合成酶活性。总之，这些方法被认为是“基因沉默”现象，可以阻止目标植物正常合成蛋白，因此“沉默”了一些基因的活性。

ACC 合成酶基因与乙烯的生物合成密切相关。据预计，乙烯生产将由于抑制 ACC 的生产下降，ACC 是乙烯在植物的自然合成所需的代谢中间产物，响应乙烯产量下降是降低，影响果实成熟率。

一种类型的转基因番木瓜将检验不同的方法来延缓果实成熟。它包含拟南芥的 etr1－1 基因，编码乙烯受体蛋白。etr1－1 编码没有功能的乙烯受体蛋白 etr1。转基因番木瓜含有 etr1－1 基因，因此果实对乙烯敏感性降低，因此延迟了成熟。有些植物提出了释放表达来自大肠杆菌的 uidA 基因，该基因编码葡萄糖醛酸酶（GUS），GUS 酶能将无色的底物转化为蓝色，作为“标记”来检测外源基因有没有转进植物组织（这在实验室比较易于分析）。把含有 GUS 基因的植物组织放在这些底物里能很快检测出 uidA 基因的表达。申请者建议含有外源 uidA 基因的一些番木瓜植株进行环境释放，目的是证实控制 ACC 合成酶基因表达的启动子的的有效性。GUS 活性分析也可以用于显示基因在植物的那些组织部位表达。

转基因番木瓜植株中也含有细菌的抗生素抗性基因的卡那霉素、新霉素（NPTII 基因）和氨苄西林（bla 基因）。这些基因被用来在实验室筛选细菌和植物中含有 GUS 基因的转化子。bla 基因是细菌启动子的控制下，因此它不会在转基因番木瓜表达。

目前转基因番木瓜也有调控功能基因表达的短调控序列。这些来自花椰菜花叶病毒，根癌农杆菌（一种普通的土壤细菌）和苹果（*Malus domesticus*）。虽然这些生物体中的第二类植物是植物病原菌，它们的基因组中只有一小部分，对本身来说，不能致病。

转基因方法

外源基因和调控序列通过基因枪转化法插入到受体植物番木瓜的基因组中。

每个基因与调控序列通过基因枪法引入番木瓜。这项技术包括将含有基因包被到非常小的钨或金颗粒，通过基因枪侵染到番木瓜组织。粒子轰击在澳大利亚和海外广泛应用，可将外源新基因导入植物。

先前批复的环境安全释放试验和国际批准

澳大利亚批复的转基因番木瓜的环境安全释放

在国外 GMAC 组织的志愿系统监督下，有两个品系的转基因番木瓜批准释放。

PR108（昆士兰初级产业部）包括转基因抗环斑病毒（PRSV）番木瓜，涉及 100 个植物，在面积达 0.15 hm^2 田间进行环境释放。

PR128（昆士兰大学）20 株转基因番木瓜，在一个地区的延迟果实成熟释放，在面积为 1 hm^2 的田间进行转基因延缓果实成熟番木瓜环境释放。（原来，批准了种植 1 000株转基因番木瓜植物）。

如前所述，目前的应用包括对三种转基因番木瓜批复下释放的 PR－128 的持续评估，和另外五种转基因番木瓜的环境安全评估。

澳大利亚迄今为止未批复没有商业化应用前景的转基因番木瓜的环境安全评价。

澳大利亚批复的具有延缓果实成熟性状转基因番木瓜

如上文所指，澳大利亚不批复没有商业化应用前景的延缓果实成熟的转基因番木瓜。然而，转基因香石竹是通过插入一个截短的 ACC 合成酶基因从而使乙烯的生物合成降低，从而提高了切花的瓶插寿命，被先前的志愿组织批复可以在澳大利亚进行商业化种植（GR－1）。有限的控制与降低乙烯生产的转基因菠萝也被先前的志愿组织批复

（PR－95）。监管部门正考虑继续批复这两种转基因植物的商业化种植。

澳大利亚的其他政府机构对转基因植物的批复

OGTR 负责对应用和发展的转基因生物对人类健康和环境安全的评估。其他部门的监管要求，要尊重转基因产品，尊重对转基因产品的应用，同样要符合澳大利亚新西兰食品标准的要求（FSANZ）。

澳大利亚新西兰食品标准（FSANZ）负责人类食物的安全性评价。在本申请早期提出的试验方案的概念证据阶段，申请人还没有向澳大利亚新西兰食品标准委（FSANZ）申请对转基因番木瓜用于人类食物评价。拿到 FSANZ 的批复，番木瓜就可以用于人类的食品原料。

转基因番木瓜和延迟果实成熟的特点及其他转基因作物的国际认证

美国 1996 年批准了转基因抗番木瓜环斑病毒（PRSV）番木瓜在夏威夷的商业化种植。

美国和加拿大已批准用于商业性释放的延迟果实成熟性状其他品种的转基因水果：

有截断的 ACC 合成酶基因的插入的延缓果实成熟的转基因番茄 1995 在美国和加拿大被批准可以商业化种植生产应用。

通过引入外源的 ACC 脱氨酶或 S－腺苷甲硫氨酸水解酶从而降低乙烯的生物合成从而延缓果实成熟，这两种转基因番茄在美国 1995 年和 1996 年分别被批准可以进行商业化种植生产应用；

两种通过改良果实软化活性抑制（多聚半乳糖醛酸酶基因）而延迟果实成熟番茄分别在美国（1994）和加拿大（995 和 1996）批准可以进行商业化种植生产应用；

通过 S－腺苷甲硫氨酸水解酶从而降低乙烯的生物合成从而延缓果实成熟转基因甜瓜在美国的批复待定。

风险评估和风险管理计划总结

法案和法规要求，应对转基因生物相关的风险识别和评估其是否可以设法保护人类健康、安全和环境。

在申请和风险评估和风险管理计划中提出的问题

收到专家组和关键利益相关者的风险评估和风险管理计划的咨询意见，如 50 条所规定的行为和公众要求，如 52 条所规定的，在塑造这一风险评估和风险管理计划中非常重要，这构成了最后决定的基础。

书面意见中有关目录申请人数 026／2002 建议，这些问题应该在风险评估和风险管理计划解决法案的 50 节规定的机构和部门提到：

向土壤微生物、无脊椎动物、鸟类和哺乳动物，包括人类释放的毒性蛋白的介绍；

外源蛋白在环境中的持久性积累，外源蛋白的持久性积累可能对人类和环境所造成的潜在的或不利的影响；

外源基因从转基因番木瓜向非转基因番木瓜及与之有关的其他植物和微生物转移的潜在风险以及对生态系统的潜在的后续影响；

外源基因在受体植物中的表达，有没有形成其他新毒素的可能性，有没有降解植物代谢的潜在影响，举例来说，延迟果实成熟的转基因作物改变了乙烯生物合成途径的组分，有没有可能影响到植物其他表型的改变或对植物表型有其他意想不到的影响；

防护措施可以有效防止转基因生物向人类、或其他生物的意外暴露，有效防止GMOS或者是花粉、种子或无性繁殖体向非释放地点意外扩散传播；

未来对转基因产品发展的数据要求。

总的监管机构收到了三份对申请的公众的意见及相关的风险评估和风险管理计划。未提交具体涉及保护人类健康和安全或环境问题的事项。附录7中规定了这些书面意见书的摘要。

最终确定的风险评估和风险管理计划

法令第51条规定，监管部门在最终确定的风险评估和风险管理计划中已经考虑到了对人类健康和安全的所有书面意见。对提出的问题进行了仔细考虑，结合当前的科学进展，以期在文件中得出可以开展的结论。

在附录8中详细介绍了风险评估程序，推荐建议对确定的危害的处理方法，在风险评估中考虑了这些危害：

确定了交易可能造成的危害。这些危险构成的风险进行了评估考虑：

- 危害发生的可能性；
- 危险可能产生的后果（影响）；
- 风险管理选择，减轻已识别的风险。

所使用的类别，根据风险的水平是“可以忽略不计”，“非常低”，“低”，“中等”，“高”或“非常高”。

表22－1危险确定一栏列出了在风险评估过程中考虑到的每种潜在危害，风险水平一栏确定了对每种危害的评估总结。附录2～6给出了对每种确定的危害的综合评价，在风险评估总结一栏中被交叉引用。

表 22－1　风险评估和风险管理计划（包括建议的释放条件）

危险源识别	风险水平（可能性和影响）	风险评估结论（详细细节参考附录（略））	风险是否需要管理	风险管理（RM）选择（优先考虑的方法）	选择风险管理的原因	风险是否需要管理	释放条件（参考附件5释放条件细则）
对人类的毒性和致敏性：食品	低	转基因番木瓜不可能因为含有降低乙烯生物合成或者乙烯信号识别的外源基因而比非转基因番木瓜有更强的毒性或者致敏性；目前的研究表明转基因番木瓜的毒性或致敏性物质含量非常低；更详细的研究计划有待开展； 转基因番木瓜的环境释放是在有防护隔离网室内进行，人能直接接触的可靠性很小； 用于实验的转基因材料不能用于人类的食物。	是	极限释放量；禁止转基因番木瓜或者副产品用于人类食品的生产与加工；征收、运输和储存条件释放；不允许释放。	极限释放量：降低暴露的可能性； 禁止用于人类食品材料：阻止人类通过食物的扩散； 征收、运输和储存条件释放：降低向外暴露的可能性； 必需的研究：OGTR将对其风险和对人类健康和安全进行评估。	是	极限释放量：限制在郡雷德兰一 hm^2 一个地点进行； 禁止用于人类食品材料：没有人消费这些果实，用于分析的或者不用分析的所有果实必须销毁； 征收，运输和储存条件释放：转基因番木瓜种植隔离防护网室内，按照 OGTR 的要求进行储存和运输，GM 产品不能随便丢弃到下水道； 研究项目可向 OGTR 咨询。
对人类的毒性和致敏性：职业（Occupational）外露	低	转基因番木瓜不可能因为含有降低乙烯生物合成或者乙烯信号识别的外源基因而比非转基因番木瓜有更强的毒性或者致敏性；目前的研究表明转基因番木瓜的毒性或致敏性物质含量非常低；更详细的研究计划有待开展； 转基因番木瓜的环境释放是在有防护隔离网室内进行，人能直接接触的可靠性很小； 用于实验的转基因材料不能用于人类的食物。	是	极限释放量； 要求申请人通知和适当的标识转基因生物可能有的致敏性/毒性释放，并及时向 OGTR 汇报有关的过敏性/毒性反应； 要求开展毒性和致敏性研究； 不允许释放。	极限释放量：降低暴露的可能性； 标识或标记：保证与转基因植株密切接触的工作人员对致敏性或毒性是知情的； 报告过敏性或毒性反应：指示任何过敏性/毒性反应的性质和频率，如有必要并允许调整以适应风险管理措施。	是	极限释放量：如上； 要求申请者进行标识，保证与转基因植株密切接触的工作人员对致敏性或毒性是知情的； 需要立即报告与释放相关联的工人不寻常的过敏性/毒性反应。

（续表）

危险源识别	风险水平（可能性和影响）	风险评估结论（详细细节参考附录（略））	风险是否需要管理	风险管理（RM）选择（优先考虑的方法）	选择风险管理的原因	风险是否需要管理	释放条件（参考附件5释放条件细则）
对其他生物的毒性和致敏性：哺乳动物，鸟类和无脊椎动物	低	转基因番木瓜不可能因为含有降低乙烯生物合成或者乙烯信号识别的外源基因而比非转基因番木瓜有更强的毒性或者致敏性；目前的研究表明转基因番木瓜的毒性或致敏性物质含量非常低；更详细的研究计划有待开展； 转基因番木瓜的环境释放是在有防护隔离网室内进行，动物能直接接触的可靠性很小； 用于实验的转基因材料不能用于动物的食物。	是	极限释放量； 禁止转基因番木瓜或者副产品用于动物饲料的生产与加工；要求在密闭的防虫网室内进行释放； 研究纳入在环境中对非靶标的影响和持久性； 不允许释放。	极限释放量：降低暴露的可能性； 禁止用于动物饲料：阻止动物通过喂养的扩散； 防护释放：降低暴露的可能性； 需要的研究：能向OGTR评估对其他生物的风险。	是	极限释放量：如上； 禁止用作动物食用：用于分析的或者不用分析的所有果实必须销毁； 隔离释放：转基因番木瓜必须种植在隔离网室内，每天都要检查，整个释放过程都要有隔离防护网； 研究内容要向OGTR咨询。
对其他生物的毒性和致敏性：微生物	低	转基因番木瓜不可能因为含有降低乙烯生物合成或者乙烯信号识别的外源基因而比非转基因番木瓜有更强的毒性或者致敏性；目前的研究表明转基因番木瓜的毒性或致敏性物质含量非常低；更详细的研究计划有待开展；因为推荐的试验规模小，微生物接触的机会也小；释放期间产生果实要及时移除，防止果实的蛋白进入土壤中。	是	防止果实直接落到地面上； 极限量释放； 研究纳入在环境中对非靶标的影响和持久性； 不允许释放。	极限规模：降低直接接触的可能性和潜在的深远影响。 防止果实直接落到地面：降低蛋白直接进入土壤从而对非靶标生物造成影响； 必要的研究：能让OGTR评估对其他生物的影响。	是	极限量：如上； 确保在试验期间形成的果实在降落之前采收； 研究内容要向OGTR咨询。

（续表）

危险源识别	风险水平（可能性和影响）	风险评估结论（详细细节参考附录（略））	风险是否需要管理	风险管理（RM）选择（优先考虑的方法）	选择风险管理的原因	风险是否需要管理	释放条件（参考附件5释放条件细则）
杂草化：在环境中的传播	低	转基因番木瓜不可能因为含有降低乙烯生物合成或者乙烯信号识别的外源基因就改变了其草本的性质；番木瓜不是澳大利亚的问题杂草；没有密切相关的物种在澳大利亚是问题杂草；建议释放的地点为一hm^2；扩散的转基因番木瓜种子将被限制在防护隔离网室内，防护隔离网还可以防止较大的动物接触转基因植株和果实。	是	防止营养繁殖体或种子向释放地点以外的地域转移；对所有的果实进行记录；销毁不需要的材料和监测释放地点的再生苗。不允许释放。	防止转移：限制转基因番木瓜向释放地点以外的区域扩散。果实的记录：降低扩散的可能性。销毁和监控：限制向释放地点以外的区域扩散。	是	防止转移：强加征收，运输和储存条件（如上所述）；果实记录：所有的果实都要被记录，包括损坏清除的果实的编号。3）销毁和监控：销毁不需要的材料和监测释放地点的再生苗。
杂草化：在环境中的持久性	低	转基因番木瓜不可能因为含有降低乙烯生物合成或者乙烯信号识别的外源基因就改变了其草本的性质；番木瓜不是澳大利亚的问题杂草；没有密切相关的物种在澳大利亚是问题杂草；建议释放的地点为一hm^2；扩散的转基因番木瓜种子将被限制在防护隔离网室内，防护隔离网还可以防止较大的动物接触转基因植株和果实。	是	防止营养繁殖体或种子向释放地点以外的地域转移；对所有的果实进行记录；销毁不需要的材料和监测释放地点的再生苗。不允许释放。	防止转移：限制转基因番木瓜向释放地点以外的区域扩散。果实的记录：降低扩散的可能性。	是	防止转移：强加征收，运输和储存条件（如上所述）；果实记录：所有的果实都要被记录，包括损坏清除的果实的编号。3）销毁和监控：销毁不需要的材料和监测释放地点的再生苗。
基因漂移：植物其他转基因番木瓜植株包括栽培种和野生种	忽略不计	花粉运动会被限制，因为释放是在一个封闭的，有限的防虫网室内进行；潜在雄花将被移除，从而减少花粉的可用性；向商业种植园潜在的基因流将由地理隔离被限制。	否	N/A	N/A	N/A	不需要

（续表）

危险源识别	风险水平（可能性和影响）	风险评估结论（详细细节参考附录（略））	风险是否需要管理	风险管理（RM）选择（优先考虑的方法）	选择风险管理的原因	风险是否需要管理	释放条件（参考附件5释放条件细则）
基因漂移：植物其他种属	忽略不计	除防虫网室以外的其他措施：番木瓜的近亲？遗传不相容（vasconcella spp.）能有效地防止和限制潜在的杂交回交亲本物种的形成；强大而证实的遗传差异；大大限制了基因向亲缘较远的植物属转移。	否	N/A	N/A	N/A	不需要
基因漂移：微生物	忽略不计	水平基因转移是转移的唯一可能的机制，从植物到微生物在自然条件下能否发生水平基因转移还没有被证实。应该指出的是，在极不可能发生这种转移的情况下，人类的健康、安全和环境不可能受到不利影响。	否	N/A	N/A	N/A	不需要
基因漂移：人类或其他动物	忽略不计	反刍动物消化的研究与模拟模型实验系统表明，外源基因和内源基因的迅速退化，这意味着基因转移的一个相当大的障碍；脊椎动物不会有接触转基因番木瓜的机会；FSANZ批准将需要获得用于人类食品转基因番木瓜组织，包括水果进行风险评估。因为前期的工作，申请人还没有向FSANZ申请对转基因番木瓜用于人类食品加工原料的风险评估。应该指出的是，在极不可能发生这种转移的情况下，人类的健康、安全和环境不可能受到不利影响。	否	N/A	N/A	N/A	不需要

哪里被认为是保护健康和人类和/或环境安全必要的措施，表中同样总结了各风险管理选项（风险管理（RM）选项），识别的方法，已被选定（首选 RM 法）和选择一个特定的方法原因总结（选择 RM 方法的原因）。拟议中的风险管理计划将在许可证有限期内的特定条件下进行。这些条件是在最后一栏总结，突出了许可的条件，并在附录5 详细叙述。

应用决策

监管机构在制定决策时必须考虑的事项。重要的是要注意，这一法规要求监管机构根据许可证的结论管理过程中强加措施是否有利于保护人类健康和环境安全。

结论是建议进行环境释放的转基因番木瓜，没有明显不可控的危害人类健康和澳大利亚环境安全的风险。基于现有的科学信息进行详细风险分析在附录 2 ~4 支持这一结论。

该监管机构已决定，昆士兰大学是适合持有转基因番木瓜的安全许可证，出面附赠 GMO 向环境中安全释放。

因此，监管机构已发出安全许可证号码为 026 / 2002。

未来颁布许可释放应识别的问题

一个较大规模的释放和/或减少遏制措施涉及这些转基因番木瓜可以考虑任何应用程序之前，将需要更详细的信息：

➢ 外源基因 etr1 －1、uidA、NPTII 及外源的和内源的 capacs1 和 capacs2 在果实组织及非果实组织中的表达水平；

➢ 插入遗传物质的遗传分离和分子生物学特性，包括非编码序列是否存在转基因番木瓜基因组中；

➢ 转基因番木瓜对人类潜在的毒性和致敏性，获得更多包括由于引进了 ETR1 －1 蛋白而改变了番木瓜果实成熟特性，其毒性和致敏性有没有改变的信息；

➢ 转基因番木瓜对非靶标生物包括哺乳动物，昆虫，有益生物及土壤微生物群落的潜在毒性；

➢ 新型蛋白质在环境中的持久性；

➢ 已知的传粉昆虫的觅食范围，特别是天蛾；

➢ 食果动物分散的番木瓜果和番木瓜种子可能距离；

➢ 对番木瓜土壤种子库的意义和种群动态影响；

转基因番木瓜杂草化的可能性，种子的发芽率、生存竞争力及对病原菌，对病原体的易感性和草食动物有没有影响；

应该指出的是，对于许可条件，申请人必须制定研究计划、向 OGTR 咨询储备更多数据。作为一个最小的，这个计划必须包括研究证实了转番木瓜的基因，研究结果必须每年向 OGTR 汇报。这些数据无法采集到该限制和控制释放之前，番木瓜果实不易贮存，在温室条件下，许多关键信息关于转基因番木瓜提出释放必须来自水果组织的分析。

在拟议的释放期间提供上述数据是不需要确保对人类健康和安全及环境的风险管理。风险管理的具体措施，总结在表 22 - 1 中给出了具体的影响及许可条件有效地管理这些风险的措施。

有关转基因生物的信息

在准备风险评估和风险管理计划时，考虑母体的性质和遗传修饰的影响。

这部分内容提供了有关释放的转基因生物的详细信息，亲本生物，遗传修饰过程，被插入的外源基因，载体构建的信息，转基因番木瓜中新蛋白的表达，表型的变化。

有关转基因的信息总结

昆士兰大学（UQ）建议对延缓果实成熟性状的转基因番木瓜继续进行持续有限制的释放。UQ 的目的是评估转乙烯生产的两个基因和参与乙烯受体的基因的番木瓜对果实成熟的影响。乙烯是一种气态植物激素，调控植物生长和发育的许多方面，尤其对果实成熟的调控最为重要（Alexander and Grierson，2002）。

见表 1 列出了要释放的 8 种转基因番木瓜。其中 7 个具有延缓果实成熟的性状，6 个品系是将正义、反义或“发夹”（正义和反义的连在一起）涉及到两个参与乙烯生物合成的基因的不同组合的转基因番木瓜。第 7 个转基因番木瓜是延迟果实成熟的，因为转入了正义链的影响乙烯受体的基因。第 8 种类型的转基因番木瓜含有一个报告基因，有助于确定植物组织中，有没有改变果实成熟性状的表达。

三种转基因番木瓜，插入了参与乙烯生物合成途径中的两个基因的正义和反义链，2002 年，在许可证 PR - 128 的支撑下，在有限的和可控的条件下进行环境释放，基于先前的志愿系统通过基因操作咨询委员会管理下发批文（GMAC）。许可证 DIR026/2002 继续支持许可证 PR - 128 的支撑下转基因番木瓜的持续有限可控的环境释放，也包括五种新类型的转基因番木瓜（插入了具有发夹结构 ACC 合成酶基因正义和反义链，乙烯受体基因的正义链或报告基因的品系）的持续有限可控的环境释放。

乙烯在植物生物学中的作用

乙烯是一种植物激素，在植物生长和发育的许多方面起到了重要作用，包括细胞伸长，根毛的形成，诱导种子萌发和叶片及花蕾脱落。同样，植物响应逆境，如受到伤害或遭遇了病原体的攻击，都有乙烯的参与（Stepanova and Ecker，2000；Thomma et al，2001）。乙烯在果实成熟过程中，对果实颜色如香蕉、西瓜、鳄梨和番茄从自然的绿色变成成熟果实的转变尤为重要（Alexander and Grierson，2002）。

乙烯是一种气体，在所有植物组织中产生的，并能迅速从它所产生的组织中扩散出来。ACC（1-amino-cyclopropane - 1-carboxylic 酸）是乙烯的直接前体。ACC 合成酶从 SAM（S-腺苷甲硫氨酸）产生 ACC，SAM 来源于氨基酸蛋氨酸（图 22 - 1）。ACC 合成酶也将 SAM 转变为 5 - 甲基硫代腺苷（MTA），这是用于蛋氨酸的再合成，从而维持细胞内蛋氨酸平衡。

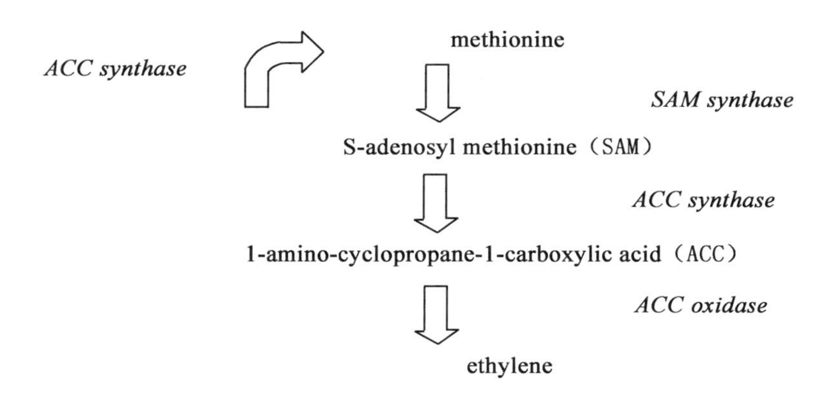

图 22－1　植物乙烯的生物合成

具有延迟果实成熟的转基因番木瓜

具有延迟果实成熟的转基因番木瓜是通过遗传修饰下调乙烯生物合成或者改变信号识别的相关基因而产生。

转基因番木瓜包含正义或反义（在正向的或反方向）编码 ACC 合成酶番木瓜内源基因，capacs1 或 capacs2，或发夹结构（反义或正义的基因连在载体上）（Smith et al，2002）的基因。将另外拷贝的内源 capacs1 或 capacs2 以正义或反义链插入到番木瓜基因组去，通过抑制 ACC 的产生从而降低了乙烯的生成。因此产生的乙烯减少，从而延缓了果实的成熟。

8 种推荐释放的转基因番木瓜中外源基因的类型，粗体标记的是存在于已经释放的转基因番木瓜 PR－128 的基因见表 22－2。

表 22－2　8 种推荐释放的转基因番木瓜中外源基因的类型，粗体标记的是存在于已经释放的转基因番木瓜 **PR－128** 的基因

基因	启动子	终止子	选择标记	预期的表型
capacs1（正义）	35S	nos	NptII，bla	基因沉默；降低乙烯生成
capacs1（反义）	35S	nos	NptII，bla	基因沉默；降低乙烯生成
Capacs2（正义）	35S	nos	NptII，bla	基因沉默；降低乙烯生成
Capacs2（反义）	35S	nos	NptII，bla	基因沉默；降低乙烯生成
capacs1（正义和反义）	35S	nos	NptII，bla	基因沉默；降低乙烯生成
Capacs2（正义和反义）	35S	nos	NptII，bla	基因沉默；降低乙烯生成
etr1－1（正义）	pga	nos	NptII，bla	降低对乙烯的识别
uidA（正义）	35S	nos	NptII，bla	报告基因表达

乙烯识别干扰

推荐释放的转基因番木瓜因为带有来自拟南芥的乙烯受体基因，因此目的是评价果

实成熟的特性。因为拟南芥被证明含有一个无功能的乙烯受体基因 etr1（Chang et al，1993；Bleecker et al，1988）。携带该基因的植物对乙烯不敏感，表现出延迟果实成熟和花衰老的特性。

选择标记和报告基因的选择

一些转基因番木瓜提出释放表达来自细菌，大肠杆菌的 uidA 基因，而非乙烯相关基因。该基因编码的 R-葡萄糖醛酸酶（GUS）。它的表达使产生这种酶的植物组织比较容易识别，并提供了用于驱动果实成熟基因表达的调控序列（启动子）有效性的一种手段。GUS 活动也将被用来在该组织中的基因表达。

转基因番木瓜也含有抗生素抗性基因。这些基因在早期发展转基因植物时用来筛选的选择标记，选择的细菌或植物细胞中含有所需的遗传修饰。抗生素抗性基因是细菌新霉素磷酸转移酶 II 型（NPTII）基因，赋予耐抗生素卡那霉素、新霉素、与 β-内酰胺酶（bla）基因。bla 基因抵抗抗生素连接到一个在植物中不表达的细菌启动子，所以蛋白质不在转基因番木瓜表达。

亲本生物

亲本生物为 *Carica papaya* L.，对澳大利亚来说属于外来引种植物，在西澳大利亚到新威尔士的热带和亚热带地区进行商业化和驯养种植。

关于番木瓜更为详细的信息可在《番木瓜的生物学和生态学特性》一本书看到。番木瓜，在澳大利亚是为了通知这个风险评估过程。本文档可在 OGTR 的网站（http：//www. ogtr。au）下载。

外源基因 capacs1 和 capacs2

capacs1 和 capacs2 基因在非转基因番木瓜（Mason and Botella，1997）中自然存在。他们编码 ACC 合成酶，是乙烯生物合成途径的一个组成部分。乙烯是一种植物激素，调节植物生长和发育的许多方面，包括果实（Alexander and Grierson，2002）。ACC 合成酶（1-amino-cyclopropane－1-carboxylic 酸合成酶）催化合成 ACC（1－氨基－氨基环丙烷－1－羧酸），乙烯的合成所需的中间代谢。capacs1 和 capacs2 的基因导入转基因番木瓜已被申请释放，现在已经把 capacs1 和 capacs2 基因从番木瓜品种“梭罗”中分离并且重新转进了“梭罗”番木瓜的基因组中，期望获得具有延缓果实成熟性状的新品种。

下调 ACC 合酶的技术由申请人先前已被证明能防止番茄成熟（Oeller et al，1991）。如果外部乙烯被施加到番茄果实中，则逆转了这种抑制成熟的作用。同样，下调 ACC 氧化酶，另一种乙烯合成所需要的酶，已被证明可以防止甜瓜成熟（哈密瓜）（Ayub et al，1996）。该释放的目的是检验转 capacs1 和 capacs2 基因的番木瓜在正常的田间试验条件下，是否能延缓果实的成熟。

在果实成熟过程中的初始阶段 capacs1 基因是活跃的，capacs2 基因在果实的后熟阶段活跃。（Mason and Botella，1997）。在成熟的番木瓜果实 capacs2 表达模式类似于番茄的一个 ACC 合成酶基因，是对番茄果实成熟的关键（Oeller et al，1991；Mason and Botella，1997）调控酶。然而，capacs1 基因的表达模式显示它是一个不寻常的 ACC 合酶基因。这是因为，不同于 capacs2 和其他常见的 ACC 合成酶基因，如番茄果实 LeACS2（Lincoln et al，1993）1，capacs1 基因在果实成熟过程中它的表达量逐渐降低（Mason and Botella，1997）。

转基因番木瓜 ACC 合成酶基因表达仅限于在果实中（由申请人提供的信息）。因此，申请人已经表明，转基因番木瓜中的外源 capacs1 和 capacs2 基因的表达不影响其他任何乙烯相关过程的活动。然而，由于外源 ACC 合成酶基因在 35S 启动子的控制下，因此植物其他组织如叶或种子的乙烯合成也有可能是下调的。例如，转基因甜瓜是通过下调乙烯生物合成通过另一个乙烯生物合成有关的酶活性，ACC 氧化酶，结果叶部位的乙烯量也下调（Ayub et al，1996）。

未来转基因番木瓜释放申请，在申请前需要考虑，（这将另行申请和评估）需要报告下调了乙烯生物合成，与乙烯相关的关键过程对番木瓜其他方面的影响比如植物生长发育、对病原菌的反应而不是对果实成熟的影响。

capacs1 和 capacs2 活性改变的机制

两种用于改变 ACC 合成酶活性而下调乙烯生物合成的转基因番木瓜。总之这些方法被称为“基因沉默”，因为它们有针对性的“沉默”掉某些在植物中的正常活动的基因。

用第一种方法，通过向番木瓜插入正义和反义的 capacs1 和 capacs2 基因从而把番木瓜本身的 ACC 合成酶的活性功能沉默掉。反义方向沉默的番木瓜的研究 1 和研究 2 个基因是通过把在番木瓜中将基因反向插入基因的反义方向。这意味着，插入的基因将是正确的（正义）方向的基因翻译产生的蛋白质，或以相反的（反义；不正确）的方向插入。以正义链或反义链插入的基因能沉默掉插入基因和该植物本身的基因功能（Napoli et al，1990；Van der Krol et al，1990）。这种方法被广泛用于基因功能的研究分与分析（Wang and Waterhouse，2002）。

通过插入正义或反义的参与乙烯生物合成的几个基因和果实成熟的其他方面的一些不同基因而引起的基因沉默现象，已在其他水果如番茄、甜瓜中被证明（例如（Oeller et al，1991；Smith et al，1990；Ayub et al，1996）。

参与乙烯合成和果实成熟的其他方面的一些不同基因的副本已在其他水果如番茄、甜瓜被证明（例如（Oeller et al，1991；Smith et al，1990；Ayub et al，1996）。在澳大利亚，通过插入正义截断的 ACC 合成酶基因可沉默 ACC 合成酶基因功能的转基因菠萝，已经由先前的志愿组织批准在有限与可控制条件下释放，许可证号为 PR－95，继续释放的申请已经向监管部门提出。

实现沉默番木瓜 ACC 合酶活性的第二种方法涉及到一个更先进的技术，把植物本身 ACC 合酶基因的正义链和反义链通过非编码的短核苷酸序列连在一起，然后转进植物。这种遗传结构被称为“发夹”。通过这种方式比通过转入正义链或反义链进行基因沉默有效的多（Waterhouse et al，1998）。capacs1 和 capacs2 基因也通过一段来自植物的非编码的 PDK（丙酮酸磷酸双激酶）基因核苷酸序列把正义链和反义链连接起来以同样的方式转进番木瓜中。沉默参与乙烯合成的另一个基因，ACC 氧化酶（ACC 氧化酶），用类似的技术已被转进番茄（Hamilton et al，1998）。

不管是哪种方法启动基因沉默，最终的结果是减少目标基因的表达。基因沉默在植物中似乎是自然存在的机制，可控制基因的表达和防御植物病毒的侵染。最近，这些机制运作的许多细节已经披露（Waterhouse et al，2001；Vaucheret et al，2001）。

etr1 -1 基因

etr1 -1 基因编码一种参与乙烯信号识别的受体蛋白（Chang et al，1993）。etr1 在植物（拟南芥）中已确定，通过分析发现 etr1 在植物中对乙烯不敏感。这些植物有一个非功能 etr1 基因（etr1 -1）和缺乏正常乙烯反应活性，如种子发芽，根和下胚轴伸长和叶片衰老加速抑制（Bleecker et al，1988）。在这些植物的 ETR1 蛋白缺乏功能性乙烯结合位点，从而无法感知存在的乙烯（Schaller and Bleecker，1995）。

非功能性 etr1 -1 基因是显性基因，这意味着植物承载的功能基因的一个拷贝（etr1）和非功能性基因的一个拷贝（etr1 -1）是对乙烯不敏感（即非功能性基因的影响超过的功能基因）。

非功能性的拟南芥 etr1 -1 基因当被转入其他植物时比拟南芥表现出更突出的乙烯不敏感性（Wilkinson et al，1997）。这种效果已在番茄、矮牵牛（Wilkinson et al，1997）、烟草（Knoester et al，1998）、康乃馨（Bovy et al，1999）中被证实。植物携带非功能 etr1 -1 基因表现出延迟花衰老和延缓果实成熟（Wilkinson et al，1997；Knoester et al，1998；Bovy et al，1999）特性。

携带 etr1 -1 基因的植物在整个生长和发育方面没有明显差异，开花前，携带有功能性的基因拷贝（Bleecker et al，1988；Knoester et al，1998；Bovy et al，1999）。然而，在转基因对乙烯不敏感的番木瓜中除果实成熟和花衰老某些特性以外的其他特性也许会改变。具有 etr1 -1 基因的转基因拟南芥植株与正常的非转基因拟南芥相比具有种子萌发率低、发芽种子的生长模式改变、叶子有一点长、叶片寿命提高和较低的过氧化物酶活性特性，其他方面与非转基因的表型相似（Bleecker et al，1988）。这些植物在一定条件下也会产生更多的乙烯，由于缺乏对乙烯生产途径的反馈抑制作用。烟草植物携带拟南芥 etr1 -1 基因也有萌发种子的生长形态改变，叶片衰老与邻近植物的知觉受损，产生更高水平的乙烯的特性（knoester et al，1998）。

乙烯信号识别和植物的抗病性

除了其在植物生长发育中的作用，乙烯也参与植物逆境胁迫，如对伤害或病原体的抵御（Stepanova and Ecker，2000；Thomma et al，2001）。乙烯在植物抵抗病原体的作用机制似乎是复杂的，还没有完全清楚。乙烯启动植物抗病反应信号并与症状的发展密切相关（Stepanova and Ecker，2000）。对乙烯不敏感的植物已被观察显示具有增强的敏感性和对不同的病原体有很强的抵抗力。

植物携带非功能的 etr1 -1 基因，和其他对乙烯不敏感基因，已被证实对病原菌的侵染有加强的防御力。拟南芥植株由于 ein2 基因功能的丧失，而丧失了对乙烯的信号识别作用，但是这些植株对各种细菌和真菌感染的防御能力加强，从而表现出抗病的特性（Thomma et al，1999；Norman-Setterblad et al，2000；Ton et al，2002）不能增强对由非致病的土壤细菌引起的系统抵御反应（Knoester et al，1999）。同样，在烟草内表达拟南芥 etr1－1 基因，防御相关的蛋白水平表达下降，通常不易感染烟草植物真菌也能使转拟南芥 etr1－1 基因的烟草植株感染患病（Knoester et al，1998；Geraats et al，2002）。

与这些观察结果相反，植物与乙烯信号识别受损的植物在正常的致病性病原体攻击时也可能会减少疾病的症状。例如，症状的发展的减少是在一些对乙烯不敏感的拟南芥植物接种病原菌后观察所得（Bent et al，1992）。对乙烯识别缺陷或乙烯合成受阻的番茄植株也表现出对通常能够引起疾病（Lund et al，1998）的一些致病细菌和真菌的抵抗能力。同样，对乙烯不敏感的拟南芥植株已观察到不易受线虫的感染，通常情况下线虫是寄生在这些植株内（Wubben et al，2001）。

转基因番木瓜植物乙烯合成或乙烯信号识别途径已发生改变，这种改变可能会引起转基因番木瓜对病原微生物和非致病微生物的反应的改变。

这种改变可以表现在非果实组织中组成型的乙烯生物合成的下降，或者在表达 etr1－1 基因的植株内乙烯生物合成的下降只发生在果实组织。etr1－1 基因在启动子的调控下可能只在转基因番木瓜的果实中表达。对乙烯不敏感的其他植物的观察表明，由于乙烯代谢的改变，转基因番木瓜对环境中的微生物的抗性反应的改变不可预测，这在田间试验评估中能很好的被鉴定。

转基因番木瓜对病原体的反应的改变可能会影响转基因番木瓜的杂草性在附录 3 中被考虑。

uidA 基因

uidA 基因，从常见的土壤细菌，大肠杆菌，编码葡萄糖醛酸酶（GUS）。GUS 酶能将无色的底物转化为蓝色，作为“标记”来在实验室内检测外源基因有没有转进植物组织。把含有 GUS 基因的植物组织放在这些底物里能很快检测出 uidA 基因的表达（Jefferson et al，1986）。

如果 uidA 基因的表达是由另一个基因的启动子控制，植物组织的蓝颜色的强度分布表明启动子的强度，因此其他基因的表达水平可以推断。在建议的释放里，GUS 是用来评价含有 CaMV 35S 启动子驱动 capacs1、capacs2 两个基因在番木瓜组织表达的效率。

抗生素抗性基因

NPTII 基因是从细菌 Tn5 转座子分离（Beck et al，1982）。该基因编码新霉素磷酸转移酶 II 型（NPTII）赋予生物氨基糖苷类抗生素耐受性，如卡那霉素、新霉素。NPTII 酶用 ATP 磷酸化卡那霉素，新霉素，从而灭活抗生素，防止细胞产生的 NPTII 被灭活。

NPTII 基因作为选择标记在番木瓜植物细胞选择最初的实验室阶段，经过基因改造，使改性细胞的生长，同时抑制非转基因细胞的生长。

基因枪转化法过程可能会导致额外的遗传因子或来自转化载体基因的转进番木瓜组织。一些在载体中存在的遗传元件或基因被设计用于在实验室中的细菌的复制，在植物中的并不会有任何功能。载体中的其他基因被设计用于在实验室中携带的载体的细菌细胞的选择。转基因番木瓜提出释放是因为可能含有卡那霉素抗性基因（NPTII）或者是编码一种抵抗抗生素 ampicillan（bla）的基因。这些基因是在细菌启动子的控制下，在转基因番木瓜植物中不表达。有些植物也会携带一部分的半乳糖苷酶基因（LacZ），用于实验室中大肠杆菌的筛选，Lac Z 基因不会在转基因番木瓜植物功能。

未来的申请释放这些转基因番木瓜的信息需要包括载体的其他基因在转基因番木瓜的存在情况，在应用之前就要考虑。

外源的 ETR1 – 1，抗生素的耐药性和 GUS 蛋白和 ACC 合成酶和这些基因转移到其他生物的潜力讨论。

调控基因

capacs1、capacs2 和 uidA 基因的表达是在来自花椰菜花叶病毒 35S 基因（35S 启动子）的启动子（一个区域的 DNA 决定了基因的表达以及表达强度）控制下进行。一个最大可能就是在转基因番木瓜使用该启动子将会导致这些基因在植物其他组织中的表达。一个 mRNA 的终止区，包括一个多聚腺苷酸化信号，也是植物基因表达所必需的，载体中的这种调控序列是由 NOS 终止子提供（从农杆菌胭脂碱合成酶基因）。

etr1 – 1 基因的表达来自苹果（*Malus domestica*）的多聚半乳糖醛酸酶（pga）基因（Atkinson et al，1998）启动子的控制。在转基因番茄中，该启动子已被用于控制目标基因在成熟果实组织中表达（阿特金森等，1998）。在由 UQ 提出的转基因番木瓜释放中，该启动子的使用预计将导致目标基因仅在成熟的果实而不是在转基因番木瓜植株其他部位表达。

未来的释放申请将需要提供这些转基因番木瓜那些基因是在 pga 启动子的控制下表达的信息。

在实验室控制下的 NPTII 基因的选择是在 NOS 基因的启动子和 NOS 终止子控制下进行。

尽管一些用于转基因番木瓜的调控序列是来源于植物病原菌，它们只有病原菌基因组的很小一部分序列，在它们本身来说不会引起植物致病。

基因转化方法

capacs1、capacs2、etr1 – 1、uidA 基因和 NPTII 及其相关调控序列通过基因粒子轰击法已被转进番木瓜（“solo”）中，这是一个成熟的转化方法，通过压缩空气将外源基因包裹在钨或金颗粒中，转化到植物细胞的基因组中，在实验室抗生素卡那霉素用于选择包含了外源基因的植物细胞，这些细胞再生长为完整的植物。

遗传插入基因的和遗传修饰的稳定性

申请人打算通过有限和可控制的释放获得有遗传修饰的外源基因的在转基因植株中

的功能信息，没有田间释放试验这些数据资料没有办法获得。

Southern 杂交和 PCR 分析

聚合酶链反应（PCR）和 Southern 印迹法可用来证明外源的 capacs1、capacs2、etr1-1、uidA 基因和 NPTII 在植物中的存在。PCR 能检测转基因植物中的外源基因，但不能证明基因存在的拷贝数。相比之下，Southern 杂交能表明每个插入基因的拷贝数。

PCR 已被用于证实在 PR-128 许可证支持下的在释放地生长的转基因番木瓜的 AAC 合成酶正义链和反义链基因的存在，Southern 印迹技术还没有被采用。采用 PCR 技术，UQ 已发现四株植物含有正义链的 capacs1 基因，8 株含有反义取向的 capacs1 基因和 8 株包含反义链的 capacs2。此外，UQ 表明另外组织培养的植植株含有正义/或反义的 capacs1 和 capacs2 基因。申请者预计，这些未成熟的转基因番木瓜植株在 2003 年 8 月之前将做好移栽准备。

Southern 杂交和 PCR 分析都没有证明那些转基因植株含有 capacs1 和 capacs2 的发夹结构、GUS 基因和 etr1-1 外源基因，因为这些转基因番木瓜的发展还在进行中。申请者期望获得含有 capacs1 和 capacs2 的发夹结构、GUS 基因和 etr1-1 外源基因转基因植株，也希望这种转基因番木瓜在 2003 年 8 月能被批准释放。

环境安全——杂草性

监管机构在进行风险评估和风险管理计划时需要考虑到其对人类健康、安全和环境的影响。本书从解析了其对环境的潜在危害。本附录考虑到的是转基因作物潜在的杂草性评价。杂草具有很多的定义，包括“一个生长在其不应生长环境地点的植物”。当杂草大量存在、占据耕地并影响耕地使用时就会变成对于环境生物群落的一个问题。杂草对生物多样性的影响是直接存在的，其通过直接的方式竞争有益物种的生态位，或间接地通过改变食物链的结构从而影响在群落中的不同营养水平。

杂草性对自然的危害

关于转基因番木瓜进行基因改造后的产生的影响及其他多重效应使其存在潜在增长的杂草性，从而被认为对环境存在潜在危害。杂草种子的产生、定植、增长率、持续性潜在传播或提高其对病原物或食草动物的抗性，都有可能导致其对环境适应度的上升。如果转基因番木瓜在环境的保存或传播中如同杂草一般，这将可能导致一系列的影响，例如造成本地生物多样性损失或对农业系统的其他负面影响。

杂草危害出现的可能性

在澳大利亚，番木瓜并不属于影响农业环境（Groves et al，2002）或自然环境（Groves et al，2000）存疑的杂草。虽然这个物种已经在一些热带和亚热带地区的大陆被驯化（澳大利亚虚拟标本馆，2003；Randall，2002），但它似乎并没有显著影响本地的生物多样性（Groves et al，2000）。

Vasconcella pubescens（原 *C. pubescens*）是唯一被记录为杂草的番木瓜的近亲（Randall，2002）。报告中表明，这些杂草丛生的侵扰显然只是局限于某些热带岛屿和新西兰的局部地区（Randall，2002），而在最坏的情况下，该物种也只是被认为属于“适度入侵”。

在所有澳大利亚的植物标本馆关于 *V. pubescens*（或其他 *Vasconcella* 种）均没有记录，且没有来自重要澳大利亚园艺学文献的证据表明这些物种的在澳大利亚定植。虽然很有可能 V. pubescens（或相关种）在澳大利亚局部地区有生长，但并没有证据证明这些物种广泛传播分布，或成为对农业环境和自然环境产生影响的问题杂草（Groves et al，2000；2002）。

关于番木瓜杂草性的更多细节信息可以在其风险评估的综述报告文件《澳大利亚番木瓜（paw paw），*Carica papaya* L. 的生物学和生态学》中找到。

转基因番木瓜杂草性增长的潜力

如果转基因番木瓜生长出现的选择优势，例如竞争力、生长速率、种子生产、种子萌发或种子休眠受基因修饰的影响等生物学性状，都有可能造成杂草性的潜在增长。同样地，如果番木瓜的抗病性和对食草动物的耐受性受到基因修饰的影响，这些番木瓜也有可能造成杂草性的潜在增长。

杂草性的乙烯生物合成修饰效应

该申请人已表示，在 ACC 合成酶基因修饰的转基因番木瓜中，除了延迟果实成熟以外，乙烯生物合成的下调不会影响其他乙烯相关途径。乙烯会影响的植物中的若干途径，特别是导入 ACC 合成酶基因受 35S 启动子调控。虽然下调乙烯生产的果实或其他植物组织不太可能影响转基因番木瓜的属性从而影响其杂草性的潜力，但监管部门一直因缺乏相关证据阐明导入 ACC 合成酶基因在不同植物组织中的功能和影响，从而无法确定这个结论。

杂草性的乙烯感知修饰效应

转基因番木瓜的乙烯感知基因修饰同样可能影响其他途径从而影响其杂草性的潜力。例如，拟南芥植物中由于非功能性的 etr1 基因表达改变了其乙烯感受能力从而使得萌发率严重低于“正常”拟南芥种子（Bleecker et al，1988）。种子萌发率的下降意味着土壤种子库中潜在的种子积累，而土壤种子库的持久性是许多杂草物种的一个属性（Baker，1965；Noble，1989；Williamson and Fitter，1996）

番木瓜只能通过种子进行繁殖（Nakasone and Paull，1998），其土壤种子库持久性的潜在发展可能影响计划开放转基因番木瓜潜在的杂草性。因此，在未来考虑开放应用其他同类型的转基因番木瓜之前（受到独立的应用和评估）需要调查转基因番木瓜种子的发芽率和改变乙烯感知及生物合成在番木瓜中关键乙烯相关途径的影响。未来监管部门在开放和大规模应用任何转基因番木瓜之前还将要求提供关于 *C. papaya* 和相关已驯化的昆士兰番木瓜种群中土壤种子库范围和持久性的信息。

在拟南芥乙烯不敏感突变体中干扰乙烯感知，会导致部分叶片尺寸增大25%，部分叶片延迟衰老和成熟花的延迟产生（Bleecker et al，1988）。对进行了乙烯不敏感修饰的突变番木瓜可能会影响它们耐受草食动物的能力。例如在转基因植物中，如果叶面积明显增加，食草动物造成的叶损坏面积在叶片总面积中就是一个相对较低的比例。另外，干扰乙烯感知可能会改变植物对食草动物的防御反应，从而影响对食草动物的耐受力。尽管如此，相对于真菌和病毒病原物，节肢动物食草动物对商业番木瓜种植园还是相对影响较小的害虫，并且不太可能对番木瓜的潜在杂草性的持续性和传播造成重大影响，这一点值得注意。与叶面积增大相关的干扰乙烯感知修饰可能同样也修饰植物的竞争能力，并且因此影响潜在的杂草性。例如，众所周知，叶面积的增加会影响相邻植物间的竞争（Garrity et al，1992；Van Delden et al，2002）。

乙烯同样在植物受到微生物病原菌挑战时的防御反应中起到作用。乙烯不敏感会导致对某些病原菌（Thomma et al，1999；Norman-Setterblad et al，2000；Ton et al，2002）和某些非致病性微生物 Knoester et al，1998；Knoester et al，1999；Geraats et al，2002）的感病性增强。相反地，乙烯不敏感植物和具有乙烯下调产物的植物在应答某些普通的病原生物时症状减轻（Wubben et al，2001；Lund et al，1998；Bent et al，1992）。如果在澳洲的自然生态系统中，病原菌作为 *C. papaya* 传播和持续发展的主要限制因素，etr1－1 基因造成的乙烯不敏感可能会为其杂草性的增强提供选择优势。未来开放应用相同类型的转基因番木瓜可能要求关于限制乙烯感知（下调乙烯产物）影响的数据，在应用前需考虑转基因番木瓜对关键病原菌的感病性反应。

申请人已表示为了释放转基因番木瓜而导入的 etr1－1 基因将由一个果实特异性启动子控制（pga，聚半乳糖醛酸酶）。因此，etr1－1 基因只在果实相关的组织中表达并且可能不会影响番木瓜其他组织中的乙烯相关过程。例如，叶面积不会因为果实特性启动子驱动的 etr1－1 基因的表达而受到乙烯不敏感的影响，而果实产生种子的性却有可能受到影响。无论是 etr1－1 基因的引入和功能，还是 pga 启动子在限制在果实中表达的效应，监管机构最终并无证据确定改变乙烯感知的转基因番木瓜是具有增强杂草性的潜力。

抗生素耐药性和 GUS 表达对杂草性的影响

抗生素并不适用于番木瓜，故抗生素耐药性基因 nptII 不会对转基因番木瓜提供选择性优势，而且没有理由预见该蛋白的表达可以改变与番木瓜杂草性相关键的任何特征属性。同样地，GUS 蛋白也绝对不会为可能导致杂草性的转基因番木瓜提供任何选择性优势（Gilissen et al，1998）。

转基因番木瓜在环境中的传播

在昆士兰，大多数番木瓜果实是通过天蛾进行异花授粉而产生（*Lepidoptera*：*Sphingidae*）（Garrett，1995；Morrisen et al，2003）。为防止开放点的花粉漂移，申请者提出将整个开放区域包围在防虫网内，以防止转基因生物主要传粉昆虫的接近。对提出开放的番木瓜的基因改造并不会改变番木瓜花粉的传播或者其传粉生物学的其他内容。许可证制度下要求防虫网罩要定期监管，并且及时修复任何破损。

转基因番木瓜的果实和种子传播

除了人类的运输，番木瓜在环境中最可能的传播是通过果蝠（*Poliocephalus* spp.）。申请人提出在澳洲果蝠是番木瓜主要的哺乳动物捕食者，因此也是番木瓜种子最主要的非人类散播者。然而，可能有部分其他物种，包括其他蝙蝠、各种其他哺乳动物如啮齿动物和负鼠以及一些鸟类可以协助番木瓜果实和种子潜在的传播，。

对基因改造后的番木瓜的计划开放并不会改变番木瓜果实和种子的传播。然而当果实成熟延迟并且长时间保持在树上，它们可能会被食果动物获得，这样果实的传播就会经历更长的时间。延迟果实成熟特征可能会使果实成为不那么有吸引力的食物资源，并且可能会减少番木瓜果实和种子的自然传播模式。

申请者提出的为了防止开放点的转基因番木瓜花粉传播的防虫网罩对防止动物靠近释放点也会有额外的好处。尤其是许可证制度要求防虫网罩从地面起就密封，这将极大地限制转基因番木瓜果实和种子的传播。附加的许可条件要求申请人为所有从转基因番木瓜树上产生的果实实施一项统计程序，并且每天监管防虫网罩以确保其完整无损。如果到了不能及时修理的程度，申请人必须清除并销毁所有花和果实以防止果实和种子的意外扩散。

许可执照还要求申请者按照 OGTR 运输指南运输任何转基因材料，包括用于分析的果实和种子。这样就要求转基因生物和转基因材料必须装在一个初始密封的容器中，再置于第二层坚固的容器中，否则不能进行运输。结合与此，这些措施将极大地限制了转基因材料在环境中传播的可能性。

转基因番木瓜在释放点的持久性

果实将在试验分析其生理、营养和质量属性过程中收获。尽管有些果实可以在树上成熟，但是多数还是在绿色或不成熟就收获，以用来分析不同成熟阶段的果实成熟度。当果实暴露种子，这一研究目标将大大地限制试验场地的转基因番木瓜种子纳入土壤种子库的可能性，也因此限制了转基因生物在释放点的持久性的潜力。然而，如上所述，申请者要求对防虫网内的每颗番木瓜树上结出的每颗果实都进行注释，以定期检测果实的发展并防止成熟的果实掉落在地面。这些注释和监控程序将更进一步限制转基因番木瓜种子在释放点持续的潜力。

尽管番木瓜很难进行无性繁殖（例如扦插技术），申请者还是被要求在试验结束后通过砍倒树木并在树桩涂抹适当除草剂的方式销毁转基因材料。这将限制转基因番木瓜在试验点的可持续潜力。许可条件进一步要求来源于已砍树木并且不需要进行进一步研究的植物材料需要焚烧销毁。

另外，对释放点的采后监管要求成为许可条件之一，以确保在得出试验结论后的释放区域内可能发芽或再生长的任何番木瓜在开花前被销毁，这样转基因番木瓜才不会在环境中持续存在。

关于杂草性的结论

由以上说明可以定论：乙烯生物合成的下调作用，乙烯感知的修饰及其他导入基因并不会影响开放的转基因番木瓜杂草潜力的属性改变。

对支持计划开放的因素有以下几方面：

番木瓜在澳洲不是问题性杂草；

在澳洲也没有其近源种是问题性杂草。

然而，监管部门在做决策之前需要有更多的关于对转基因番木瓜属性进行遗传修饰导致影响其杂草性（例如种子休眠期，竞争能力、对天敌的敏感性和在环境中的传播）改变的信息。在更大规模或监管宽松时开放转基因番木瓜时，这一类信息是非常有必要的。

此外，进一步得出的结论是通过实施不同的策略将转基因番木瓜杂草性控制在一个可接受的低风险水平就可以减少其在环境中的持久性传播。申请者提出的策略如下：

限制每公顷的释放；

利用防虫网罩封闭开放区域来防止转基因番木瓜的传播，同时也防止较大型动物靠近转基因植物及其果实。

有关开放转基因番木瓜潜在杂草性的其他风险管理条例和细节在附录 6 中列出。

监管机构在进行风险评估和风险管理计划时需要考虑到其对人类健康、安全和环境的影响。基因转移是个体间基因的过程。在一个物种内，基因通过有性繁殖的动物、异花授粉的植物和接合细菌中连续几代之间进行定期交换。杂交种可以产生密切相关的物种。例如在植物中，小麦和黑麦异花授粉产生小黑麦，在动物中马和驴有性繁殖产生骡子。杂交后代可能是育或不育的，即杂交可能亦或不可能导致单个或多个基因渐渗到种群中。基因转移在亲缘关系较远的物种之间是难以观察到的。然而，基因转移可以在些不相容的生物之间发生。基于 DNA 序列相似性的“系统发育树”的构建表明，远古植物偶然地与远缘生物交换了微小的 DNA 片段。总之，似乎只有非常有限的基因从植物转移到其他类型的生物。

为了便于参考，对基因转移到其他生物的评估提出了以下四个主要部分：

天然的和转基因番木瓜的基因转移到其他植物的可能性，包括其他番木瓜；天然的和转基因番木瓜的基因转移到微生物的可能性；天然的和转基因番木瓜的基因转入到动物的可能性，包括人类；基因转移的风险进行总结。

总的来说，转基因番木瓜中导入的基因转移到其他生物而引起的危害类型包括延迟果实成熟的植物产物，或改变与乙烯生成、乙烯感知相关的属性例如对土壤微生物的应答、改良发芽特性或增加叶面积等。这样的植物将会减少本地生物多样性或破坏生态系统的结构和功能而在自然环境中发挥优势。另一个潜在的危险是病原菌对抗生素抗性基因的转移，这可能会产生对人类或动物健康有潜在危害的耐药型病原菌。

导入的基因转移到其他植物

基因转移对自然的危害

导入的基因或调控序列转移到其他番木瓜上会呈现相同的效果，并与已提出开放的转基因番木瓜中存在的基因具有相同的潜在影响。通过异花授粉的基因转移到非转基因番木瓜很有可能产生含有插入基因的种子，如果这些种子萌发并定植，很可能会导致这些番木瓜与已提出开放的转基因番木瓜具有相似的性状。

如果导入基因转移了番木瓜种植园、国内种植的番木瓜或驯化的番木瓜群中，这会增加环境中基因持续存在的可能性。这种转移的流动影响将取决于插入基因能否对提高澳大利亚番木瓜的杂草性提供了选择优势，或者是插入基因能否影响番木瓜的毒性或致敏性，从而可能影响人类和其他生物消费或食用来自转基因番木瓜的果实或其他组织的安全。

基因转移到其他植物物种

导入基因或调节序列转移到其他植物物种，特别是原生植物群，可能对生物多样性产生不利影响。针对转移基因序列的其他潜在危险如下：

ACC 合成酶基因和相关结构：所有的植物物种都具有 ACC 合成酶基因。因此，如果 capacs 1 或 capacs 2 基因的沉默结构转移到其他植物物种，这些结构可能引发其他植物物种内源 ACC 合成酶基因的沉默，这在理论上是可能的。发生这种情况的可能性取决于 capacs 1 或 capacs 2 基因与其他植物物种中 ACC 合成酶基因之间的同源性程度。

因此，植物可以下调内源乙烯的产生，这可能会延迟乙烯相关的进程，特别是花衰老和果实成熟。在发生这种可能性极低的小概率事件的情况下，这种植物可能能降低对天敌（食草动物和病原菌）的吸引力或加强其对其他植物竞争力，并带有潜在的杂草性后果。

etr-1 gene：植物对乙烯不敏感可能会延迟或阻碍果实成熟，或影响植物中包括对病原菌的应答或促进种子萌发在内的其他相关的乙烯生产过程。这些植物生物学性状都可能影响到杂草性。

抗生素耐药性和报告基因：植物可以对抗生素产生抗性或生成 GUS 蛋白。如果抗生素用做植物防控的话，才会产生抗生素的耐药性的影响。抗生素的问题在于抗生素（nptII 和 bla）在实验室中仅作为筛选转基因细胞或植物的标记而并不应用在实验室外的植物中。值得注意的是，虽然 nptII 在计划开放的转基因番木瓜中表达，但 bla 是受控于细菌的启动子而该启动子在植物中并不活跃，因此 bla 不能在转基因植物中表达。同样值得注意的是，GUS 的表达不太可能有毒性或致敏性，并且不会影响杂草性。

CaMV 35S 启动子和其他调控序列：如果基因转移确实发生，当导入的调节序列改变了植物内源基因的表达，就可能会出现意想不到的效果。如果发生扰乱正常植物基因表达的的情况，影响将取决于表现型。这些调控序列中有一个来源于植物病原菌（*Agrobacterium tumefaciens*）。它已经被认为可能具有致病性。

基因转移到其他番木瓜或其他植物的可能性

插入的基因可以转移到其他植物最有可能的手段是通过异花授粉（串粉）。已有研究表明天蛾（家庭科）是澳大利亚番木瓜的主要传粉昆虫，其他包括蜜蜂和风在内的传粉因素，都是微乎其微的（Garrett，1995；Morrisen et al，2003；OGTR，2003）。因此，花粉最可能转移到非转基因番木瓜或其他植物的方式是通过天蛾授粉。基因转移到非转基因番木瓜可能性由若干变量影响，包括传粉昆虫觅食范围之间的关系和番木瓜树之间的距离。有关天蛾典型的觅食范围并没有已发表的数据，但有研究表明它们的觅食行为不受风向影响（Garrett，1995）。

为了详细的考虑基因从番木瓜转移的可能性，可以参考包括番木瓜传粉生物学的概述，为风险评估而著的《澳大利亚番木瓜生物学和生态学》等文章。总而言之，因为大量的基因不亲和，基因转移到其他物种的可能性，包括番木瓜的近亲 vasconcella 属，都可以忽略不计。此外，虽然这些近亲在园艺学的上是可获得的，但主流文献（例 elliot，Jones，1980）没有引用或介绍他们的栽培，而且并没有任何证据表明它们广泛存在于澳大利亚。良好的遗传差异也限制了基因转移到关系较远的植物属。

邻近其他番木瓜

除了距离雷德兰兹的昆士兰初级工业研究站释放点约 200 m 处的其他地方种植的六棵非转基因番木瓜树，其他最靠近的番木瓜树种植在距离释放区域约 500 米的家庭花园。最近的番木瓜商业种植园距离释放点 12.5 km。该释放区域和最近的驯化番木瓜种群之间相距 50～60 km（澳大利亚虚拟植物标本馆，2003），这里位于 Beerburrum 山南坡，靠近卡伦德拉，位于昆士兰东南部。无论是商业种植园和驯化番木瓜群都不在任何可以靠近计划开放的转基因番木瓜的传粉昆虫的觅食范围内。

若不考虑计划开放点与其他非转基因番木瓜之间的距离，许可证要求申请者将整个释放点置于一个固定在地面的自给自足的防虫网内，以防止已知的番木瓜传粉者进出。另外，按许可证要求需每天检查防虫网罩是否有缺口破损，并及时修复。同时还要求转基因番木瓜产生的雄蕊在开花前摘除。这些措施可以将基因转移到其他番木瓜上的可能性限制到可忽略水平。

风险评估和风险管理的协商文本中包括将雌雄同体的花套袋的措施，以降低基因从转基因番木瓜转移的可能性。但申请者的建议表明套袋两性花可能会因为破坏花和果实的生长从而影响释放的实验目标。另外，申请者认为在已有防虫网罩防止花粉通过传粉者转移到释放区域外的情况下，套袋不必要也不值得，并且对这种不可能发生的花粉转移事件的评估也是低风险水平。

对于申请者提交的意见，很重要的一点是有效证据清楚论证了在昆士兰地区，番木瓜花粉通过风的传播相当稀少（Garrett，1995；OGTR，2003）。防虫网罩可能更进一步降低了风传粉的成功性，尤其是因为番木瓜花粉的具粘性或呈粉末状（Garrett，1995），因此不会被风吹到防虫网外。

经与 GTTAC（基因科技技术咨询委员会）成员的磋商后确定，经过基因转移后的转基因番木瓜无需进行雌雄同花的套袋，只需要对防虫网损伤的检查频次从每周两次提高至每天一次并立即对其进行修复，若无法立即修复则该转基因番木瓜的花及果实需隔离并销毁以防止花粉或种子从释放点潜在的运动和传播，如此亦可有效地对转基因番木瓜进行管理。

因此，许可执照上转基因番木瓜雌雄同体花需要套袋的要求已经被废除，且需要昆士兰大学每天对防虫网进行检查并立即修复任何损坏，如若防虫网不能立即修复，则要求该转基因番木瓜的花和果实需立即隔离并销毁。

导入基因转移到微生物

基因通过异花授粉不会从植物转移到其他类型生物。最有可能的转移方式是水平基因转移——从一种生物（供体）到另一种与供体性不相容的生物（受体）之间的遗传物质的转移（Conner et al，2003）。基因水平转移并不是一个抽象的理论方法（Jain et al，1999）。有越来越多的证据表明，水平基因转移一直是基因组进化的一个主要力量，特别是在细菌基因组的进化（Ochman et al，2000；Jain et al，1999；Smalla et al，2000；Stanhope et al，2001）。

基因转移对自然的危害

关于特定基因序列的潜在危害如下：

ACC 合成酶基因和相关结构：

在这一极不可能发生的事件中，对人类健康和环境表现出风险也是不可能的，因为这一基因不可能起作用或产生功能相关蛋白。

抗生素耐药性基因：

微生物对抗生素会产生抗性。对人类健康安全和环境的后果取决于：

微生物的致病性；

抗生素在临床和/或兽医实践中的应用及意义；

对抗生素的耐药性是否已经广泛存在于微生物种群中。

抗药性基因产生于自然发生的遗传因素（转座子和质粒），它们在细菌种群中很容易转移（US FDA，1998；Flavell et al，1992；Langridge，1997；Pittard，1997）。基因利用这些因素在细菌间转移已有良好的记录机制，其可能性远大于相同基因从转基因番木瓜转移。

GUS 报告基因（uidA）：

在这一极不可能发生的事件中，对人类健康和环境表现出风险也是不可能的。GUS 基因通常出现在某些土壤细菌中，并且相比转基因番木瓜 GUS 基因从这些细菌中更容易转移到其他细菌。

CaMV 35S 启动子和其他调控序列：

改变受体微生物内源基因的表达。如果正常基因的表达发生了变化，对受体微生物及环境的危害将取决于具体的结果表型的变化。

这些序列其中一些来源于植物病原物（花椰菜花叶病毒、玄参花叶病毒、根癌土壤杆菌）。并且这些序列可能具有致病性。

还有可能这些调控序列与侵染植物的另一种病毒的基因组重组而形成新的重组病毒。

CaMV 35S 启动子已在环境和人类饮食中普遍存在（Hodgson，2000）。这一启动子和其他细菌调控序列可以通过微生物的原生细菌宿主而向其转移。

转基因番木瓜的基因转移至微生物的可能性

基因水平转移可以发生在性不相容的生物体之间。大多数基因转移已经通过基因序列识别得到了分析（Ochman et al，2000；Worobey and Holmes，1999）。总之，基因转移的检测在进化时间尺度的数百万年之后（Lawrence and Ochman，1998）。大多数基因转移是从病毒到病毒（Lai，1992），或者是细菌之间（Ochman et al，2000）。

相比之下，植物基因转移到其他生物体如细菌、真菌或病毒是极其稀少的（Mayo，Jolly，1991；Nielsen et al，1998；Nielsen et al，2000；Harper et al，1999；Schoelz，Wintermantel，1993；Greene and Allison，1994；Pittard，1997；Aoki and Syono，1999；Worobey and Holmes，1999）。植物基因转移到细菌和病毒已在实验室和温室试验中观测到（Nielsen et al，1998；Nielsen et al，2000；Schoelz and Wintermantel，1993；Greene and Allison，1994；Pittard，1997；Worobey and Holmes，1999），但是所有的情况都只有在相关基因序列（同源重组）的可控条件下，并采用高灵敏度和强度的选择方法才能检测到罕见的基因转移事件。

细菌

自然转化是在进化过程中植物 DNA 转移到微生物中的一种机制（Bertolla and Simonet，1999），也是最有可能有助于基因从转基因植物到细菌水平转移的机制（Smalla et al，2000）。自然转化可以通过占用和整合有竞争力细菌周围的游离 DNA 使其产生遗传变异。这种 DNA 的吸收并不一定取决于其序列，从而表明不同的供体生物体间的基因转移具备一定潜在性。

Bertolla and Simonet（1999）确定了自然转化发生所需的几个步骤：

植物细胞中的 DNA 分子向环境的释放；

酶活性对游离 DNA 的保护；

细菌基因型对自然转化发展能力的存在；

发展的主要阶段适宜的生物和非生物条件。

细菌细胞表面对 DNA 的高效吸附。

高效的 DNA 导入。

转化的 DNA 通过重组和自主复制的染色体整合。

受体细菌的基因表达。

细菌的能力并不会持续表现，并且可转化的细菌细胞需要进入一个生理调节能力状态从而吸收外源 DNA（Lorenz and Wackernagel，1994）。自然转化的主要限制因素仍然是具备表达能力的细菌及其表达能力的培养（Smalla et al，2000）。在实验室中的诱导表达能力试验证明，很少有细菌在自然条件下表现出表达能力（Nielsen，1998）。

Bertolla and Simonet（1999）确定的所有步骤需在同一地点同时发生才能通过此机制使基因发生转移。如表达能力培养等障碍使这种情况不可能发生。在自然条件下植物-细菌之间的转移还没有被证明。

有几项研究证明了植物 DNA 在土壤中的持久性（Gebhard and Smalla，1999；Paget and Simonet，1994；Widmer et al，1996；Paget and Simonet，1997；Widmer et al，1997）。寄居于植物表面的细菌可以通过叶片或从根获取营养物质，并且它们经常聚集于生物膜从而促进细胞与细胞间的接触并因此可能发生 DNA 转移。有研究也证明了在动物的胃肠道中，有伴随着寄生于整个消化道和助于消化过程的微生物群的植物 DNA 持久存在。然而，源于转基因植物导入基因的 DNA 比例在动物饮食中是极低的。

从植物到细菌的基因水平转移在自然条件下还未被证实（Syvanen，1999）并且迄今为止诱导这种转移的有意尝试都以失败告终（Schlüter et al，1995；Coghlan，2000）。只有在高度人为的试验条件下，在同源序列间和选择压力的条件下（Mercer et al，1999；Gebhard and Smalla，1998；De Vries and Wackernagel，1998；De Vries et al，2001）才能证明植物 DNA 向细菌的转移，而且即便如此，转移的频率也非常低。

利用抗生素筛选检测极为罕见的事件，有研究观测到含有新霉素抗性（nptII）基因的缺陷型（删除了 10 bp 或 317 bp）的不动杆菌（*Acinobacter* sp.）细胞从携带完整的 NPTII 基因的转基因植物（甜菜、番茄、马铃薯或油菜）中整合 DNA，从而导致新霉素抗性的恢复。如果在受体菌株中没有人为引入同源性，在不动杆菌中（Nielsen et al，2000；De Vries et al，2001）或施氏假单胞菌中（De Vries et al，2001）就检测不到 DNA 的摄取。电场和电流也已知在实验室条件下能增加细菌细胞膜通透性以促进转化。鉴于环境会受到定期的雷暴和闪电放电引起的巨大的电扰动，我们研究了细菌天然的电转化的可能性。在实验室通过模拟闪电已检测到土壤中细菌的转化（Demaneche et al，2001）。

将基因整合到受体细菌的基因组中已知取决于获取的 DNA 和受体细菌之间的序列同源性。似乎这些序列之间的异源性是细菌中稳定的导入差异 DNA 的主要障碍（Baron et al，1968；Rayssiguier et al，1989；Matic et al，1995；Vulic et al，1997）。肠道细菌的重组频率和导入 DNA 差异序列的增加之间是一个递减的指数关系（Vulic et al，1997）。尽管当序列越相似时重组越可能发生，但这种重组引起的不利影响的风险减小了，因为再生成新的和危险的重组体的可能性更小了。

即使转移和建立的障碍被克服，外源基因的表达仍然存在障碍。基因启动子必须在原核生物中兼容表达。决定外源 DNA 整合到细菌中的一个最重要的因素可能是选择压力的强度。原核生物具有高效的基因组，并且一般不含有多余的序列。如果基因对生物体无作用，那么在基因组中整合或是保留这些基因都不会具有选择优势。

导入到转基因植物基因组的序列和侵染植物的病毒的基因组序列之间的重组有理论的可能性（Hodgson，2000a；Ho et al，2000；Hodgson，2000b）。在极低的水平下病毒基因组和植物 DNA 之间的重组才能观测到，并且只有在选择压力条件下的同源序列见才发生，例如通过导入病毒的互补序列到转基因植物基因组的侵染病毒的再生。

真菌

已知真菌是可转化的，并且又有研究证明了植物与植物相关真菌间的基因水平转移。根肿菌从寄主植物吸收 DNA（Bryngelsson et al，1988；Buhariwalla and Mithen，1995）和黑曲霉从转基因植物吸收潮霉素基因（Hoffman et al，1994）已见报道。但是并没有实验证据证明这些真菌基因组中植物 DNA 整合和遗传的稳定性（Nielsen，1998）。

基因转移对自然的危害

转基因番木瓜中导入基因转移到动物，包括人类的潜在危害是非常多变的，大体取决于受体的表型和它或它的后代的生存或再生能力的任何变化。特定基因序列所构成的潜在危害如下：

ACC 合成酶基因和相关结构：

在这一极不可能发生的事件不会对人类健康和环境表现出风险。

抗生素耐药性基因：

动物会对抗生素产生抗性。如果转移发生到使用这些抗生素的人类或其他动物身上，抗生素在能够控制目标病原细菌前被灭活。有研究认为这些基因转移的可能降低了抗生素的治疗效果。

GUS 报告基因：

在这一极不可能发生的事件不会对人类健康和环境表现出风险。

CaMV 35S 启动子和其他调控序列：

改变受体动物内源基因的表达。如果正常基因的表达发生了变化，对受体动物及环境的危害将取决于具体的结果表型的变化。

转基因番木瓜向动物的基因转移的可能性

外源 DNA 进入人体最重要的途径是通过食物，因为食物通过胃肠道。胃肠道皮层经常与食物中释放的外源 DNA 接触。通过直接消化转基因番木瓜之后 DNA 转移到人类是极不可能的。

另外需要注意的是，澳新食品标准局（FSANZ）负责人类食品安全性评估。目前，申请人没有向 FSANZ 申请评价用于人类食品的转基因番木瓜材料。在用于人类食品之前需要获得 FSANZ 的批准。

据推测，转基因植物中的导入基因可以在肠道中通过细菌间接转移到人类（或其他动物）。几项研究已表明这种潜在危险的可能性，因为胃肠道会在 1 d24 h 中的许多时间与摄入的食物 DNA 接触，并且微生物在整个肠道中促进着消化进程。

Netherwood 等人（2002）研究了食物中的 DNA 是否能存活于人类胃肠道。试验招募了 7 名做过结肠造口术的患者喂食转基因（Roundup Ready ®）大豆食品并对 Roundup Ready ®基因和大豆内源基因的存活都进行了跟踪。令人惊讶的是，检测到转基因大豆的大部分转入基因在小肠通道内存活。大豆内源基因与 Roundup Ready ®基因的持久性水平相似，表明转基因与大豆内源 DNA 的降解速率相似。在这项研究中，转基因大豆被用来作为一个模式试验系统，并且其结果广泛适用于许多其他转基因植物食品，包括转基因番木瓜。

为确定转基因大豆中的转基因是否在整个胃肠道中存活，对另外 12 名志愿者喂食了含有转基因大豆的餐食，结果没有从任何志愿者的粪便中检测到转基因。这些数据表明转基因大豆虽然存活于小肠，但在大肠和结肠中完全消化了。这可能是因为做过结肠造口术的患者的小肠与拥有完整胃肠道的人的小肠不同。例如结肠造口术的患者能分泌低浓度的 DNA 酶。另外，食糜的流通速率不同，或者是小肠中的微生物生态系统的结构可能是完全不同的。

通过检测结肠造口术患者食糜样品中的微生物来证明从转基因大豆中的基因转移。对细菌 DNA 存在的基因检测证实基因转移发生在一个非常低的水平。然而，携带转移 DNA 的单个细菌不能被分离，说明含有转基因大豆的转基因成分的细菌只代表了这些人肠道菌群的极小一部分。

对肠道细菌如乳酸杆菌、鼠伤寒沙门氏杆菌（一种细胞内病原体）的研究表明，植物性食物，尤其是大豆食品中在肠表皮的基因转移不太可能发生，因为基因转移不能在高度选择性的实验条件下诱导。

转基因番木瓜组织包括其果实的开放，将会可能应用于动物的喂养，从而使它们的胃肠道直接接触外源基因，而这些 DNA 在各种动物的消化道的去向已有研究。一篇源于转基因作物 DNA 与动物饲料相关安全问题的综述（Beever and Kemp，2000）中表明接触转基因作物的 DNA 材料与接触正常的非转基因作物的 DNA 材料的差异可以忽略不计，研究表明在含有 40% 转基因玉米的饲料中，导入基因仅占膳食摄入量总 DNA 的 0.00042%。

Alexander 等（2002）使用耐草甘膦转基因油菜作为模式实验系统调查了转基因作物 DNA 的消化去向。他们使用不同菜籽油的合成饲料对牛进行饲养并抽取牛瘤胃胃液进行体外培养，用 PCR 检测分析了通过基因修饰引入的 CP4 EPSPS 基因和一个内源的细胞核编码的 rbcS 基因（编码光合作用的酶小亚基的二磷酸核酮糖羧化酶）。

实验设完整种子，粉碎种子，菜籽粕和复合饲料（含 6.5% 菜籽粕）4 个处理，处理的油菜种子或菜籽粕经检测发现 DNA 均显著减少，导入基因和内源基因无显著差异，这些饲料处理均分批培养于牛瘤胃胃液。这两个基因在完整种子和粉碎种子的处理中培养长达 48 h 后仍可检测到，而在菜籽粕和复合饲料中仅在 8 h 和 4 h 后可检测到，且这些基因是在破碎的植物组织中而非水相的胃液培养物中检测到的。作者的结论是，植物的 DNA 在瘤胃胃液中迅速消化分解，DNA 的残留量与植物细胞的消解量呈负相关（Alexander et al，2002）。该结果可推导出：反刍消化植物细胞导致 DNA 的快速降解，标志着转基因或非转基因植物到瘤胃细菌或反刍动物基因转移的重大障碍。

Einspanier 等（2001）研究了转基因玉米喂养牛和小鸡后 DNA 的去向，通过 PCR 检测了导入基因 cryIA（b）（抗虫基因）和一个内源的植物叶绿体基因。由于植物细胞中存在多重叶绿体，该转基因玉米中 cryIA（b）基因的拷贝数多于叶绿体基因。

使用转基因玉米青贮饲料喂养牛，检测其食糜（十二指肠液）中的cryIA（b）基因和叶绿体基因标记，在淋巴细胞中检测到了叶绿体标记，偶尔在牛奶中检测到微弱信号，而在粪便、血液系统、肌肉、肝脏和脾脏中则未检测到叶绿体标记，而在所有样品中均未检测到cryIA（b）基因（Einspanier et al，2001）。

使用含转基因玉米的饲料喂养小鸡，在小鸡的肌肉、肝脏、脾脏和肾脏中检测出了叶绿体标记，但在粪便和鸡蛋中未检测到。与此相反，在所有样品或鸡蛋中均未检测到cryIA（b）基因（Einspanier et al，2001）。

通过对小鼠喂养大量纯化的噬菌体DNA来调查DNA在肠道转移的可能性，在小鼠粪便和肝脏中检测到的噬菌体DNA与新生小鼠体内含量一样少（Schubbert et al，1997）。然而这项工作与转基因作物基因转移的相关性遭到了Beever和Kemp的质疑。他们认为以噬菌体DNA的形式实验会刺激免疫系统细胞的反应，而含有这些DNA的这些细胞在各种不同器官和新生儿以巨噬细胞的形式参与清理和消除外源DNA。

动物细胞吸收植物DNA属于小概率事件，而染色体的进一步整合也尚未得到证明。此外，在非生殖细胞（体细胞），如细胞免疫系统或肠道上皮细胞中任何植物DNA的吸收都是可能发生的，且导入基因不会传递给后代。

关于基因转移至其他植物的结论

据分析，从转基因番木瓜发生基因转移至番木瓜园、国内番木瓜及驯化番木瓜种群的风险是可以忽略不计的，原因在于：

有防虫网覆盖的存在，花粉传播将十分有限；

雄花均被移除，从而导致花粉的可用性降低。

此外，对于商业番木瓜种群和驯化番木瓜种群，潜在的基因漂移现象将受制于地理隔离。

据分析，在防虫网笼罩的情况下，从转基因番木瓜发生基因转移至其他植物物种的风险是可以忽略不计的，原因在于：

番木瓜近亲间的基因不相容有效地阻止杂交并限制了潜在的亲本回交；

表现出充分和强烈的遗传显著差异限制了基因转移到更远亲的植物属。

关于基因转移至其他微生物的结论

据分析，从转基因番木瓜发生基因转移至其他微生物的风险是可以忽略不计的，原因在于：

基因水平转移是这种基因转移的唯一可能机制，但并无证据表明在自然条件下从植物到微生物可以发生这样的转移。

注：自然存在于微生物中的基因发生转移对人类或环境健康和安全不太可能有不利影响。

关于基因转移至包括人类在内的动物的结论

外源DNA进入动物和人类体内最主要的途径是通过食物，在消化过程中，胃肠道会直接接触游离的DNA。据分析，从转基因番木瓜发生基因转移至番木瓜园、国内番木瓜及驯化番木瓜种群的风险是可以忽略不计的，原因在于：

通过模式实验系统模拟反刍动物消化实验的研究表明，导入的基因和植物本身的基因迅速被降解，这代表着基因转移的重大障碍。

脊椎动物不会接触到转基因番木瓜果实。

在获得FSANZ批准之前，需提交包括供人类食用果实在内的转基因番木瓜组织应用于FSANZ转基因材料评估。

应当注意的是，对人类和环境健康安全产生不利影响的此类基因转移是极其不可能发生的事件。

许可证条件

关于对人类消费转基因食品的批准

澳新食品标准局（FSANZ，原名澳大利亚新西兰食品管理局ANZFA），负责人类食品安全评估。目前，昆士兰大学还未向FSANZ申请评估用于人类食品的转基因番木瓜材料。转基因番木瓜包括果实在内的任何部分用作为人类食物前都需要获得管食品理局的批准。

第1部分

许可期限

许可证直到被暂停、取消或放弃，否则长期有效。在暂停期间，转基因生物不被授权任何交易。

许可证持有人

此许可证的持有人（“许可证持有人”）是昆士兰大学。

项目主管详情

本许可证的项目主管在附件A中确认。

如果项目主管的任何联系方式发生改变，本许可证持有人必须立即以书面形式通知监管机构。

除本许可证授权外，禁止任何与转基因生物的交易

除明确得到许可或计划的人员，本许可证授权的人员不得进行转基因生物交易。

允许交易

转基因作物介绍详见附件B。

转基因生物获准的交易是转基因生物的栽培、种植和指导性实验等用途，及在任何允许交易下或交易中，转基因生物的占有、供应、使用、运输和处置。

转基因生物许可证使用人

本许可证所授权进行与转基因生物交易的人员列表在附件C中。许可证持有人可通过书面通知监管机构来更改列表。

许可证持有人不得允许非上述列表中的人员进行转基因生物交易。

注：列表中的人员都通过许可证的《基因技术法规2000》。如果非列表中的人员参

与了许可证所提及的转基因生物交易，这就可能触犯法例，或违反本许可证。

告知责任人

许可证持有人必须告知许可证责任范围内每的一个人以此为获得许可证的条件。

许可证持有人需应监管部门的书面要求，提供许可证条件适用范围内每的一个人签署的关于本许可证的声明给监管部门。

申请人告知可能影响适用性的情形

持证人必须立即以书面形式通知监管机构：

（a）授予许可后持证人犯罪的；

（b）基于英联邦法律、州立法律或其他外国国家的相关人类或环境健康和安全法律撤销或暂停执照或许可持有人资格的；

（c）在本牌照生效后发生的任何事件或情况，都会影响许可证持有人满足其条件的能力。

提供给监管机构的其他信息

许可证持有者必须告知监管机构，当该持有者：

（a）认识到与该许可交易有关的其他对人类或环境健康和安全的任何风险信息；

（b）认识到许可证所涉及人员的任何违例行为；

（c）认识到许可证授权交易的任何非预期影响。

涉及转基因的人员必须允许对其行为进行审核和监控

如果授权某人进行 GMO 交易，那么本许可证的特殊情况处理适用于该人，该人必须允许监管机构，或由该监管机构授权的人，进入交易进行场所，以达到审核或监控该交易的目的。

许可证持有人必须在任何时候保持相关组织的认证并遵守 OGTR 组织指南上列出的认证条件。

第二部分

解释和定义

此许可中所使用的单词和短语与它们在基因技术法（2000）和基因技术法规（2001）中使用的含义相同。

单一性别的单词包含其各种性别。

采用单数或复数的单词也包括其复数或单数。

人包括合伙企业和法人或其他团体。

凡提到的任何成文法或其他立法（不论是主要的或从属的）是指澳大利亚联邦修订或替换后的法律法规，除非有相反的意思表述。

任何一个单词或短语已经定义，则其其他的词性或语法形式也有相应的含义。

在本许可中：

“网罩”是指用来消除关键传粉昆虫的自立式围栏，由孔径不超过 2 平方毫米的透明尼龙网组成，密封于地面上。

“清除”（或“过去式”或“进行式”）的含义需根据具体情况而定：

（a）涉及位置或区域时，指转基因生物或来源于转基因生物的材料的销毁，以使

监管者满意；或

（b）涉及到设备时，指转基因生物及来源于转基因生物的材料的移除和销毁，以使监管者满意。

“销毁”（或“过去式”或“进行式”）依具体情况而定，指被高压灭活或焚烧处理。

“设备”包括种植设备、收割设备、储存设备、运输设备（如袋子、容器、卡车）、衣物和工具。

“GM”指转基因。

“GMOs”指本许可所涵盖的转基因生物。

“地点”指本许可的第3部分的位置。

“来源于转基因生物的材料”指茎段、叶片、花粉或其他任何来自于转基因生物或由转基因生物生产的材料（包括含部分转基因生物的材料）。

“OGTR”指基因技术管理局。

“QDPIRRS”指昆士兰第一产业部门瑞德兰研究站。

“监管者”指基因技术监管者。

“水道”包括溪流、河流和灌溉渠。

许可条件

释放地点和大小

转基因种植必须限定在瑞德兰郡的QDPIRRS的单一的种植区（地点）。

QDPIRRS必须有围起来的可封闭的大门以保证公共出入的安全。

种植区必须有适当的标识，说明该种植区内有转基因番木瓜正在种植，且除非许可明确授权，转基因植物及来源于转基因植物的材料（如果实）均不能带出该区。

种植区总面积不能超过1 hm^2。

本许可允许种植不超过300株转基因植物。

种植区的边界距离最近的水道必须至少有100 m，且本许可持有人不能让转基因材料进入任何水道。

网罩

转基因植物必须种植在网罩里面，以阻止关键传粉昆虫和脊椎动物（不包括人）接近转基因植物。

在许可的持续期间，必须每天检查网罩的完整性，有任何损坏必须立即修理。

如果网罩无法立即修理，则所有的花序和果实必须立即从转基因植物上去除并销毁。

在30d的许可发布期间，许可持有人必须在网罩里安装两个能收集天蛾（鳞翅目）的诱虫灯。诱虫灯必须位于网罩的相对角，且至少每周检查一次，直到因天蛾的进入导致该种植区需要被清除为止。

诱虫灯中是否有天蛾必须由能识别天蛾的人测定。

日志必须保持记录每次检查网罩的日期和时间，对网罩的检查结果及任何维修的性质和位置已经在第三部分中要求。转基因植物的花序或果实可能按照第三部分中要求被移去。日志也必须记录诱虫灯的检查日期及每次检查的天蛾总数量。日志必须可供检查员和授权人员检查和复印。

解释说明：由于昆虫经常聚集在防昆虫围栏的角落，因此建议集中检查网罩最上面的角落损坏与否。关于诱虫灯，建议要通过在网罩外面约 50 米远的地方至少安装一个额外的诱虫灯来验证其是否能有效诱捕天蛾。这些建议不是本许可必须的，但可能帮助许可持有人根据许可履行其义务。

种植区的进入和控制

在本许可持续期间，许可持有人必须能按照本许可在必要的程度上进入和控制种植区。

转基因植物不能食用

许可持有人必须保证转基因植物的任何水果或其他材料均不被用于人类或其他动物的食物。

种植开始通知

许可持有人必须在转基因植物种植前 7～20 d 内通知基因技术管理局（OGTR）。

开花通知

许可持有人必须在转基因植物花季的预期开花日的前 7～20 d 内通知 OGTR。

花卉管理

所有的雄性花必须在开花前移除并销毁。

解释说明：本许可描述了进一步的管理花和果实的措施，包括如果网罩损坏且无法立即修理时花和果实的移除与销毁。

结实和收获开始通知

许可持有人必须在转基因植物结实季的预期采果日的前 30～60 d 内通知 OGTR。

所有果实必须在落地之前被采摘，移出或运送到由监管机构认证的至少是 PC2 级（二级物理防护）的实验室进行分析，或者销毁。

采摘果实时，转基因植物及来源于转基因的材料必须与任何其他的番木瓜果实或番木瓜材料分开采摘和储存。

许可持有人必须在每个季节保持记录以下信息：

（a）每棵树的结果率；

（b）每棵树上被脊椎动物吃掉而损伤的果实数量；

（c）每棵树上被采摘并运送到实验室做进一步研究的果实数量；

（d）每棵树上采摘和销毁的果实数量；和

（e）不明原因失踪的果实。

日志必须可供 OGTR 检查员和授权人员检查或复印。

日志记录的结果必须包含在许可持有人提交给 OGTR 的年度报告中。

毒性和过敏反应报告

许可持有人必须通知所有接触过转基因植物的人员（如，在种植区和实验室的门上贴标志牌)，如果发生任何可能是由接触转基因植物导致的罕见的过敏反应，应立即通知许可持有人。

任何过敏反应的报告（给许可持有人的）都应立即提交给 OGTR。

植物病害率报告

必须每月检查一次转基因植物的病害，且所有检查结果应记录在日志中。日志必须可供 OGTR 检查员和授权人员检查或复印。日志必须记录检查日期、任何病害症状报告(如叶片黄化或坏死病、顶枯病、根腐病、果实损失)、症状严重程度和病害控制措施；如果可能，记录哪些转基因植物显示哪些症状。

有关病害及病害控制措施的记录结果必须包含在许可持有人提交给 OGTR 的年度报告中。

清洗

网罩里用于转基因植物种植、生长和采收的所有设备必须在使用后立即清洗。

储存和运输

转基因植物在网罩外的运输必须遵循监管机构 2001 年 6 月发布的转基因运输指导方针。

转基因植物材料（包括果实）可能只能在监管机构认证的设备中储存。

种植区的清理

(a) 转基因植物所有的花和果实必须被移除并销毁；

(b) 在移除转基因植物的花和果实后，所有的转基因植物必须被齐地砍断，与转基因植物的其他材料一起耙成堆；

(c) 砍伐后的树桩必须立即用除草剂杀灭；

(d) 耙堆必须放置至少一个月使其变干，之后必须焚烧处理。耙堆可以被带出网罩焚烧，但必须在 QDPIRRS 的范围内焚烧；

(e) 耙堆必须在 2006 年 12 月 31 号之前焚烧。

检查

在种植区清理后的 12 个月内，必须对该种植区进行检查，以确定是否有任何转基因植物或来源于转基因植物的材料存活下来（或是除草剂杀灭的树桩的再生，或是其他的再生)。

在这 12 个月内，必须至少三个月检查一次。

在这 12 个月内，如果发现了任何存活的转基因植物或来源于转基因植物的材料，必须立即采用除草剂处理、焚烧、手工除去或高压灭活的方法杀灭它们。

日志必须保持记录所有检查的时间及结果，且必须可供 OGTR 检查员和授权人员检查或复印。

根据上述条款所记录的日志结果必须包含在许可持有人提交给 OGTR 的年度报告中。

在这 12 个月期间，网罩必须一直保留。

检查必须由有转基因幼苗、转基因植物和其他来源于转基因植物的材料鉴定资格的人进行。

种植区在检查期间，不能种植任何其他番木瓜，可以种植一种豆科作物。

检测方法

许可持有人必须向 OTGR 提供一份书面文件，描述能可靠检测转基因的存在和受体生物中附件 B 中描述的遗传修饰的存在的实验方法。该文件必须在许可发布后的 24 个月内提供。

应急方案

在本许可生效之日 30 d 内，必须向监管者提供一份书面的应急方案，详细说明在以下情况时需采取的措施：

（a）围栏发生无法立即修复的损毁；

（b）种植区出现了意外的未被本许可考虑到的转基因植物或来源于转基因植物的材料。

应急方案必须包括程序细节：

（a）当许可持有人知悉一个事件时，确保立即通知监管者；

（b）移除转基因植物的花和果实，防止基因转移；

（c）根除未被本许可考虑到的转基因植物或来源于转基因植物的材料。

如果出现了意外的转基因植物和来源于转基因植物的材料，必须实施应急方案。

遵循

本许可生效之日起 30 d 内须向监管者提供书面的遵循管理方案。遵循管理方案必须详细描述许可持有人打算如何遵循许可的条件和文件。

研究要求

许可持有人必须与 OGTR 协商出一个双方一致认同的研究计划，包括但不限定于对转基因植物中的外源基因的确认。

研究结果必须包含在许可持有人提交给 OGTR 的年度报告中。

年度报告

许可持有人必须在本许可每周年的 90 d 内提交一份年度报告给 OGTR，包含许可条件所要求记录的全部信息。

许可条件的理由

具体许可条件的理由如下（参照许可条件的编号）。

释放地点和大小

条件是为了限制释放的地点和大小，以确保释放地点是安全的。通过限制释放规模和固定释放地点以降低人及其他生物接触转基因植物的可能性。条件需要合适的标识，以降低未经授权的进入该地点和从该地点带走转基因材料的可能性。

条件是为了防止来源于转基因植物的材料进入水道。此条件能降低转基因植物和来源于转基因植物的材料扩散的可能性。

网罩

条件要求转基因植物种植在网罩里，是为了限制传粉昆虫和其他动物接近转基因植物。限制传粉昆虫的接近避免了花粉的运动超出释放地点范围，并限制了基因从转基因番木瓜向当地其他番木瓜的转移。限制其他动物接近转基因植物的能力防止了转基因活性材料的无意的活动出释放地点之外，且降低了动物接近转基因植物的可能性。

条件需要监测网罩，以确保它能始终保持限制传粉昆虫和其他动物接触转基因植物的功能。条件确保如果网罩损坏无法立即修复时，可以防止由传粉昆虫和其他动物引起的花粉和果实的运动。条件确保许可持有人对许可条件的遵守能被 OGTR 监测。

种植区的进入和控制

条件确保许可持有人或许可所涵盖的人员有权进入并监测释放地点，以遵守许可条件。

转基因植物不能食用

条件防止了果实和其他来源于转基因植物的材料不被人和其他动物食用。这是因为本实验方案的现阶段还没有充分的数据来评价转基因植物作为人和其他动物食品的安全性。

种植、开花、结实和收获的开始通知

条件保证了试验可能的高风险时段（即可能的开花、结实和收获日期）的最低限度的预知信息被提供给 OGTR，以确保 OGTR 合理的规划对释放地点的监测。

花卉管理

条件要求所有的雄性花在开花前必须被移除，以限制可能的在释放地点之外的花粉运动。此条件限制了基因从转基因番木瓜向当地其他的番木瓜转移。

结实和收获管理

条件防止果实掉落到地上，减少接触土壤生物产生诱导蛋白的可能性。

条件防止来源于转基因植物的材料与非转基因材料混合，并且降低转基因植物接触人和其他生物的可能性。

条件降低了来源于转基因植物的活性材料扩散出释放地点的可能性，并且允许OGTR监测许可持有人对许可条件的遵守。

毒性和过敏反应报告

条件要求合适的标识以确保从事转基因工作的人员了解转基因生物可能的致敏性或毒性，条件确保如有任何过敏或毒性反应的报告，如有必要，将允许监管者采取风险管理措施以保护人类健康和安全。

植物病害率报告

条件确保转基因番木瓜响应致病菌或非病原微生物产生的任何非预期的变化将被记录。此数据将允许监管者为转基因植物未来更大规模的释放接受独立评估和批准时评估其对环境的风险。

清洗

条件要求清洗所有与转基因植物一起使用的仪器设备，以防止来源于转基因植物的材料扩散出释放地点。

储存与运输

条件描述了转基因植物或来源于转基因植物的材料的运输条件，以防止转基因植物泄露和扩散到或残留在释放地点或进行转基因植物研究的认证实验室之外。

种植区的清理和检查

条件要求清理释放地点所有的来源于转基因植物的材料，防止在试验完成后有转基因植物残留在释放地点。条件确保试验完成后，残存在释放地点的任何转基因植物将被鉴定并销毁。条件确保OGTR将能判定许可条件是否被遵循，以及，如果清理释放地点不充分的话，是否需要实施进一步的许可条件。条件要求在释放完成后的监测期间，网罩要保留在原地，以确保在这个时期转基因植物不会扩散到释放地点之外。

检测方法

条件要求许可持有人制定一种检测转基因的方法并书面提供给监管者。这种方法将使可能在释放地点外的转基因植物或来源于转基因植物的材料得以进行转基因检测。

应急方案

条件描述了如果发生转基因植物的意外释放时对申请者的要求。条件要求许可持有人制定一个应急方案，以处理网罩损伤无法立即修复或转基因植物或转基因材料在释放地点之外的非预期存在的情况，并且向监管者提交一份书面的应急方案。这使监管者了解申请者的应急方案，如有必要能修正它或实施许可条件中要求的任何其他可能必要的措施，以防止转基因植物在释放地点外的继续扩散或持续残留，保护人类的健康和安全及保护环境。条件要求方案必须有一定的程序以确保立即通知监管者，以便监管者能采取任何必要的行动以保护人类健康和安全及保护环境。该应急方案还必须提供网罩损坏无法立即修复时转基因材料的花卉和果实的销毁方案和来自非许可预料到的地点的转基因植物或材料的销毁方案，以避免环境中的转基因棉花的继续扩散和持续残留。条件要求许可持有人实施该应急方案。

遵循

条件要求许可持有人向监管者提供一份遵循管理方案。这使监管者了解许可持有人确保和证明遵循了许可条件的程序，以便监管者能实施额外的许可条件来修正，如有必要。

研究要求

条件要求许可持有人制定一个研究计划，这将允许监管者在转基因植物未来的更大规模释放接受独立评估和批准时，评估人类健康和安全风险和环境风险。条件确保研究计划的结果被传达给监管者。

年度报告

条件要求许可持有人向监管者提供一份行政和审核用途的年度报告。

澳大利亚基因技术的调控

基因技术法 2000 于 2001 年 6 月 21 日生效。该法是一个政府间协议和相应的立法，由基因技术法规 2001 支持，由每个州和地区制定，它巩固了澳大利亚的全国统一的基因技术监管制度。它的目的是通过鉴定基因技术引起或导致的风险以保护人类的健康和安全及保护环境，并通过控制某些涉及转基因生物的行为来管理这些风险。该监管制度取代以前由遗传操作咨询委员会（GMAC）监督的志愿者系统。

该法案设立了一个法定的官员，即基因技术监管者，管理立法和根据立法做出决定。

监管者由基因技术管理办公室（OGTR）支持，该办公室是一个位于健康和老龄组合内的联邦管理机构。

该法案禁止任何人从事转基因相关的行为除非该行为被豁免，即一种须申报的低风险行为，其转基因生物已登记在册或被监管者许可（见该法案第 31 节）。

立法的咨询和考虑、评估许可申请和准备风险评估与风险管理方案的要求在该法案的第 5 部分第 4 区中详细讨论了，并总结如下。

有关国家监管系统和基因技术立法的详细信息可以通过 OGTR 的网站（www. ogtr. gov. au）获得。

许可申请

目录许可申请必须按该法案的要求提交。如该法规的第 2 部分的附表 4 要求，申请必须包含以下信息：

亲本有机体；

转基因生物；

计划的转基因生物处理；

转基因生物和环境的相互作用；

转基因生物可能引起的人类健康和安全风险；

风险管理；

批准之前的评估；和

申请者的适宜性。

申请还必须包含：转基因生物所需要的附加信息：

植物；

微生物（不活在动物里和动物身上，且不是活疫苗）；

用于动物的活疫苗；

脊椎动物；

水生生物；

无脊椎动物；

用于生物防治；

用于生物修复；和

打算作为人类和脊椎动物消费的食物。

来自机构生物安全委员会的支持信息。

起始协商过程

根据该法案，监管者在准备风险评估和风险管理方案（RARMP）时，必须向指定机构寻求建议：

州和地区政府；

基因技术咨询委员会；

指定联邦机构（基因技术法规 2001 规则 9 所指）；

环境部长；和

拟释放地点的有关地方委员会。

该法案要求，如果监管者对至少其中一项可能引起人类健康和安全或环境重大风险的拟授权的释放感到满意，则监管者必须发布一个关于申请的通知，邀请关于是否签发许可的书面意见。

作为一种该法案除以上要求之外的措施，为了促进监管系统的公开性和透明度，监管者可以采取其他措施。例如，收到申请是通过在 OGTR 的网站上发布一份各个申请收到的通知给公众，并在 OGTR 邮件列表直接通知他们。经索取，可从 OGTR 获得申请的复印件。

评估过程

风险评估过程是依照法案和法规，用监管者开发的风险分析框架（框架）（在OGTR网站上可获得）进行的。这也考虑到了指导方针和澳大利亚及海外的相关机构使用的风险评估策略。该框架是与州和地区、联邦政府机构、GTTAC和公众协商开发的。其目的是给申请者、评估者和其他利益相关者在鉴定和评估转基因引起的风险及决定解决任何这样的风险的措施时提供总的指导。

在进行风险评估时，应考虑以下几点：

支持者的申请中出示的数据；

前期提供给GMAC、临时OGTR或OGTR的相关转基因生物的以前的释放数据；

各州和地区、联邦机构、环境部长和公众的意见或建议；

GTTAC的建议；

来自其他国家监管机构的信息；和

当前科学知识与科学文献。

在考虑这些信息和准备风险评估和风险管理方案时，以下具体事项应考虑在内，如该法案要求：

对人类健康和安全的风险或对环境的风险；

在它成为或将成为转基因生物之前的处理过程所涉及的生物体的性质；

已发生或将发生的对生物体属性的遗传修饰的效果或预期效果；

限制转基因生物或其遗传物质在环境中的传播或残留的规定；

转基因生物或其遗传物质在环境中的传播或残留潜力；

拟释放的范围和程度；

拟释放对人类健康和安全的任何可能的影响。

根据法规，也应考虑以下几点：

关于允许或批准转基因释放的任何之前的澳大利亚和海外的评估；

转基因生物的相关潜力：

对其他生物有害；

对任何生态系统的不利影响；

转移遗传物质至另一个生物体；

在环境中的扩散或残留；

与相关生物相比，在环境中有选择性优势；和

对其他生物有毒、致过敏或致病。

考虑这些因素的短期和长期影响。

进一步协商

制备一份RAMRP，监管者必须根据法案第52节规定向利益相关者（含第3节所述的）和公众寻求意见。

在最终的RAMRP中得出结论时，书面提交的申请或RAMRP中的所有涉及保护人

类健康与安全和保护环境的问题都会被仔细考虑并与当前科学信息主体权衡。该法案要求，在做出是否给提议的释放申请颁布许可的决定时，这些都应被考虑在内。

在形成最终的风险评估和风险管理方案和告知监管者关于申请的最终决定时，风险评估和风险管理方案的书面意见是非常重要的。在给 RAMRP 的附录中，有提供公众意见总结和关于这些问题已在哪里被考虑的指示。

需要注意的是，立法需要监管者将许可决定建立在释放的风险是否可管理以保护人类健康与安全和保护环境的基础上。评估过程中，不解决这些问题和/或关注超出立法目的更广泛的问题的提交将不被考虑。大多数情况下，由导致立法发展的广泛咨询过程所决定，这些问题属于其他部门的职责范围。

许可决定

完成许可申请的评估要求的步骤后，监管者必须决定发布还是拒绝该申请。监管者不得发布许可，除非满足以下条件：提议被许可授权的释放的任何风险都能以旨在保护人类健康与安全和保护环境的方式被解决。

监管者也必须被满足，根据法案，申请人是合适的许可持有人。概述了监管者在决定某人或公司是否适合持有许可时必须仔细考虑，例如：

任何相关的定罪；

任何相关的许可撤销或暂停；和

符合许可条件的人或公司的能力。

监管者仔细考虑许可申请人签署的声明中提供的所有信息。

OGTR 的监测和遵循部门汇总了申请者的遵循历史，根据该法案和之前的志愿者系统考虑了所有以前涉及转基因的批准。这些历史以及其他资料如审计的后续措施可能被考虑在内。一个组织提供资源以充分满足监测和遵循要求的能力可能也被考虑在内。

如果许可被发布，则监管者可以实施许可条件。条件可能被实施，以：

限制释放范围；

要求保存文件和记录；

要求一定程度的防护；

指定废物处理措施；

控制对人类健康和安全或对环境产生的风险；

要求数据收集，包括进行的研究；

限制释放发生的地域范围；

要求释放的意外影响应急方案；和

限制转基因生物和其遗传物质在环境中的传播和持续残留。

许可持有人告知许可涵盖的所有人员适用他们的任何许可条件，这也被要求作为一个许可条件。释放位点的进入权也必须提供给监管者授权的人员，以便审计和监测该释放和其他许可条件的遵循情况。以下是所有许可都应有的条件，即申请者必须通知监管者：与许可授权的释放相关的任何新的对人类健康和安全或对环境构成的风险的信息；

许可覆盖的人的对许可的任何违背；

许可授权的释放的任何意外影响。

风险评估和风险管理的公众意见总结

缩略语：

批准（一般语气）：n = 中立的；x = 不支持；y = 支持

提出的问题：A：致敏性；APVMA：APVMA 处理的问题；D：数据/证据不足；EN：环境风险；ET：伦理关怀；FC：食物链；FSANZ：食品安全和标识；G：基因转移；GTR：基因技术监管机构；H：人类健康和安全；HB：除草剂抗性；IR：抗虫性；LC：许可条件；MA：市场；PU：杀虫剂使用；RA：风险评估；RARMP：风险评估和风险管理方案；RM：风险管理；SE：社会经济影响；SEG：隔离；T：毒性；U：未知风险；W：杂草性。

OSA：超出评估范围；NR：无具体回应

[a]意见来自：A：农业组织；I：个人；E：环境组织；F：食品兴趣组织；C：消费者区/公众兴趣组织。

第二十三章　抗病毒转基因番木瓜对于泰国农民的影响[①]

摘　要：番木瓜是在泰国农村地区最重要和首选作物之一。对在泰国种植番木瓜来说番木瓜环斑病毒（PRSV）是一个严重的疾病。通过采取各种方法来控制病毒但尚未得到有效控制或者治愈。1995 年，泰国和美国康奈尔大学合作开发的转基因番木瓜已启动。两株泰国当地的番木瓜品种，通过配合使用 PRSV 的 Khon Kaen 的外壳蛋白基因枪法转化通过基因枪法注射 PRSV 的非翻译外壳蛋白基因并转化，使卡那霉素抗性植株再生，然后用 Khon Kaen 的 PRSV 接种病毒进行筛选。

自 1997 年以来，最看好的 R0 转基因品系已在 Thapra 转移到研究站后，经过实验筛选出 PRSV 抗性。在挑选组 1，最初从 Khaknuan 番木瓜来源的三个 R 3 系显示对于 PRSV 有良好的抗性（97% 至 100%），并且果实产量比非转基因 Khaknuan 番木瓜高 70 倍。在挑选组 2，一个 R 3 系从最初 Khakdam 番木瓜表现出 100% 的抗性。

迄今为止，转基因番木瓜安全评估的结论对周围生态环境没有影响。通过超过 10 米的隔离带发现转基因番木瓜并没有在非转基因番木瓜之间漂移。对营养组合物的分析发现营养水平与非转基因相比并没有差异。通过 Southern 印迹分子杂交表明转基因的三个拷贝，并没有外壳蛋白产物表达。数据附带的题材，如喂养转基因番木瓜给老鼠的影响和关于基因插入稳定性影响的数据，目前正在收集。

关键词：外壳蛋白基因　基因枪法　番木瓜环斑病毒（PRSV）　抗性筛选　安全评价转基因番木瓜　非翻译

绪论

番木瓜是泰国农民最重要和首选作物之一。这是因为在东北地区，那里的人们主要用青番木瓜制作沙拉作为食物。过去的 15 年中，食用熟番木瓜变得越来越普遍。在东北地区，不同于国内其他地区，番木瓜不是生长在大型种植园，而是在农民的自家后院种植。因此，番木瓜历来作为农民补充维生素的源头。

20 世纪 70 年代，在泰国东北地区出现了番木瓜环斑病毒（PRSV），直到现在番木

---

① Sakuanrungsirikul S, Sarindu N, Prasartsee V, et al. 2005. Update on the development of virus – resistant papaya: virus – resistant transgenic papaya for people in rural communities of Thailand [J]. Food & Nutrition Bulletin, 26 (4): 422 – 6.

瓜环斑病毒（PRSV）的感染遍布整个泰国（Srisomchai，1975）。番木瓜感染 PRSV 会出现一些症状。叶子开始萎黄，环状斑点出现在果实和树干的顶部，嫩叶长得像被螨虫伤害的一样变形。更重要的是，果实产量严重下降，最后受感染的植株死亡（Prasartsee et al，1981，Gonsalves，1994）。这无疑对农民带来巨大影响，番木瓜再也不能够不被病毒感染的健康生长。

泰国农业部东北区域办事处（NEROA）的 Vilai Prasartsee 夫人在该地区发现 PRSV 病毒后不久提出了要控制 PRSV 的感染的方案。第一个受 PRSV 感染的村庄在方案提出后得到了暂时的控制，但很快病毒又大肆感染了整个村庄（Prasartsee et al，1989）。从 1986 年起，康奈尔大学的 Vilai Prasartsee 与隶属于东北地区农业部（NERAD）的 Dennis Gonsalves 合作发展项目，该项目是由美国国际开发署（USAID）使用的交叉保护来控制病毒（Prasartsee et al，1989，并研究抗病毒的番木瓜品种。交叉保护并没有有效的控制病毒，但抗病毒的新品种已经研发出来并分发给泰国东北地区以及其他地区的农民。该新品种的特点是即使感染了 PRSV 病毒，但番木瓜的产量并没有减少。1994 年，Dennis Gonsalves 博士提倡研究用抗 PRSV 病毒转基因番木瓜去控制 PRSV 的传播（Prasartsee et al，1998，Sarindu et al，2002，Sanford et al，1985）。

开发抗病毒的转基因番木瓜的方法

用“病原来源的抗性”的概念来开发抗病毒转基因番木瓜（Sanford and Johnston，1985）。根据这个概念，表达该病原体基因的转基因植物将会对该病原体产生特异性抗性。这是类似于免疫。简单的说，转基因番木瓜通过从病毒中分离的外壳蛋白基因，以基因工程的方式插入到 DNA 载体，并将基因转入番木瓜细胞，然后转化的细胞再生为植物，最后筛选具有抗性的植株。这种方法最重要的一点是，这种抗性是可遗传的，因此可以通过种子稳定遗传。

1994 年，泰国政府财政支持通过开发基因工程抗病毒的番木瓜来控制环斑病毒的计划。这项工作是康奈尔大学和泰国农业部合作展开。1995 年 9 月，Nonglak Sarindu 博士和农业部的 Suchirat Sakuanrungsirikul 博士在 Dennis Gonsalves 博士的指导下，在康奈尔大学的实验室合作，为泰国研究转基因抗番木瓜环斑病毒的番木瓜。1997 年 7 月，Khakdam，Khaknuan 和 Thapra 品种的转基因番木瓜被运往泰国。他们转移到 Tha Pra 的 Khon-Kaen 科研工作站，研究进程很快开始便识别合适的抗 PRSV 系，这将是泰国的消费者可以接受的品种（Prasartsee et al，1998）。

泰国抗 PRSV 转基因番木瓜的鉴定与发展

在 1997 年中，转基因番木瓜被运往 Tha PRA，并且从亲本自交和杂交把转基因和非转基因从植物（R0）中分离出来。后代（R1）在温室进行了病毒抗性测试。随机的从泰国五个隔离疫区随机接种番木瓜环斑病毒。每一代最抗病株系是在田间试验后进行评价[9]。

转基因品系田间试验

从1999年开始到现在，在Tha Pra研究站进行实地试验。对一些抗病株系，尤其是Khakdam和Khaknuan进行鉴定。在田间检测出严重感染了该病毒的Khaknuan的25个株系和2个Khakdam的R2代在温室中接种后表现出不同程度抗病毒能力。结果是突出的。转基因品系在田间试验表现出优异的抗性。试验已经筛选出第三代的优良的品系。其中，Khaknuan的优秀的株系（R33191KN－181）和一个Khakdam的（R3300KD-9）已经确定。这些株系的子代对PRSV的抗性达到90%至100%（表23－1）。三年田间试验结果已经表明，转基因番木瓜能在田间抑制病毒的感染（Prasartsee et al，2001，2002）。

表23－1 PRSV抗性，果实的产量，在田间试验的转基因番木瓜R3（组1）的CP基因反应（通过PCR）

番木瓜品系	番木瓜环斑病毒抗性（植物的%）	平均 yield[a]（kg/rai）[b]	CP 基因（no. of plants with gene/no. of plants tested）
R3 319－180	97	12，022A	32/32
R3 319－181	97	11，865A	32/32
R3 319－182	97	11，559A	32/32
KN nontransgenic	0	169B	NT

其中：番木瓜环斑病毒，番木瓜环斑病毒；CP，外壳蛋白；聚合酶链反应，聚合酶链反应；KN，Khaknuan；NT，未测试。

a：是指后面跟有相同字母是不是在 $P<0.05$ 由DMRT显著不同。

b：1 rai＝0.16 hm^2。

转基因番木瓜安全评估

在泰国，所有转基因产品都受到政府各部门，包括农业和合作部，国家生物安全委员会，以及食品和药物管理局的监管。番木瓜在泰国是第一个转基因产物，因此它是典型的案例。至今为止尚未建立一套规范的规定。然而，转基因番木瓜已在夏威夷成功种植，并且自1998年以来进行了全面测试后，在美国市场上销售。已观察到对人体和环境没有有害影响。泰国转基因番木瓜用相同的载体创建的，所不同的是外壳蛋白基因是来自泰国的PRSV分离物。

为了解决该转基因番木瓜安全问题，在环境和食品安全两个方面的一些实验和测试从1999年开始一直进行。实验室和田间级的安全预防措施，是严格按照监管机构颁布的转基因材料的处理安全指导原则而进行的。正在开展大量的研究来评估生物安全和食品安全。

环境安全评估

自2001年6组实验已经完成对生物安全的评估。这些研究中，为了确定该转基因番木瓜可能对生态环境造成的影响，测试包括了土壤微生物、益虫和环境中的其他元素。

在转基因和非转基因番木瓜之间自然扩散和漂移的可能性

研究表明，在转基因试验地块 2 m 内的非转基因番木瓜园中调查出外壳蛋白（CP）基因的可能性为 20% 至 22%。然而，研究发现，试验地里 10 米到 25 米的雌性番木瓜树的果实没有产生含外壳蛋白基因的种子。因此说明花粉自然扩散是有限的，转基因和非转基因番木瓜之间超过 10 米以上的距离飘移的可能性极低。

转基因番木瓜对土壤生态环境可能造成的影响

对转基因和非转基因番木瓜根际的土壤样品进行调查，以确定包括细菌和真菌存活微生物的总数和菌株的数目。结果显示，在转基因和非转基因番木瓜之间菌根孢子，根瘤菌，一些异养细菌，放线菌的细菌，和丝状真菌的种群没有差异。

转基因花粉对原位传粉昆虫可能造成的影响

用实验所选择的转基因株系的花粉喂食两到三日龄幼虫（蜜蜂）后调查它们的存活率和发育情况。试验检测过程中观察到幼虫的存活率没有明显差异，发育没有异常，蜜蜂数量检测也并没有异常的。

转基因番木瓜对捕食螨和番木瓜虫螨可能产生的影响

进行捕食螨的存活率、产卵异常的研究，用转基因番木瓜和非转基因番木瓜喂养 *Amblyseius longispinosus* 螨虫（Evans）后观察其存活率和产卵异常。发现发育任何阶段没有异常。

其他作物与转基因番木瓜一起种植的可能影响

6 种植物（黄瓜，花生，菠菜，萝卜，玉米和山药豆）与转基因番木瓜在相同的土壤和生态环境种植。发现这些植物的生长和生产率是正常的。

PRSV-W 在转基因番木瓜之间的交叉感染

PRSV 分为两种类型：P 型（PRSV-p）感染瓜类和番木瓜，而 W 型（PRSV-W）感染葫芦但不是番木瓜（Purcifull et al，1986）。这两种类型的血清学密切相关；然而，一些研究表明，番木瓜的主要来源为 PRSV-p 的传播（Gonsalves，1998）。为此做了些检测，观察到转基因番木瓜和葫芦与 PRSV-W 和 PRSV-p 之间无交叉感染。

食品安全评估

相对于转基因作物食品安全涉及产品特性的需要，引入的基因材料及表达信息固有植物有毒物质产品的可接受的水平和营养物质。原则上，食品安全的评估涉及由传统育种产生的植物的特性与转基因植物特性的比较。按照国家生物安全委员会的食品安全小组委员会的规定进行对转基因番木瓜产品的食品安全评估。

营养成分的分析

测定其主要成分为（水分，粗蛋白，粗脂肪，灰分，碳水化合物，总膳食纤维和能量），钾水平，β-胡萝卜素和维生素 C。对 Khaknuan 转基因株系分析初步结果发现，转基因和非转基因番木瓜之间没有显著差异。目前正在进行转基因 Khakdam 分析。

该基因插入分子特征

基因插入物的所有特性必须是已知的，包括大小，插入的次数，侧翼序列，插入基因的稳定性。这是为了确保插入的基因序列不编码有害物质和在植物基因组内稳定地插入，以尽量减少非目的基因重排的任何可能性。Southern 印迹实验表明，三个基因成功插入到两个所选的株系中。插入基因的稳定性研究正在计划中。

外壳蛋白产物的表达

必须确定该导入的基因不产生毒素或过敏性物质。在该案例中，转基因番木瓜是用泰国分离的 PRSV 的外壳蛋白基因的非翻译的版本设计的。转基因番木瓜 PRSV 病毒的抗性是由 RNA 介导的。为了证明这些转基因番木瓜没有外壳蛋白的产生。因此用叶片和成熟的果实组织斑点杂交分析处理，并与 PRSV 的抗体探测。结果表明，没有在转基因株系中检测到外壳蛋白表达。

动物毒理学试验

2004 年初进行实验，用转基因番木瓜喂养雄性和雌性大鼠挪威（褐家鼠）后观察其生长速度，繁殖力，血细胞和胃肠组织是否有异常。结果分析正在进行。

知识产权

该转基因番木瓜是由泰国和美国康奈尔大学政府之间的直接合作开发的，没有大公司的资助。因此，这种转基因番木瓜不与大型跨国公司相连接。然而，由于所有转基因产品具有受知识产权保护限制，需要获得以免费发放或销售转基因产品的权利许可。幸运的是，美国康奈尔大学的知识产权机构即康奈尔大学基金会，简化并降低了这种复杂且昂贵工艺成本。康奈尔大学的基金会是对于获取知识产权的泰国转基因番木瓜负责。康奈尔大学研究基金会和泰国农业部目前正在对该项目进行标注理解。

潜在影响

开发转基因番木瓜一个主要原因是帮助泰国农村地区的穷人，特别是在东北地区。这些努力都是值得和可持续的，因为对病毒的抵抗能力在种子通过几代筛选的。农业部参与以确保转基因番木瓜提供给农民。最重要的是，因为在泰国 PRSV 造成番木瓜严重的破坏，解决通过提供营养和维生素的廉价来源这一问题，从而改善农村地区的粮食安全。此外，种植户将不必不断地移动到新的种植地点以躲避病毒危害。

这种转基因项目吸引人的方面是两个机构间真正实现了合作的价值。具有挑战性的工作与使用现成的技术在短期内成功进行。番木瓜是泰国的第一个转基因的产品，目前处于评估的后期阶段。该项目提供了展示转基因产品是如何被引入，及在泰国商业化的进程。

展望

转基因项目的设想和成功执行，是因为研究人员和其他人员的承诺，帮助那些弱势泰国人。在泰国，通过使用最新和最强大的技术去解决 PRSV 的问题。已经成功开发出抗病毒转基因番木瓜。我们拥有专业知识和开展该项目及时完成的信心。该项目的成功将根据转基因番木瓜是否提供给泰国的农村地区，特别是在东北地区来判断。关键是要在不久的将来完成该项目。如果成功，如何通过转基因番木瓜的生物技术来帮助比较贫困的农村地区。

参考文献

Srisomchai T. 1975. Studies on papaya ringspot virus [R]. Khon Kaen, Thailand: NE Regional Office of Agriculture.

Prasartsee V, Fungkiatpaiboon A, Chompunutprapa K. 1981. Preliminary studies of papaya ringspot virus in the Northeast [R]. Khon Kaen, Thailand: NE Regional Office of Agriculture Thailand.

Gonsalves D. 1994. Papaya ringspot virus [M]. USA: APS Press.

Prasartsee V, Fungkiatpaiboon A, Amarisut W, et al. 1982. Control of the papaya ringspot virus disease by eradication [R]. NEROA Newsletter, 28 - 38.

Prasartsee V, Gonsalves D, Kongpolprom W. 1989. Control of papaya ringspot virus disease by cross protection in Northeast Thailand [R]. Khon Kaen University: Proceedings of the National Agricultural Seminar.

Prasartsee V, Chaikiatiyos S, Palakorn K, et al. 1998. Development of papaya lines that are tolerant to papaya ringspot virus disease [R]. Khon Kaen, Thailand: Proceedings of JIRCAS-ITCAD Seminar on the New Technologies for the Development of Sustainable Farming in the Northeast.

Sarindu N, Sakuanrungsirikul S, Prasartsee V, et al. 2002. Collaboration of DOA and Cornell University to produce transgenic papaya for Thailand [R]. Khon Kaen, Thailand: Proceedings of the 2nd National Horticulture Conference.

Sanford JC, Johnston SA. 1985. The concept of the parasitederived resistance deriving resistance genes from the parasite shown genome [J]. J Theor Biol, 113 (2): 395 - 405.

Prasartse V, Sarindu V, Siriyan R, et al. 2002. Study and screening for resistance against papaya ringspot virus in transgenic papaya [R]. Ubonratchathanee, Thailand: Proceedings of the Horticultural Research Institute Annual Conference.

Prasartsee V, Sarindu V, Sakuanrungsirikul S, et al. 2001. Green house and field tests in Thailand identify transgenic papaya resistant to papaya ringspot virus [R]. Kanchanaburi, Thailand: Plant Protection Food for the World.

Prasartsee V, Sarindu N, Sakuanrungsirikul S, et al. 2002. Green house and field tests in Thailand identify transgenic papaya resistant to papaya ringspot virus [R]. Khon Kaen, Thailand: Proceedings of the Khon Kaen University Annual Agricultural Seminar for the Year.

Prasartsee V, Sarindu N, Sakuanrungsirikul S, et al. 2002. The development of PRSV-resistance transgenic papaya program of the Department of Agriculture [R]. Petchaburi, Thailand: Horticultural Research Institute Annual Conference.

Purcifull D, Edwardson J, Hiebert E, et al. 1986. Papaya ringspot potyvirus [H/OJ]. CMI/AAB Descr Plant Viruses292. http://image. fs. uidaho. edu/vide/descr549. htm.

Gonsalves D. 1998. Control of papaya ringspot virus in papaya: A case study [J]. Annu Rev Phytopathol, 36 (36): 415 -37.